机器视觉检测与板带钢质量评价

颜云辉　著

科学出版社

北　京

内 容 简 介

本书主要介绍机器视觉技术在板带钢表面质量检测领域的应用以及板带钢质量评价。本书涵盖了机器视觉技术在板带钢表面质量检测领域应用的各个方面，为板带钢质量评价开拓了新的研究思路。全书主要包括板带钢表面质量机器视觉检测系统构建、钢板表面图像采集及预处理技术、多域图像采集技术、缺陷特征提取及识别技术，板带钢表面质量评价及综合质量评价等内容。

本书可作为机器视觉检测、板带钢表面质量检测、板带钢质量评价等领域的科研人员和工程技术人员开展理论研究和研发相关检测装备的参考用书，也可以作为高等院校研究生和本科高年级学生的教学用书或参考书。

图书在版编目(CIP)数据

机器视觉检测与板带钢质量评价/颜云辉著. —北京：科学出版社，2016.6
ISBN 978-7-03-049272-2

Ⅰ.①机… Ⅱ.①颜… Ⅲ.①计算机视觉—检测—应用—带钢—热轧—生产工艺 Ⅳ.①TG335.5

中国版本图书馆 CIP 数据核字(2016) 第 150018 号

责任编辑：刘凤娟／责任校对：蒋 萍
责任印制：张 伟／封面设计：铭轩堂

科 学 出 版 社 出版
北京东黄城根北街 16 号
邮政编码：100717
http://www.sciencep.com

北京厚诚则铭印刷科技有限公司 印刷
科学出版社发行 各地新华书店经销

*

2016 年 6 月第 一 版 开本：720×1000 B5
2018 年 3 月第二次印刷 印张：24 1/4 插页：5
字数：475 000
定价：149.00 元
(如有印装质量问题，我社负责调换)

序

科学技术的发展和下游用户消费水平的提高,对板带钢的质量提出了越来越高的要求。除了外形尺寸和内在冶金质量,板带钢的表面质量已经成为新的关注重点。在钢铁工业两化融合、信息化与自动化水平不断提高的背景下,板带钢表面质量的快速和精确检测以及科学评价,对于提升钢材的质量和提供用户满意的产品具有重要的意义。作为高水平的自动化检测技术,机器视觉技术先进而且有效。基于机器视觉技术的检测结果,进行板带钢表面质量评价和针对性的控制,可以为用户提供质量稳定、品种多样、等级细分的高质量产品。可见,采用机器视觉技术进行板带钢表面质量的检测、评价和控制,对于板带钢的高质量生产具有十分重要的意义。

颜云辉教授所著《机器视觉检测与板带钢质量评价》一书涵盖了他十余年来在基于机器视觉技术的板带钢表面质量检测和质量评价领域的研究成果,系统地论述了机器视觉检测技术的表面质量检测原理及其在板带钢表面质量检测方面的应用情况,以及板带钢表面质量评价的基本理论和综合质量评价方法。书中提出的一系列提高检测速度与检测精度的手段与方法,对面向生产实际构建现代表面质量检测系统具有十分重要的指导意义。书中提出的板带钢综合质量评价方法科学实用,为板带钢表面质量的分类和评级提供了新的思路。

表面质量检测、控制与评价包括图像的获取与采集、图像的分析与处理、图像的显示与智能决策,它涉及众多的学科和专门技术。一方面,它包括数字图像处理、模拟与数字视频采集、计算机软硬件开发等与计算机视觉相通的技术;另一方面,它也包括机械工程技术、控制技术、点光源照明技术、光学成像技术、传感器技术等面向工业生产实际的配套技术,学科交叉,问题复杂,涉及面广。但是作者建立了一个科学、系统、全面的写作架构,并通过循序渐进、由浅入深的阐述和分析,为不同专业的读者展示了机器视觉技术的原理、方法和应用等诸多方面的新技术和新进展,对于读者掌握板带钢表面质量检测技术和方法,从企业生产和用户需求的角度去了解板带钢质量评价,从而进一步将这些理论与方法应用于实际将发挥重要的作用。

该书的语句通俗易懂,概念解释到位,尤其一些专业性很强的知识点更是采用深入浅出的方法,让读者可以以最快的速度去理解并掌握其中的关键知识。

大量的实验数据和实例也是该书的一大特色。在介绍关键的技术理论或全新的方法时,作者都是理论联系实际,列举大量实验数据或实例来帮助读者理解。因此，该书在具有很强理论指导性的同时，也具有相当高的实际应用性，不管是对科技工作者，还是对企业管理人员与生产人员都有很好的参考价值。

目前，以北京科技大学和东北大学为依托的钢铁共性技术协同创新中心已经将"钢材表面质量在线检测等先进检测技术和装备的研发"列入中心的主要研究内容。先进技术及装备方面的突破离不开在现有研究基础上的创新。颜云辉教授的这部论著承前启后，开拓创新，凝结了他与他的团队十余年来在板带钢表面质量检测及评价中的开创性成果。我们相信，这些工作将为今后该领域的研究与创新提供强有力的理论与实践支撑。

王国栋

2014 年 12 月 1 日于沈阳

前　言

老子在道德经里说："五色令人目盲，五音令人耳聋，五味令人口爽，驰骋畋猎令人心发狂。"人类对自然界有五大基本感知功能，即视觉、听觉、味觉、嗅觉和触觉。据说，有超过 80%的信息来自于视觉。机器视觉检测就是模仿人类视觉系统，创造出能替代人的视觉感知，实现对特定目标的检测与识别。

图像处理技术是机器视觉的重要基础。本人从 1993 年开始涉足该领域的研究，从最初的微小尺寸计算机辅助测量，到疲劳断口定量分析，再到近年来的板带钢表面质量检测。本书是本人与所指导的博士生、硕士生在机器视觉检测和板带钢质量评价方面，近十年里所取得研究成果的整理和总结。书中不仅展示了我们在机器视觉和图像处理方面的理论研究成果，而且还提供了针对板带钢的机器视觉检测实用技术和质量评价方法。

板带钢是钢铁工业的主要终端产品之一，很多情况下其产品质量直接影响着后续产品的质量与性能，质量优劣是市场竞争的关键性指标，也关系到企业的经济效益、生存与发展。因此，世界各国都十分重视检测理论与技术的研究，不惜花费巨资研发检测装备、改进检测手段、提高检测水平。另一方面，质量评价是质量检测的延伸，是形成全面质量报告的基础，这方面的研究工作对形成新的质量标准和市场价格体系有着十分重要的意义。

在本书即将付梓之际，深深感谢教育部、科技部、国家自然科学基金委员会及沈阳市发展和改革委员会，对本人在该学术研究领域二十年来的持续资助：

"微小尺寸的计算机辅助测量"，95-135，教育部留学回国人员科研启动基金，1995～1997；

"计算机辅助疲劳断口定量分析方法的研究"，96014510，教育部高等学校博士点专项科研基金，1997～1999；

"基于知识的断口图像智能化识别与分类方法研究"，50075016，国家自然科学基金，2001～2003；

"断口图像的智能化分析方法研究"，20020145023，教育部高等学校博士点专项科研基金，2003～2005；

"基于图像信息的板带材表面质量在线监控系统研究"，2003CCA03900，科技部重大基础研究前期研究专项，2004～2005；

"基于图像信息的板带材表面质量在线检测与评价系统研究"，50574019，国家自然科学基金，2006～2008；

"信息整合下的板带钢质量智能评价与推理技术"，2008AA04Z135，国家高技术研究发展计划 (863 计划) 项目，2008~2010；

"基于机器视觉的板带钢表面质量在线检测系统开发"，106-13，沈阳市高技术产业发展项目，2010~2011；

"面向金属板表面非完整信息目标的识别方法研究"，51374063，国家自然科学基金，2013~2017。

还要特别感谢王成明博士、吴艳萍博士、刘鬼鬼博士、王永慧博士、丛家慧博士、韩英丽博士、魏玉兰博士、董德威博士、宋克臣博士、王展博士、李骏博士生、张尧博士生、彭怡书博士生、孙宏伟博士生、赵永杰博士生以及二十余名硕士，是他们刻苦努力，勤奋钻研，才取得了相关的研究成果。宋克臣博士协助完成了相关研究成果和书稿的整理工作。

作者由衷感谢中国工程院王国栋院士在百忙之中审阅书稿并为本书作序！

颜云辉

2015 年 3 月 1 日于沈阳

目　　录

第1章 绪 论

1.1 机器视觉检测概述

1.1.1 机器视觉及其系统组成

视觉信息在人类生产生活所涉及的各种信息中占有重要比例，而赋予机器以人类视觉功能，让机器代替人类对外界世界进行感知，或让机器感知那些人类视觉无法触及的场合，便成为了机器视觉理论与技术发展的初衷。美国制造工程师协会(Society of Manufacturing Engineers, SME) 机器视觉分会和美国机器人工业协会(Robotic Industries Association, RIA) 的自动化视觉分会对机器视觉进行了如下定义："机器视觉 (machine vision) 是通过光学的装置和非接触的传感器自动地接收和处理一个真实物体的图像，以获得所需信息或用于控制机器人运动的装置。"[1] 这就是说，用各种成像系统代替视觉器官作为输入敏感手段，由计算机来代替大脑完成处理和解释，最终使计算机能像人那样通过视觉观察和理解世界，具有自主适应环境的能力。

通常，机器视觉是指基于计算机视觉技术的机器系统或学科，故从广义来说，机器人、图像系统、基于视觉的工业测控设备等统属于机器视觉范畴。从狭义角度来说，机器视觉更多指基于视觉的工业测控系统设备。值得一提的是，机器视觉概念与普通计算机视觉概念并不完全一致，这主要是由于机器视觉相比于计算机视觉更强调实际应用，因此从系统的复杂性、实用性及实时性三方面来看，二者不可同日而语。就复杂性而言，机器视觉作为一门综合技术，既包括数字图像处理、模拟与数字视频采集、计算机软硬件开发等与计算机视觉相通的技术，也包括机械工程技术、控制技术、电光源照明技术、光学成像技术、传感器技术等面向工业生产实际的配套技术。这些技术在机器视觉中是并列关系，相互协调才能构成一个成功的机器视觉系统；就实用性而言，机器视觉系统要能够适应恶劣的工况，要有合理的性价比、较好的通用性和较高的鲁棒性，并且还要具备安全性，不会对产品及操作人员造成危害；就实时性而言，机器视觉系统需要具备高速度和高精度。因而计算机视觉和数字图像处理中的许多技术目前还难以应用于机器视觉。

机器视觉系统主要由三大部分组成：图像的获取与采集系统、图像的分析与处理系统、结果的显示与智能决策系统，如图 1.1 所示。一个典型的机器视觉系统应该包括光源、光学系统、图像捕捉系统、图像数字化模块、数字图像处理模块、智能判断决策模块和机械控制执行模块。机器视觉系统的输入装置通常是摄像机,在光学元件和照明元件的配合下,利用图像采集元件将三维感观世界转化为计算机中的二维 (2D) 投影序列,而后将二维投影图像序列在计算机中进行处理和分析进而理解图像,依据分析的结果进行智能推理决策,并将决策结果反馈到被测物体。

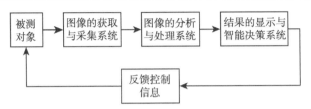

图 1.1   机器视觉系统构成图

1.1.2   机器视觉的主要应用

机器视觉相对于人类视觉而言具有如下优势:①机器视觉系统能够对形状复杂的物体进行平面或空间的精确测量,而且这种测量不需要接触,不会改变被测物体的位置及性状。②人类难以长时间对同一对象进行观察,而机器视觉系统可以长时间地执行观测、分析和识别任务,并可应用于恶劣的工作环境。③能够排除人为因素干扰。④成本效率高,随着计算机处理器价格的急剧下降,机器视觉系统成本效率也变得越来越高。一个价值一万美元的视觉系统可以轻松取代三个人工检测探测者,这样就有明显的经济效益。另外,视觉系统的操作和维护费用较低。⑤具有较宽的光谱响应范围,机器视觉可以利用多波段的光敏元件,观测到人肉眼无法看到的世界。

自 20 世纪 80 年代以来,随着数字图像处理、人工智能与模式识别、图像分析理解等领域的创新研究成果不断涌现,机器视觉研究领域获得了蓬勃发展,并且从理论研究逐步走向实际应用,目前机器视觉已运用在以下诸多领域。

1. 先进制造领域

现今,在众多的工业生产场合,都可以看到机器视觉系统的身影。通过机器视觉实时准确获取产品信息,使得对生产的精细控制成为可能;通过机器视觉代替人类进行检测,大大降低了工人的劳动强度,提升了检测效率;通过机器视觉控制机器人,实现了生产的自动化。机器视觉的应用促进了工业的信息化和自动化,而信息化和自动化恰好是先进制造区别于传统制造的主要特征,因而可以说机器视觉是先进制造不可或缺的组成部分。在众多的产品制造过程中,机器视觉技术正在发挥重要作用。例如,在冶金产品生产中,机器视觉广泛适用于各类金属板带材的质量检测,本书所介绍的板带钢表面质量检测就是其应用之一。通过应用机器视觉检测,大幅度提升了对金属板带材表面缺陷的识别水平,为进一步评价板带材表面质量打下基础, 进而推动了更为精细的板带材质量分级及以质论价体系的建立; 在新能源方面, 作为太阳能的发电载体, 太阳能电池片的质量是影响太阳能电池组件发电效率的主要因素之一。利用机器视觉技术可以有效地检测太阳能电池片的表面质量。图 1.2(a) 展示了利用机器视觉检测太阳能电池背板膜表面缺陷; 在微电子工业中, 机器视觉技术可以应用于印刷电路板的检测, 图 1.2(b) 展示了利用机器视觉辅助印刷电路板贴片, 并对贴片误差进行校正[2]; 在汽车工业领域, 大量作业是通过工业机器人完成的, 而这些工业机器人的控制大多依托于机器视觉伺服, 如图 1.2(c) 所示。

(a) 太阳能电池板背板膜检测　　(b) 印刷电路板贴片检测　　(c) 机器人视觉伺服

图 1.2　机器视觉在先进制造领域的应用 (后附彩图)

2. 医学领域

机器视觉技术在医学领域应用广泛。在疾病诊断中大量使用机器视觉设备, 例如, 图 1.3(a) 所示的 X 射线层析摄影 (CT), 以及超声成像、血管造影等设备。这些设备主要利用数字图像处理技术和信息融合技术辅助医生进行医学影像的分析, 大大提高了诊断水平。另外, 在疾病治疗方面, 也开始采用机器视觉技术。图 1.3(b) 所示为 "达芬奇" 手术机器人, 该机器人可以辅助医生进行微创手术, 其具有三维成像能力的高端内窥镜将采集到的图像进行放大, 以三维立体方式呈现给操作医生, 极大提高了手术的安全性和方便程度。

(a) X射线层析摄影　　　(b) 手术机器人

图 1.3　机器视觉在医学领域的应用 (后附彩图)

3. 材料科学领域

机器视觉技术采用的数字图像处理技术作为一个二维或多维信息处理技术, 若与相关领域知识配合, 可成为科学研究中学习获取和处理的主要技术手段之一。例如, 金属断口的分析与识别, 电子显微镜的图像分析和重构等。

4. 地球与环境科学领域

卫星和航空测量设备可以收集大量的图像信息, 有效地进行资源、矿藏勘探, 国土规划, 灾害调查, 农作物估产, 气象预报, 以及军事目标监视等。

5. 军事国防领域

机器视觉技术是一种高新技术, 一般来说, 高新技术总是首先应用于军事国防领域, 已经有许多战例说明由数字图像信息处理技术作为核心控制部件的精确制导武器的威力, 它以被动方式工作, 隐蔽性好, 抗干扰能力强, 智能化程度高, 可以无需人工干预地在复杂背景中精确地控制导弹命中目标, 如美国的 "战斧式" 巡航导弹就是采用地形图像匹配与惯性制导的精确杀伤武器。

6. 空间探测领域

空间探测和天文观测需要大量获取各波段的天体图像, 或者通过机器视觉对地外探测器进行导航, 这使得机器视觉在这一领域的应用十分广泛。例如, 我国嫦娥探月工程中, 玉兔号月球车采用了基于机器视觉的月面环境感知与导航系统, 实现了月球车的环境感知、地形建立、路径规划、视觉定位等功能。其还搭载了红外成像光谱仪、粒子激发 X 射线谱仪等科学探测仪器, 这些仪器能够从红外、X 射线波段获取月面图像, 图 1.4 展示了机器视觉在空间探测领域的应用。

图 1.4　机器视觉在空间探测领域的应用 (后附彩图)

7. 其他领域

机器视觉技术在公安、交通、体育、影视、考古等领域也有广泛应用。例如，利用机器视觉对指纹、脸谱、手纹、虹膜、耳形、步态、DNA 等人体生物统计特征的提取和识别，可以为公安人员抓获罪犯与个人安防提供有用的信息。又如交通和商业中使用的监控设备，可以对道路和商场等公共场所进行有效监控。

综上所述，机器视觉技术在能源、生物、医疗、资源开发、宇航、气象、交通、文教、军事和公安等众多领域中有着广泛的应用，并不断产生新的研究成果，目前其基本理论和应用技术已成为国际上的研究热点。

1.2　板带钢表面质量检测

1.2.1　板带钢表面质量检测概述

板带钢表面质量检测是以板带钢表面缺陷为识别目标的一种检测。板带钢作为一类重要的金属板带材，是指利用热轧、冷轧等生产方法获得的钢板及钢带。按厚度可分为厚板、薄板及极薄板带三大类，我国将 60mm 以上厚度的钢板称为特厚板，20~60mm 的钢板为厚板，4.0~20mm 的钢板为中板，0.2~4.0mm 的钢板为薄板，其中 0.2~1.2mm 又称为超薄板带，小于 0.2mm 的钢板称为极薄板带材，也称箔材[3]。

板带钢在航空航天、石油石化、汽车工业等领域中都有着广泛应用，其表面质量直接影响到下游产品的外观及使用性能。因此板带钢表面质量检测已然得到了广泛的重视，并形成了与之匹配的检测结果评价体系，板带钢表面质量检测水平的提升能够带来多方面的益处：

我国是钢铁工业大国，自 20 世纪 90 年代以来一直占据世界粗钢产量第一的位置，其中板带钢产量一直占总产量的较大份额，现已达到总产量的一半。板带钢产品附加值较高，一旦其质量出现问题，因遭到索赔而造成的损失也较高。随着市场竞争的日趋激烈，产品质量已成为国内外钢铁企业竞争的关键性指标之一，因此能否有效地检测出板带钢产品的表面缺陷并进行管控，以最大程度地降低缺陷的产生，就成为了钢铁企业保持核心竞争力的关键。我国钢铁企业应当在板带钢表面质量检测上加大研发及技术创新力度，从而推动我国钢铁工业向更高层次发展。

准确、实时地检测板带钢表面质量能够帮助生产企业更好地掌握产品质量情况，将产品按照不同的质量等级进行划分，向下游用户提供符合其质量要求的产品，使产品的附加值通过服务得到提升。通过检测查找并改进影响产品质量的因素，使产品质量保持稳定，能够树立板带钢生产企业的形象与口碑，降低下游用户的采购风险，促进双方合作共赢关系的建立，进而提升下游用户的忠诚度，为生产企业带来稳定的订单,而下游用户也能获得所需的产品。

由于设备和工艺条件所限,在板带钢生产过程中,生产环境、轧机设备、轧制工艺等都可能会在板带钢的表面形成并留下不同形式、不同大小、不同类别的缺陷,这些缺陷主要包括针眼、结疤、擦裂、划伤、孔洞、凹坑、氧化皮、麻点、裂纹、表面分层、锈蚀等。表面缺陷既影响外观,又会降低板带钢的抗腐蚀性、抗磨性、疲劳极限等性能,表面缺陷的类型、多少、大小、分布情况等决定了板带钢的表面质量。也正是由于板带钢表面质量存在着差异,所以对表面缺陷的检测,一方面有助于分析查找产生缺陷的原因,控制和改善产品生产质量,提升产品的竞争力;另一方面可以对所生产出的产品进行质量评价,形成完善的质量评价报告,以使产品的使用价值最大化。

目前,在板带钢表面质量检测技术方面,已显现出从人工检测过渡到以机器视觉检测为代表的自动化检测的趋势。可以预见的是,今后钢铁生产的自动化水平还会不断提高,在检测方面也不会例外。进一步应用自动化检测手段会节省开卷检测或在线目视检测所需的人力成本,降低检测人员的劳动强度。

1.2.2　几种典型的板带钢表面缺陷

板带钢表面缺陷的类型繁多,每种缺陷的具体表现形式又随生产线设备、板带钢材质、形状、现场工艺环境等因素的不同而不尽相同。其中出现频率较高、对表面质量影响严重的几种典型缺陷的类型和成因如下[4]。

(1) 辊印:表现为零散不规则的或周期性的印痕,是由于轧制过程中抬辊不及时;轧辊材质不佳,表面硬度低等造成黏辊;轧机不洁净,油泥铁屑等压入带钢等产生的。如图 1.5(a) 所示。

(2) 孔洞:一般是非连续的并且贯穿带钢上下表面。可能导致孔洞出现的因素有:材质因素,一般指铸坯中的皮下夹杂、卷渣、表面裂纹等缺陷导致基板局部区域强度弱化,在轧制过程中形成孔洞;轧制工艺因素,即轧制过程中板面局部区域变形不均匀 (如板卷跑偏造成局部区域边部折叠、基板交界处的变形不均匀、板形不良造成的变形不均匀) 或受损导致孔洞。如图 1.5(b) 所示。

(3) 夹杂:这种缺陷在热轧及冷轧板带钢中都可能出现。在热轧板表面一般呈棕色条状,在冷轧板表面一般呈明亮的条带状[5]。如图 1.5(c) 所示为热轧板的夹杂缺陷。这种缺陷一般是由于钢水中混有 Mg、Al、Ca、Si 等元素的氧化物导致的。

(4) 边缘锯齿:表现为钢板边缘的横向裂纹。长短不一,类似锯齿形 (也称为边裂),如图 1.5(d) 所示。主要出现在塑性差的钢种中,如合金钢、高碳钢、矽钢及二次轧制的薄带钢。造成边缘锯齿的主要原因有:板带边缘金属在张力轧制条件下发生撕裂;带钢材料的塑性差,压力比大,各道次的压下量不均;局部加工硬化严重;边缘部分剪切质量不好,毛刺大。

（5）氧化皮：也称氧化铁皮，仅出现在热轧板上，原因是热轧过程是在再结晶温度以上进行的，因此在轧制过程中可能有被氧化的铁皮轧入带钢表面。而在常温下轧制的冷轧板一般不会出现该缺陷，除非作为原料的热轧板存在氧化皮，或者未对热轧原料板进行彻底酸洗。氧化皮表现为线痕或大面积的压痕，如图 1.5(e) 所示。

（6）抬头纹：如图 1.5(f) 所示，是具有曲线形状的应变条纹。造成抬头纹的主要原因有：带钢断面形状不良，如表面隆起；退火前的卷取张力太大；退火时带钢互相黏结，开卷时超过屈服强度发生塑性变形。

（7）划伤：表现为沿轧制方向呈现深浅不一的划痕，如图 1.5(g) 所示。主要成因是轧机卷取张力过小，导致平整开卷张力大于轧钢卷取张力，在平整过程中，钢卷层与层之间产生相对运动而相互摩擦从而产生划伤。

（8）麻点：如图 1.5(h) 所示，带钢表面很轻微的压痕，不含外来夹杂，随机分布在带钢表面。同氧化皮一样，也是仅出现在热轧板的缺陷。原因是热轧板需要进行酸洗，以去除钢板表面的铁氧化物及锈蚀。但是若酸洗时间过长或缓蚀剂不足，则易导致板材被腐蚀，从而产生麻点。

（9）锈斑：这种缺陷不同于以上提到的板带钢生产过程中产生的缺陷，而是属于在存放和运输中产生的缺陷。表现为带钢表面从浅红黄色到黑色的斑片，其形状、模式和尺寸可能变化较大。如图 1.5(i) 所示。带钢表面存在含水液体；或者未作防腐处理，在高湿度条件下长时间存储；或者长途运输时包装不好，都易导致板带钢表面产生锈斑。

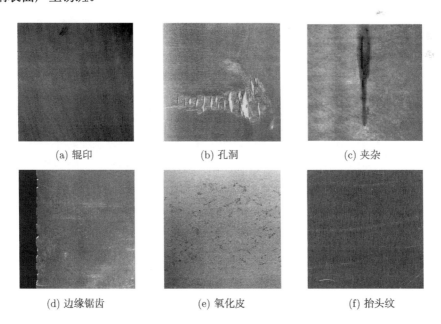

(a) 辊印　　　　　　　　　(b) 孔洞　　　　　　　　　(c) 夹杂

(d) 边缘锯齿　　　　　　　(e) 氧化皮　　　　　　　　(f) 抬头纹

(g) 划伤　　　　　　　　(h) 麻点　　　　　　　　(i) 锈斑

图 1.5　板带钢的典型表面缺陷 (后附彩图)

1.2.3　板带钢表面缺陷检测典型方法

　　板带钢表面缺陷检测方法是伴随着板带钢的生产而逐步发展起来的。按照缺陷的检出方式，主要可分为人工检测和自动检测。人工检测为早期的检测方法，包括离线开卷检测及在线人工检测，而在线人工检测又分为人工目视检测和频闪检测。人工检测方法直到今天仍然是很多钢铁企业主要采用的检测方法，或者作为自动化检测方法的有益补充。而自动检测方法是从 20 世纪 70 年代开始兴起的，伴随着计算机技术和传感器技术的发展，目前已形成了以机器视觉检测法为主流的多种自动检测方法，包括涡流检测法、红外检测法、漏磁检测法和机器视觉检测法等。以下对典型的在线检测方法作简单介绍。

　　1. 人工目视检测法

　　人工目视检测法依靠人眼识别缺陷，利用该方法进行在线缺陷检测除必要的照明以及辅助观察的反射镜外，对检测设备的要求较少，因此投入较少，是板带钢表面缺陷长期以来的主要检测方法。但随着生产速度的提高以及检测标准的愈发严格，人工检测的劣势逐渐凸显。一方面，由于肉眼检测能力有限，运动中的带钢从检测人员眼前飞驰而过的情况下，眼球无法及时聚焦，带钢的线速度若高于 180m/min，就完全无法看清其表面，从而产生 "运动模糊感"，造成对缺陷的误检或漏检；另一方面，人工检测主要依赖于人的主观印象，难以保证对不同类型缺陷进行清晰的区分或是在较长时期内对同类缺陷作出相同的评价；而同样不容忽视的是，人工检测的劳动强度较大，长期注意力高度集中地进行单调的检测工作对检测人员心理会造成较大的考验，且长时间观察运动物体会产生所谓 "移动催眠" 的问题，使检测人员难以集中注意力。

　　2. 频闪检测法

　　频闪检测法能够帮助人眼克服观察高速运动物体时产生的视觉模糊，看到清晰的缺陷图像。该方法采用 10~30μs 的脉冲闪光引起视网膜的静止反映，起到相当于照相机快门的作用，由于光源频率高，带钢在此期间的移动相对眼睛可看成是静止的，从而使检测者可看到一系列清晰的图像。熟悉表面缺陷且经过培训的检测人员，在速度高达 20m/s 时也能立即识别出小于 1mm 的带钢缺陷。该检测方法的优点是成本低，可以对移动速度为 50~2250m/min 的板带钢进行检测，在轧钢的全流程都适用。而缺点是仍然会受到人的主观因素影响，不能对缺陷的位置、类型进行精确的统计。这种方法对于不具备自动检测技术或自动化较低的钢铁生产企业，可以作为主要的检测手段。值得一提的是，频闪作为一种克服运动模糊的手段，不仅可以应用于人工检测，也可以配合摄像机检测，且后者可以降低对摄像机帧率的要求。摄像机在这里相当于人眼的延伸，相对于人眼可以布置在更利于观察的位置，而检测人员也从直接观察板带钢转而通过监视屏观察。虽然通过摄像机采集到的图像理论上可以作为自动检测的原始信息，不过在一般的提法中，频闪检测法仍属于人工检测的范畴。

3. 涡流检测法

涡流检测法是一种检测热连铸板纵向、横向及边角裂纹的方法，于 1989 年由法国洛林连轧公司福斯厂开发成功。该方法的原理是通过安装有传感线圈的涡流探测器在带钢表面做往复运动，带钢表面有缺陷的位置会影响线圈的感应电流，通过检测感应电流的变化判断是否存在缺陷[6]。涡流检测法较人工检测方法在检测精度和自动化方面有了一定程度的提高，但这种方法只能检测金属板材表面和表皮下层阻流缺陷；需要大电流励磁，能源消耗大；采用涡流检测方法检测的板材温场必须均匀，这对于冷轧钢板来说很难满足；为了使缺陷充分暴露必须有足够的加热时间，不利于生产效率的提高。因此，涡流检测方法不适宜高速轧制冷轧带钢的表面缺陷检测。

4. 红外检测法

红外检测法主要针对热钢坯表面的纵裂纹和横裂纹等缺陷进行检测。该方法在钢坯传送辊道上设置高频感应线圈，当钢坯通过时，感应线圈表面会产生感应电流，由于高频感应的集肤效应，在有缺陷的区域，感应电流从缺陷下方流过，增加了电流的行程，从而导致单位长度上的表面消耗更多电能，引起钢坯局部表面温度的上升。由于缺陷处的局部升温与缺陷的平均深度、线圈工作频率、特定的输入电能、被检钢坯的电性能和热性能、感应线圈的宽度和钢坯的运动速度等因素有关，因此如使其他各种因素对于局部升温的影响在一定范围内保持恒定，就可通过检测局部升温值来计算缺陷深度。1990 年挪威 Elkem 公司基于红外检测原理研制出 Therm-O-Matic 连铸钢坯红外检测系统。

5. 漏磁检测法

漏磁检测法[7] 是一种专门针对板带钢表面及内部非金属夹杂物的检测方法。其检测原理是利用漏磁通密度与缺陷的体积成正比的关系，通过测量漏磁通密度从而确定缺陷的大小并对缺陷进行粗略分类。1993 年日本川崎制铁公司千叶制铁所开发出了在线非金属夹杂物检测装置。该装置不仅能检测出板坯的表面缺陷，而且还能检测到板坯内部的微小缺陷。该方法检测精度较高，适用温度范围宽，造价比较低廉，但检测类型单一，应用范围较窄。

6. 机器视觉检测法

以上提到的自动检测方法都是针对特定的应用场合，能够检出的缺陷类型及量化指标都比较少。而机器视觉检测法作为目前板带钢表面缺陷自动检测中的主流方法，正好弥补了这一缺点，表现出良好的普适性。在板带钢表面缺陷检测领域，机器视觉检测方法主要有基于激光扫描的机器视觉检测方法和电荷耦合器件 (charge coupled device, CCD) 成像的机器视觉检测方法。

1) 基于激光扫描的机器视觉检测方法

该检测技术主要用来检测冷轧板、硅钢板、不锈钢板等的表面缺陷。以 He-Ne 激光器作为光源，通过旋转镜反射激光使其在钢板表面进行一维扫描，表面反射的激光由光电倍增管接收。配合钢板的进给运动，获得钢板二维表面信息。由于扫描过程实际为激光点在钢板表面的快速移动，所以也被称为飞点法。按照光学系统的布置形式，又可细分为斜交布置和平行布置两种。1971 年英国钢铁公司、伦敦城市大学、SIPA 工学院联合开发出的激光检测系统奠定了这一技术的雏形。该系统以 5mW 的 He-Ne 激光器作为扫描光源，以 12 面反射棱镜和柱面镜作为光学系统，使用光电倍增管作为接收端。之后，日本川崎制铁公司研制了镀锡板表面质量在线检测装置，先后采用了斜交激光扫描系统和平行激光扫描系统进行带钢表面质量检测[8]。20 世纪 80 年代，美国 Sick 光电公司也开发出平行激光扫描装置，可以检测到多种表面缺陷。

激光扫描检测相对于之前提到的检测方法可以显著提高检测的灵敏度、实时性和数字信号处理结构的通用性。但这种方法所采用的光电倍增管对反光信号的反映单一，只能衡量反光的强弱，却无法反映导致反光变化的具体原因。这使得该方法对于微小的或对比度小的缺陷分辨能力不足，对于油膜、水印等实际上不属于缺陷的 "伪缺陷" 无法区分。另外，由于光电倍增管接收方向与入射光平行时对信号最灵敏，为保证这一点，其专用的光学系统结构复杂，可维护性和可升级性较差。这些因素限制了激光扫描检测技术的进一步发展。不过该方法作为早期机器视觉应用于板带钢表面检测的有益探索，为后期出现的以 CCD 而不是光电倍增管为核心传感器的机器视觉检测法提供了借鉴。

2)CCD 检测法

基于 CCD 检测板带钢表面缺陷的原理是用特殊光源 (包括荧光管、卤素灯、发光二极管 (light emitting diode, LED)、红外线和紫外线灯等) 以一定方向照射到板带钢表面,利用 CCD 相机在板带钢上扫描成像,将所得到的图像信号输入计算机中,通过图像预处理、图像边缘检测、图像二值化等操作,提取图像中的板带钢表面缺陷特征参数,再进行图像识别,从而判断出是否存在缺陷及缺陷的种类信息等。这种方法以机器视觉检测、图像模式识别技术为基础,硬件多采用标准化部件,以软件为核心,调整和改进很方便,现已成为主流的板带钢表面缺陷检测技术,因此本书着重介绍该技术,下文提到的机器视觉检测方法如无特别说明都是指基于 CCD 的检测方法。

1.2.4 机器视觉板带钢表面缺陷检测

基于机器视觉的板带钢表面检测研究已经历了近 40 年的历程,时至今日,该领域的研究现状及趋势可以梳理如下。

针对板带钢生产各阶段的检测来说,冷轧板带钢缺陷检测方面相对比较完善,国外的一些企业及国内的宝钢集团有限公司已经能够针对冷轧特定应用场合提供高效的检测系统;热轧板带钢缺陷检测由于表面情况较复杂,检测难度相对冷轧更大,因此还有必要进一步深入研究;而对于热轧板的原材 —— 铸坯板的表面缺陷检测是目前的研究前沿,重庆大学 "基于多传感器融合技术的高温铸坯表面缺陷可靠检测" 项目得到 2009 年度国家自然科学基金资助,体现出这一领域具有较高的研究价值。这一领域的难点是铸坯板表面纹理十分复杂,已经难以通过一般的图像处理手段将感兴趣的缺陷从纹理背景中提取出来,攻克这一技术难题并研发出实用设备,有助于从源头提升板带钢表面质量。

就板带钢表面缺陷检测系统的研究来说,系统硬件及软件的升级换代都没有止境,一方面,相机、光源、处理器等硬件设备性能在不断提升,采用更高性能的设备有助于进一步提高检测分辨力和灵敏度,提升对海量数字信号的处理能力。而另一方面,系统软件尤其是图像处理算法的改进往往对检测效果有更为明显的影响,优化特征选择、提取方法以及训练、学习、识别方法,能够更加有效地提高分类效率。国家自然科学基金分别于 2011 年及 2012 年资助了武汉科技大学 "基于虚拟工艺特征模型及自适应稀疏编码的钢板表面缺陷识别研究" 以及河海大学 "基于仿生视觉感知机理的金属板带表面缺陷在线监测方法研究",体现出升级检测系统软件的重要意义。

而从板带钢质量控制及评价研究的角度讲,由于板带钢表面缺陷检测的目的不仅是发现并识别缺陷,还应包括利用识别出的信息改善质量,以及对质量进行综合评价,因此以板带钢表面缺陷检测数据为依据,综合其他影响板带钢质量的因素, 对板带钢进行综合质量评价也是目前的研究热点。东北大学在这方面开展了板带钢综合质量评价系统的研究, 获得了国家自然科学基金及国家 863 计划的支持。板带钢综合质量评价要求对板带钢力学性能、工艺性能、尺寸精度、表面质量、化学性能等质量指标进行权重分配, 将实际应用中合理的逻辑和经验融入到权重分配过程, 构建评价模型, 以期实现对板带钢综合质量的科学评价, 生成质量报告, 为板带钢产品的以质定价提供依据。

科学技术研究的目的往往是向生产应用转化, 板带钢表面检测这一紧扣生产实际的研究也是如此。目前在冷轧和热轧领域, 一批较成熟的检测系统已经得到了应用, 在板带钢生产过程中发挥了显著的作用。由于冷轧与热轧可能产生的主要缺陷类型并不完全一致, 对机器视觉系统也有各自的要求, 因此以下分别介绍这两种生产方式对应的检测系统研发情况。

1. 冷轧板表面缺陷检测系统

国外对于冷轧板的表面缺陷, 已经开发出了多种机器视觉检测系统。产品应用较多、技术比较成熟、研究较为系统的两家公司为美国的 Cognex 公司和德国的 ISRA VISION Parsytec 公司, 图 1.6 为两家公司的检测产品。Cognex 公司以硬件产品为主, 其软件大都是为其硬件开发的, 具有较强的图像分类系统。该公司于 1996 年先后研制成功了 iS-2000 自动检测系统和 iLearn 自学习分类器软件系统[9], 通过这两套系统的无缝连接, 整体系统可以提供 80GOPS 的运算性能, 并有效地改善了传统自学习分类方法在算法执行速度、数据实时吞吐量、样本训练集规模及模式特征自动选择等方面的不足。该公司使用的图像传感器为线阵 CCD 相机, 使用这种相机可以使系统结构大为精简, 然而线阵相机需要附加检测辊, 以防止钢板振动, 而且也不能在钢板静止时获取一整幅图像, 因而该系统要求被检测对象具有一定的运动速度。

(a) Cognex公司产品　　　　　(b) ISRA VISION Parsytec公司产品

图 1.6　Cognex 公司和 Parsytec 公司的冷轧板表面缺陷检测产品 (后附彩图)

德国的 ISRA VISION Parsytec 公司早在 1997 年研制出 HTS-2[10] 冷轧钢板表面缺陷检测和分类系统，该系统应用了基于人工神经网络的分类器技术，可对所检测到的钢板表面缺陷进行分类。2004 年该公司发布了新一代产品 Parsytec5i，其将钢板表面质量信息输入到支持决策信息中，不仅可以对产品进行质量检测，而且可以给出其质量评价报告，使用信息处理技术日趋成熟。对于表面质量的在线检测，尤其是针对钢铁企业表面缺陷检测方面，该公司的产品功能齐全、运行快速、识别率高，而且强调对分类后的缺陷进行分析和决策等操作，因而遍及全球各个主要钢铁企业。该公司的系统以面阵 CCD 相机为图像传感器，开发的应用软件为 Parsy-HTS。采用面阵相机不用检测辊，对钢板上下的振动要求也不高，但是必须多架摄像机并列才能检测钢板全表面。另外，该公司的市场占有率更高，现在其产品全球市场的占有率可达到 80%，世界各大钢铁公司都有该公司的产品，产品更新换代速度快，且现在已经开发出第五代检测产品。

此外，西门子奥钢联 (Siemens VAI) 公司开发了 SIROLL^{CIS}SIAS 板带类产品自动表面检测系统，并在加拿大哈密尔顿市 ArcelorMittal Dofasco 公司的酸洗冷连轧机组上成功安装了该系统。该系统在板带实时接口的中间活套和冷轧机前，对酸洗段的出口处进行顶部和底部检测，检测的最大带钢宽度为 1638 mm，检测点处的最大带钢速度为 200 m/min。由于减少了缺陷带钢断裂和轧机停机的发生率，ArcelorMittal Dofasco 公司 1 号酸洗冷连轧机组的工作比 (可用生产线时间) 提高了约 1%。另外，2011 年 Medina 等[11] 在西班牙 Gonvarri 工业集团的冷轧剪切机组处安装了一套研发的表面缺陷检测系统，该系统由 5 台 1024 像素的线扫描相机获取图像并由 5 台计算机分别完成图像处理等方法的计算，而且在六类典型缺陷上进行了实际实验研究，但是其分类精度仅为 87%。

国内在冷轧板表面缺陷检测系统的研发上获得成功且已经过实践检验的系统主要包括，北京科技大学徐科等开发的 HXSI-C1 系统和宝钢集团有限公司何永辉等开发的系统。2003 年北京科技大学[12] 开发了一套在精整线上使用的冷轧带钢表面质量自动检测系统，如图 1.7(a) 所示。该系统安装在武钢集团海南有限责任公司的冷轧精整线上，是当时国内开发的第一套冷轧带钢表面在线检测系统。该系统上下表面各用 6 台面阵 CCD 摄像机作图像采集设备，且上下表面各用一条红色 LED 光源作照明设备，系统的检测速度为 100m/min，检测最大带宽为 1250mm，系统检测精度为 0.3mm，能够比较稳定地检测辊印、划伤、锈斑、折印、黏结、擦伤、乳化液斑等常见缺陷。同时，系统可以在线显示缺陷的尺寸、位置、类型以及缺陷的图像，并将缺陷的信息 (包括尺寸、位置、类型、图像) 保存到数据库中。同时可以从数据库中提取已检测过的带卷表面质量数据加以分析，对特殊的缺陷进行报警，报警条件可由用户确定且可生成、打印和保存表面质量的检测报告。2007 年宝钢集团有限公司[13] 自主研发的冷轧钢板表面质量在线检测系统在宝钢 1550

电镀锌成功投运，系统构架如图 1.7(b) 所示。该系统采用了双面检测、过渡场照明、线扫描 CCD 成像、基于计算机并行处理的设计方案。每一面的检测处布置了五部 2K 像素的高速线扫描 CCD 相机 (分辨率达到 0.2mm×0.5mm) 和一组高亮度长寿命 LED 阵列光源，该系统的 CCD 相机通过光缆连接到图像处理计算机。检测系统可以检测多达 16 种缺陷，平均识别率达到 80%以上，系统的使用已在现场取得了很好的经济效益。

(a) 北京科技大学开发的检测系统   (b) 宝钢集团有限公司开发的检测系统

图 1.7　我国研发的冷轧板表面缺陷检测系统 (后附彩图)

2. 热轧板表面缺陷检测系统

2000 年，德国 ThyssenKrupp 公司安装了四套 ISRA VISION Parsytec 公司研制的 HTS-2W 热轧钢板表面检测系统[14]，可以在线自动探测和分类热轧钢板的缺陷，能检测到毫米级精度的缺陷，改变了以往只能靠人工检测热轧钢板的局面。2005 年，法国的 VAI SIAS 公司为 Arcelor 集团的 Dunkerque 厂研制开发了该公司第一套热轧带钢表面在线检测系统[15]。此外，西门子奥钢联公司也将其开发的 SIROLL^{CIS}SIAS 自动表面检测系统用来解决热轧钢板表面缺陷的检测问题，并在俄罗斯利佩茨克 (Lipetsk) 的新利佩茨克钢铁公司 (NLMK) 的 2000 带钢热轧机上成功安装了该系统。该套系统使用单台摄像机，以高分辨率对带钢顶部和底部表面进行检测，检测的最大带钢速度为 200 m/min，检测和分类性能大于 90%。而该生产线主要生产的是碳钢、低合金钢和电工钢，年产量为 530 万吨，钢板厚度为 1.2~16 mm，由于该系统的使用直接影响了铸造工艺 (缺陷纠正)、热轧机操作 (换辊) 和冷轧机操作 (切割入口材料或降低速度)，因而提升了 NLMK 的产品质量。

国内对热轧板表面缺陷的检测系统研制，目前已经成功的主要还是北京科技大学和宝钢集团有限公司。2009 年北京科技大学徐科等在河钢集团唐钢公司 1700 热轧生产线上安装了一套热轧表面缺陷检测系统 HXSI-H2，如图 1.8 所示。其上下表面检测装置都安装在层流冷却之后，卷取之前。该系统将线阵 CCD 摄像机作为图像采集装置 (上、下表面各 4 个)，用绿色激光线光源作照明 (上、下表面各 1 个)，通过窄带滤色镜滤除钢板表面的辐射光，从而提高了缺陷对比度，并提出了新的缺陷检测与识别算法流程。该系统在带钢横向上的检测精度为 0.4mm，在带钢纵向上为 0.5mm，可检测的最高速度为 18m/s，对生产线上常见表面缺陷的检出率为 95%，识别率为 85%，对用户特别关注的裂纹、麻面、划伤、烂边等缺陷的检出率接近 100%。由于该系统将激光线光源作为照明光源，因此该方案不能应用于面阵相机的照明需求。针对该问题，2011 年宝钢集团有限公司何永辉等[16] 自主研发了远距离超高亮度 LED 光源，解决了高温环境下的远距离均匀照明问题，不仅适用于线阵相机，同时适用于面阵相机的照明需求。另外，在有安装空间限制而要求光源远离被检测位置的系统中，该光源也可以正常使用。同时，该系统采用高速线阵 CCD 摄像机获取高质量的钢板图像，并根据热轧板表面缺陷的特点，采用了针对性的图像处理和目标识别算法。热轧生产线运行证明了系统具有较高的实时性、可靠性和缺陷检出率。

图 1.8　北京科技大学研发的热轧板表面缺陷检测系统 (后附彩图)

1.3　板带钢质量评价

1.3.1　板带钢质量评价概述

板带钢质量评价是在一定的标准下衡量板带钢质量并得出定性定量评价结论的过程。可以说，板带钢质量评价是对质量检测所获得信息的更高层次的概括和阐释，是全面、系统、准确地掌握板带钢质量的手段，也是改进生产流程及为产品合理定价的依据。作出科学评价的前提是获取全面准确的检测数据，而核心则是一套能够合理处理评价指标关系的评价方法或评价标准。基于机器视觉的板带钢表面质量检测及其他质量检测手段保证了检测数据的全面性和可靠性，而评价方法能否准确客观反映板带钢产品质量则是影响质量评价效果的主要因素。

无论从质量生成、精益生产还是价值链分配的角度，板带钢的用户若想提高其产品竞争力，必然并已经开始将质量控制的目光由下序到上序、由内向外地反向展开。根据质量投入的杠杆原理，在下游为控制某些缺陷进行的投入要相当于在上游对此类缺陷进行相同效果控制的投入的数倍乃至百倍。因此，从产品链条的共同利益考虑，下游企业总是会试图影响、改变甚至重新选择能够稳定为其提供高品质、低成本产品的强有力的上游供应商。在以客户为上帝的市场面前，客户群的集体倾向必然会对作为供应者的钢铁企业产生决定性的影响。因此，当前钢铁企业若想在未来的竞争中取得优势，必须加强对产品质量的监控与细化，为用户提供质量更稳定、品种更多、等级划分更细致且更容易被用户选用的产品。

板带钢质量评价直接影响到企业对板带钢产品质量有针对性的过程控制。如果能对现有评价的"合格品"进行更为细致的多等级综合评价，那么企业可以按质论价从而获得更大的经济效益。同时还可以满足不同用户的使用需求，增加服务效益从而增加企业的市场竞争力。反之，对产品过低的评价会降低企业的应得收益，而过高的评价会引发改判甚至带来索赔的风险，同样会给企业带来经济损失。如国内某中型钢铁企业出口钢产品改判率最高的一年达到 17%，国内某大型钢铁企业由于表面质量改判或赔偿造成的直接经济损失三年高达 580 多万美元，在承受经济损失的同时，还会使企业形象受到损害。

科学、合理的质量评价是全面掌握板带钢产品质量、准确地找到质量薄弱环节、为质量的实质性改善提供主攻方向的关键，是质量持续改进和有针对性的过程控制的重要依据。特别是在当前质量评价指标单一，且评价指标很不完善的情况下，通过研究各评价指标之间的内在联系，可以推进质量标准的改进与优化。

事实上，开展板带钢质量评价方法的研究，有着巨大的潜在经济效益。它不仅可以为生产企业合理确定产品等级、为不同用户使用产品提供科学指导，而且可以在我国率先建立起引导市场定价机制的新型质量标准，增强我国相关产品的国际市场竞争力。

1.3.2　表面质量评价与综合质量评价

从评价所考虑的产品属性范畴进行区分，板带钢质量评价可以分为依据表面缺陷指标的表面质量评价以及依据表面质量、力学性能、几何误差、化学性能等指标的综合质量评价。虽然表面质量评价是综合质量评价中的一部分，但实际上，这两者在评价指标特性上的不同，使得表面质量评价能够并且应当相对独立地加以讨论。而这种特性差异也使得两种评价可能适用不同的评价方法。对于表面质量评价，其评价的对象是表面缺陷，具体包括表面缺陷的类型、形状、位置、大小等，从中可以看出，"表面缺陷"这一指标含有多个维度，且不同缺陷在不同要求下需要评价的维度也可能不同。例如，用来制作易拉罐的带材，其表面决不允许有孔洞，因为不论多小的孔洞都会造成罐体泄露，那么，孔洞缺陷在这一应用背景下的所需评价的维度就是 1，即有或没有；但在另一些场合下，如用来制作散热口的带材，由于其本身就要进行打孔加工，因此如果孔洞的位置、大小不影响成品，那么存在孔洞也是可以接受的，在这种情况下，孔洞所需的评价维度就至少包括孔洞大小、孔洞位置等多个维度。

但在综合质量评价中，除表面质量指标以外的其他质量指标，如力学性能指标、几何误差指标、化学性能指标等，在大多数情况下用 1 个维度就可以表示清楚。形象地说，表面质量指标可以看作多维的张量，而其他质量指标则可以看作标量，综合质量评价需要解决将不同维数的参量放在同一框架下进行比较的问题，而表面质量评价也要解决动态确定维度的不同参量在同一框架下进行比较的问题，从这一层面看，二者是对立统一的关系。

1.3.3 板带钢质量评价现状及发展趋势

随着板带钢质量指标的获取手段日趋完善，尤其是机器视觉的应用，准确、全面地获取板带钢表面缺陷指标成为可能，从而为表面质量评价及综合质量评价提供了有力的数据支撑；而在评价方法方面，在质量评价领域常用的评价方法如图 1.9 所示，其中已经在板带钢质量评价中得到应用的有层次分析法、神经网络评价法等[17]。

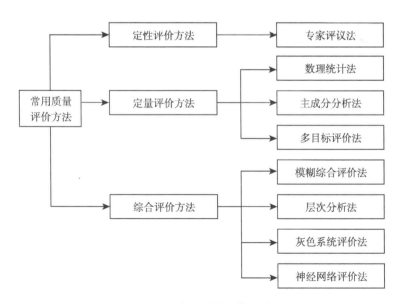

图 1.9 常用质量评价方法

应当意识到, 评价体系的建立是一个复杂的系统工程, 不仅涉及评价指标的获取, 也涉及对这些指标权重的衡量[18]。指标之间存在的耦合关系, 导致在权重分配上需要依赖经验; 而用户需求的多样性则导致权重分配要结合用户需求进行调整。因此要达成全行业认可的评价体系还有很长的路要走。但同时, 也可以从如下角度进行探索, 以推动其完善:

从质量评价指标获取的角度讲, 应改变抽样开卷检查这一现有模式, 更多地采用机器视觉检测。因为现有模式评价依靠主观判断, 评价结果输出粗糙, 一些评价只有 "合格" "不合格" 两种结论, 无法反映出已经合格产品的质量差异, 无法实现多等级的按质论价; 对于依赖于质检人员经验的主观质量评价部分, 一致性和通用性较低。而采用了机器视觉检测后, 对钢卷的表面缺陷类型、数量、位置等信息都能准确获取, 取得的信息能够直接通过计算机分析, 这样就更易形成科学准确的评价结果。

从评价指标选择的角度讲, 应当改变目前以硬性标准为导向的评价方式, 而要更有效地将硬性标准与用户的柔性需求相结合。长期以来, 人们以产品符合标准的程度作为评价产品质量的依据, 认为产品越符合标准, 质量就越好。但是, 标准不可能将用户的各种需求和期望都标识出来, 特别是隐含的需求与期望; 标准有先进和落后之分, 对落后的标准即使百分之百地符合, 也不能认为是质量好的产品; 针对板带钢质量评价的标准繁多, 既有国际标准, 又有国家标准、企业标准, 同样 "符合标准" 的产品可能因采用的标准不同而质量相差很大; 标准往往只是对板带钢质量某个方面的单一评价指标进行规定, 提供了一类产品的必要要求, 它的细致程度还不能满足进行综合评价的要求。而用户的柔性需求使得评价能够做到有的放矢, 使性能权重的分配更为明确, 对产品的评价会更突出用户所关心的性能。

1.4　本书主要内容

本书凝聚了作者近十几年带领研究生在板带钢质量检测及评价领域的主要研究成果, 内容涉及机器视觉板带钢表面质量检测的全过程, 包括板带钢表面缺陷图像的获取、分析处理和识别分类, 以及板带钢综合质量评价体系的构建。本书对从事机器视觉及板带钢质量检测的读者应有所启发和借鉴, 对相关问题的研究也具有一定的参考作用。全书共分 11 章, 具体内容安排如下。

第 1 章绪论, 围绕基于机器视觉的板带钢表面质量检测这一主题, 分别从机器视觉和板带钢表面质量检测两方面, 阐述了机器视觉概念、应用及板带钢表面质量检测和板带钢质量评价的意义、研究现状以及今后的发展趋势。

第 2 章介绍了基于机器视觉的板带钢表面缺陷检测实验系统构建方法，提出了相关系统的软硬件设计指标、设计准则和设计方法。该系统主要为研究之用，也可作为工业级实际检测系统设计的参考。

第 3 章围绕板带钢缺陷图像的采集及预处理，介绍了图像信息的快速获取方法，包括含缺陷图像的筛选，图像噪声和纹理背景的去除方法等。

第 4 章着重介绍了多域图像信息的采集与处理方法方面的研究成果。这些研究成果为提高图像质量，增加图像信息量，有效解决单域 (明域或暗域) 采集下存在缺陷漏检与误检问题提供了途径。

第 5 章主要介绍了板带钢表面缺陷图像的分割方法方面的最新研究成果，包括基于梯度信息的二维 Otsu 阈值分割方法、板带钢表面缺陷的关联与定位以及基于显著凸显活动轮廓模型的微小缺陷检测方法。

第 6 章比较详细地介绍了包括几何特征、统计特征、变换域特征等图像特征的提取方法，并以板带钢表面缺陷检测中的两个应用实例展示了图像特征提取的相关研究成果。

第 7 章主要介绍了特征分析选择、多特征的组合选取及其降维方法，并给出了多特征提取方法在板带钢缺陷检测中的应用实例。

第 8 章重点介绍了在板带钢表面缺陷模式识别与分类方面的研究成果，主要包括基于距离的识别与分类、基于支持向量机的识别与分类、基于人工神经网络的识别与分类。

第 9 章专门介绍了模式识别与分类的创新研究成果 —— 多体分类模型与版图分类方法。

第 10 章和第 11 章介绍了在板带钢表面质量评价和综合质量评价方面的研究进展。板带钢是一类中间产品 (非终端产品)，其用途广泛且具有独特的属性，这两章的内容为探索 "刚性的产品生产质量标准与柔性的客户需求相结合" 的板带钢质量评价方法提供了新的思路和途径。

按照板带钢表面质量检测及评价的流程，可以将本书的脉络梳理如图 1.10 所示。

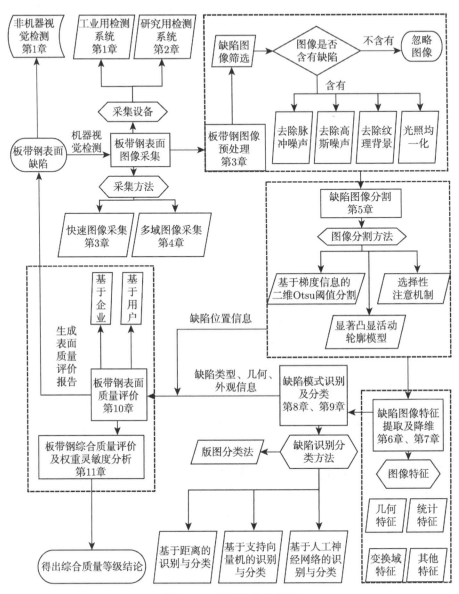

图 1.10　本书章节结构图

第2章　机器视觉板带钢表面缺陷检测系统

2.1　概　　述

本章构建了面向板带钢表面缺陷检测研究的检测系统[19]，并以实例的形式展现了基于机器视觉的板带钢表面缺陷检测系统的设计过程。该系统主要用于相关研究工作，但在硬件及软件的总体设计方案上，充分考虑了板带钢表面检测的基本要求和板带钢生产现场的实际情况，力求使该实验系统能涵盖工业级实际检测系统的全部组成部分，因此其设计思想与方法完全可以作为工业级实际检测系统设计时的参考。

2.2　板带钢表面缺陷检测系统构成

2.2.1　基本要求

研究用板带钢表面检测系统的基本要求包括：可以更换不同材质、纹理的带钢和薄板钢；可以模拟板带钢在轧制、涂覆、镀锡、镀锌、平整、精整等实际生产工序中的移动速度，板带钢运动速度范围设计为 100~300 m/min 连续可调；选配适应高速拍摄的图像传感器系统，以便得到清晰的板带钢图像；照明系统与高速图形传感器相适配；对图像传感器及照明系统进行合理布局；开发并嵌入专用的检测程序，实现对缺陷检测及硬件控制的集成。

2.2.2　硬件系统构成

根据检测系统的基本要求，将该系统硬件分为板带钢运动系统、照明系统、传感器系统、图像采集及处理系统四部分，设计工作主要包括对这四部分系统的设计以及照明系统与传感器系统的布局方式设计。以下对每个子系统加以介绍。

1. 板带钢运动系统

板带钢运动系统是用来在表面检测实验中，使被测目标板带钢循环运动，以便模拟实际生产条件下板带钢在生产线上连续运动的机械系统 (图 2.1)。该系统主要由传动装置、滚筒支座、主动滚筒、从动滚筒、板带钢张紧装置、安全保护网等几部分构成。通过交流电机驱动主动辊，以摩擦力带动闭合板带钢和从动辊运行。运用变频技术控制系统运行速度，就可以模拟从轧制、涂覆、镀锡、镀锌、平整、精整等实际生产速度。该系统从动辊上安装旋转编码器，输出脉冲经过分频处理即可用于传感器和照明系统的同步。

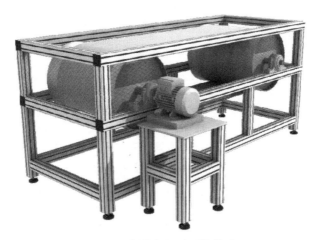

图 2.1   板带钢运动系统构成

2. 照 明 系 统

照明系统应能提供足够且稳定的光照强度，确保板带钢表面的亮度及对比度。研究表明，光照的强度和稳定性对板带钢表面缺陷的有效识别影响较大。

照明系统一般由光源和光源调节器组成。光源调节器的作用是使光强适应板带钢不同的运动速度：在板带钢低速运动下，可以适当降低光强以节约能源，而又不会影响获得的图像质量；而在板带钢高速运动时，则应增大光强。这是因为随着板带钢运动速度加快，传感器的快门速度或帧率就必须随之提高并减小曝光时间，否则将会出现漏检，增大光强可使图像亮度不会减弱。在某些情况下，环境光也会对照明效果产生影响，因此照明系统必要时还要加装遮光罩，以屏蔽环境光。

3. 传 感 器 系 统

传感器系统主要包括光学镜头和相机。光学镜头的作用首先是提供一定的视场，即将较大范围内的光信号汇集到相机中，其次是提供一定的放大倍数。相机的作用是将镜头汇集的光信号转换成计算机能够处理的电信号，在本实验系统中，相机又分为明域相机和暗域相机。明域相机捕捉亮域缺陷，即反射光较明显的缺陷，如锈蚀、重皮等；而暗域相机捕捉暗域缺陷，即发散光较明显的缺陷，如划痕、裂纹及其他表面破损状态[20]。两种相机的布置形式如图 2.2 所示。

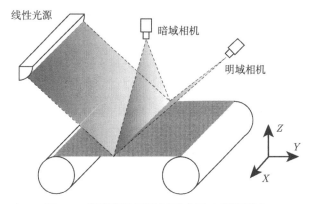

图 2.2 板带钢检测装置示意图 (后附彩图)

相机的核心是光电转换器件。目前,典型的光电转换器件为真空摄像管、CCD、CMOS 图像传感器等,而其中又以 CCD 应用最为广泛。

CCD 集光电转换及电荷存储、电荷转移、信号读取于一体,是典型的固体成像器件。CCD 的突出特点是以电荷作为信号,而不同于其他器件是以电流或电压为信号。这类成像器件通过光电转换形成电荷包,而后在驱动脉冲的作用下转移、放大输出图像信号。CCD 作为一种功能器件,与真空管相比,具有无灼伤、无滞后、低功率等优点;与 CMOS 相比具有高量子效率、优异的电荷传递性、高 "光填充" 因数、低噪声、小像素等优点。典型的 CCD 相机由 CCD、时序及同步信号发生器、垂直驱动器、模拟/数字信号处理电路组成。

对于机器视觉系统来说,图像是唯一的信息来源,而图像的质量是由光学系统来决定的。通常,由图像质量差引起的误差不能用软件纠正。因此恰当选择可能影响成像质量的光学系统参数非常重要,一般包括光圈、视场、焦距、F 数等。

4. 图像采集及处理系统

图像采集及处理系统主要包括图像采集卡、图像处理计算机、数据传输线缆等。图像采集卡最常见的是 1394 采集卡。这种采集卡能够将数码相机采集到的数字信号直接传输至图像处理计算机。图像处理计算机作为运行图像处理程序的硬件平台,一般指性能较优异的工控机或工作站,具有对视频图像分析、处理及保存的功能,并同时可对相机进行有效的控制。数据传输线缆保证海量的图像或视频数据能够高效地从相机传输至图像采集卡,对其传输速率有较高的要求。

在工业应用场合下,图像采集、处理及结果显示可能分别利用不同的硬件平台实现,即设立单独的图像采集服务器、图像处理服务器及用于人机交互的普通个人计算机 (PC)。这样划分有助于提升系统整体的处理能力,对于板带钢缺陷图像采集这一需要处理海量数据的应用十分必要。

2.2.3　软件系统构成

从工业实际应用角度出发,需针对板带钢缺陷检测系统开发专门的检测控制软件。该软件系统的具体构成可因检测要求、检测目标、检测硬件的差异而有所不同,但总体上可分为人机交互界面、图像采集模块、图像处理模块等。

人机交互界面实现对软件各项功能的直观操作,可允许操作人员人工识别和标注缺陷。

图像采集模块接收相机采集到的图像数据,控制板带钢运动速度。其功能包括依据编码器采集到的脉冲信号计算板带钢转速,并产生控制电平通过电机驱动使电机以设定的转速带动板带钢运动;能控制相机的光圈大小、焦距、快门速度等参数,使其与板带钢运动速度和光照条件相匹配。

图像处理模块分为预处理、特征提取、识别等子程序,每个子程序都依托于特定的处理方法,其中预处理子程序除了图像增强、边缘提取等常用的方法外,还包括了数据编码和传输、滤波和噪声去除等功能。图像处理模块是开放可扩展的。

2.3　检测系统硬件设计

2.3.1　板带钢运动系统设计

1. 主体滚筒支座

由图 2.3 可见,主体滚筒支座起到支撑滚筒及其他附属装置的作用,要求有良好的稳定性。其采用八根 90mm×90mm、5mm 厚的冷弯空心型钢作为立柱,横梁采用 90mm×40mm、5mm 厚的冷弯空心型钢。其余的加强筋都为 90mm×40mm、3mm 厚的冷弯空心型钢。这样就可以保证整体稳定性和强度。整个底座为组焊件,要求焊接牢固,整体焊接变形不超过 2mm。通过地脚螺栓可以把支座紧紧地连接在地面上,保证在高速运行下的稳定性,并减小振动。如图 2.3 所示。

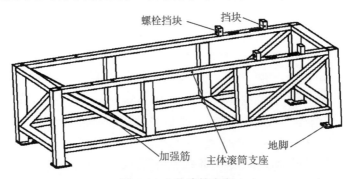

图 2.3　主体滚筒支座

2. 滚筒

滚筒是与板带钢长期进行表面接触的部件，要求有一定的耐磨性能，相对较好的表面光洁度，长期运行不能生锈。滚筒为组焊件，滚筒主体为直径600 mm、15 mm厚的无缝钢管，两侧采用四块20 mm厚的钢板与滚筒内壁焊接，并焊接两侧的轴。为了保证两侧轴的同轴度，采用先焊接、后车削的加工方式。焊接后的滚筒外壁经过粗车、精车、外圆研磨、表面镀铬后方能使用。其设计尺寸如图2.4所示。

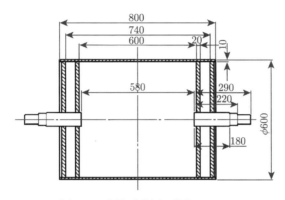

图 2.4 滚筒零件图 (单位: mm)

3. 板带钢张紧装置

板带钢张紧装置是用来调整从动滚筒与主动滚筒之间距离和平行度的装置，如图2.5所示。该装置采用螺栓推力张紧，螺栓顶紧轴承座下的滑块，从而带动滚筒轴沿径向前后滑动，采用不同规格的标准调整垫片来确定张紧力度和精确保持两边的张紧力一致。

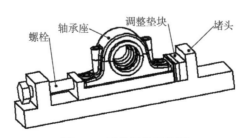

图 2.5 板带钢张紧装置

4. 电机底座

板带钢运动系统的动力源选用 SIEMENS 1LA7 系列 1.5 kW 四极电机。电机底座为四根立柱，为 90 mm × 90 mm、3 mm 厚的冷弯空心型钢，加强筋为 90 mm ×

40 mm、3 mm 厚的冷弯空心型钢，采用焊接，保证了强度和稳定性，如图 2.6 所示。电机支撑两翼板上开纵向腰型孔，底板上开横向腰型孔，方便电机的前后左右定位，上下调整采取加调整垫片的方式。

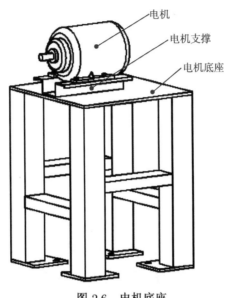

图 2.6　电机底座

5. 安全防护网

板带钢运动实验台的最高转速能达到 50 m/s，在这样高的速度下，一旦带钢发生断裂就将威胁人身安全。因此，一方面应采取电控方面的保护装置，当操作人员按下急停按钮时，滚筒被抱死马上停机；另一方面增加外部的防护网，它可以使发生事故时带钢不会飞出，保证实验人员安全。防护网的设计要本着以下几点原则进行：首先是强度好、保证实验安全，其次要拆装、维护简便，再次要美观、配合整体设计。

6. 电机选型

电机是板带钢运动系统的执行部件，从其运行方式分析，由于不需要在有张力的情况下运行，故电机的负载不大，但是动态性能要好，因此小功率高性能的电机是首选。所选用的西门子的 1LA7 096-4AA 四极交流电机具有模块化设计、超低故障率、长寿命、免维护的特性，具有灵活的出线安装方式，接线盒自身可以旋转 4×90° 自由安装，可指定接线盒的方向及出线的方向。

另外，该电机还具有优越的电机性能以及高性能的防护等级，电动机按照 IP55 防护等级进行设计。

7. 旋转编码器

板带钢运动系统利用旋转编码器作为速度测量装置。旋转编码器是一种应用广泛的传感器，能够通过光电转换将输出轴上的机械几何位移量转换成脉冲或数字量。其核心结构是有规则的刻有透光和不透光线条的码盘，在码盘两侧，安放发光元件和光敏元件。当码盘旋转时，光敏元件接收的光通量随透光线条同步变化，光敏元件输出波形经过整形后变为脉冲，码盘上有 Z 相标志，每转一圈输出一个脉冲。此外，为判断旋转方向，码盘还可以提供相位差为 90° 的两路脉冲信号。根据检测原理，编码器可分为光学式、磁式、感应式和电容式几种。根据其刻度方法及信号输出形式，可分为增量式、绝对式以及混合式 3 种。

增量式编码器是直接利用光电转换原理输出 3 组方波脉冲 A、B、Z 相：A、B 两组脉冲相位差 90°，从而可方便地判断出旋转方向，而 Z 相为每转一个脉冲，用于基准点定位。它的优点是原理构造简单，机械平均寿命可在几万小时以上，抗干扰能力强，可靠性高，适合于长距离传输。其缺点是无法输出轴转动的绝对位置信息。

绝对式编码器是利用自然二进制或循环二进制 (葛莱码) 方式进行光电转换的。绝对式编码器与增量式编码器的不同之处在于圆盘上透光不透光的线条图形，绝对编码器可有若干编码，根据读出码盘上的编码检测绝对位置。编码的设计可采用二进制码、循环码、二进制补码等。它的特点是：可以直接读出角度坐标的绝对值；没有累积误差；电源切除后位置信息不会丢失。但是分辨率是由二进制的位数来决定的，也就是说精度取决于位数，目前有 10 位、14 位等多种。

2.3.2 图像传感器的设计选型

1. CCD 分类

CCD 经过多年的发展，已经广泛地应用于各种成像和光学探测领域中。根据用途不同，所使用的 CCD 芯片的设计以及性能价格是不一样的。

根据图像读出的方式不同，有全景 CCD(full frame CCD)、隔行转移 CCD(interline transfer CCD)、全传 CCD(frame transfer CCD) 等，介绍如下。

1) full-frame CCD

full-frame CCD 的结构简单，每一个像素都是一个电压势阱，当光子打在像素上时，势阱中会积累并储存电荷。一般使用一行寄存器进行电荷的读出，先把每行像元内的电荷向下一行传输，这样第一行内的电子输送到了寄存器中，第二行内的电子输送到第一行内，依此类推。然后把寄存器每个像素内的电荷按经过放大器的顺序读出，重复这个过程直到整幅图像读出。

在读取的过程中，必须阻止光线到达 CCD 芯片，否则电荷会继续积累，所以一般使用机械快门。如果使用电子快门，在图像读出的过程中，后面的像元会继续曝光，而导致图像模糊 (smear)。由于第一个像素和最后一个像素读出的时间不同，这个过程中，噪声导致的电荷会越来越多，最后一个像素的暗电流明显大于一个像素。

根据光谱响应度和灵敏度的要求不同，分为前边照明 (front side illumination) 和后边照明 (back side illumination) 两种，一般后边照明的量子效率 (quantum efficiency) 要高一些，对蓝光的响应度也要好一些。

这种 CCD 一般用于高端的 CCD 成像系统，芯片使用多级电子半导体以降低噪声。可以连续积分 (曝光) 长达数十分钟以检测特别微弱的光信号。这里描述的即是所谓的逐行扫描，而传统的隔行扫描是先曝光奇数行像素 (1、3、5、··· 行) 并输出，然后是偶数行组成的像场。

2) interline-transfer CCD

在每行感光像元之间插入了不透明的像元作为寄存器使用，这样感光后积累的图像整个移位到不透明的寄存器中，然后再按行和列顺序读出。

由于图像移位在微秒级内完成，因此读出过程导致的图像模糊对于一般的曝光情况可以忽略不计。但是由于 CCD 芯片很大面积被不透明的 mask 遮住了，所以灵敏度较差。为了提高灵敏度，一个办法是每个像素前设置一个微型透镜，把光线聚焦在感光像元部分上，可以提高 25%~75%。Sony 的 Super HAD CCD 使用的就是类似的技术。

使用这种 CCD 的摄像机一般不用机械快门，而是用电子快门。所谓电子快门，就是先把 CCD 芯片每个像素内的电荷清空，然后开始计时，到了设定的时间后读出图像。并没有对光线进行任何遮挡。

3) frame-transfer CCD

frame-transfer CCD 把芯片分成了两个区，一个是成像感光区域，一个是图像存储区域。两个区域的指标一般是相同的，只是用于存储的区域表面被罩住了，不能感光曝光成像后，整幅图像快速移位到存储区域，这个过程大约只需几百微秒，然后再顺序读出。这边读取图像的同时，成像区域已经开始感光下一幅图像。由于图像的感光和传输是分开进行的，所以可不需要机械快门而以很高的速率进行，有些摄像机甚至可达 1000 幅/秒。

根据 CCD 几何形状不同，可分为面阵、线阵和立体 CCD。

(1) 面阵 CCD。

以上所说的几种 CCD 都是二维面阵的，其感光器件的几何形状一般是长方形的。

(2) 线阵 CCD。

一维线阵 CCD 的感光单元按一维方向 (X) 排列，一般感光像元都是 2 的 N 次方，如 256、521、1024、2048、4096 等。

线阵 CCD 广泛应用于运动物体的检测，如扫描仪、条码阅读器和尺寸测量传感器等使用的成像器件就是线阵的 CCD 探测器。日本 Keyence 公司的一维测量传感器和加拿大 FISO 公司的光纤传感器也都使用一维的线阵 CCD 传感器。

使用线阵 CCD 的摄像机时，一次只能观察物体的一个条状部分，所以要实现成像，摄像头和物体必须相对运动，完成扫描，把每次探测到的结果衔接起来得到完整的图像。这就导致了两个基本的要求，一是这个过程中光源的强度不能发生变化，二是相对运动的速度必须是均匀的。另外，物体不同部分的成像是在不同时间完成的，所以，从成像质量来看，线阵 CCD 摄像机是不如面阵 CCD 的。

然而，线阵 CCD 的摄像机也有一些突出优点，如分辨率高 (现在市场上 5K、8K 像素的经常可以见到)；速度快 (完成一次扫描需要的时间很短)；可实现运动物体的连续检测。

CCD 摄像机的数据输出接口也是多种多样，有输出视频制式模拟信号 (analog signal)、Camera Link、IEEE 1394、USB 等各种格式，分类如下：

(1) 模拟信号。

输出模拟信号的摄像机仍然在广泛使用。这个系统有很多优点：简单可靠，成本低，可以直接把视频信号接到电视机上显示，对大多数用途而言其性能均可满足。一般使用 1/4in(1in=2.54cm)、1/3in 或 1/2in 的彩色或黑白 CCD 芯片，采取 PAL 或 NTSC 制式，可输出 768 像素 ×596 像素或 640 像素 ×480 像素的图像，这两种制式的速度分别是 25 f/s (frame per second) 和 30 f/s，每帧图像由两个场组成，也就是所谓的隔行扫描。信噪比一般在 48~60dB，镜头接口多是 C 或 CS 格式。信号通常使用标准的 75Ω 视频同轴线传输，同轴电缆连接器 (bayonet nut connector，BNC) 接头。有些逐行扫描的摄像机需要用相应的图像卡支持才行。

使用输出模拟信号的摄像头时，可以选择价格低廉的图像卡，一般 8bit 的数字化率就足够高了，可以提供 256 灰度级或 24bit 的彩色图像。

当然，模拟信号的摄像机也有很多缺点，最重要的是分辨率不高、帧频不够快以及噪声较大。尽管如此，由于其低廉的成本优势和多种产品可以选择，目前仍有应用。

(2) Camera Link。

Camera Link 是专门为机器视觉的高端应用而设计的，它是由美国国家半导体公司 (National Semiconductor) 的驱动平板显示器的 Channel Link 技术发展而来，于 2000 年发布。从一开始就对接线、数据格式、触发、摄像机控制、高分辨率和帧频等作了考虑，所以对机器视觉的应用提供了很多方便，例如，数据的传输率非常高，可达 1.6 Gbit/s，输出的是数字格式，可以提供高分辨率、高数字化率和各种帧频，信噪比也得以改善。根据应用的要求不同，提供了基本 (base)、中档 (medium)、全部 (full) 等格式，可以根据分辨率、速度等自由选择。图像卡和摄像机之间的通信采用了低电压差分信号 (low voltage differential signaling，LVDS) 格式，速度快而且抗噪较好。

对于要求高速度、高分辨率的应用场合，可以考虑选择 Camera Link 接口的摄像机和图像卡。

Camera Link 接口的缺点是其接口本身的机械尺寸较大 (1.55in×0.51in)，尽管半导体集成电路技术可以把成像系统做得很小，但这个接口决定了该类摄像机的尺寸不可能很小。另外，这个协议的传输距离较近，一般提供的是标准的 3m MDR 26-pin 接线。虽然可以使用光纤把距离增加到数百米，但成本高昂。

(3) IEEE 1394，FireWire。

IEEE 1394，也就是 PC 支持的标准 FireWire 接口，最初是为了数字摄像机和 PC 连接设计的串行接口，支持即插即用，可同时支持 63 个相机，每个相距 4.5m，最远可达 72m。IEEE 1394a 可支持 400 Mbit/s 的传输速率，而新的 IEEE 1394b 则可支持 800 Mbit/s 甚至 3200 Mbit/s 的速度。这个协议提供了两种数据传输的格式，一个是 "保证速度模式"，一个是 "保证传输模式"。在 "保证速度模式" 下，数据带宽预先分给了相应的设备，总线上的其他设备 "观察" 这个设备的使用情况来分得自己的带宽；而 "保证传输模式" 则是发送和接收设备形成一对一的关系，直到所有数据传输完毕。FireWire 可以同时支持这两个模式，既保证了速率，又保证了可靠性。

FireWire 的一个好处是支持热插拔和即插即用，可以随心所欲地插拔所有硬件并形成星状、链状等各种连接方式。一般用于机器视觉时使用 6 针的接头，这样可以直接给相机供电，电流可达 1.5A。市面上也有专为工业用的接线。4 针的接线只能传输数据而不能供电。

相对于 Camera Link 和 USB 而言，FireWire 由于综合了较多的优点，既能保证足够快的速度，又能传输较远的距离，自带电源，体积较小，也可以支持高分辨率和帧频，近来发展较快，特别是对于显微、医学成像和实时速度要求不是非常极端的用途尤为合适。

另外值得一提的是，FireWire 接口不需要另配图像卡，很多 PC 已经支持，从成本角度来说，是一个不错的选择。

(4) USB。

USB 也是 PC 通用的外围设备接口，和 FireWire 一样都是串行接口，一般计算机母板上就直接支持了，传输速率可达 480 Mbit/s，供多达 127 个设备同时使用，每根 USB 接线长度可达 5m，和 Hub 配合使用可以使距离达到 30m。USB 连线上提供了 5V、500mA 的电源。

随着 USB3.0 的问世，目前采用 USB 接口的图像采集卡正逐渐在工业图像采集领域得到应用，如德国 Basler 公司就推出了采用 USB3.0 接口的 ace 系列相机。

(5) Gigabit Ethernet。

目前广泛使用的网络连接协议 Ethernet，20 多年前就已发布，传输速度可以在 10 Mbit/s、100 Mbit/s、1000 Mbit/s 标准选择，而 Gigabit Ethernet 对于大多数机器视觉用途的带宽要求绰绰有余，特别是用于机器视觉时，网络带宽全部分配给了摄像机。使用廉价的 RJ45 接口和网线，就可以达到 100m 的传输距离。

考虑到机器视觉的要求，这个标准协议似乎满足所有的方面，有足够的速度和传输距离，有标准的硬件软件支持。它使用的接线价格之低，其他标准难以望其项背。而且它省去了一个专用的图像卡。总的来讲，它的使用成本可能是最低的。随着各摄像机生产厂家对此的支持，Gigabit Ethernet 接口可以实现 USB 和 FireWire 同样的即插即用功能，而且可以实现数据的连续高速传输，可以不像 USB 和 FireWire 那样牺牲了中央处理器 (CPU) 处理图像的速度。

基于 Gigabit Ethernet 网络具有以上优点，本书检测系统也采用该网络。

2. 图像传感器选用

相机和镜头在机器视觉系统中相当于人的眼睛，负责采集被测对象的图像。机器视觉系统中一般采用数字相机，通过镜头将被摄物体的图像聚焦在光电传感器上，使图像信号转变为光电信号，以利于计算机处理。

1) 相机的选用

从相机输出的颜色来分，有彩色相机和黑白相机。彩色相机提供了更多的目标信息，但在处理时就需要更大的空间和更多的时间，所以在选择时应主要考虑对目标的处理是否需要色彩信息。从扫描的类型来分，有面扫描和线扫描相机。当需要对固定的物体作一维的测量，对象物体处于运动状态，处理可旋转圆柱体的边缘图像，需要对象物体的高分辨率图像，而又要考虑价格因素时，应考虑使用线扫描相机，其他情况可考虑使用面扫描相机。

线扫描相机又可分为隔行扫描和逐行扫描。当目标物体处于高速运动状态时，为避免图像边缘模糊的现象，应采用逐行扫描相机。

A. 相机的取景范围

某个方向上取景范围的计算方式如下：

$$\text{FOV} = (D_{\text{p}} + L_{\text{v}}) \times (1 + P_{\text{a}}) \tag{2-1}$$

其中，FOV 是取景范围，D_{p} 是拍摄目标在这个方向上的大小，L_{v} 是在这个方向上目标可能的移动，P_{a} 是一个百分数或分数，是工程上为保证目标图像不会正好处在边缘上而取的一个放大系数，可由设计者根据情况自行设定，一般设为 10%。

B. 分辨率

机器视觉中的分辨率一般有 5 种类型：图像分辨率 R_{i} 指的是行和列上像素的个数，由相机上的传感元件决定；空间分辨率 R_{s} 是指在某方向上图像上每个像素代表的在实际中的大小，一般用 mm/pixel 这样的形式作为单位，它由图像分辨率和取景范围决定；特征分辨率 R_f 代表的是能可靠表示一个物体特征的最小尺寸，一般用长度单位，在实际中，图像上的 3~4 个像素可以被认为能可靠地表示一个物体的特征；期望测量分辨率 R_m 表示对象所能被检测出的最小位置和尺寸变化，使用长度单位；像素分辨率指的是每个像素的灰度和颜色的位数。在实际应用中，应根据情况来决定采用其中的哪些类型的分辨率。

分辨率的计算公式如下：

$$R_s = \frac{\text{FOV}}{R_i} \tag{2-2}$$

$$R_m = R_s \times M_p \tag{2-3}$$

$$R_f = R_s \times F_p \tag{2-4}$$

其中，M_p 是图像中像素的测量分辨能力，F_p 是表示一个特征所需的最少像素。

C. 其他考虑因素

当对象是运动物体时，需计算扫描速度。公式是

$$T_s = \frac{S_p}{R_s} \tag{2-5}$$

其中，T_s 是扫描速度。对于线扫描相机而言，扫描速度是指每秒完成线扫描的次数，单位为赫兹 (Hz)。S_p 是对象经过相机时的速度。

对面扫描相机而言，在拍摄运动物体时主要考虑相机的曝光时间和增益。曝光时间决定了每秒拍摄的图像数，而增益保证了图像的清晰度。

当需要精确控制相机的拍摄时间时，相机需要异步重置能力，在系统发出拍照命令后，相机能即刻重新开始曝光，并送出图像。

在拍摄高速运动的物体时，要考虑快门的速度。对于拍摄高速运动的物体，曝光时间应尽量短，否则会出现图像拖尾模糊现象。可以通过下面的公式计算出这种模糊现象的程度：

$$B = \frac{V_p \times T_E \times N_p}{\text{FOV}} \tag{2-6}$$

其中，B 是产生模糊现象的像素，V_p 是物体的速率，T_E 是曝光时间，N_p 是物体运动方向上的图像分辨率。

为避免此现象，需减少曝光时间、提高快门速度。工程上为了把模糊现象控制在一个像素内，常用下式估计曝光时间：

$$T_E = \frac{\text{FOV}}{V_p \times N_p} \tag{2-7}$$

目前数字相机一般采用电子快门, 其快门时间有 1/50s、1/125s、1/250s、1/500s、1/1000s、1/2000s、1/4000s、1/8000s、1/16000s、1/32000s 等。

在实验检测系统中, 我们用了线扫描及面扫描两种类型的相机, 以便于研究工作的开展。两类相机在检测系统中的布置形式如图 2.7 所示。

图 2.7 相机在检测系统中的位置 (后附彩图)

AViiVA UM2 GE 2010 是由英国 e2v 技术公司生产的线阵 CCD 相机, 可用于检测孔洞、边缘缺陷, 也可以单独检测表面划痕等缺陷。其外观如图 2.8 所示。

图 2.8 AViiVA UM2 GE 2010 线阵相机 (带镜头)

根据研究需要, 在带钢宽度方向上和纵向的分辨率都要高于 0.5mm/pixel, 已知带钢宽度为 600mm, 带钢最大运动速度为 300m/min, 可以求解满足要求的图像分辨率:

对于板带钢宽度方向上的图像分辨率, 由式 (2-1), 取 $D_p = 600$mm, $P_a = 10\%$, 假设带钢在宽度方向上无移动, 即 $L_v = 0$, 则 FOV $= 600$mm $\times 1.1 = 660$mm。由式 (2-2) 可知, $R_i = 660/0.5 = 1320$(像素), 这说明图像分辨率高于 1320 像素的线扫描相机单机即可实现对整个板带钢宽度范围的扫描, 若宽度更大或希望获得更高的分辨率, 可以采用图像分辨率更高的相机或者在宽度方向上布置多台相机, 多台相机在布置时应注意使其观察面积有一定重叠, 从而使得拍摄到的板带钢图像之间能够无缝拼接。

对于板带钢运动方向上的扫描速度, 由于板带钢经过相机时的最大速度为 $S_p = 5\mathrm{m/s}$, 空间分辨率 $R_s = 0.5\mathrm{mm/pixel}$, 则由式 (2-5) 可得扫描速度为

$$T_s = \frac{5 \times 1000\mathrm{mm/s}}{0.5\mathrm{mm/pixel} \times 1\mathrm{pixel}} = 10\mathrm{kHz}$$

为满足使用要求, 相机扫描速率应高于 10kHz。

AViiVA UM2 GE 2010 主要的性能参数见表 2.1。由表可见, 该相机在分辨率及扫描速率两项关键参数上都远高于以上计算得到的最低标准, 因此能够满足使用需要。当然, 除了考虑以上两项主要指标, 还应结合镜头选型以及数据传输网络的要求等方面考虑其他参数的确定问题。该相机镜头接口可以采用常用的 C-MOUNT 或 F-MOUNT 接口, 数据接口为 GigE 网络接口。

表 2.1　AViiVA UM2 GE 2010 线阵 CCD 相机性能参数

型号		AViiVA UM2 GE 2010	
分辨率	2048pixel	像素尺寸	10 μm×10μm
线扫描速率	28kHz	数据率	60 Mpixel/s
曝光时间	1∼32 ms	镜头接口	C, F-MOUNT

系统中的面阵相机选用了德国 Basler 公司生产的 acA2000-50gc GigE 网络面阵彩色相机, 如图 2.9 所示。

图 2.9　Basler acA2000-50gc 面阵相机

面阵相机在板带钢宽度方向上图像分辨率的确定与线阵相机的确定过程基本相同, 就本实验检测系统而言, 理论上单台面阵相机在该方向上分辨率高于 1320

像素就可以满足要求, 但在实际使用中由于面阵相机需要面光源照明, 易受光照不均的影响, 因此一般都沿板带钢宽度方向布置多台相机而不是一台, 这样可以使每台相机的视野内光照更均匀, 也能提升图像的空间分辨率。

acA2000-50gc 主要性能参数如表 2.2 所示, 由表可知, 该相机能够满足要求。

表 2.2 acA2000-50gc 面阵相机性能参数

型号	acA2000-50gc		
分辨率	2048 pixel×1086 pixel	像素尺寸	5.5 μm×5.5 μm
帧率	50f/s	镜头接口	C-MOUNT

在系统中, 我们利用多台 acA2000-50gc 相机组成面阵阵列, 与漫射光源、漫射透片一同安装在一个箱体里, 用这种集成方式来采集整个板带钢宽度方向的图像信息。如图 2.10 所示。

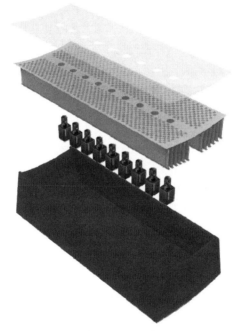

图 2.10 带有漫射光源的面阵 CCD 相机阵列

2) 镜头的选型

A. 基本结构

光学镜头一般由一组透镜和光阑组成 (图 2.11), 其中透镜一般分为凸透镜和凹透镜。凸透镜对光线具有会聚作用, 凹透镜对光线具有发散作用。由于两种透镜

具有相反的特性 (如像差和色散等)，所以镜头设计中常常将两者配合使用，以校正像差和其他各类失真。

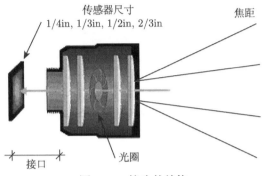

图 2.11　镜头的结构

普通镜头一般具有如下光阑：

孔径光阑：为了调节镜头的进光量，普通镜头都具有光圈调节环。调节环转动时带动镜头内的黑色叶片以光轴为中心做伸缩运动，称为光圈 (可变孔径光阑)。

光圈的大小和景深有直接关系，光圈越大，景深越短，光圈越小，景深越长。如果光圈小到针孔左右，能够通过的光线全部都是近轴光，有没有镜头都没关系了，实际上形成了一个针孔相机，景深是无穷大，不管景物远近，成像都是清晰的；随着光圈增大，远轴光开始起作用，只有一定范围内的光线能够清晰成像，光圈放大到 $F3.4$ 时，景深大约只有几毫米了。

视场光阑：镜头中决定成像面大小的光阑称为视场光阑。

消杂光光阑：由非成像物点射入镜头的光束或由折射面和镜筒内壁反射产生的光束统称为杂光。杂光会使镜头像面产生明亮的背景，必须加以限制。镜头的镜管通常被加工成螺纹状并涂以黑色漆以消除杂光。

B. 底座接口

镜头的底座接口种类繁多，有 C-MOUNT、CS-MOUNT (图 2.12)、F-MOUNT、V-MOUNT、T2-MOUNT、M42、M50 等，其中工业中较为常用的是 C-MOUNT、CS-MOUNT、F-MOUNT 等国际工业标准镜头。

图 2.12　C-MOUNT、CS-MOUNT 镜头底座和转换适配器

C-MOUNT、CS-MOUNT 接口都有一个 1in 的 32UN 英制螺纹并且看起来很相似。不同在于镜头与图像传感器之间的距离：C-MOUNT 镜头与图像传感器之间的距离应为 17.526 mm，CS-MOUNT 镜头与图像传感器之间的距离应为 12.5 mm。

由于 C-MOUNT、CS-MOUNT 镜头安装螺纹完全相同，因此在使用时应注意区分。CS-MOUNT 镜头不能安装到 C-MOUNT 相机上，这样会导致无论如何调节，图像都是模糊的。但 C-MOUNT 镜头通过使用 5mm C/CS 镜头转换适配器将 C-MOUNT 镜头转换为 CS-MOUNT 镜头，可以安装到 CS-MOUNT 相机上。

C. 成像尺寸

CCD 相机的传感器有许多不同的尺寸，如 2/3in, 1/2in, 1/3in 和 1/4in。镜头则是按照这些尺寸来制造的，并用视场光阑来约束成像尺寸。一个适用于 1/2in 的镜头可用于 1/2in、1/3in 和 1/4in 传感器，但不适用于 2/3in 传感器。如果一个适用于较小传感器的镜头使用在一个较大传感器的相机上，图像的角落处会呈现黑色 (如图 2.13(b) 所示)。

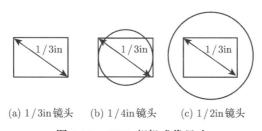

(a) 1/3in镜头 (b) 1/4in镜头 (c) 1/2in镜头

图 2.13　CCD 相机成像尺寸

D. 光通量

光阑系数即光通量，一般用 F 表示，其取值为镜头焦距 f 与镜头通光口径 D 之比，即

$$F = \frac{f}{D} \tag{2-8}$$

F 值越小，则光圈越大。镜头有手动光圈 (manual iris) 和自动光圈 (auto iris) 之分。手动光圈镜头一般适合于照明条件不变的应用场合，靠旋转镜头外径上的调节环可使光圈收缩或放大来调整光通量。

E. 焦距

定焦距镜头一般与电子快门相机配套，适用于拍摄固定目标，对板带钢图像的拍摄即属于此类应用。定焦距镜头一般又分为短焦距镜头、中焦距镜头和长焦距镜头。焦距小于成像尺寸的称为短焦距镜头，短焦距镜头又称广角镜头，该镜头的焦距通常在 28mm 以下，短焦距镜头主要用于环境照明条件差，要求拍摄范围宽的场合。中焦距镜头是焦距与成像尺寸相近的镜头。焦距大于成像尺寸的称为长焦距镜头，这类镜头的焦距一般在 150mm 以上，主要用于拍摄较远处的景物。由于物距和分辨率的限制，在模拟冷轧生产线应用时可采用短焦距镜头和中焦距镜头，在模拟热轧生产线应用时应采用长焦距镜头。

在已知镜头焦距 f(mm)、相机单个像元边长 d(μm)、板带钢宽度方向上的成像视野 FOV(mm) 及该方向上相机像素数目 n 之后即可按下式求解相机距板带钢表面的距离 D_c(mm)，该值可以作为安装相机的参考。

$$D_c = \frac{f \times n \times d}{\text{FOV}} \tag{2-9}$$

在进行一般条件下的模拟时，被测板带钢和相机的位置相对固定，光线环境稳定，并不需要经常调节镜头焦距和光圈，因此选用手动定焦可变光圈镜头。这里针对线扫描相机，选用了日本 RICOH 公司线阵相机镜头 YF/YK3528 和 YF/YK5028，二者的主要区别在于焦距，前者为 35mm，后者为 50mm。如图 2.14 所示。

(a) YF/YK3528　　　　　　　　(b) YF/YK5028

图 2.14　RICOH 线阵相机镜头

这里选用了 COMPUTAR 的 TEC-M55 远心镜头，该镜头焦距为 55mm，成像尺寸为 2/3in，采用 C-MOUNT 接口，如图 2.15 所示。在模拟实际冷轧板生产环境时，冷轧板在垂直地面方向存在震颤，也就是物距会发生变化，这就会造成视差。视差是由放大率随物距的变化引起的，离镜头远的物体放大率小，近的放大率大。对于应用机器视觉来进行距离或尺寸测量的系统，这个视差不进行校正就会导致测量误差。远心镜头是为了在一定范围内纠正这个误差而设计的。在设计时，采用了校正的光学镜片，使得在一定景深范围内，物体的成像大小不随到镜头的距离变化，这就给测量带来了方便。远心镜头的景深范围并不比传统镜头大，只是视差被消除了。远心镜头的缺点是远轴部分图像对称性地变模糊。

图 2.15　COMPUTAR TEC-M55 远心镜头

2.3.3　光源的设计选型

照明系统是机器视觉系统最为关键的部分之一，往往关系到检测系统的成败。好的设计能够改善整个系统的分辨率，简化软件的运算。不合适的照明则会引起很多问题，例如，花点和过度曝光会隐藏很多重要的信息，阴影会引起边缘的误检，信噪比的降低以及不均匀的照明会导致图像处理阈值选择的困难。

要选择最佳的照明方案，有很多要考虑的因素：光的强度、偏振、均匀度、方向、光源尺寸和形状、漫射还是直线、背景等，以及被测物体的光学特性 (颜色、光滑程度)、工作距离、大小、发光等。

对于不同的检测对象，必须采用不同的照明方式才能突出被测对象的特征，有时需要将几种方式结合，而最佳的照明方法和光源的选择需要大量的试验。

1. 照明方式

照明方式是指以什么样的光源和方法来进行照明。表 2.3 列出了各种照明方式的特点，图 2.16 列举了不同照明方式对应的影像效果。

表 2.3　照明方式的特点

方式	特点	优点	缺点	使用光源	检测用途
单向照明	一个或多个点光源形成的单向照明系统，可以使用透镜或反射镜对光进行会聚或发散处理	亮度大、灵活、易于适应包装要求；均匀度可用多光源或合适的成像系统获得	阴影、反光	光纤光导、LED、白炽灯等	适用检测平面、有纹理表面等十多种应用

续表

方式	特点	优点	缺点	使用光源	检测用途
掠射	光线以接近180°角照明物体	显现表面结构，增强物体拓扑结构	热点、极度阴影	光纤光导、LED、白炽灯、线光源等	有一定缺陷物体的表面检测、不透明物体的表面检测
漫射光	均匀漫射光	反光小、照明均匀	体积大、难于包装	荧光灯	面积大、反光、工作距离远的物体
环状灯	与镜头同轴的环状灯，一般和镜头边缘对齐	可直接安装在镜头上、距离合适时照明均匀	工作距离短、有可能形成环形反光	LED、荧光灯、和光纤光导形成环状	广泛用于有纹理表面的测量控制
同轴漫射光	和光轴同轴的漫射光，通过透镜分光镜照射到物体	非常均匀、几乎无阴影、反光很小	体积大、难于包装、效率低、工作距离短、可能需要多个光源才能达到足够的光强	同轴光纤光导、LED	反光物体的测量控制
背景光	背面照射、用来形成不透明物体的阴影或观察透明物体的内部	边缘特别突出	观察不到表面细节	荧光灯、光纤光导、LED	边缘检测、目标试样、不透明物体
黑背景	光线从透明物体垂直于镜头的边缘进入	内部和表面细节对比度高，表面划痕、破裂、气泡特别清晰	边缘对比度低、只适用于透明物体	荧光灯、光纤光导、LED、激光	玻璃、塑料制品
结构光源	光线以一定结构投影到被照明物体上，如线、格子、点、圆等	小范围及高光强的照明，可以得到深度信息	可能引起过曝光(blooming)	激光	三维测量

(a) 单向照明

(b) 掠射照明

(c) 漫射照明

(d) 环状照明

(e) 同轴漫射照明

(f) 背景光照明

(g) 黑背景照明

(h) 结构光照明

图 2.16　照明效果 (后附彩图)

2. 光源的种类和颜色

光源种类有很多种区分方式,根据发光器件可以分为 LED、氙灯、石英灯、高频荧光灯等;根据灯的几何形状分为穹形灯、环形灯、方形灯等;根据发出光线的特征可以分为点光源、线光源、面光源等;根据照射的角度等特性又可以分为直射式、间接式、掠射式、同轴式、平行光等。

表 2.4 给出了卤素灯、荧光灯以及 LED 光源的主要性能。

表 2.4 常用光源的性能比较

性能	卤素灯	荧光灯	LED 光源
使用寿命/h	5000~7000	5000~7000	60000~100000
亮度	亮	较亮	多个 LED 很亮
响应速度	慢	慢	快
特性	发热大,几乎没有光亮度和色温的变化,便宜	发热少,扩散性好,适合大面积均匀照射,较便宜	发热少,波长可以根据用途选择,制作形状方便,运行成本低,耗电少

从表 2.4 中可以看出,LED 光源效率高、体积小、发热少、功耗低、发光稳定、寿命长 (红色 LED 寿命可达到 10 万小时,而其他颜色也可以达到 3 万小时),而且通过不同的组合方式可以设计成不同形状和照明方式的光源,如环形灯、穹形灯、同轴光源、条形灯等。

如果使用黑白相机,对被测物体的颜色选择没有特殊的要求,红色 LED 是最合适的选择。因为红色 LED 寿命长、稳定,价格便宜。特别是红色 LED 的发光波长更为接近 CCD 的灵敏度峰值,这样就形成了一个最为完美的结合。一般 CCD 对紫色、蓝色的光很不敏感,没有镀膜的 CCD 在近红外区域最为灵敏。

如果进行彩色成像,就必须使用白色光源。用 LED 制造白色光源有几种办法,一种是使用白色 LED 制造,发光管内部有红、绿、蓝三种发光结构,发出的光按一定比例叠加到一起形成白色,这是最常见的方式。这种光源只能通过调节供电电压或电流来改变发光强度,颜色是恒定的。

使用 LED 光源时,一般厂家都有几种供电方式可供选择,最为常见的是5V、12V和 24V 直流电源,功率根据所用 LED 的数量多少而定。

LED 是二极管,即电流型器件,也就是说发光强度只与电流强度相关。一般 LED 的工作电流在 10~25 mA,特别亮的 LED 可达 100 mA 甚至更高,而 LED 的电压降一般是 1.8~3.3 V(因所用半导体材料而异)。所以,理想情况下,每个 LED 发光管上都应该串联一个限流电阻,这样才能保证 LED 发光均匀,而且在电压波动时不易损毁。

　　由于 LED 上的电压降和通过的电流都是恒定的，供电电源的电压不同时，多余的电压是由串联的电阻所承担的，例如，给 1.8 V、15 mA 的 LED 用 24 V 供电时，需要串联电阻 $R = 1.48$ kΩ，此时电阻的功耗是 0.333W。如果使用多个 LED 组合光源，限流电阻会发出很高的热量，这时必须采用风扇等强制散热手段，否则光源的寿命会很短。而同样的 LED 使用 5V 供电时，串联电阻 $R = 213Ω$，电阻的功耗是 0.048 W，与 24 V 供电时整整差了近 7 倍。这时仅靠对流产生的散热效应就足够了，不必用强制散热的方法。

　　虽然用低压供电有好处，但机器视觉大多用于工业生产线上，一般直流 24 V 是标准配置，电压高时，抗干扰的能力强，而低压则对电源和工作环境提出了更高的要求。

　　光源如果保持稳定的供电，那么光源的亮度基本不变。如果光源供电使用了脉冲，脉冲的时间宽度和 LED 本身的响应时间决定了发光时间，若该时间小于相机快门开启的时间，那么相机的曝光时间是由光源发出的光能总量决定的，若是大于快门时间，则由快门决定。

　　一般情况下，如果需要频闪光源 (时间小于快门速度)，大都使用普通的照相机闪光灯，使用 LED 强度不够，所以，针对 LED 光源来讲，这里所说的闪光是指光源开启时间大大超过快门时间的情况。目前，包括 CCS 在内的厂家所提供的是常亮 (normal on) 的 LED 光源，因为供电电源的设计相对简单，而且不存在和相机或被测工件同步的问题。

　　但是，使用闪光的优越性是显而易见的，当工件进入视野时开启光源，工件离开时关闭，这样做有以下优点：

　　(1) 解决了功耗和发热的问题。由于光源开启时间短，大部分时间是关闭的，发出的热量少而且有时间散去。

　　(2) 延长了使用寿命。LED 的寿命是和工作时间及工作温度密切相关的。

　　(3) 增加了亮度。由于 LED 开启时间短，可以采用超电流的方法，即控制通过 LED 的电流在标定的 3~5 倍，例如，15mA 的可以使用 50mA 电流，从而提高 LED 的亮度，高亮度的光源可减少环境杂散光的影响；而在需要同样亮度时，可以采用低亮度的 LED，使成本大大降低。

　　闪光控制的代价是电源控制系统变得复杂了，照明和相机曝光的同步也需要进一步考虑。

　　另外，滤光片和光的偏振的影响也是不可忽视的。如图 2.17 所示，偏振片可以消除光反射产生的影响从而突出表面的细节，偏振片可以直接安装在镜头上或者光源一侧，或两者同时使用，同时使用时两个偏振片的光轴需要相互垂直。对于掠射的非金属表面，一般一个偏振片就足够消除反光引起的影响，而对光滑的金属表面则可能需要两个，因为偏振光经光滑表面反射后仍然是偏振的，表面的缺陷则会改变光的偏振状态，调节两个偏振片之间的角度可以突出表面的缺陷。如果物体既有光滑的发射面又有亚光面，使用偏振光可以消除由光滑部分引起的热点。

(a) 未使用偏振滤光　　　　　　　　(b) 使用偏振滤光

图 2.17　使用偏光镜的图像增强

3. 光源和照度的匹配

对于可见光，照射到物体表面某一面元的光通量 Φ_V 除以该面元面积 $\mathrm{d}A$ 称为照度 E_V，即

$$E_V = \frac{\mathrm{d}\Phi_V}{\mathrm{d}A} \tag{2-10}$$

E_V 的通用单位是 lx，1 lx 等于 1 lm/m^2。

CCD 器件是积分型器件，输出电流信号既和 CCD 器件光敏面上的照度有关，也和两次取样的间隔时间，即积分时间有关。若以 I 代表其输出电流信号，E 代表光敏面的照度，t 代表两次取样的间隔时间，则在正常工作范围内有

$$I = kEt = kQ \tag{2-11}$$

其中，k 为比例常数，$Q = Et$，称为曝光量，单位为 $\mathrm{lx \cdot s}$。

对于既定元件，曝光量应限定在一定的范围内，其上限为饱和曝光量 Q_{sat}。对于摄像和以光度测量为基础的 CCD 应用系统，光敏面上任何光敏单元上的曝光量 Q 都应低于 Q_{sat}，否则将产生画面亮度失真，或产生大的测量误差。

因为 $Q = Et$，所以可以通过适当选择 CCD 器件光敏面上的照度 E 和两次采样间隔时间 t 两个参数来达到 $Q < Q_{\mathrm{sat}}$。但是，采样间隔时间 t 一般由驱动器的转移脉冲周期 T_{SH} 确定，所以调节曝光量通常是通过调节 CCD 光敏面上的光照度来实现。要求光敏面上任何点的照度应满足

$$E < \frac{Q_{\mathrm{sat}}}{t} \tag{2-12}$$

光敏面上的照度也不能太低，如果某些点的照度低于 CCD 器件的灵敏阈，这些较暗部分便无法检测出，从而降低画面亮度的层次或产生测量误差。最好是把光敏面上的最大照度 $E_{\max}$ 调节为略低于 Q_{sat}/t，以充分利用器件的动态范围。

对于 CCD 应用系统，CCD 器件光敏面的照度就是经过光学系统成像的像面照度或者是经过光学系统进行傅里叶变换后的谱面照度。

发光特性接近余弦辐射的物体经光学系统成像，其轴上像点的照度 E_0' 和轴外像点照度 E' 可分别用下列两式表示：

$$E_0' = \left(\frac{n'}{n}\right)^2 K\pi L \sin^2 U' \tag{2-13}$$

$$E' = E_0' \cos^4 \omega \tag{2-14}$$

其中，n' 和 n 分别为光学系统的像方和物方介质的折射率，K 为光学系统的透射率，L 为物体的亮度，U' 为像方孔径角，ω 为所考虑点对应的视场角。

在观测或测量自然景物时，由于景物的亮度不易改变，一般靠选取 U' 角取得合适的像面照度。在观察无限远景物时，应使用望远镜。这时

$$\sin U' \approx \frac{D}{2f'} \tag{2-15}$$

轴上像点的照度为

$$E_0' = \frac{K\pi L}{4}\left(\frac{D}{f'}\right)^2 \tag{2-16}$$

可见，这种情况下像面照度与相对孔径 $\dfrac{D}{f'}$ 的平方成反比，主要靠选择望远镜的相对孔径来达到像面照度与 CCD 光敏特性相匹配。

对于观测人工照明目标，则可通过合理选择照明光源的功率及照明系统的参数来调节被观测对象的亮度值 L，并配以合适的观测光学系统来保持所需的像面照度。

有些测量系统像面或谱面照度分布不均匀，最大和最小照度之差远超过 CCD 器件响应的范围，这时，单靠调节照明和光学系统的参数不能达到目的。例如，调节光源或光学系统孔径角使像面照度最大值 $E_{\max} < Q_{\mathrm{sat}}/t$，则暗区照度过低无法检测，如果调节使亮区照度达到可测值，则 $E_{\max} > Q_{\mathrm{sat}}/t$。为了在这种情况下能够完成测量，可采用滤光补偿法。滤光补偿法就是在 CCD 器件光敏面的前面放置一块透过率按一定规律分布的滤光镜，使高照度区的照度降下来，满足 $E_{\max} < Q_{\mathrm{sat}}/t$，而低照度区的照度不受影响或少受影响。这样，就可使整个像面或谱面测量值均在可测范围之内。这种方法适合于像面或谱面照度分布有一定规律、明暗差较大的情况。

4. 保证光照强度设计方法

为了使图像传感器获得足够的照度并且使照度分布均匀，设计照明系统时应考虑三个问题，即照明系统提供的光能、光能量的利用率及能量在像平面上的分布。

照明系统提供的光能量与光源的发光强度、光源的尺寸和聚光镜的孔径角有关。当光源的发光强度一定时，光源的面积越大，聚光镜的孔径角越大，照明系统所提供的光能量越多，即照明系统提供光能量的大小是由它的拉赫不变量决定的：

$$J_1 = n_1 u_1 y_1 \tag{2-17}$$

其中，n_1 为物方介质折射率，y_1 为灯丝半高，u_1 为聚光镜的孔径角。

照明系统所提供的光能量能不能全部进入成像系统取决于两者之间的衔接关系。为了使照明系统和成像系统很好地衔接起来，在光学计算时应使照明系统的拉赫不变量等于或大于成像系统的拉赫不变量，即

$$J_1 = n_1 u_1 y_1 > J_2 = n_2 u_2 y_2 \tag{2-18}$$

其中，n_2 为成像系统物方介质折射率，y_2 为物体半高，u_2 为成像系统的孔径角。

来自于光源的光线经物体反射，被透镜接收，称为反射式照明，如图 2.18 所示。如果发光体发出的光线不能聚焦成特定的光束，光束将不能成为图像的一部分。

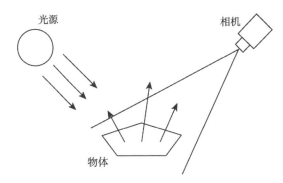

图 2.18   反射式照明原理图

视觉照明装置和成像光学系统最好作为一个系统一起设计。光源必须辐射大量的光束,为任何可能的物体提供各种可能的光束,这将不得不覆盖一个大的立体角。同时,不辐射那些不能作为图像部分的光束 (如那些落入透镜视场以外的光束),这些多余的光束只会降低图像的对比度。

5. 照明域的选择

物体一般以两种方式对光线进行反射,即镜面反射和漫反射。其中镜面反射的各入射光反射方向单一,漫反射中各入射光被散射成一定范围出射角的反射光,如图 2.19 所示。

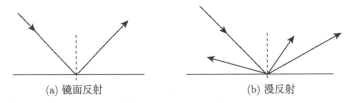

(a) 镜面反射   (b) 漫反射

图 2.19   光线的镜面反射和漫反射

镜面反射明亮但不稳定。明亮是因为反射强度与光源强度相当。许多情况下,镜面反射使得相机饱和。镜面反射不稳定是由于发光体、物体和透镜之间一个小角度的改变就可能引起镜面反射完全消失。除非这些角度能很好地被控制,否则最好是避免采用镜面反射。

漫反射黯淡但稳定。漫反射的反射强度为光源的 0.001,且反射强度随着角度的变化而变得迟缓。

在照明系统中,按照待检缺陷的反光类型,可以合理配置光源与传感器的相对位置,从而使传感器单独接收镜面反射光、漫反射光或二者同时接收,从而传感器对预定的缺陷敏感。对于板带钢表面检测而言,光源与传感器的相对位置形式分为以下几种:

(1) 亮域照明。亮域照明也称明场照明。如果相机布置在反射光路上，则相机接收的光线主要是镜面反射光，此时表面平整光亮的正常带钢表面在相机中的成像明亮，而存在缺陷的地方镜面反光较弱，故成像较暗。符合这种成像特征的即称为亮域照明。在亮域照明中，光线近似垂直于物体表面，如图 2.20(a) 所示。常规的空间照明属于亮域照明，这类照明通常适用于常规的视觉应用。

(2) 暗域照明。在暗域照明中，光源与相机的相对位置配置使得相机基本接收不到物体正常表面的镜面反光，如图 2.20(b) 所示位置。这种情况下，正常平整光亮的表面在相机中成像较暗，而纹理和其他高角特征显得明亮。由于物体的大部分显得黑暗，故称之为暗域照明。暗域照明适用于表面污物、刮痕和其他的小突起特征的检测。

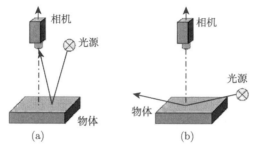

图 2.20　亮域照明原理图 (a) 和暗域照明原理图 (b)

(3) 微光域照明。介于明域照明和暗域照明的一种光路配置方式。在这种情况下，相机处于能够接收到正常表面镜面反射光和不能接收到的临界状态。通常微光域照明方式应用于带钢表面不光滑、表面形貌和明暗变化不大的情况，由于同时具有了亮域照明和暗域照明的优点，微光域照明方式可以对绝大部分带钢表面缺陷成像。

依据之前所述的选型原则，本实验检测系统中选用了如下光源：

(1) CCS 条状背景光源 (图 2.21)，型号为 LND-300A-DF，由红色 LED 密集排列而成，尺寸 301 mm×18 mm，直流 24 V 供电，功率 7.2 W。整个光源光强分布均匀，无频闪。可以用来与线阵 CCD 相机匹配检测板带钢孔洞和边缘缺陷。

图 2.21　CCS LND-300A-DF 背景光源

(2) Spider Light 线型光源两台, 如图 2.22 所示。型号分别为 SL24-630nm RED 和 SL24-850nm IR, 是美国 Spectrum Illumination 公司生产的机械视觉照明线型设备, 该光源可以与线阵 CCD 相机组成明域或暗域检测系统, 还可以与面阵 CCD 相机组成暗域检测系统。

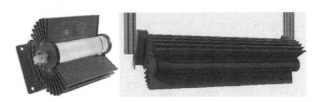

图 2.22   Spider Light 线型光源

(3) 漫射型面光源, 如图 2.23 所示。该光源自行设计, 由专业厂家代工生产。采用 SIEMENS 欧思朗高亮红外 LED(单颗 LED 功率可高达 1W) 组装而成, 背衬铝板散热片为 LED 和限流电阻散热, 可以更换不同的漫射片以调整光源漫射效果。

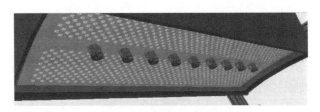

图 2.23   漫射型面光源

该光源与面阵 CCD 相机保护箱组装在一起, 与面阵 CCD 相机阵列结合使用。光源上的 LED 是紧凑阵列布置, 使整个光源光强分布均匀。控制方式可以选择曝光同步脉冲控制, 或者常开型控制。

2.3.4   传感器与光源布局设计

这里主要介绍之前选择的传感器及光源在实验系统中的布局方式。主要考虑线性光源、面阵散射光源与线阵 CCD 相机、面阵 CCD 相机的布局匹配关系以及混合布局方式。最终图像采集的效果能否满足要求, 主要在于照明系统、CCD 相机的布局关系, 各种不同布局方式对采集到的图像分辨率、对比度会有不同的影响。

几种常见的布局方式如图 2.24 所示。

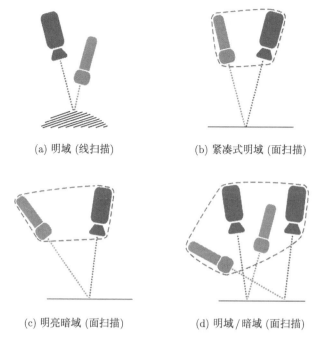

(a) 明域 (线扫描)   (b) 紧凑式明域 (面扫描)

(c) 明亮暗域 (面扫描)   (d) 明域 / 暗域 (面扫描)

图 2.24 各种布局方式

1. 线阵相机明域/暗域布局

线阵相机的明域、暗域布局，可以使用同一线型光源 Spider Light，同时形成明、暗域混合布局，如图 2.25 所示。垂直于板带钢切线方向的相机，称为暗域拍摄相机；处于光线反射方向的相机为明域拍摄相机。

图 2.25 明域/暗域 (线阵相机)

实验表明，线阵相机采集的图像对板带材宽度方向的缺陷、边缘裂纹和孔洞比较明显，如焊缝、辊印、裂纹、边裂、重皮等。

2. 面阵相机明域/暗域布局

面阵相机的明域布局一般采用分布均匀的漫射光源照明 (图 2.26 圆圈部分)，使得无论是二维还是三维的缺陷都在图像上有所表现。

图 2.26   明域 (面阵相机)

面阵相机的暗域布局一般采用线光源照明 (图 2.27)，使得三维缺陷更为突出。

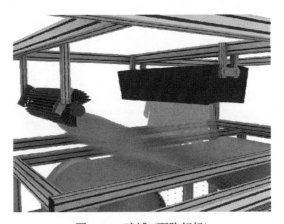

图 2.27   暗域 (面阵相机)

3. 效果分析

从图 2.28 可以看出，线阵相机直线光源明域拍摄的镀锌板表面显得粗糙，仅能够明显表现在带钢宽度方向上较大的缺陷，这样的图像将给预处理和软件分类算法处理增加不必要的麻烦；面阵相机漫射光源明域拍摄同一区域的结果显示了更多的缺陷。

 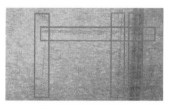

(a) 线阵相机直线光源明域拍摄 (b) 面阵相机漫射光源明域拍摄

图 2.28 拍摄同一区域镀锌板的结果比较

从图 2.29 可以看出, 面阵相机明域拍摄的结果部分增强了三维缺陷; 面阵相机暗域拍摄的结果不仅显示了全部辊印缺陷, 而且突出了目标处的波形。

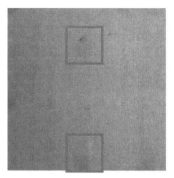 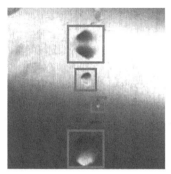

(a) 面阵相机漫射光源明域拍摄 (b) 面阵相机直射光源暗域拍摄

图 2.29 面阵相机拍摄结果比较

上述情况并不说明面阵相机就比线阵相机好, 也不能说明面阵相机与直射光源的布局方式就是最优的选择, 比如面阵相机与直射光源的布局方式虽然增强了缺陷的对比度, 但同时它也提供了更多的伪缺陷。

这里仅给出了一种如图 2.30 所示的布局方式, 即线阵相机的明域、暗域布局和面阵相机的阵列明域布局, 更多更好的布局方式需要在实验中不断探索发现。

图 2.30 一种实验布局方式

2.3.5　检测系统的硬件拓扑结构

实验检测系统的传感器、光源与图像采集及控制系统硬件的拓扑结构如图 2.31 所示。

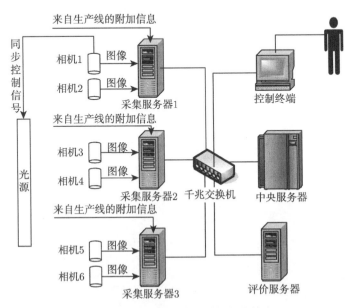

图 2.31　实验系统硬件拓扑结构

图中采集服务器负责控制相机 (和光源) 拍照，接收照片图像数据，计算图像特征向量，筛选出疑似缺陷图像。非疑似缺陷图像仅在采集服务器保存，疑似缺陷图像则复制到数据服务器供下一步处理。

来自生产线的附加信息包括产品的基本资料，如卷号；还包括实时数据，如速度。

中央服务器具有双重职能，一是数据服务器，在数据库中保存所有图像的属性信息和特征向量数据，在文件系统下保存所有疑似缺陷图像文件；二是调度服务器，负责监控采集服务器、评价服务器以及其他外围设备的工作状态，并通过调整缺陷评价器在评价服务器上的部署进行负载均衡管理。

评价服务器执行各种缺陷评价 (图像分析) 计算，在一个缺陷评价器调度模块的管理下，根据负载情况，可以扩展为多台服务器。

控制终端提供用户操作界面，为普通 PC，安装控制程序，允许多用户并行，即多台控制终端同时操作。

2.4 检测系统的软件设计

本节以实验系统专用检测软件 NEUEyes 为例,介绍了检测系统软件的设计过程。

2.4.1 软件逻辑结构

该软件的逻辑结构如图 2.32 所示,其中:

图像采集模块在采集服务器上运行,接收来自生产线的附加信息,控制照相机和光源进行拍照,接收来自照相机的图像数据,在本地 (采集服务器) 文件系统暂存,相应的图像属性数据直接保存到中央服务器 (数据库)。

基础特征向量计算模块,在采集服务器上运行,采用分块法计算出每一幅图像的基础特征向量,直接保存到中央服务器 (数据库)。

预筛选模块在采集服务器上运行,根据基础特征向量判定每一幅图像是否可能包含缺陷。对于判定为包含缺陷的图像数据转存到中央服务器 (文件系统),同时提交评价服务器进行缺陷评价,否则不作任何处理。

缺陷评价器调度运行在中央服务器,通过调整缺陷评价器在评价服务器上的部署进行负载均衡管理。

缺陷评价器运行在评价服务器,以最低耦合形态出现的缺陷评价模块,每个缺陷评价器能且仅能评价一种特定的缺陷。接收缺陷评价器的调度,按照其分配的评价任务完成缺陷评价,评价结果直接保存在中央服务器 (数据库)。

人工标注模块运行在控制终端,提供图形用户界面 (GUI) 由用户进行可视化缺陷确认或标注。

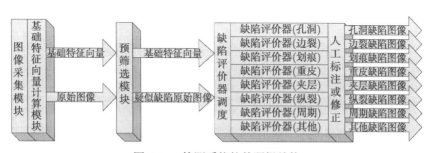

图 2.32 检测系统软件逻辑结构

2.4.2 软件的功能要求

表 2.5 从用户角度分析功能性需求,结合各方面经验,以用户领域专家意见为补充,定义本实验系统软件功能要求。

表 2.5　用户对软件的功能需求

用户	功能要求 (用例)
安装工程师	在采集服务器上,通过软件实时观察来自照相机的视频 (不需要存储),以便手工调节照相机的位置、光圈和焦距。使用印刷有坐标信息的相机调节板辅助安装过程
	在采集服务器上,通过软件调整照相机及照明设备参数,在屏幕上观察实时视频。调节的参数可以保存为文件,也可以通过读取保存的配置文件恢复一组配置参数
	在采集服务器上,通过点击按钮拍摄一张照片并保存
	在采集服务器上,通过指定每秒拍摄的照片数量和拍摄的时长,自动拍摄若干照片并保存
	安装/卸载 NEUEyes 程序
系统管理员	增加用户、删除用户、修改用户资料和权限、调阅用户操作记录
	启动系统自检,获取自检结果
	NEUEyes 程序升级安装
	启动实时检测/关闭实时检测
	启动/关闭远程协助
	调阅、备份、清空系统日志
	数据备份及还原
	硬件部件管理,包括硬件维护计划、硬件维护日志、硬件工作小时数、硬件使用寿命等
质检员	用系统管理员分配的用户名和密码登录系统
	启动实时检测/关闭实时检测
	在控制终端显示器上 (准) 实时观察当前在产品的合成图像
	修改自己的登录密码
	修改待检产品类型 (程序按照产品类型选择合适的检测算法)
	输入待检、在检或已检卷属性信息
	按卷的各种属性查询卷
	按类型、严重程度检索卷中存在的缺陷
	查看在检或已检卷中的缺陷类型、对应的图片及其位置信息,人工修改缺陷类型和严重性
	当在检卷发现比较严重的缺陷或预先指定的缺陷时,获得报警
	查阅历史报警信息

2.4.3　软件的功能结构

以软件功能要求为指导,建立软件功能结构,如图 2.33 所示。

各子模块功能如下:

照相机与照明设备辅助调节模块:辅助安装工程师调节照相机及照明设备。

照相模块:实时拍摄被测对象照片。

设备总线接口模块:从生产设备总线读取生产数据(卷号、带速、宽度、厚度等)。

特征向量计算模块:对原始图像进行分块计算。

边缘识别模块:识别钢带边界,作为特征向量附加信息。

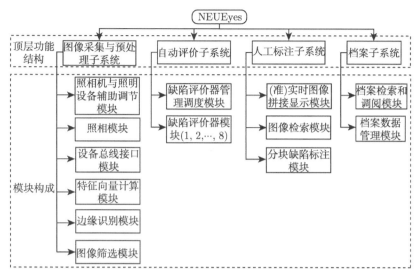

图 2.33 软件功能结构图

图像筛选模块[21]：发现包含疑似缺陷的图像，剔除不包含疑似缺陷的图像。

缺陷评价器管理调度模块：调整缺陷评价器参数，负载管理。

缺陷评价器模块 (1, 2, ···, 8)：每个缺陷评价器评价一种缺陷，输入原始图像及其特征向量，输出其中存在此种缺陷的位置 (方块) 和强度 (可能性、严重性)。

(准) 实时图像拼接显示模块：根据图像属性数据确定坐标，把位于钢带不同位置的图像按比例缩小后拼接成完整的钢带图像，在计算机显示器上显示出来，并且能够显示自动评价出的及人工标注的缺陷位置和类型。(准) 实时的含义是在检测过程中可以滚动显示最新的图像数据。

图像检索模块：按照坐标、缺陷类型、缺陷强度检索图片。

分块缺陷标注模块：以预处理中的分块为单位，由用户标注缺陷或修改自动评价出的缺陷。

档案检索和调阅模块：按照卷号、生产日期、产品类型、缺陷类型、缺陷强度检索档案。按卷打开浏览归档资料。

档案数据管理模块：实现档案数据的备份、恢复、导入、导出。

第3章　图像数据采集与预处理

3.1　概　　述

板带钢图像数据采集与预处理是后续质量检测过程的第一个环节, 在此环节中, 存在着一些各类板带钢表面质量检测系统都可能遇到的共性问题, 而这些问题往往会对图像采集效率及后续处理过程造成较大影响。

如何高效处理海量的图像信息是首先需要解决的问题。海量的图像数据将会给整个检测系统的实时性带来巨大挑战。由于采集到的图像数据繁多, 图像处理算法计算量较大, 所以会出现在某时段内图像处理算法对数据的处理落后于 CCD 相机采集, 达不到采集和处理同步的情况。随着轧制技术的改进, 国内外钢铁企业的轧制速度不断提高, 这在客观上就要求板带钢在线质量检测系统在实时处理性能上适应这种变化。本章介绍的数据实时采集方法[22](包括队列及多线程处理技术), DSP 图像处理平台, 以及基于灰度特征的缺陷图像预筛选算法, 能够提高缺陷的检测速度, 在一定程度上满足系统对实时处理的要求。

板带钢原始图像受噪声污染是影响机器视觉检测效果的主要问题之一[23]。例如, 在冷轧带钢轧制过程中, 车间环境不可避免地存在灰尘或粉尘等颗粒, 这些颗粒或者漂浮在 CCD 相机与钢板之间, 或者吸附在 CCD 镜头表面, 导致 CCD 相机实际采集到的板带钢表面图像中含有不同程度的脉冲噪声 (impulse noise)。另外, 由于使用 CCD 摄像机获取图像, 还会造成光子散弹噪声、暗域电流噪声、放大器噪声等高斯型噪声。在系统工作过程中, 电子电路也会产生高斯噪声。对于机器视觉检测系统而言, 噪声的存在降低了图像底层 (数据层) 处理的质量和精度, 使图像的中层 (信息层) 与高层 (知识层) 处理无法继续进行。因此, 在对带钢表面缺陷图像进行更高层次的处理之前, 应采用适当的方法减少噪声。本章针对脉冲噪声及高斯噪声的去除分别提出了 NINE 算法[24,25] 及自适应双倒数滤波算法[26] 两种方法。

在对板带钢表面图像实时采集过程中, 表面粗糙度的存在, 常常会使光的法线方向发生变化, 导致在采集到的表面图像上具有随机的颗粒状的纹理背景。这也是制约机器视觉检测效果的问题之一。图像的纹理背景越复杂, 准确识别缺陷的难度就越大。因此, 在对图像进行后续处理前, 需要对图像进行滤波处理以改善图像质量, 消除纹理背景对于图像缺陷识别的影响。本章也研究并提出一种基于小波各向异性扩散的纹理背景去除方法[27,28]。

另外，为了消除光照不均对板带钢图像造成的影响，本章还在预处理环节加入光照均一化处理内容，提出了一种基于总变分模型的光照均一化方法[29]。

3.2 数据实时采集

板带钢表面缺陷图像的实时采集是检测的第一步，也是后续进行的图像处理与缺陷识别的基础。在这一阶段，板带钢在运动过程中触发安装在生产线的光电编码器产生触发信号，并把触发信号传送到图像采集客户端，图像采集客户端根据接收到的触发信号来判断生产线的运动速度，进而控制 CCD 相机对钢板表面进行拍摄，并将采集到的图像数据处理后传给中央服务器进行信息管理。在线检测系统用二维图像来描述被检测的带钢对象，如图 3.1 所示。

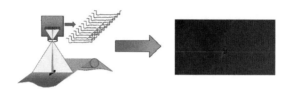

图 3.1 CCD 相机实时采集钢板表面缺陷图像原理示意图

外部触发同步控制器是图像采集部分的一个重要部件。钢板表面图像的在线采集具有实时性和动态性，通常选用多个相机对运动着的钢板成像，这就需要有一个合理的同步机制来控制各个相机的拍摄时刻，保证多个相机同一时刻拍照，以避免不可容忍的测量误差。例如，在多个相机不经同步和实时处理的情况下测量运动速度为 10m/s 的板带钢，相机拍摄帧数为 25f/s，如果每个图像传感器都依照自己固定的运行周期进行拍摄，那么各相机采集图像的最大时间差将相差 40ms，这将会导致沿钢板运行方向上实际拍摄的位置差最大可达到 $0.040 \times 10 \times 1000 = 400 (\text{mm})$，也就是说，某图像在拍摄时相机不同步造成图像错位，位置差别最大可能达到 400mm，像这样的不同步误差，对于检测系统而言是绝对不能容忍的。同步控制器控制所有的相机都在同一个时序下工作，保证所有相机拍摄的开始和终止是完全同步的，这就从根本上消除了由钢板运动而导致的不同相机间的测量差别。

3.3 图像数据缓存与多线程处理

以第 2 章介绍的检测系统为例，钢板表面图像成功采集后，通过 GigE 网络传给采集客户端进行图像处理。理想状态下，某时段内图像处理算法对数据的处理量与 CCD 相机采集到的图像数据量一致或相差不大，即基本达到采集–处理的同步，那么图像数据可以源源不断地被采集，并马上被后续的处理程序无间断地处理，此时检测系统的实时性完全得以保证。另一种情况下，某时段内图像处理算法对数据的处理能力远大于 CCD 相机采集到的数据量，使图像处理部分多数时间处于空闲状态，等待硬件部分输入图像数据，这表明生产线上生产出的产品大都合格，产生的缺陷极少，所以 CCD 相机采集到的缺陷图像也较少，此时检测系统的实时性也可以完全得到保证。

然而，若某时段内图像处理算法对数据的处理能力小于 CCD 相机采集到的数据量，即不能达到采集和处理的同步，那么整个检测系统的实时性就会受到严重影响。以分辨率为 1600 像素 × 1200 像素的 8 位灰度图像为例，由 CCD 相机采集到的每一帧位图 (bitmap，BMP) 图像大小[31-33] 为：1600×1200/1024/1024 = 1.83(MB)，假设 CCD 相机采集速度 (帧率) 为 20f/s，则每秒一台 CCD 相机采集到的图像数据将达到 1.83×20=36.6(MB)，如此大的数据量存入内存中，将极大地增加内存的开销，使得本来就已经急需内存支持的图像处理、分析程序更加缓慢，大量内存空间的占用导致检测系统丢失图像数据，甚至因内存占用率过高而导致系统崩溃。这种情况下，系统的内存利用情况如图 3.2 所示，其中，客户端计算机 CPU 为 Intel(R) Xeon(R) CPU E5430@2.66GHZ，内存容量为 7.99GB，操作系统为 Microsoft Windows Server 2003 Enterprise Edition (SP2)。可以看出，由于未能及时对采集到的图像数据进行处理，内存中堆积大量数据，内存使用率迅速增长，此时内存使用率已达到 2.18GB，如此恶性循环下去，系统将很快内存溢出，最终崩溃。

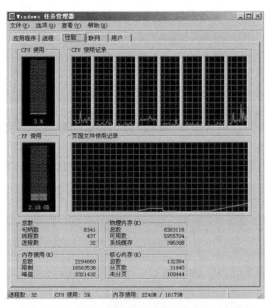

图 3.2   内存中大量数据堆积时内存使用情况

为避免 CCD 相机采集的图像数据丢失或系统崩溃的情况发生，最根本的是要在图像数据传输过程中防止 "过剩" 数据的产生，避免数据传输瓶颈的出现。为此，在图像处理之前，要合理地安排这些 "过剩" 的图像数据。解决方案有两种：一种是可以把这些数据暂时存储起来，形成一个数据缓冲区，使检测系统有较充足的时间进行图像数据处理；另一种是检测系统采用多线程 (multi-thread) 技术，即一个采集线程和多个处理线程同时工作，这样就能够大大缓解宝贵的内存空间的实时存储与实时处理问题。以下分别加以介绍。

队列 (queue) 是一种特殊的线性表，可用来实现图像数据的缓存。队列的插入和删除操作分别在线性表的两端进行，数据由一端插入队列，而由另外一端删除，因为最先进入队列的数据项也是最先被删除的数据项，所以队列是一个先进先出 (first in first out, FIFO) 的线性表。

在队列中，添加新的数据成员的那一端被称为队尾 (rear)，删除成员的那一端被称为队首 (front)。例如，一个由三个数据成员组成的队列如图 3.3(a) 所示，从中删除第一个数据成员 A 之后将得到图 3.3(b) 所示的队列。如果往图 3.3(b) 中的队列添加一个数据成员 D，必须把它放在数据成员 C 的后面。添加数据成员 D 以后所得到的新的队列结果如图 3.3(c) 所示。

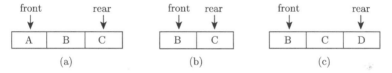

图 3.3　队列结构示意图

可以在图像采集客户端设计一个等待图像队列，当某时段内图像处理算法对数据的处理落后于 CCD 相机的采集时，为防止大量图像数据堆积，系统就会把采集到的一帧钢板表面图像插入等待队列的队尾，此时，图像处理程序从队首获取图像进行处理，并将其移出队列，处理完成后再进入等待队列中获取下一幅图像。这样循环处理，大大地增加了系统的伸缩性。

为了防止内存中队列长度无限制地增长，设计图像队列时将空间连续的线性缓冲队列转化为一个环形的缓冲队列区。环形队列区的示意图如图 3.4 所示。一般来说，只需要考虑为这个缓冲区分配足够大的空间，使其中可以存放的图像帧的数目至少大于 3，这样就可以保证在对图像数据进行处理的同时还可以同步进行新的图像数据的采集，而不会发生任何数据冲突。需要注意的是：为了保证检测系统不发生内存溢出现象，最坏情况是，当环形缓冲队列区满后，除非将其中的一些数据读走以空出空间，否则新采集到的图像帧将会丢失。

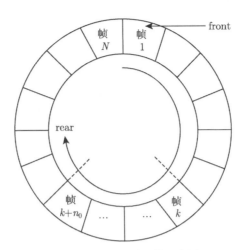

图 3.4　环形队列区的示意图

　　由于所选用的是 GigE 网络连接 CCD 相机和采集客户端计算机，因此采集客户端计算机的 CPU、网络性能等参数也会对图像数据的传输产生一定的影响，有可能导致图像队列中的图像数据排列顺序与实际采集的先后顺序不同。因此，在采集图像的同时，从 CCD 相机中还要获取另外两个关于图像的数据，帧计数器 (frame counter) 和时间戳 (time stamp) 用来描述当前采集到的图像的产生序号和产生时刻，以确保图像队列中带钢表面图像不会因为排序的不同而无法与带钢表面实际位置一一对应。将图像等待队列中的数据成员定义为类结构，采用 C++ 语言实现上述功能，定义部分描述如下：

```
class CResultQueue
{
public:
        int32_t      FrameCounter;
        int64_t      TimeStamp;
        unsigned char ImageDIB[CAMERA_WIDTH * CAMERA_HEIGHT];
};
```

　　其中，CAMERA_WIDTH 和 CAMERA_HEIGHT 分别表示采集图像的宽度和高度，变量 FrameCounter 用于记录 CCD 采集到的图像的帧计数器，变量 TimeStamp 用于记录 CCD 采集到的图像的时间戳，变量 ImageDIB 用于记录采集图像的图像数据。

　　解决实时处理问题的另一个途径是多线程处理。图 3.5 所示为板带钢表面缺陷在线检测系统中的多线程程序流程，在图像采集线程中采集到大量图像数据后，首先将图像数据插入到图像等待队列中，再依靠 n 个图像处理线程程序依次访问图像队列并对图像数据进行处理,然后将处理后的数据成员从图像队列中删除。为了不影响 CCD 相机的采集,令图像采集线程具有最高的优先级。

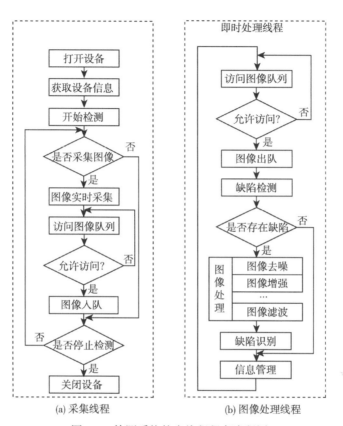

图 3.5 检测系统的多线程程序流程图

采用本节提出的多线程处理和图像队列并用的设计后,系统的内存利用情况如图 3.6 所示。从图 3.6 与图 3.2 的对比中可以看出,采用多线程处理 (实验中采用 1 个图像采集线程和 67 个图像处理线程) 和环形图像队列并用的设计后,内存中大量数据堆积现象不再出现,内存使用率稳定在 528MB,虽然此时 CPU 使用率较图 3.2 所示情况有所提高,但 CPU 使用率基本稳定在 14%左右,检测系统运行稳定。由此可见采用多线程处理和图像队列并用的设计,不仅有效地解决了图像数据堆积的问题,而且将图像采集线程和图像处理线程分开,让二者能够同时进行,充分地利用了 CPU 的空闲时间,使板带钢表面缺陷检测系统能够满足实时性的要求。

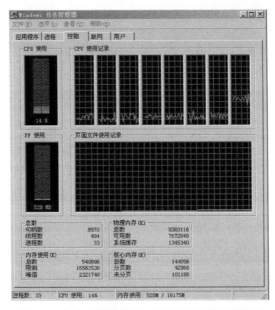

图 3.6　内存中数据被及时处理时内存使用情况

3.4　图像快速检测技术

对板带钢表面图像进行采集并缓存后，在进行缺陷目标识别之前，需要对采集到的图像进行预处理，处理内容包括从原始图像中筛选出疑似含有缺陷的图像，对这些图像进行降噪及去除纹理背景等。当图像数据十分庞大时，如果能提高预处理过程的运算速度，或通过利用简洁的算法降低预处理的难度，将使系统具有更好的实时性。这可以从改善硬件和软件两个方面来实现。

硬件方面，通过采用高性能的硬件处理设备，将系统中对实时性要求严格的部分从 PC 软件部分分离出来，由专门的硬件来处理，就可以提高预处理过程的执行速度，尽可能缩短处理时间。这是解决系统实时处理能力最直接的方法。这里硬件设备的高性能一方面指其具备较高的运算速度，能够在有限的时间内完成大量的复杂数据运算；另一方面指其结构应适合数字信号运算，特别是图像处理各种特殊算法的特点。

在软件方面，就筛选板带钢原始图像这一处理步骤来说，通常情况下大部分板带钢表面质量优良，出现缺陷的可能性仅在 5 %以下[34]，所以对原始图像进行筛选能够显著提升图像检测系统的处理速度。由于仅要求将疑似含有缺陷的图像从原始图像中没有遗漏地筛选出来，而不要求对缺陷进行精细的辨识，因此可以针对可能出现的缺陷类型灵活地编制筛选算法，使得设计的软件既能够快速、准确、完

整地将 "有缺陷嫌疑图像" 挑选出来, 充分发挥硬件设备本身的性能, 又能排除无缺陷的图像, 使其不参与后续的图像识别过程, 从而达到降低数据处理量、提高系统处理速度的目的。

3.4.1 DSP 硬件图像快速处理技术

传统的检测系统是基于 PC 和图像采集卡的。如果在 PC 上完成图像数据的处理, 由于通用 PC 采用冯·诺依曼存储器结构, 并不是特别适用于数字信号的运算, 不仅处理速度慢, 而且占用 CPU 时间过多, 影响了 PC 对数据的管理, 尤其是对于图像的数字处理, 很难达到实时的要求。针对传统的基于 PC 和图像采集卡的检测系统在实时处理方面的缺陷, 本小节提出基于外部设备互连 (peripheral component interconnect, PCI) 总线和数字图像处理器 (digital signal processor, DSP) 的带钢表面质量检测系统。该系统包括图像采集、DSP 缺陷提取、PC 后续处理三部分。图像采集卡和 DSP 均通过 PCI 总线与主机相连。DSP 作为主机的协处理器, 与主机的消息通信和数据传输均由主机控制完成。系统整体模型如图 3.7 所示。

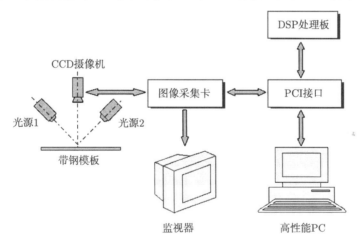

图 3.7　基于 DSP、PC 和图像采集卡的板带钢表面质量检测系统模型

在该系统中, 缺陷图片的识别过程从 PC 软件中分离出来, 交由 DSP 处理。DSP 对图像数据进行处理后对图像是否有缺陷进行判断, 并将判断结果以消息的方式通知 PC, PC 根据该消息对图像数据进行取舍、分类等后续处理。这样做不仅在一定程度上将实时处理和准实时处理部分分离, 做到信号处理和数据管理并行进行, 而且充分利用了 DSP 对数字信号处理的高速、并行处理的优势, 这在很大程度上提高了图像处理系统的实时性和稳定性。

该系统选用 DAM6416P 图像处理板, 它是基于 TI 公司的 DSP 产品 TMS320-C6416 芯片, 板上 DSP 处理器 TMS320C6416 的计算能力可达 4GIPS, 可以进行高

速的数据采集和处理, 实时的视频和音频的采集、压缩和播放, 或其他高速的 DSP
应用。DAM6416P 图像处理板集成了多种通信接口, 支持多种数据格式, 能够完成
多种功能的通用的数字信号处理平台。按照功能划分, DAM6416P 可分为 DSP 模
块、视频模块、音频模块和通信模块。

　　通信接口模块是 DSP 芯片实现与外围其他设备进行数据交换的通道。为了适
合外围设备的多样性, 提高处理平台的适应能力, DAM6416P 提供了多种外围接
口, 包括 RS232 接口、RS422 接口、PCI 总线接口、JTAG 接口以及 UTOPIA 接
口等。这些接口方便了使用者连接各种硬件设备, 从而实现各种不同的应用。其
中 PCI 是目前应用最广泛、最流行的一种高性能高速同步总线, 可同时支持多
组外围设备。它是由美国 Intel 公司首先提出, 在 1992 年由外围部件互连专业组
(Peripheral Component Interconnect Special Interest Group, PCI SIG) 发布的总线
规范。

　　DAM6416P 提供了两种工作方式, 即独立工作方式和 PCI 工作方式。

　　在独立工作方式下, DAM6416P 作为独立的处理系统, 能够完成数据运算、总
线控制和输入/输出 (I/O) 管理等处理任务。通过自身专用电源进行独立供电, 支
持多种格式的视频、音频信号输入、输出。

　　在 PCI 工作方式下, DAM6416P 处理板通过 PCI 接口与主计算机相连。此时
DAM6416P 作为主机的协处理器, 由主机上的 PCI 插槽供电 (标准 3.3V)。主机与
DSP 之间的通信也是通过 PCI 接口总线来完成。作为主处理器, 主计算机不仅可
以通过发送消息对 DAM6416P 上的 DSP 芯片进行控制管理, 还可以接收到来自
DSP 内部的消息作为反馈信号。DAM6416P 所具有的这种消息机制, 是实现主从
机模式下的实时图像处理系统的关键之一。

　　在本系统平台中, DAM6416P 所采用的是 PCI 工作方式。

　　实时图像系统另一关键点在于主机与 DSP 之间可以以直接存储器访问 (direct
memory access, DMA) 方式进行大批量、高速率的数据传输。由于 PCI 接口具有
高带宽的特点, 主机与 DSP 之间可以实现高速的、大量的、双向的数据传输。系
统的这种特点适应了数字信号处理, 特别是实时数字图像处理的特点, 在很大程度
上为整个处理过程满足实时性的要求提供了前提和保障。

　　DAM6416P 不同的工作模式的选择, 需要对 DSP 芯片的引导模式进行设置,
具体实现方法是按照表 3.1 和表 3.2 对拨码开关进行设置。

表 3.1　独立工作方式下拨码开关 SW1 的设置情况

开关	1	2	3	4	5	6	7	8	9	10
状态	开	关	开	开	开	开	开	关	关	关

表 3.2 PCI 工作方式下拨码开关 SW1 的设置情况

开关	1	2	3	4	5	6	7	8	9	10
状态	开	关	开	开	开	开	关	开	关	关

3.4.2 基于灰度特征的缺陷图像识别算法

虽然灰度直方图是图像处理中最基本、最简单的图像处理方法, 但是它对板带钢的表面缺陷还是很敏感的, 而且由于其计算量小, 快捷准确, 在实时性要求很高的系统中可以作为初步处理部分, 用于板带钢有无缺陷的识别器。在系统实时检测过程中, 凡灰度分布有异常的图像均作为 "有缺陷嫌疑图像", 存储到系统的硬件存储器中, 以备进一步处理和识别。

利用灰度直方图并不能检测出板带钢表面缺陷和油污类污物的区别。因此经灰度检测后得到的 "有缺陷嫌疑图像" 可能是有缺陷的板带钢表面图像, 也可能是被污染过的图像, 需要进行更进一步的处理和识别。但是也正因为如此, 灰度直方图预判并不会遗漏有缺陷的带钢图像, 它可以保证有灰度分布不均的图像全部被检出, 板带钢表面油污和表面缺陷同时被检出, 更进一步的识别则由后续的分类器来完成。

基于上述考虑, 本小节提出了基于图像灰度直方图特征的缺陷图像检测方法, 即灰度直方图统计差值缺陷分离法。

设变量 s 代表图像中像素的灰度级。在图像中, 像素的灰度级可作归一化处理, 这样, s 的值将在下述范围之内:

$$0 \leqslant s \leqslant 1 \tag{3-1}$$

在灰度级中, $s = 0$ 代表黑, $s = 1$ 代表白。对于一幅给定的图像来说, 每一个像素取得 $[0,1]$ 区间内的灰度级是随机的, 也就是说 s 是一个随机变量。假定对每一瞬间它们是连续的随机变量, 那么, 就可以用概率密度函数 (PDF) $p_s(s)$ 来表示原始图像的灰度分布, 这样就可以对一幅图像作出一条分布密度曲线。为便于数字图像处理, 须引入离散形式。在离散形式下, 用 s_k 代表离散灰度级, 用 $P_s(s_k)$ 代表 $p_s(s)$, 并且有下式成立:

$$P_s(s_k) = \frac{n_k}{n}, \quad 0 \leqslant s_k \leqslant 1; \quad k = 0, 1, 2, \cdots, L-1 \tag{3-2}$$

式中, n_k 为图像中出现 s_k 这种灰度的像素数, n 表示图像中像素总数, L 表示图像最大灰度级。而 n_k/n 就是概率论中所说的频数。在直角坐标系中作出 s_k 与 $P_s(s_k)$ 的关系图形, 这个图形称为图像的灰度直方图。从数学上来说, 图像直方图是图像各灰度值统计特性与图像灰度值的函数, 它统计一幅图像中各个灰度级出现的次数或概率。从图像灰度直方图中可以看出一幅图像的灰度分布特性。

对带钢无缺陷图像和缺陷图像直方图特征进行对比分析, 由图 3.8 ∼ 图 3.10 中的 A 部分可知, 对于同一类型的两幅钢板图像, 由于图像的绝大部分都相同, 因此两幅图像的灰度直方图呈现极其相似的主体分布。又由图 3.9、图 3.10 中的 B 部分可知, 缺陷及其周围组织的灰度与正常钢板表面的灰度不同, 造成了两幅图像的灰度分布的差异, 使得有缺陷的钢板图像灰度分布与无缺陷的钢板表面图像的灰度分布相比增加了在其他灰度值上的灰度分布。如果能够利用一定的方法将图 3.9、图 3.10 中的 B 部分分离出来, 就可以将其作为判断图像是否为缺陷图像的依据, 从而实现对缺陷图像的提取。

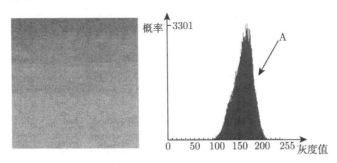

图 3.8   普碳钢钢板图像 (1:3) 及其灰度直方图

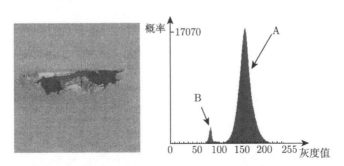

图 3.9   普碳钢含孔洞钢板图像 (1:3) 及其灰度直方图

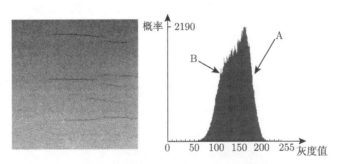

图 3.10   普碳钢含抬头纹钢板图像 (1:3) 及其灰度直方图

设无缺陷图像的直方图函数为 $p_r(s_k)$，待识别的图像的直方图函数为 $p_w(s_k)$，根据式 (3-2)，有

$$p_r(s_k) = n_k/n$$

$$p_w(s_k) = n_k/n \tag{3-3}$$

其中，$k = 0, 1, 2, \cdots, L-1$ (L 为图像的灰度等级)。

对两幅图像在不同灰度等级下进行差值运算，设差值为 D_k，则

$$D_k = p_w(s_k) - p_r(s_k) \tag{3-4}$$

下面分析差值 D_k 在 A、B 两部分的特点。对于 A 部分，由于两幅图像主体灰度分布大体相同，因此在 A 部分所得到的差值 D_k 的绝对值相对较小；而对于 B 部分来说，两幅图像在该灰度区域内的像素分布明显不同，因此差值 D_k 的绝对值相对较大，并且能够保留该区域的特征。若通过数学方法，忽略掉 D_k 在 A 区域的数值，而保留 B 区域的部分，并将结果作为区分图像有无缺陷的判断依据，理论上可得到比较理想的结果。这里采取的方法是：对 D_k 的结果按一定的比例进行缩小，即

$$\tilde{D}_k = D_k/C, \quad C \in R^+ \text{且} C > 1 \tag{3-5}$$

使得缺陷图像中 A 区域所对应的 $\tilde{D}_k$ 值的整数部分为零 (或多数为零)，而 B 区域的数值整数部分不为零。再对 $\tilde{D}_k$ 进行求整运算，即

$$\tilde{D}'_k = [\tilde{D}_k] \tag{3-6}$$

从而得到能够反映 B 区域整体特征的 $\tilde{D}'_k$。对整个灰度级下的 $\tilde{D}'_k$ 先求和再求绝对值，结果设为 $S_{D''}$，即

$$S_{D''} = \left| \sum_{i=1}^{L-1} \tilde{D}'_k \right| \tag{3-7}$$

不难看出，通过以上计算得到的 $S_{D''}$ 的物理含义是经过比例缩小的图像中缺陷区域像素点个数的总和。

将 $S_{D''}$ 与预先设定的分类阈值 T_E 比较，得到下面的图像是否存在缺陷的判断准则。

$$\begin{cases} \text{当} S_{D'} \geqslant T_E \text{ 时，} & \text{图像为缺陷图像} \\ \text{当} S_{D'} < T_E \text{ 时，} & \text{图像为合格图像} \end{cases} \tag{3-8}$$

根据以上原理，在 DSP 端通过调整分类阈值的大小，就可以确定最理想的阈值，实现缺陷图片的"无遗漏"筛选，从而完成系统的整体功能要求。

3.4.3　程序的执行过程及性能测试

　　基于以上软硬件设计, 本小节建立了实时监控和检测缺陷的软件平台, 其程序界面如图 3.11 所示。界面左侧的视图是采集图像时的实时显示, 右侧的视图则是对 DSP 识别后 "认定" 的缺陷图像进行显示。屏幕中间的对话框是整个程序的控制面板, 上面的各种控件按钮实现了对图像的任意抓取、DSP 初始化、程序下载、标准图像传递、实时识别控制、阈值设定和程序退出等功能。控制面板上还提供了对系统当前状态和识别结果的实时显示功能。同时, 为了方便使用者操作, 还提供了各种操作提示。

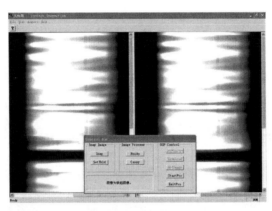

图 3.11　系统界面

　　为了测试整个软件系统在缺陷提取过程的实时性能, 利用主机硬盘内所存的已有缺陷图片进行测试, 所得到的测试结果如表 3.3 所示。

表 3.3　测试程序的测试结果

测试图片格式	*.bmp 文件		
位图大小	400×400×8bit		
样本数	100 幅		
样本图像间隔时间	10ms		
使用算法	灰度直方图统计差值缺陷分离法		
设定阈值	9	8	5
缺陷检出率	99%	100%	100%
误检率	0%	0%	2%
应用范围	除边裂以外的所有缺陷		

　　作为整个检测系统的组成部分, 图像快速检测程序与缺陷图像的后续处理 (包括缺陷分类和数据库存储部分) 实现了链接。经该程序处理后得到的缺陷图像, 存储到主机中专门开辟的缓冲区, 后续处理程序从缓冲区中读取缺陷图片进行缺陷

分类处理后，整理图像信息，并实现数据库存储。实现链接后的软件系统整体界面如图 3.12 所示。

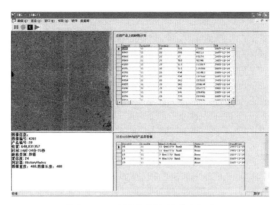

图 3.12 检测系统整体界面

3.4.4 系统实时性评价

评价检测系统的实时性就是要看系统的处理速度能否满足生产实际对处理时间的要求。也就是说，在目前钢铁企业中冷轧生产线的轧制速度条件下，评价检测系统是否能够实现对整个板带钢表面信息完整、无遗漏、准确的在线采集和分析。

为保证系统的准确性，要求所采集的板带钢表面图像应该能够采集到比较细微的缺陷类型，系统的视觉部分应具有足够高的精度。根据实际生产中所出现的缺陷类型和企业对产品质量等级的总体要求，初步确定 0.15×0.15 (单位为 mm/像素) 的图像分辨率作为监测系统的精度评价参数。

根据目前钢铁企业的实际工况数据作为系统的评价参数，从轧制速度角度看，我国各大钢铁企业冷轧生产线的轧制速度大多低于 1000m/min。考虑到系统的适应能力，将 15m/s 的轧制速度作为衡量检测系统的标准。

设钢板的运行速度为 1.5×10^4mm/s，纵向分辨力为 0.15mm，得线阵 CCD 的扫描行周期：

$$T = \frac{\delta_Y}{V} = \frac{0.15}{1.5 \times 10^4} = 1 \times 10^{-5}(\text{s}) \tag{3-9}$$

对于分辨率为 1024 像素 ×1024 像素的 CCD 相机，每张图像的采集频率可由下式计算得出：

$$f = \frac{1}{1024T} = \frac{1}{1.024 \times 10^{-2}} \approx 0.098(\text{kHz}) \tag{3-10}$$

即采集系统应该保证在大约每 10ms 的时间间隔采集一幅图像。而对于图像处理和缺陷图像识别来说，整个过程的完成时间必须限制在 10ms 以下，才能保证对所采集来的每一幅图像作无遗漏的筛选处理。

从上面列出的软件程序测试结果中可以看出，本系统的检测速率基本能够满足实际生产的需求。

3.5　基于 NINE 算法的脉冲噪声去除方法

一般来说，"图像噪声"可以理解为妨碍人的视觉器官或系统传感器对所接收信源信息进行理解或分析的各种因素。板带钢表面图像信号在形成、传输、接收和处理的过程中，由于光线强弱、积聚在镜头表面的灰尘、光电转换过程中敏感元件灵敏度的不均匀性、数字化过程的量化噪声、传输过程中的误差等因素的影响，不可避免地会在图像信号中产生脉冲噪声，导致图像质量下降。

根据板带钢表面缺陷检测的特点，去除噪声的方法应满足三个条件：应尽可能多地去除图像中无用的噪声信息，提高信噪比；由于缺陷边缘信息在缺陷识别中起着重要的作用，去噪方法应具有良好的边缘信息保持作用；为了提高带钢缺陷检测系统的可靠性，所采用的去噪滤波方法应具备较高的稳定性。

3.5.1　脉冲噪声的数学模型

脉冲噪声是在成像的短暂瞬间产生的，是非连续的，即在灰度连续变化的图像中，出现了与相邻像素的灰度相差很大的像素点，如一片暗区中突然出现的一个亮点。采用数学形式对噪声进行建模，(双极) 脉冲噪声随机变量的概率密度函数由下式给出：

$$P = \begin{cases} P_a, & x = a \\ P_b, & x = b \\ 1 - P_a - P_b, & \text{其他} \end{cases} \tag{3-11}$$

式中，x 表示灰度值。如果 $b > a$，灰度值 b 在图像中将显示为一个亮点，a 的值将显示为一个暗点。当 P_a 为零时，表现为 "盐"噪声 (白色噪声，也叫高灰度噪声)；当 P_b 为零时，表现为 "椒"噪声 (黑色噪声，也叫低灰度噪声)。若 P_a 或 P_b 均不为零，尤其它们近似相等时，脉冲噪声值将类似于随机分布在图像上的胡椒 (黑点) 和盐粉 (白点) 微粒，正是由于这个原因，双极脉冲噪声也称为椒盐噪声，这两个概念也经常被交替使用。与图像信号强度相比，脉冲干扰通常较大，因此在一幅图像中，脉冲噪声总是数字化为最大值或最小值 (纯白或纯黑)。对于一个 8 位图像，这意味着 $a = 0$(黑)，$b = 255$(白)。

3.5.2　去除图像脉冲噪声的 NINE 算法

中值滤波是众多脉冲噪声滤除的处理技术中常用的方法之一，尤其是用于灰度图像的脉冲噪声消除，而且也是很多后续工作的基础[35]。1971 年，Tukey[36] 在进行时间序列分析时首先提出中值滤波器的概念。由于中值滤波算法简单、快速，长期以来得到了足够重视和广泛应用。但是，标准的中值滤波算法存在着其自身固有的缺点[37]：对所有的像素点进行统一处理，这样不仅改变了噪声点，同时也改变了信号点 (特别是图像中的细线处)。为了克服该问题，出现了多种中值滤波的改进算法，如加权中值滤波算法[39]、开关中值滤波算法[38]、模糊算法[40] 等。在实际应用的在线检测系统中，需要找到一种适用于带钢表面缺陷检测系统的噪声去除算法。

图像中脉冲噪声点的最大特点是该像素点与其周围像素点的相似程度很低，即其灰度值与其周围区域像素点的灰度值差别较大，而图像中的边缘细节像素点也具有同样的特征。因此，在图像脉冲噪声滤除的同时还能不能较好地保护边缘细节信息？这就给滤波算法的设计提出了很高的要求，也是衡量一个滤波去噪算法是否有效的重要标志。为此，本节在综合各种经典算法[41-43] 优点的基础上，研究并提出了一种新的通过局部相似度分析及邻域噪声评价分析来检测脉冲噪声点的算法 —— 基于邻域噪声评价法 (neighborhood impulse noise evaluation, NINE)，该算法流程如图 3.13 所示。

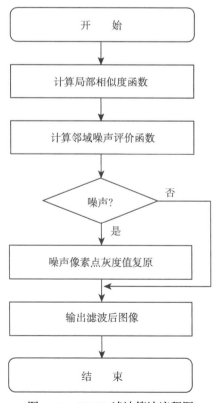

图 3.13 NINE 滤波算法流程图

假设图像仅受脉冲噪声的污染，设原图像坐标 c 处的像素点灰度值为 $x_0(c)$，其中 $c = \{(c_1, c_2) | 1 \leqslant c_1 \leqslant M, 1 \leqslant c_2 \leqslant N\}$，$M$ 和 N 分别代表图像的高度和宽度；设 $W(c) = \{x_i(c); \ i = 0, 1, \cdots, J\}$ 表示以点 c 为中心，大小为 $\sqrt{J+1} \times \sqrt{J+1}$ 的矩形窗口，如图 3.14 所示，当 $J = 8$ 时 $W(c)$ 表示大小为 3×3 的正方形窗口中的各个像素。

$x_1(c)$	$x_2(c)$	$x_3(c)$
$x_4(c)$	$x_0(c)$	$x_5(c)$
$x_6(c)$	$x_7(c)$	$x_8(c)$

图 3.14   以坐标 c 为中心的 3×3 窗口 $W(c)$

1. 局部相似度分析

为避免算法将小的脉冲噪声误认为是信号点的错误，算法中采用了局部相似度分析 (local similarity analysis, LSA) 方法。

定义累积的局部灰度差 $\{L_k(c), k = 0, 1, \cdots, J\}$，即

$$L_k(c) = \sum_{j=0}^{J} |x_k(c) - x_j(c)|, \quad 0 \leqslant k \leqslant J \tag{3-12}$$

给定局部窗口函数 $W(c)$ 与累积向量距离函数 $L_k(c)$，局部相似度函数定义如下：

$$F_k(c) = \mu(L_k(c)) \tag{3-13}$$

式中，函数 $\mu(x)$ 满足：

(1) $\mu(x)$ 在其定义区间 $[0, +\infty)$ 上是非升函数；

(2) $\mu(0) = 1, \mu(+\infty) = 0$。

函数 $\mu(x)$ 表达式可定义为[44]

$$\mu(x) = \begin{cases} 1 - \beta x, & x < 1/\beta \\ 0, & \text{其他} \end{cases} \tag{3-14}$$

式中，β 为常数。由于本节中使用的图像为 8 位位图灰度图像，其像素灰度值范围是 0~255，设局部窗口大小 J 取值为 8，所以常数 β 可设置为 $1/(255 \times 8)$。

将式 (3-12) 代入式 (3-13) 中，可得到窗口 $W(c)$ 的中心像素 c 的局部相似度函数为

$$F_0(c) = \mu \left(\sum_{j=0}^{J} \| x_0(c) - x_j(c) \|_\gamma \right) \tag{3-15}$$

根据式 (3-15)，当且仅当 $F_0(c) > \Delta_1$ 时，中心像素点 c 可判定为信号点，其中 Δ_1 为临界值；当 $F_0(c) \leqslant \Delta_1$ 时，中心像素点 c 既有可能是噪声点也有可能是图像边缘像素点，需要进一步判定。因此，通过局部相似度分析可以找到图像的噪声点和边缘像素点，避免小脉冲噪声点的漏检。

2. 邻域评价噪声检测

信号点被误判为脉冲噪声点的情形经常发生在图像的边缘区域。在邻域脉冲噪声评价过程中，将一个正方形的对称区域分成几个同样大小的子窗口，称为邻域窗口。如图 3.15 所示，局部窗口 I 内的中心像素点属于边缘像素 1，在邻域窗口 II 中通过式 (3-15) 局部相似度函数可将其判定为信号点，因为该像素点总是与几个邻域窗口内信号点有很高的相似度。但是，由于点 c 在局部窗口 I 内与其他像素点相似度很低，却可能会被误判为较强的脉冲噪声点。

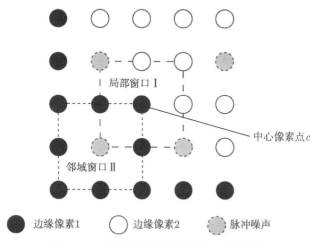

图 3.15　在边缘区域的邻域脉冲噪声评价

为此，本节提出将邻域噪声评价函数作为最终判定各像素点是否为噪声点的依据，该评价函数可通过计算所有邻域窗口的相似度函数来实现。

基于上述分析，将被考察像素点所在的所有邻域窗口的局部相似度进行求和计算，即可得到邻域窗口脉冲噪声评价函数 $H(c)$，其表达式如式 (3-16) 所示：

$$H(c) = \sum_{\psi(c,i)=c'} \left[F_k(c_k) \right]^2 \tag{3-16}$$

式中，$\psi(c,i) = c'$ 表示遍历中心像素点 c 所有邻域窗口；$\{c_k, k = 0, 1, \cdots, J\}$ 表示邻域窗口内的中心坐标。

根据式 (3-15)，如果其中某一个邻域窗口的 $F_k(c_k) > \Delta_1$，则局部窗口内的中心像素点 c 可判定为信号点；如果所有邻域窗口的 $F_k(c_k) \leqslant \Delta_1$，那么需要对所有邻域窗口进行判断。根据式 (3-16)，当且仅当 $H(c) \geqslant \Delta_2$ 时，可确定中心像素点 c 为图像边缘信息的信号点，其中 Δ_2 为临界值；当 $H(c) < \Delta_2$ 时，可确定中心像素点 c 为噪声点。对噪声像素点需要进行图像像素点的灰度值恢复。

综上，本节提出的 NINE 算法将图像噪声像素点的检测分为两个过程，首先第 I 阶段通过局部相似度分析检测出图像中所有可疑的像素点，然后第 II 阶段通过邻域噪声评价最终判定哪些点为脉冲噪声。当像素点被判定为脉冲噪声点时，基于最大相似度原则，采用该窗口内具有最大局部相似度的像素点的灰度值来替换原始图像中心像素的灰度值，以达到滤除该噪声点的目的，同时较好地保留了图像的细节信息。

3.5.3　图像滤波效果的评价

图像的用途不同，图像滤波的评定标准也就不同。但一个好的评定标准应满足两点要求：符合人的主观感知；在应用中有助于客观有效地计算图像质量以及实验测评。因为两者很难统一，所以对于滤波后的图像采用两种质量评定方法：主观评价方法和客观评价方法。

主观评价方法就是通过人的观察对图像的优劣作出主观评定，然后对评分进行统计平均得出评价结果。由于该评价方法是通过人的视觉观察对图像进行分析、识别、理解和评定的，因此，这种评价方法的自由度大，评价结果容易受观察者知识背景、观测目的、观测环境和条件以及人的视觉心理等因素的影响。加上评价过程繁琐，人的视觉心理因素很难用准确的数学模型来表达，从而导致评价结果不够精确，因此很难在实际工程中推广应用，尤其是对带钢表面缺陷图像的在线检测。

图像滤波的客观评价法是指用一定的客观评判标准对滤波后的图像给予评价，通常是对图像内容的某些数学描述，定性地判断图像质量是否达到应用要求。由于客观评价标准具有准确、快速、量化操作等特点，因此在实际工作中得到了广泛应用。可用作图像滤波结果的客观评价准则通常有：均值绝对误差 (mean absolute error, MAE)、均方根误差 (mean square error, MSE) 以及峰值信噪比 (peak signal to noise ratio, PSNR) 等。用 MAE 评价图像细节保护的性能，用 PSNR 和 MSE 评价滤波器在脉冲噪声压缩效率上的性能。MAE、MSE 和 PSNR 的数学表达式如下[45]：

$$\text{MAE} = \frac{1}{M \times N} \sum_{j=1}^{N} \sum_{i=1}^{M} \|x_{ij} - y_{ij}\|_1 \tag{3-17}$$

$$\text{MSE} = \frac{1}{M \times N} \sum_{j=1}^{N} \sum_{i=1}^{M} \|x_{ij} - y_{ij}\|_2^2 \tag{3-18}$$

$$\text{PSNR} = 20 \log \left(\frac{255}{\sqrt{\text{MSE}}} \right) \tag{3-19}$$

其中，x_{ij} 和 y_{ij} 分别表示原始图像和去噪后图像；M 和 N 分别表示图像的高度和宽度；$\|\cdot\|_2$ 表示 L_2 范数 (欧氏距离)；$\|\cdot\|_1$ 表示 L_1 范数 (城区距离)。

在对滤波后的图像质量进行评价时，要充分考虑到带钢表面缺陷在线检测系统的实际需要，因此对于滤波图像的评价应将以下几个方面作为出发点：

(1) 去噪后的图像是否能够最大限度地保持原有结构。如果去噪结果使图像平滑得失去原有的结构细节，导致图像变得模糊一片，难以分辨其特征，则滤波效果不好。

(2) 去噪后的图像基本没有因去噪方法而产生新的人工噪声。

(3) 去噪后的图像的最小绝对误差和均方根误差尽可能小，峰值信噪比尽可能大。

3.5.4 实验结果与分析

为检验 NINE 算法针对脉冲噪声滤除的效果，现以冷轧带钢表面缺陷图像为例，以含有不同程度的脉冲噪声强度污染的钢板表面缺陷图像为目标对象，分别采用本节提出的 NINE 去噪算法和一些经典的滤波器算法 (包括经典中值滤波器、向量中值滤波器和极值中值滤波器) 对图像中的脉冲噪声进行滤除，并比较处理后的结果。如图 3.16 所示为对带钢表面夹杂缺陷图像进行滤波的视觉效果。

由图 3.16(a) 可见，带钢表面缺陷图像背景复杂、图像的纹理和细节信息丰富。分别应用常规的中值滤波、向量中值滤波和极值中值滤波方法对含噪图像图 3.16(b) 进行滤波处理，其去噪效果如图 3.16(c)~(e) 所示。进行主观评价时，首先是从视觉效果上进行分析，采用常规的中值滤波、向量中值滤波方法得到的滤波图像纹理和细节部分比较模糊，这显然是由处理时对图像中所有像素点都进行了统一处理的这一本质缺点所导致的；极值中值滤波效果较前两种滤波器滤波效果有所改善。从图 3.16(f) 中可以明显地看出，应用 NINE 算法进行处理，不仅图像整体清晰度最高，而且纹理和细节保持好，缺陷边缘的连续性保护得较为完整，这是因为滤波算法中增加了噪声判别的环节，从而减小了图像的模糊程度，在视觉效果方面明显优于其他方法。

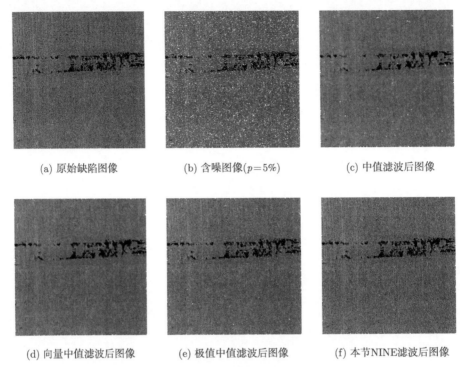

(a) 原始缺陷图像   (b) 含噪图像(p=5%)   (c) 中值滤波后图像

(d) 向量中值滤波后图像   (e) 极值中值滤波后图像   (f) 本节NINE滤波后图像

图 3.16   带钢表面缺陷图像的去噪效果比较

若进行客观评价,不妨采用前述的三个去噪性能指标加以比较,即 PSNR、MSE 和 MAE。图 3.17 ～ 图 3.19 分别展示了各种滤波方法下的相关指标情况。总体而言,随着噪声强度的不断增强,应用各算法进行滤波处理后,图像的 PSNR 都不断减小,MSE 和 MAE 则逐渐变大。从图表中可以发现,在本节前面介绍的各种常规的滤波算法中,中值滤波算法的效果最差,向量中值滤波、极值中值滤波算法的效果较中值滤波算法有所改善,而本节提出的 NINE 算法在实验中表现出了

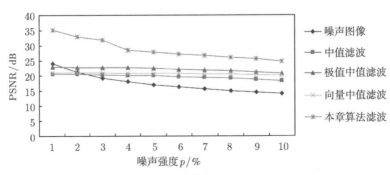

图 3.17   不同噪声强度下各算法的 PSNR 性能比较

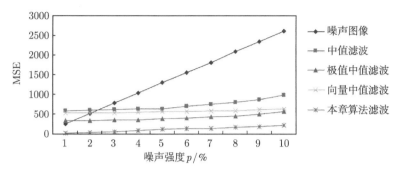

图 3.18 不同噪声强度下各算法的 MSE 性能比较

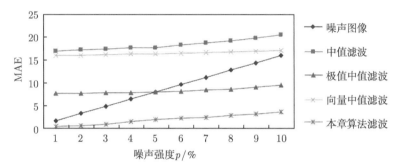

图 3.19 不同噪声强度下各算法的 MAE 性能比较

很好的性能,取得的去噪效果也是最理想的。在噪声强度为 1%时其 PSNR 性能要比其他算法大 20dB 左右,即使在噪声强度为 10%时其 PSNR 性能也要比其他算法大 4dB 左右。可见,在板带钢表面缺陷在线检测系统中,NINE 算法具有很好的应用价值,能够去除缺陷图像中的脉冲噪声且能有效保留缺陷边缘信息。

实验发现,参数 Δ_1 和 Δ_2 在脉冲噪声污染程度低的情况下,对滤波器的性能影响并不显著;而在脉冲噪声污染程度较高的情况下,对滤波器性能的影响较为显著。因此,在确定参数 Δ_1 和 Δ_2 时,需考虑到实际应用中噪声强度的影响。本实验中,参数 Δ_1 设置为 70%,考虑到参数 Δ_2 会随着噪声污染强度的增强而增大,其推荐值如式 (3-20) 所示:

$$\Delta_2 = \begin{cases} 3.0, & p \leqslant 5.0\% \\ 4.5, & 5.0\% < p < 15.0\% \\ 5.5, & p \geqslant 15.0\% \end{cases} \tag{3-20}$$

3.6　基于自适应双倒数滤波的高斯噪声去除方法

3.6.1　高斯噪声的数学模型

高斯噪声也称为正态分布噪声，是最为普遍的一种噪声，成像系统的各种不稳定因素往往以高斯噪声的形式表现出来。当图像叠加有高斯噪声时，给人的感觉是对比度降低、层次感变差和边缘显得模糊。其随机变量的概率密度函数由下式给出：

$$p(x) = \frac{1}{\sqrt{2\pi}\sigma}e^{-(x-\mu)^2 2\sigma^2} \tag{3-21}$$

其中，x 表示灰度值，μ 表示 x 的平均值或期望，σ 表示 x 的标准差，σ^2 为 x 的方差，当随机变量服从高斯分布时，其值有 70% 落在 $[\mu - \sigma, \mu + \sigma]$，有 90% 落在 $[\mu - 2\sigma, \mu + 2\sigma]$ 的范围内。通常假定 x 的平均值 μ 为零。

3.6.2　双倒数滤波

双倒数滤波是综合了灰度差倒数滤波及几何距离倒数滤波二者优点的一种滤波方法。下面，让我们首先来了解一下灰度差倒数滤波及几何距离倒数滤波。

灰度差倒数滤波是一种侧重于保持轮廓边缘清晰度的滤波方法[46]，其边缘保持及噪声平滑的效果都不是很理想，但这是一种非迭代局部滤波方法，其理论简单容易理解，因此受到一定的关注。灰度倒数滤波是加权平均法的一种，其基本思想是用图像上的点 $F(x, y)$ 及其邻域像素的灰度加权平均值来代替点 $F(x, y)$ 的灰度值，其结果将对灰度突变的点产生 "平滑" 效果。

在一幅钢板表面缺陷图片上，假设背景与缺陷的边缘穿过像素点 $F(x, y)$ 邻域 S。若 $F(x, y)$ 靠近背景与缺陷的边界，那么用 S 内所有点的灰度级均值来代替 $F(x, y)$ 的灰度值，必然会使边界模糊，如图 3.20 所示。S 内灰度值越接近于 $F(x, y)$ 的像素被赋予越大的权值才是合理的方法。

(a) 均值滤波前原图像　　　　　　　　(b) 均值滤波后图像

图 3.20　均值滤波导致边界模糊示意图

反映两像素灰度值是否接近的一种权值是用两像素灰度值差值的倒数表示。两者灰度值越接近，则差值越小，其权值就越大。如果将权值写成矩阵形式，且矩阵中各权值的位置与被加权的像素位置一一对应，那么权值矩阵可写为

$$\boldsymbol{W}_S = \left[\begin{array}{ccc} S(x-1,y-1) & S(x-1,y) & S(x-1,y+1) \\ S(x,y-1) & S(x,y) & S(x,y+1) \\ S(x+1,y-1) & S(x+1,y) & S(x+1,y+1) \end{array} \right] \tag{3-22}$$

其中，W_S 表示中心像素 (x,y) 与邻域内相邻像素间的灰度相似度。方程 (3-22) 中元素可通过方程 (3-23) 计算得出：

$$S(x+i,y+j) = \left\{ 1 + \left[\frac{f(x+i,y+j)-f(x,y)}{\sqrt{2}\sigma_S} \right]^2 \right\}^{-1}, \quad i,j = -1,0,1 \tag{3-23}$$

其中，$S(x+i,y+j)$ 为点 $(x+i,y+j)$ 与点 (x,y) 的灰度相似度，公式中的常数 "1" 是为了防止分母为零。采用灰度倒数权值方法滤波后的图像可由下式表示：

$$\hat{f}(x,y) = \boldsymbol{W}_S^{-1} \sum \sum f(x,y) \boldsymbol{W}_S \tag{3-24}$$

其中，$\hat{f}(x,y)$ 为滤波后图像中像素的灰度值；$f(x,y)$ 为受噪声污染图像中像素的灰度值；由于不同邻域的灰度相似性模板随邻域内像素灰度差值 $f(x+i,y+j)-f(x,y)$ 的变化而变化，因此我们说灰度差倒数滤波是一种自适应滤波方法。

几何距离倒数滤波方法的基本思想是将距离倒数函数与受噪声污染图像进行卷积，得到一幅所有像素点都经过了平滑的图像。距离倒数滤波采用邻域内各像素点与中心像素点之间的欧氏距离的倒数作为权值。在二维空间，欧氏距离为两像素点之间的直线距离，两像素点之间的直线距离越近，取倒数后的权值越大，其对中心像素的影响越大。如同灰度差倒数滤波一样，将距离倒数滤波的权值写成矩阵的形式为

$$\boldsymbol{W}_L = \left[\begin{array}{ccc} L(x-1,y-1) & L(x-1,y) & L(x-1,y+1) \\ L(x,y-1) & L(x,y) & L(x,y+1) \\ L(x+1,y-1) & L(x+1,y) & L(x+1,y+1) \end{array} \right] \tag{3-25}$$

$$L(x+i,y+j) = \left[1 + \left(\frac{i^2+j^2}{2\sigma_L^2} \right) \right]^{-1}, \quad i,j = -1,0,1 \tag{3-26}$$

其中，i,j 分别表示中心像素与邻域各像素之间的水平距离与垂直距离。由于在以不同像素为中心的邻域内，中心像素与邻域内其他像素的空间几何位置关系不变，因此可以说距离倒数滤波是空间不变的。由于该滤波器对图像中的所有像素灰度值都进行了平滑，像素灰度值发生突变的边缘区域会因此而趋于模糊。

应该注意到, 灰度差倒数滤波仅考虑了邻域内像素间的灰度关系, 而距离倒数滤波只是考虑了像素间的几何位置关系。当单独采用灰度差倒数滤波时, 空间信息对最终的处理结果没有任何影响。而实际上, 无论远离中心点的像素灰度值多么接近于中心点的像素灰度值, 其对中心点像素的影响相对较小。一个比较合理的办法就是将灰度相似度与几何邻近度两者特点组合在一起进行滤波。组合后的滤波方法可由下式表示:

$$f(x, y) = \boldsymbol{W}^{-1} \sum \sum g(x, y) \boldsymbol{W} \tag{3-27}$$

$$\boldsymbol{W} = \boldsymbol{W}_S \boldsymbol{W}_L \tag{3-28}$$

将灰度差倒数滤波与几何距离倒数滤波组合后的滤波方法称为双倒数滤波方法。该方法用灰度差倒数与几何距离倒数双重滤波后的平均值代替原中心像素点的灰度值。

从方程 (3-28) 可以看出, 双倒数滤波器的权系数是由几何位置信息和图像的灰度信息的倒数乘积所构成的, 它的卷积模板不再只是由空域滤波时的 $\boldsymbol{W}_L$ 单独决定, 而是由 $\boldsymbol{W}_L$ 和灰度倒数权值 $\boldsymbol{W}_S$ 共同决定。$\boldsymbol{W}_L$ 的大小决定窗口中参与滤波的像素个数, $\boldsymbol{W}_L$ 变大时, 由于结合的像素值变多, 图像变得模糊; 而 $\boldsymbol{W}_S$ 则可以对 $\boldsymbol{W}_L$ 的变化作出补偿。例如, 当 $\boldsymbol{W}_L$ 变大时, 结合的像素会变多, 图像本应变模糊, 但由于 $\boldsymbol{W}_S$ 的限制, 那些灰度差值大于 $\boldsymbol{W}_S$ 的像素将不进行灰度间的结合运算, 所以这在一定程度上保留了图像中处于高频边缘处的灰度信息, 且不会和其相邻的非边缘灰度信息作运算, 同时却把高频的噪声去除掉了。与其他自适应算法 (如各向异性扩散等) 相比较, 其优点在于并不需要进行繁杂的迭代运算, 尤其是当窗口较大时, 可以保证在图像滤波效果很好的同时, 大大降低滤波过程的计算时间和计算量。

3.6.3 自适应双倒数滤波

双倒数滤波通过邻域内相近且相似像素的非线性组合来达到滤波的同时保持边缘的效果。从方程 (3-22)、方程 (3-25)、方程 (3-27) 可以看出, 双倒数滤波器的卷积模板是由空间距离标准差 σ_L 和灰度标准差 σ_S 共同决定。双倒数滤波方法中的距离方差 σ_L 为固定值, 在不同的邻域内各像素与中心像素间的几何距离倒数不变, 对所有邻域的滤波效果相同, 因此对图像中的所有像素都进行了平滑, 而像素灰度值发生突变的边缘区域不可避免地趋于模糊。

由于边缘信息是板带钢表面缺陷的重要信息, 是进行缺陷识别的重要依据之一。为进一步提高双倒数滤波方法的边缘增强效果, 这里提出一种所谓的自适应双倒数滤波方法。其基本思想就是试图寻求: 一方面既可在灰度变化平滑区域范围扩大邻域内像素的平滑效果, 以去除噪声; 另一方面又能在边缘区域内减小邻域内像素的平滑效果以保持并增强边缘信息。

为此, 引入一个距离方差调整函数 σ'_L, 对距离方差 σ'_L 加以调整, 使得在进行平滑滤波时能自动识别缺陷边界像素点, 有选择地加以平滑。

大家知道, 像素灰度的梯度大小可用来判别缺陷边缘的存在。因此, 可采用像素灰度梯度作为与边缘有关的调节因子, 对距离方差 σ'_L 进行调整, 即

$$\sigma'_L = \frac{\sigma_L}{1 + G(x, y)} \tag{3-29}$$

$$G(x, y) = \max(|g_x(x, y)|, |g_y(x, y)|) \tag{3-30}$$

$$g_x = f(x + 1, y) - f(x, y) \tag{3-31}$$

$$g_y = f(x, y + 1) - f(x, y) \tag{3-32}$$

式中, 距离方差调整函数 σ'_L 视为调整后的距离方差, $G(x, y)$ 为中心像素点的灰度梯度。在背景与缺陷的交界处, 由于 $G(x, y)$ 较大, 按方程 (3-29) 计算后的 σ'_L 较小, 则参与运算的像素值变少, 只有与中心点灰度接近的像素参与滤波, 而避免了对突变处的像素点进行平滑, 因此边缘信息得到有效的保持及增强。与之相反, 在灰度变化平稳的背景区域, σ'_L 值较大, 结合的像素值变多, 这就可有效平滑掉由噪声引起的微弱的差异。使用方程 (3-29) 中的 σ'_L 进行计算, 调整后的双倒数滤波的几何距离倒数权值可由下式表示:

$$W_L = \left\{ 1 + \frac{[1 + G(x, y)]^2 (i^2 + j^2)}{2\sigma_L^2} \right\}^{-1}, \quad i, j = -1, 0, 1 \tag{3-33}$$

3.6.4 实验结果与分析

为检验自适应双倒数滤波方法对噪声滤除的效果, 现对受噪声污染的几种典型的板带钢表面缺陷图像进行仿真实验。实验中, 先分别采用本节提出的自适应双倒数滤波方法和一些常用的滤波器算法 (包括中值滤波器、均值滤波器、高斯滤波器和各向异性滤波器) 对图像中的噪声进行滤除, 然后通过边缘检测, 提取图像的边缘特征信息以判断各种方法的滤波性能和边缘保留情况。如图 3.21 所示, 图 3.21(a)~(f) 给出了应用自适应双倒数算法和常见滤波器算法对钢板表面划伤缺陷图像进行滤波及利用边缘提取算子进行边缘提取的仿真结果。

(a) 参考图与受噪声污染图

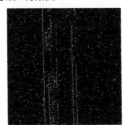

(b) 中值滤波及边缘提取效果

(c) 均值滤波及边缘提取效果

(d) 高斯滤波及边缘提取效果

(e) 各向异性扩散滤波及边缘提取效果

(f) 自适应双倒数滤波及边缘提取效果

图 3.21 钢板表面缺陷图像滤波处理效果比较

按主观评价方法，若从视觉效果上看，中值滤波、均值滤波和高斯滤波这三种方法所得到的噪声滤除效果是很不理想的，不仅仍存在未被去除的噪声，而且纹理和细节部分也出现了模糊，这与前面所分析的完全一致：对图像中所有像素点进行统一处理就会导致这种结果；而各向异性滤波的效果比这三种滤波器的滤波效果有了明显改善，这是因为各向异性扩散滤波的本质也是在滤波时采用了梯度算子来区分边缘信息。从图 3.21(f) 中可以明显地看出，应用本节提出的算法进行处理，不仅图像整体清晰度最高，绝大部分噪声都得到了去除，而且缺陷边缘的连续性保护得较为完整，这正是滤波算法中增加了对边缘保护的结果。

为进一步证实自适应双倒数滤波算法的适应性，现对钢板表面的夹杂、孔洞、凹坑与擦裂缺陷三类常见缺陷进行滤波实验分析。这里仅将滤波效果较好的各向异性扩散滤波作为比较对象。如图 3.22～图 3.24 所示。

(a) 受噪声污染图像　　　　(b) 各向异性滤波效果

(c) 自适应双倒数滤波效果　　(d) 受噪声污染图像边缘提取

(e) 各向异性滤波边缘提取　(f) 自适应双倒数滤波边缘提取

图 3.22　夹杂缺陷滤波及边缘提取效果

(a) 受噪声污染图像　　　　　　(b) 各向异性滤波效果

(c) 自适应双倒数滤波效果　(d) 受噪声污染图像边缘提取

(e) 各向异性滤波边缘提取　(f) 自适应双倒数滤波边缘提取

图 3.23　孔洞缺陷滤波及边缘提取效果

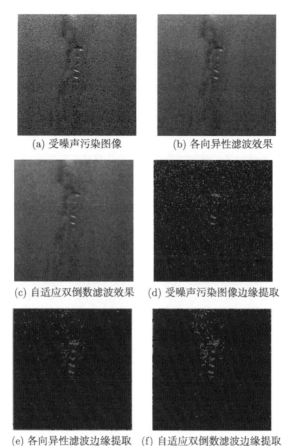

(a) 受噪声污染图像   (b) 各向异性滤波效果

(c) 自适应双倒数滤波效果   (d) 受噪声污染图像边缘提取

(e) 各向异性滤波边缘提取   (f) 自适应双倒数滤波边缘提取

图 3.24   凹坑与擦裂缺陷滤波及边缘提取效果

从实验图像中可以看出，含高斯噪声的钢板表面缺陷图像经过各向异性扩散滤波法处理之后，图像的噪声及一些影响缺陷识别的纹理得到了一定的滤除，但是边缘和纹理背景分离的效果并不十分理想，从图中可以看出边缘检测结果中仍有一些纹理背景被误判为缺陷边缘。除此之外，各向异性扩散方法在某些连续区域出现过滤波现象，造成一些边缘信息无法检测出来。相比之下，书中提出的自适应双倒数滤波算法对带钢表面缺陷图像进行滤波处理后，无论是视觉效果，还是边缘检测的精度都明显优于各向异性扩散滤波方法。大量的仿真实验证明，自适应双倒数滤波方法对带钢表面缺陷图像滤波算法性能稳定，既能够有效滤除图像噪声，又有利于获得较为清晰的图像缺陷边缘，为后续图像缺陷的自动分割处理奠定良好的基础。

下面分别采用 MAE、MSE 以及 PSNR 作为客观评价指标对自适应双倒数滤波效果进行进一步的客观评价分析。这里用 MAE 评价图像细节保护的性能，用

PSNR 和 MSE 评价滤波器在噪声压缩效率上的性能。

计算中均采用 3×3 窗口尺寸，各向异性扩散为迭代 10 次的滤波结果。从表 3.4 可以看出，经中值滤波器、均值滤波和高斯滤波器处理后的钢板表面缺陷图像，其 MAE 值和 MSE 值都很高，PSNR 值却相对较低，而各向异性滤波处理后图像较前三种方法有所改善，但仍不及自适应双倒数滤波算法的处理效果。数据表明，本章提出的自适应双倒数滤波算法具有更好的噪声滤除和图像边缘细节保持能力。

表 3.4　各种滤波方法的滤波及边缘保持性能比较

缺陷种类	滤波方法	MAE	MSE	PSNR
划伤	中值滤波器	26.1756	899.5739	18.5904
	均值滤波器	25.9776	861.5739	18.7780
	高斯滤波器	26.2676	930.6283	18.4430
	各向异性扩散	9.7843	169.8886	24.8414
	自适应双倒数	7.0992	98.4093	27.3294
夹杂	受污染图像	20.3347	645.9316	20.0289
	各向异性扩散	9.2876	161.4486	26.0505
	自适应双倒数	8.8303	140.8664	27.1487
孔洞	受污染图像	19.8250	630.9742	20.1307
	各向异性扩散	7.9832	79.0311	27.4355
	自适应双倒数	6.2174	68.4499	29.7771
凹坑与擦裂	受污染图像	20.2538	638.9678	20.0760
	各向异性扩散	8.8544	149.5771	26.3822
	自适应双倒数	8.0003	130.4297	27.0770

3.7　基于小波各向异性扩散的纹理背景去除

钢板的图像背景纹理对缺陷边缘的提取有很大影响，为消除这种影响，通常在缺陷图像的预处理中把背景纹理作为噪声来消除。目前消除纹理背景的各种滤波方法，大多是根据实际缺陷的图像特点、统计特征和频谱分布的规律发展起来的，常见的滤波方法可分为空间域滤波方法和频域滤波方法两大类，虽然已得到较为广泛的应用，但依然存在一定的局限性[47-49]。

近年来，基于偏微分方程的各向异性扩散方法越来越多地被应用到图像的滤波处理中，并获得了广泛的关注，如 Perona-Malik 滤波[50]、Weickert 滤波[51] 和 TV(total variation) 滤波[52] 等。此类方法将滤波过程用一个随时间演化的扩散方程来描述，通过调整扩散系数较好地解决了纹理背景滤除和保持图像边缘之间的矛盾。然而，各向异性扩散方法主要依靠梯度算子区分边缘信息，其区分结果往往受到板带钢表面图像中随机纹理背景的影响，由于部分高频分量被包含在低频分量中，应用各向异性扩散法平滑高频分量时，图像的纹理背景信息并不能被完全滤除掉。所以说，各向异性扩散法虽然一定程度上解决了纹理背景滤除和保持图像边缘之间的矛盾，却并不能准确地分离图像的高、低频分量，纹理背景仍不能完全被滤除，因此滤波效果也并不十分理想。在 3.6 节的仿真算例中，我们已能较为清楚地看出其较好的滤波效果和性能及不足。

为了使对图像的滤波处理尽可能完全地滤除纹理背景信息，又能够保持图像中缺陷的边缘部分不模糊，就要设法在滤除图像非缺陷背景信息的过程中寻求一种更加有效的区分缺陷边缘与纹理背景分离的策略。

小波变换是一种可获得多尺度表达的变换方法，对提取图像纹理信息非常有益，小波变换的优点主要体现在图像的局部细节处理能力和计算简单、处理速度快等方面[54,55]。本节将着重介绍一种将小波变换与非线性各向异性扩散相结合的图像滤波方法，即所谓的基于小波变换的各向异性扩散图像滤波方法。

该方法的基本思想是利用小波变换与非线性各向异性扩散的优点，进行互补来实现信噪的有效分离，以期同时提升算法的滤波去噪性能和边缘增强能力。

3.7.1 非线性各向异性扩散滤波

1990 年 Perona 和 Malik[50] 在热传导模型的基础上提出了基于偏微分方程的各向异性扩散滤波方法 (Perona-Malik 模型)，其基本原理是通过设计合适的扩散系数来控制扩散方程的扩散行为，使图像的特征信息在平滑噪声的同时得以保留甚至增强。在非线性尺度空间内，扩散系数由图像不同方向上的梯度确定，从而使平滑噪声和保留细节的功能得以充分发挥。Perona-Malik 各向异性扩散模型方程如下：

$$\frac{\partial}{\partial t} f_t(x,y) = \mathrm{div}\left(C_t(x,y) \cdot \nabla f_t(x,y)\right) \tag{3-34}$$

其中，div 为散度算子；$f_t(x,y)$ 是 t 时刻图像像素的灰度值；$\nabla f_t(x,y)$ 表示图像梯度；t 是程序设计中的迭代步长；$C_t(x,y)$ 为扩散系数，是关于图像梯度的非负单调递减函数。扩散系数 $C_t(x,y)$ 的构建应满足这样的条件：在同一区域内应尽可能地使用平滑操作，而在边界区域不使用平滑操作。符合要求的 $C_t(x,y)$ 可通过两个元素确定：边缘图像 $\eta_t(x,y)$ 和边缘停止函数 $g(x)$，其中边缘图像 $\eta_t(x,y)$ 用来推断 t 时刻图像边缘的位置。理想状态下，$\eta_t(x,y)$ 应满足以下两个条件：

(1) 当区域位于边缘内部时，$\eta_t(x,y) \to 0$；

(2) 在边缘垂直于边界方向上，$\eta_t(x,y) \to \infty$。

在尺度空间内，定义 $\eta_t(x,y) = \nabla f_t(x,y)$，能够较为准确地确定图像的边缘位置。边缘停止函数 $g(x)$ 必须是一个非负的单调递减函数，且 $g(0) = 1$。因此，$C_t(x,y)$ 表达式为

$$C = g(|\eta|) \tag{3-35}$$

　　许多学者提出了不同的边缘停止函数表达式，其中 Perona 和 Malik 给出了两种不同的边缘停止函数 $g(x)$，它们分别是

$$g(x) = \frac{1}{1 + \dfrac{x^2}{K^2}} \tag{3-36}$$

或

$$g(x) = \mathrm{e}^{-\frac{x^2}{K^2}} \tag{3-37}$$

其中，传导因子 K 为大于 0 的常数。一般来说，K 的值越大在同一区域内平滑的程度越明显。从这个意义上说，K 是扩散过程的参数，用来控制扩散强度。由于采用了图像在不同方向上的梯度的单调递减函数作为扩散系数，因此图像在不同区域内的平滑效果会有所不同。在同一平坦区域内部时，图像灰度值变化不大，梯度较小，扩散系数较大，扩散速度加快，于是该区域内的纹理可以有效地被平滑掉；而在图像的边缘时，图像灰度值变化剧烈，梯度较大，扩散系数较小，扩散速度下降，因此，图像的边缘信息得到很好的保持。

　　自 Perona-Malik 模型提出后，各向异性扩散滤波技术已经成为一个有效的图像处理工具，被广泛应用于边缘提取、图像分割、图像增强和图像解释中。然而，随着对该技术研究的不断深入，许多实验结果表明 Perona-Malik 模型仍存在着一些问题，例如，纹理背景的引入，使得纹理背景处的 $|\nabla f_1(x, y)|$ 有时也会较大，Perona-Malik 模型无法正确地区分边缘和纹理，导致该区域内的许多纹理背景信息难以被滤除。

3.7.2　基于小波各向异性扩散的图像滤波方法

　　为使前述平滑滤波器能更有效地保护板带钢表面图像中缺陷的边缘信息，可应用二维小波变换技术来改造 Perona-Malik 模型。小波变换是空间 (时间) 和频率的局部变换，能够有效并准确地分离信号中的高频分量和低频分量，因此可以弥补非线性各向异性扩散法的不足，尽可能完全地滤除纹理背景信息，同时又能够保持缺陷的边缘部分不模糊。

　　由式 (3-34) 可以得到

$$\frac{\partial}{\partial t} f_t(x, y) = \frac{\partial}{\partial x} \left(C_t(x, y) \frac{\partial f_t(x, y)}{\partial x} \right) + \frac{\partial}{\partial y} \left(C_t(x, y) \frac{\partial f_t(x, y)}{\partial y} \right) \tag{3-38}$$

根据定义，将上式的左边对时间求导，得到

$$\frac{\partial}{\partial t} f_t(x, y) = \frac{f_{t+\Delta t}(x, y) - f_t(x, y)}{\Delta t} + O(\Delta t) \tag{3-39}$$

忽略高阶项 $O(\Delta t)$, 将式 (3-39) 代入式 (3-38) 中可得到

$$\frac{f_{t+\Delta t}(x,y) - f_t(x,y)}{\Delta t} = \frac{\partial}{\partial x}\left(C_t(x,y)\frac{\partial f_t(x,y)}{\partial x}\right) + \frac{\partial}{\partial y}\left(C_t(x,y)\frac{\partial f_t(x,y)}{\partial y}\right) \quad (3\text{-}40)$$

当 $\Delta t = 1$ 时, 可近似得到

$$f_{t+1}(x,y) \approx f_t(x,y) + \frac{\mathrm{d}}{\mathrm{d}x}\left(C_t(x,y)\frac{\mathrm{d}f_t(x,y)}{\mathrm{d}x}\right) + \frac{\mathrm{d}}{\mathrm{d}y}\left(C_t(x,y)\frac{\mathrm{d}f_t(x,y)}{\mathrm{d}y}\right) \quad (3\text{-}41)$$

为简便起见, 将上式取等号, 则式 (3-41) 即为

$$\begin{aligned}
f_{t+1}(x,y) &= f_t(x,y) + \frac{\mathrm{d}}{\mathrm{d}x}\left(C_t(x,y)\frac{\mathrm{d}f_t(x,y)}{\mathrm{d}x}\right) + \frac{\mathrm{d}}{\mathrm{d}y}\left(C_t(x,y)\frac{\mathrm{d}f_t(x,y)}{\mathrm{d}y}\right) \\
&= f_t(x,y) + \frac{\mathrm{d}}{\mathrm{d}x}\left((1-(1-C_t(x,y)))\frac{\mathrm{d}f_t(x,y)}{\mathrm{d}x}\right) \\
&\quad + \frac{\mathrm{d}}{\mathrm{d}y}\left((1-(1-C_t(x,y)))\frac{\mathrm{d}f_t(x,y)}{\mathrm{d}y}\right) \\
&= f_t(x,y) + \frac{\mathrm{d}}{\mathrm{d}x}\left(\frac{\mathrm{d}f_t(x,y)}{\mathrm{d}x} - p_t(x,y)\cdot\frac{\mathrm{d}f_t(x,y)}{\mathrm{d}x}\right) \\
&\quad + \frac{\mathrm{d}}{\mathrm{d}y}\left(\frac{\mathrm{d}f_t(x,y)}{\mathrm{d}y} - p_t(x,y)\cdot\frac{\mathrm{d}f_t(x,y)}{\mathrm{d}y}\right) \\
&= f_t(x,y) + \frac{\mathrm{d}^2 f_t(x,y)}{\mathrm{d}x^2} + \frac{\mathrm{d}^2 f_t(x,y)}{\mathrm{d}y^2} \\
&\quad - \frac{\mathrm{d}}{\mathrm{d}x}\left(p_t(x,y)\cdot\frac{\mathrm{d}f_t(x,y)}{\mathrm{d}x}\right) - \frac{\mathrm{d}}{\mathrm{d}y}\left(p_t(x,y)\cdot\frac{\mathrm{d}f_t(x,y)}{\mathrm{d}y}\right) \quad (3\text{-}42)
\end{aligned}$$

其中, $p_t(x,y) = 1 - C_t(x,y)$。对式 (3-42) 应用傅里叶变换, 在 u,v 域内的表达式如下:

$$\begin{aligned}
\hat{f}_{t+1}(u,v) &= (1-u^2-v^2)\hat{f}_t(u,v) - (\mathrm{j}u)\left(\frac{1}{2\pi}\hat{p}_t(u,v) * \left(\mathrm{j}u\hat{f}_t(u,v)\right)\right) \\
&\quad - (\mathrm{j}v)\left(\frac{1}{2\pi}\hat{p}_t(u,v) * \left(\mathrm{j}v\hat{f}_t(u,v)\right)\right) \quad (3\text{-}43)
\end{aligned}$$

设 $A_1(x,y)$ 和 $A_2(x,y)$ 是关于坐标 (x,y) 的函数, 它们对应的傅里叶变换分别表示为 $\hat{A}_1(u,v)$ 和 $\hat{A}_2(u,v)$, 使 $\hat{A}_1(u,v)\cdot\hat{A}_2(u,v) = 1 - u^2 - v^2$。除此之外, 设

$$\hat{B}(u,v)=\mathrm{j}u, \quad \hat{D}(u,v)=-\mathrm{j}u, \quad \hat{E}(u,v)=\mathrm{j}v, \quad \hat{F}(u,v)=-\mathrm{j}v, \quad \hat{G}(u,v)=\frac{1}{2\pi}\hat{p}_t(u,v)$$

则式 (3-43) 可变为

$$\begin{aligned}
\hat{f}_{t+1}(u,v) &= \hat{A}_2(u,v)\cdot\hat{A}_1(u,v)\cdot\hat{f}_t(u,v) + \hat{D}(u,v)\cdot\left(\hat{G}(u,v) * \left(\hat{B}(u,v)\cdot\hat{f}_t(u,v)\right)\right) \\
&\quad + \hat{F}(u,v)\cdot\left(\hat{G}(u,v) * \left(\hat{E}(u,v)\cdot\hat{f}_t(u,v)\right)\right) \quad (3\text{-}44)
\end{aligned}$$

式 (3-44) 经傅里叶逆变换后得

$$f_{t+1}(x,y) = [(f_t(x,y) * A_1)] * A_2 + [p_t(x,y) \cdot (f_t(x,y) * B)] * D$$

$$+ [p_t(x,y) \cdot (f_t(x,y) * E)] * F \tag{3-45}$$

其中，$f_t(x,y)$ 是 t 时刻图像像素的灰度值；t 是程序设计中的迭代步长；$C_t(x,y)$ 为扩散系数，是关于图像梯度的非负单调递减函数。图像 f_t 先经过低通滤波器 $A_1(x,y)$ 和高通滤波器 $B(x,y)$、$E(x,y)$ 进行分解，然后使用系数 p_t 对高频系数进行正则化，最后再由相应的低通滤波器 $A_2(x,y)$ 和高通滤波器 $D(x,y)$、$F(x,y)$ 重建，得到滤波后的图像 f_{t+1}，即在 t 时刻，非线性各向异性扩散图像滤波模型对于数字图像的处理的结构框图如图 3.25 所示。

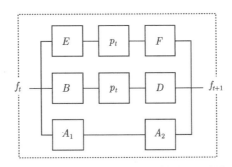

图 3.25   在 t 时刻各向异性扩散算法的结构框图

经上述分析可知，由各向异性扩散方法分解后得出的高通滤波器 $B(x,y)$ 和 $E(x,y)$ 都是线性的，对噪声很敏感，因此容易受到噪声的干扰，不能准确地分离出图像的高频分量和低频分量，这就很难完全滤除噪声和纹理背景信息。

为增加 Perona-Malik 模型的抗噪能力，可先对钢板表面缺陷图像 $f(x,y)$ 进行小波分解，得到低频小波系数 $\omega_{i,j}^{\mathrm{LL}}$，以及高频小波系数 $\omega_{i,j}^{\mathrm{HL}}$，$\omega_{i,j}^{\mathrm{LH}}$，$\omega_{i,j}^{\mathrm{HH}}$。分解公式在本书第 6 章有详细介绍。

由于在分解后的高频部分集中了较多的纹理背景噪声信息，因此采用小波扩散系数 $p_t(x,y)$ 对高频的小波系数 $\omega_{i,j}^d$（其中，$d = \mathrm{HL}, \mathrm{LH}, \mathrm{HH}$）进行正则化处理，即使 $\tilde{\omega}_{i,j}^d = p_t(x,y)\omega_{i,j}^d$；最后，利用处理后的小波系数作小波逆变换进行图像重构，得到滤波后的钢板表面缺陷图像 $\tilde{f}(x,y)$。通过多层分解迭代计算，即可获得满意的图像滤波效果。图 3.26 给出了该算法的二层分解迭代计算结构框图。

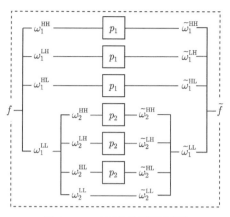

图 3.26　二层结构滤波框图

相应算法的伪代码描述如下：

设定迭代次数 P（默认值为 $P=2$）。

设定传导因子 K（默认值为 $K=40$）。

初始化循环开始时 $t=0$。

```
while (t < P)
{
```

（1）对钢板表面图像 $f(i,j)$ 进行离散小波变换（本算法中采用 Haar 小波），得到低频小波系数 $\omega_{i,j}^{\mathrm{LL}}$ 和高频小波系数 $\omega_{i,j}^{d}$，其中 $d=\mathrm{HL}$，LH，HH。

（2）更新高频小波系数 $\omega_{i,j}^{d}$，即

$$d_{i,j}^0 = \omega_{i,j-1}^t - \omega_{i,j}^t;$$

$$d_{i,j}^1 = \omega_{i-1,j-1}^t - \omega_{i,j}^t;$$

$$d_{i,j}^2 = \omega_{i-1,j}^t - \omega_{i,j}^t;$$

$$d_{i,j}^3 = \omega_{i-1,j+1}^t - \omega_{i,j}^t;$$

$$d_{i,j}^4 = \omega_{i,j+1}^t - \omega_{i,j}^t;$$

$$d_{i,j}^5 = \omega_{i+1,j+1}^t - \omega_{i,j}^t;$$

$$d_{i,j}^6 = \omega_{i+1,j}^t - \omega_{i,j}^t;$$

$$d_{i,j}^7 = \omega_{i+1,j-1}^t - \omega_{i,j}^t;$$

```
for(m=0; m<8; m++)
{
```

$$c_{i,j}^m = C(d_{i,j}^m); \quad //其中\ C(\cdot)\ 表示扩散系数$$

$$\omega_{i,j}^{t+1} = \omega_{i,j}^t + \frac{1}{8}C_{i,j}^m \cdot d_{i,j}^m;$$

　　}

　　(3) 根据当前小波系数进行小波重构, 得到滤波后带钢表面图像 $\tilde{f}(i,j)$。

}

3.7.3　实验结果与分析

　　图 3.27 所示的是利用边缘提取算子对图像进行边缘提取的实验结果, 其中, 图 3.27(a) 是原始图像及边缘提取得到的图像, 图 3.27(b) 是非线性各向异性扩散法进行图像滤波后得到的边缘提取图像, 图 3.27(c) 是基于小波各向异性扩散的图像滤波方法进行图像滤波后得到的边缘提取图像。可以明显看出, 基于小波各向异性扩散的图像滤波方法在平滑区内的平滑滤波效果更佳, 基本消除了纹理背景的影响, 同时获得了更加清晰的边缘轮廓, 更易于进行边缘检测处理和后续的缺陷图像自动分割等操作。

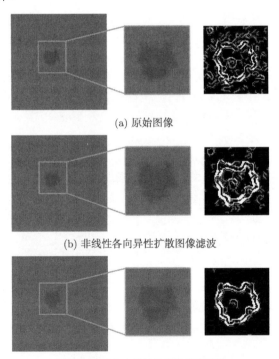

(a) 原始图像

(b) 非线性各向异性扩散图像滤波

(c) 基于小波各向异性扩散的图像滤波

图 3.27　钢板表面图像滤波结果比较

　　对缺陷检测系统而言, 如果直接存储 8 位灰度图像数据, 将需要很大的存储空间。面对海量的数据存储, 数字图像数据的压缩十分必要, 其目的是减少表示图像所需的比特数,以便于图像的处理、存储和传输。一般可采用静止图像压缩 (joint photographic exports group, JPEG) 编码标准进行压缩。表 3.5 给出了不同缺陷类型图像经滤波处理后进行 JPEG 图像有损压缩后的压缩倍率情况。

表 3.5　JPEG 压缩倍率对比

	边缘锯齿	焊缝	黄斑	孔洞	抬头纹
原始图像	4.7	9.2	7.6	10.3	3.7
各向异性扩散滤波后的图像	8.6	14.8	13.0	16.6	7.7
基于小波各向异性扩散滤波后的图像	11.1	19.9	18.8	24.7	8.2

由表 3.5 可知,各向异性扩散滤波后图像进行 JPEG 压缩的平均压缩倍率是原始图像压缩倍率的 1.75 倍,而基于小波各向异性扩散滤波后的图像进行 JPEG 压缩的压缩比最大,平均压缩倍率达到了原始图像压缩倍率的 2.3 倍。

3.8　基于总变分模型的图像光照归一化

光照变化对机器视觉和模式识别有很大影响。图像的光照归一化算法是一种预处理技术,它通过图像变换从非均匀光照图像中去除光照的影响得到无光照变化图像。基于总变分模型的图像平滑滤波能够去除光照不均噪声的影响,得到图像的光照不变量。Land 等的 "Retinex" 模型[56] 用低通滤波估计光照分量图像,取得了不错的效果。但是,普通的低通滤波操作会在图像的高频纹理细节区域产生光晕[57,58],为了消除光晕现象,这里提出一种在图像对数域中用总变分 L_1 模型作为边缘自适应低通滤波算子来估计光照分类的方法,并定义图像与其总变分平滑图像的对数商图像为光照归一化结果图像,然后利用得到的商图像作为图像的光照不变量进行提取用于识别。

设输入图像为 $I(x,y)$,进行对数增强得到 $i(x,y) = \log(I(x,y))$,并用 $i(x,y)$ 作为待研究图像,根据光照反射原理假设,图像 $I(x,y)$ 为光照分量 $L(x,y)$ 和反射分量 $R(x,y)$ 的乘积,即

$$I(x,y) = L(x,y) \cdot R(x,y) \tag{3-46}$$

一般认为反射分量远小于光照分量,且光照分量与图像的灰度值较为接近。用总变分模型作为低通滤波算子 $F(x,y)$,得到光照分量的估计为

$$\widehat{l}(x,y) = u(x,y) = i(x,y) * F(x,y) \tag{3-47}$$

其中,$*$ 表示信号卷积,定义对数商图像为

$$I'(x,y) = \frac{i(x,y)}{\widehat{l}(x,y)} = \frac{i(x,y)}{u(x,y)} \tag{3-48}$$

式中，$u(x,y)$ 为 $i(x,y)$ 经过 L_1 范数的去噪模型运算后得到的具有局部边缘适应性的平滑图像。

图像中大范围变化缓慢的低频成分是由光照变化影响的结果，用类低通滤波算子滤波得到的图像可以被认为反映了光照的变化图像，因此，用平滑图像作逐像素的商运算就实现了针对光照的归一化，从而得到图像的光照不变表示 $I'(x,y)$。用 L_1 范数总变分去噪模型估计光照变化图像，既能消除普通低通算子作用在高频区域留下的光晕现象又能有一定的边缘保持特性。

为了验证总变分模型对不同光照条件下图像的归一化效果，现选取不同光照条件下采集的黄斑类缺陷。首先进行对数运算增强初始图像，然后应用总变分 L_1 模型作为边缘自适应低通滤波算子来对图像进行平滑，最后将平滑后的图像与对数增强的原始图像作商，得到归一化后的图像。由图 3.28 结果对比可以看到，直方图均衡只能有限地提高图像对比度，而采用归一化方法后得到的图像不仅能较好地去除光照影响，而且具有良好的边缘保持性。

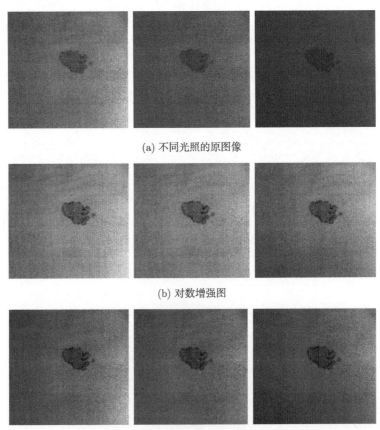

(a) 不同光照的原图像

(b) 对数增强图

(c) 总变差模型滤波后图像

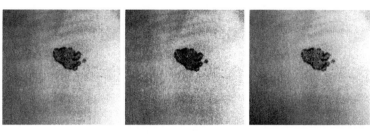

(d) 直方图均衡图像

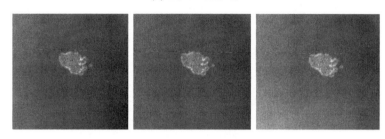

(e) 光照归一化图像

图 3.28 光照归一化图像结果对比

第4章 多域图像信息采集与处理

4.1 概　述

由于金属表面缺陷自身结构的不同和物理性质的不同,在进行图像采集时,不同光照模式和不同光照角度对缺陷图像的采集影响也很大。目前,通常是根据被检测产品特性及其可能存在的缺陷进行所谓的"照明设计"来解决和消除这种影响。在第2章中,我们已介绍了有关光源的选择和照明方式的设计方法。研究表明,明域照明方式下的检测,对碳钢一类金属表面缺陷的检测比较有效,对不锈钢一类的光亮金属效果不佳,只能检测到刮裂等少数可产生漫反射光的表面缺陷。而暗域照明方式则对光亮表面上的划痕等缺陷检测比较有效。可见,不管是明域照明还是暗域照明,都有可能出现表面缺陷的图像信息缺失 (表面缺陷有效信息不足)。这是制约机器视觉进行表面缺陷检测的一个关键技术难题。

事实上,根据成像原理不难发现,光源的类型与照明方式对板带钢表面缺陷的可视性有很多影响。一般而言,直射光源能增强钢板表面的结构性 (例如,在直射光源下,凹痕缺陷清晰可见),而散射光源则能抑制钢板表面的结构性 (例如,在散射光源下,划痕缺陷清晰可见)。同样地,不同的照明方式,即光源与成像 CCD 的放置位置不同,也对钢板表面缺陷的检测产生很大影响。在目前的板带钢表面缺陷检测系统中,光源与相机的位置布局主要采用明域或暗域的方式,这种单一域的图像采集方式称为单域图像采集方式。在工程实际中,尽管板带钢缺陷的种类很多,但在一条板带钢生产线所生产的板带钢上,缺陷的种类是有限的,通常也是固定的。所以根据缺陷种类和板带钢的材质特性,可以设计出满足缺陷检测要求的图像信息采集系统。但是,在某些情况下,这种单域采集模式将无法满足检测要求。图 4.1(a)、(b) 所示的是采用明域方式获取的板带钢表面不同位置处的缺陷图像,图 4.1(c)、(d) 则是采用暗域方式采集到板带钢表面对应明域方式采集下同一位置处的缺陷图像。从图中可以看出,不同采集方式获得的缺陷信息明显不同,除采集到的缺陷种类不同之外,同种缺陷在表现形式上亦存在较大的差异。很显然,明域和暗域所采集到的图像中的缺陷信息既存在互补亦存在冗余部分,可以设想,若将明域和暗域两种图像采集方式获取的图像整合在一起,就可以增加识别的缺陷种类,同时也可以增加缺陷识别的准确度。为此,作为单域采集系统的补充,本章重点介绍一种多域图像采集与处理系统,即采用明域和暗域结合的方式对同一位置处的图像同时进行采集，然后通过图像融合的方法来获取板带钢表面缺陷图像。实验表明，应用多域图像采集与处理，可在很大程度上解决板带钢表面缺陷的漏检与误检问题。

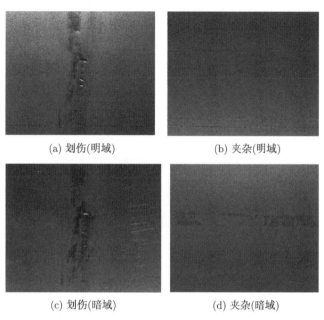

(a) 划伤(明域) (b) 夹杂(明域)

(c) 划伤(暗域) (d) 夹杂(暗域)

图 4.1 明域和暗域图像

4.2 板带钢表面多域图像信息采集系统

4.2.1 照明方式对缺陷检出的影响

既然在基于机器视觉的板带钢表面缺陷检测系统中，表面缺陷检测的准确性与光源、成像系统及被检测钢板三者的布局有关，不同的布局，往往会得到不同的缺陷检测结果，那么光源和成像系统 (相机) 就成了影响图像质量的重要因素，它决定了图像是否清晰、有无畸变、能否发现缺陷等。从一定意义上说，照明 (光源)、成像系统 (CCD) 的设计是板带钢表面缺陷检测系统成功的关键。

为寻求最佳的光源与成像系统布局方式，现对 10 种典型的板带钢表面缺陷在不同光源与成像系统布局方式下的图像采集进行了实验，建立了如图 4.2 所示的实验装置，用于检测光照效果对各种缺陷图像采集的影响。光源与摄像头安装在一个大量角器型夹具上，被测的含缺陷钢板样本放置在相机焦点处，这种几何结构可保证光源投影线在整个测试角度范围始终位于被测缺陷样本的固定平面上；同理，摄像头在整个测试角度范围内也可始终聚集于被测缺陷样本上。为了实验的方便，我们定义被测缺陷样本的法线方向为 0，逆时针方向为正，顺时针方向为负。为得到各种缺陷在不同光源与成像系统布局方式下的检测结果，光源与摄像头在整个量角器型夹具的角度范围内以 10° 为单位进行变化，在每种光源与摄像头可能的组合角度上，对每种缺陷样本进行检测实验，并记录检测到的缺陷种类。

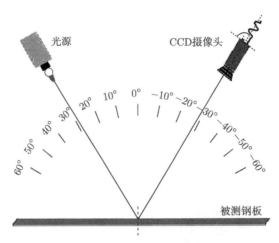

图 4.2　光源与 CCD 布局示意图

　　根据检测数据，从图 4.3 中可以看出，像凹坑、孔洞等一类缺陷在明域照明方式的所有角度的布局下都可以被检测到，而其他在明域照明方式下可检出的缺陷，只有在摄像头与光源分别位于法线两侧 25°～35° 时，才可以有效检出。当摄像头与光源位于法线同侧呈暗域照明方式布局，摄像头角度在 15° 附近，光源位于 35° 附近时，可检出的缺陷种类最多。

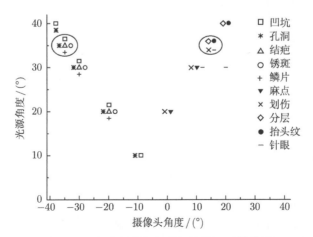

图 4.3　光源、摄像头角度与缺陷识别的关系

4.2.2 多域图像采集方法

从前述的实验分析可以发现，在多种缺陷并存时，单一的光源与摄像头布局模式往往难以保证板带钢检测系统的缺陷识别率。通过分析光源与摄像头的布局可知，采用明域和暗域相结合的多域图像采集方式，可大大提高多缺陷并存的缺陷检出率。为此，可构建一个多功能的多传感器图像信息的协同采集与控制系统实现同一部位的明域和暗域图像同步采集。

按图 4.4 所示的布局，即采用一组光源照明系统和两组摄像头，明域和暗域可采用相同的光源布局角度，即光源与法线方向呈 35°，位于法线左侧，逆时针方向；而明域摄像头位于法线顺时针方向 35°，光源入射光的反射角度上；暗域摄像头与光源同侧，布置在法线逆时针方向 15° 左右。对于某些明域缺陷，微小的反射角度变换 (1°～2°) 会对图像信噪比产生较大影响，这与板带钢检测现场环境有关，因此在进行设备现场调试时要根据具体情况而定。

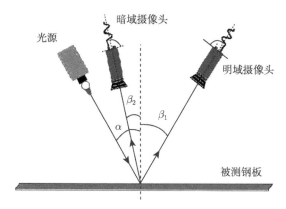

图 4.4 明暗域结合的多域图像采集方式

4.2.3 多域图像采集系统

我们根据实验数据及以上的分析，设计了一种明暗域相结合的板带钢表面缺陷多域检测系统。所谓多域图像信息采集系统，除了在系统硬件上增加了一组摄像头，可同时实现明域和暗域两种照明方式的图像信息采集，在系统软件设计上，还需增加一个对两组摄像头所采集到的缺陷图像进行图像融合的过程。图 4.5 中所示的实线部分对应单图像信息采集，而虚线部分对应于多域采集系统。

研究表明，通过图像融合可以充分利用两幅图像中的互补与冗余信息，将有助于解决板带钢表面缺陷的漏检问题，以及由信息不完整而引起的缺陷误检问题。

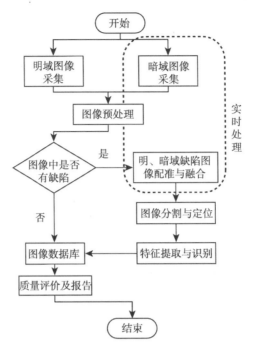

图 4.5   多域图像采集系统流程图

4.3   板带钢表面缺陷图像的配准方法

图像配准是图像融合的前提，若在图像融合前不进行图像配准，或是图像配准精度低都将造成板带钢表面缺陷图像的纹理错乱、边缘增大、缺陷数量增加、质量评价等级失准等问题。图像配准的目的是确定两个图像数据集之间的几何变换关系，通过这一变换可以把一个图像数据集里的任意一点的坐标变换到另一个数据集所对应位置坐标。配准过程中保持不动的图像称为参考图像或目标图像，作空间变换的图像称为浮动图像。本节先介绍一下有关图像配准方面的基础知识，在对各种配准方法研究的基础上，提出一种基于缺陷区域的图像信息配准方法[59]。

4.3.1   图像配准方法

图像配准就是对同一场景的不同图像进行像素或像素集合的图像匹配。同一视觉系统在不同时间、位置、环境的情况下所采集的图像在空间、时间、强度方面都存在差异，不同传感器的光谱频段、模式、采集位置、空间分辨率、对比度等参数设置的不同，也使得所获取的关于同目标或场景的多源图像之间存在差异，这些差别表现在不同的分辨率、不同的灰度属性、不同的位置平移和旋转、不同的比例尺、不同的非线性变形等。通过图像配准，将可消除上述多源图像之间存在的种种差异, 使同一目标 (场景) 的像素点在多源图像中进行精确坐标对准和定位, 使融合结果包含的信息更准确、更可靠。衡量图像配准算法性能的主要指标有配准精度、处理速度和配准的可靠性。目前的图像配准方法大致分成三大类: 基于灰度的配准算法、基于特征的配准算法及基于图像理解和解释的配准方法。

1. 基于灰度的图像配准方法

基于灰度的配准方法是直接利用整幅图像的灰度评定两幅图像之间的相似性, 通过搜索方法寻找使相似性度量最大或最小值点, 从而确定两幅图像之间的变换模型参数。常见的算法有最大互信息法、相关法、条件熵法、联合熵法等。基于灰度的配准方法, 因只对图像的灰度进行处理, 所以可避免主观因素的影响, 配准结果只依赖于配准方法本身, 同时可以避免因图像分割而给配准带来的附加误差, 并能实现完全自动的配准。最大互信息法几乎可以用在任何不同模态图像的配准, 现已被广泛应用到多模医学图像的配准中, 成为图像配准领域的研究热点。但基于灰度的配准方法也存在一些缺点, 如计算量大、配准时间长、对缩放旋转和扭曲等较敏感、忽略了图像的空间相关信息等。

2. 基于特征的图像配准方法

基于图像特征的配准方法中, 常用的图像特征包括点特征、直线段、边缘、轮廓、闭合区域以及统计矩等。特征提取的算法主要有点特征提取算子 (如 Harris 算子、SUSAN 算子)、线特征提取算子 (如 LOG 算子、Canny 算子) 和面特征提取算子。随着图像分割、边缘检测等技术的发展, 基于边缘、轮廓和区域的图像配准方法逐渐成为研究热点 [60-63]。一般来说, 基于特征的方法往往具有操作简单、配准速度较快、精度较高等优点, 但存在需要人工干预、特征点的获取比较困难等难点。而且通过图像分割等技术确定图像的特征也存在着较大问题, 因为图像分割的精度和评价标准等都还没得到很好的解决, 并且人工的干预过程会受到操作者的水平和主观因素的影响, 给配准结果带来很大的不确定性。

3. 基于对图像理解和解释的配准方法

这种方法不仅能自动识别相应的像素点, 而且还可以由计算机自动识别各种目标的性质和相互关系, 具有较高的精度和可靠性。基于理解和解释的图像配准方法涉及诸如机器视觉、模式识别、人工智能等众多领域, 不仅依赖于理论上的突破, 而且还与高速并行处理计算机的发展相关。

在上述三种图像配准方法中, 前两种方法是全局图像配准技术 (对应于全局几何变换), 通常需要假设图像中的对象仅仅是刚性地改变位置和刻度, 而改变的原因往往是照相机运动。基于灰度的图像配准方法必须考虑匹配点邻域的灰度, 故在配准时计算量大、速度较慢; 基于特征的配准方法由于提取了图像的显著特征, 大大压缩了图像信息的数据量, 同时又较好地保持了图像的位移、旋转、比例方面的特征, 故配准时计算量小、速度较快, 但其配准精度往往低于基于灰度的图像配准方法。因此, 在实际应用中, 通常希望将这两种方法结合起来, 既利用了基于特征的配准技术较高的可靠性和快速性, 又利用了基于灰度的配准技术的高精度性。

4.3.2   基于缺陷子图的互信息图像配准方法

板带钢表面缺陷检测的基本目的是确定缺陷的种类及质量等级, 缺陷的种类与边缘、纹理、形状等特征有关, 而质量等级与缺陷的大小、分布、种类等信息有关。一方面, 为确保缺陷图像的边缘、形状、纹理、大小等信息的准确性, 就要求在进行图像配准时尽可能提高配准精度。而另一方面, 为了满足板带钢表面缺陷检测系统实时性的要求, 则需要采用计算量小、配准速度快的配准方法。为兼顾两者, 本节研究并提出了一种基于图像灰度与图像特征相结合的配准方法。其基本思路就是先通过边缘提取确定缺陷边界, 选择包含缺陷的最小矩形区域作为缺陷子区域 (由于图像中的缺陷可能不止一个, 为了保证配准精度, 可分别在明域和暗域图像中选取一个包含相同缺陷的区域作为最终参与配准的子区域), 然后在子区域内采用互信息方法进行配准, 配准过程中采用了 PSO 与 Powell 相结合的混合优化方法进行空间搜索, 以进一步提高图像配准速度。

1. 缺陷子图的确定

在板带钢表面缺陷图像中, 缺陷区域往往只占整个图像的一小部分, 若采用常规的基于全局的图像配准方法, 不仅会增加工作量及计算时间, 也会因为背景区域噪声的影响而降低配准精度, 从而造成图像的误配, 致使融合后的图像质量降低。为了降低非缺陷区域干扰信息对配准结果的影响, 一个可行的办法就是选取板带钢表面缺陷图像中的缺陷子区域 (子图) 代替源图像进行配准。

合理地选取子图, 不但可以降低搜索数据量, 而且能改善图像的配准精度。基于不同的图像信息和需求, 可以有不同的子图选取方法。通常可由以下三种方法确定:

(1) 基于图像熵的子图选取方法。

图像熵可定义为

$$H(A_i) = -\sum_{j=1}^{J} P(a_j) \log_2 P(a_j) \tag{4-1}$$

式中, A_i 表示图像 A 的第 i 个子图, J 表示子图的灰度级, $P(a_j)$ 为像素值为 a_j 的概率。依据所求得的各子图熵值, 可选取大于给定阈值的熵较大的子图参与配准。

(2) 基于梯度的子图选取方法。

图像的梯度及梯度模分别定义为

$$
\begin{cases}
g(x,y) = \begin{bmatrix} \dfrac{\partial f}{\partial x} \\[2mm] \dfrac{\partial f}{\partial y} \end{bmatrix} \\[6mm]
|g(x,y)| = \sqrt{\left(\dfrac{\partial f}{\partial x}\right)^2 + \left(\dfrac{\partial f}{\partial y}\right)^2}
\end{cases}
\tag{4-2}
$$

根据上述公式计算出图像中每一点的梯度模,求出各个子图的梯度模之和,并根据给定的阈值,选取参与配准的子图。

(3) 基于小波系数的子图选取方法。

小波系数的空间分布与原始图像的空间分布具有很好的对应关系,系数的绝对值越大,则其对应的灰度变化越尖锐。因此,可利用小波系数的和作为选取子图的依据,小波系数的和可以由下式计算得出:

$$
S(A_i) = \sum_{i,j \in A_i} w^2(i,j)
\tag{4-3}
$$

式中,A_i 表示图像 A 的第 i 个子图,$w(i,j)$ 为子图 A_i 的各层小波系数。

以上三种方法在图像配准的计算量及计算速度上均有一定优势,但由于各子图的选取均来自于对源图像的平均分割,没有实际的物理意义,对于存在缺陷的区域有可能被分割,这就无法保证缺陷信息的完整性。为此,这里给出一种采用缺陷目标提取的方法来选择子图。

缺陷目标提取的方法有很多种,由于这里的缺陷目标提取只是为了选择子图,对缺陷区域的精度要求并不高,为保证检测系统的实时性,可选用计算简便的 Sobel 算子分别对参考图像和浮动图像进行缺陷边缘提取,再对提取出的缺陷边缘图像进行关联分析,确定缺陷数目并进行标记。只有在参考图像与浮动图像同时包含相同缺陷的区域才可确定为参与配准的缺陷子图,这是因为两幅图像同时包含缺陷时的互信息相对较大,可提高配准精度。在包含相同缺陷的区域上,分别选取两幅图像中包括缺陷的最小矩形区域作为预选缺陷子图,比较两预选缺陷子图的大小,取其中面积大的区域为最终确定的参与配准的缺陷子图。缺陷子图区域选择可由下式得出:

$$
\begin{cases}
x_{R_i\mathrm{L}}^{B} = \min(x_{R_i}^{B}) \\[2mm]
y_{R_i\mathrm{L}}^{B} = \min(y_{R_i}^{B}) \\[2mm]
x_{R_i\mathrm{R}}^{B} = \max(x_{R_i}^{B}) \\[2mm]
y_{R_i\mathrm{R}}^{B} = \max(y_{R_i}^{B})
\end{cases}
\tag{4-4}
$$

式中，R_i 表示第 i 个缺陷区域，$x^B_{R_iL}$、$y^B_{R_iL}$ 表示明域缺陷图像中第 i 个矩形缺陷区域的左上角坐标值，$x^B_{R_iR}$、$y^B_{R_iR}$ 表示明域缺陷图像中第 i 个矩形缺陷区域的右下角坐标值；同理，可得到暗域图像包含相同缺陷的缺陷子图区域。比较两区域面积的大小，选择大面积区域为最终参与配准的缺陷子图。如图 4.6 所示为板带钢表面含有夹杂与划痕缺陷在明域和暗域下采集到的图像，图中标记出了相应的缺陷子图。

(a) 明域缺陷定位　　　　　　　　　　　　(b) 暗域缺陷定位

图 4.6　缺陷子图的选取

从图 4.6 可以看出，夹杂缺陷在明域和暗域缺陷图中都有，因此两者的共同信息较大，对最终配准结果的影响也相对较大；而划痕缺陷只出现在暗域图像中，在明域图像中却看不到，说明这两个区域的共同信息少，对最终配准结果的影响也较小，采用这两个区域进行配准的精度相对较低。为保证配准精度，应选取包含夹杂面积较大的明域缺陷区域和暗域图像的相同区域为最终参与配准的缺陷子图。

在确定了缺陷子图之后，用子图代替原图参与图像配准。选用子图参与图像配准与原整幅图像参与配准的方法相比，具有两大明显优势：配准时，只需在选出的子图间进行，缺陷子图是整图中缺陷信息最丰富的区域，因此配准结果准确度更高；可并行处理多个子图，极大地降低了计算时间。

2. 区域子图互信息测度

互信息是信息论中的一个重要概念，用来描述两个系统之间的统计相关性，或一个系统包含另一个系统的信息的多少。当两幅图像相匹配的区域越大，它们的联合熵越小，则互信息越大。而当两幅图像达到最佳匹配时，互信息达到最大。

互信息方法在用于图像配准时，一般是通过一维的灰度直方图来求一幅图像的边缘概率分布，通过二维的联合灰度直方图来求两幅图像联合概率分布，从而求出两像素点之间的关系。显然，在此过程中仅考虑了像素的灰度而忽略了其空间位置关系，因此在配准过程中极易出现误配现象，尤其是当图像含有噪声时，情况会更为严重。为此，这里给出一种邻域灰度与空间特征相结合的互信息测度 (region intensity mutual information, RIMI) 计算方法。考虑邻域灰度与空间特征之后的各信息熵计算公式如下：

$$H(A') = -\sum_{a'} P(a') \log_2 P(a') \tag{4-5}$$

$$H(B') = -\sum_{b'} P(b') \log_2 P(b') \tag{4-6}$$

$$H(A', B') = -\sum_{a',b'} P_{A',B'}(a',b') \log_2 P_{A',B'}(a',b') \tag{4-7}$$

考虑邻域灰度与空间特征之后的互信息 RIMI 测度为

$$
\begin{aligned}
I(A', B') &= H(A') + H(B') - H(A', B') \\
&= -\sum_{a'} P(a') \log_2 P(a') - \sum_{b'} P(b') \log_2 P(b') + \sum_{a',b'} P_{A',B'}(a',b') \log_2 P_{A',B'}(a',b') \\
&= \sum_{a',b'} P_{A',B'}(a',b') \log_2 \frac{P_{A'B'}(a',b')}{P_{A'}(a') \times P_{B'}(b')}
\end{aligned}
\tag{4-8}
$$

基于互信息的配准方法可视为一个寻优过程，其基本思想是通过寻找一组空间变换参数，使得其中一幅图像经过空间变换后与另一幅图像达到空间一致，此时互信息值达到最大。图像 A、B 的空间变换格式如下：

$$a'(m,n) = \sum_i \sum_j (W_a \times a(m,n)) \tag{4-9}$$

$$b'(m,n) = \sum_i \sum_j (W_b \times b(m,n)) \tag{4-10}$$

式中，a 和 b 为图像 A、B 像素的灰度值，a' 和 b' 为图像 A、B 考虑了邻域信息以后的灰度值，$P_{A'}(a')$ 与 $P_{B'}(b')$ 是图像 A、B 中考虑了邻域信息后灰度值为 a' 与 b' 的像素出现的频数，W 为邻域内各像素的取值。W 由两部分组成，一部分为邻域内像素与中心点像素距离关系权值 W_d，另一部分为邻域内像素与中心点像素间灰度差值所决定的权值 W_r。W_d、W_r、W 的计算方程分别为

$$
W_d = \begin{cases}
\dfrac{1}{2}, & d = 0 \\[2mm]
\dfrac{0.34}{n_1}, & d = 1, \qquad d = \sqrt{i^2 + j^2} \\[2mm]
\dfrac{0.16}{n_2}, & d = \sqrt{2}
\end{cases}
\tag{4-11}
$$

$$W_r = \mathrm{e}^{-\left(\frac{f_{a(b)}(m+i,n+j) - f_{a(b)}(m,n)}{\sqrt{2}\sigma_r}\right)^2} \tag{4-12}$$

$$W = W_d W_r \tag{4-13}$$

式中，$i = 0,1,2,3$，$j = 0,1,2,3$，分别为中心像素与邻域像素之间的水平距离及垂直距离，d 为邻域内像素与中心像素之间的距离，n_1 表示 d 为 1 时的像素总个

数，n_2 表示 d 为 $\sqrt{2}$ 时的像素总个数，W_d 满足 $\sum W_d = 1$，$f_{a(b)}(m, n)$ 表示图像 A 或图像 B 像素的灰度值。

可见，在计算互信息时，参与运算的不再是图像中每个像素的灰度值，而是运用邻域内像素之间的几何距离关系及灰度变化关系来修正原中心像素的灰度值。这样，由于邻域内像素之间的空间距离权值 W_d 和灰度变化权值 W_r 的引入，在配准过程中，不仅考虑了两幅图像之间的灰度关系，同时兼顾了空间位置关系及灰度变化特征对互信息的影响，从而克服了因噪声及图像缺失对配准结果的影响，提高了互信息配准的鲁棒性[65]。

3. 混合寻优算法

图像配准过程在本质上可以看成相似性测度函数最优化的过程，即寻找互信息最大时的空间变换参数值。目前，互信息配准法中使用最多的优化算法主要有 Powell 法、单纯形法、模拟退火算法和遗传算法等。

Powell 法和单纯形法都不需要计算导数，形式简单、搜索速度快。Powell 法在配准过程中容易落入局部最优解，而单纯形法的收敛速度则太慢。

模拟退火算法能够跳出局部最优的陷阱，但是计算时间较长，并且有时会进入错误的搜索方向而不能得到最优解；遗传算法则容易出现早熟收敛的问题。另外，模拟退火算法和遗传算法本身也比较复杂，初始参数的确定与优化结果密切相关，且收敛速度慢，迭代次数多，使用不便等[66-68]。

粒子群优化算法 (PSO) 在函数优化、人工神经网络训练及模糊系统控制等领域有广泛的应用，与其他进化算法相比，保留了基于种群的全局搜索策略，对优化目标函数的形式没有特殊要求，运行参数设置简单，受目标改变的影响较小，是一种能够全局寻优的高效并行搜索算法。一般情况下，采用 PSO 算法都能得到满意的结果。但是，该算法收敛速度较慢，在多峰值函数的测试中容易过早收敛。此外，在算法收敛时，始终无法确定算法找到的解是否为最优解，甚至无法确定当前解是否为附近解空间的极小值点。

注意到 Powell 算法无需计算梯度，可以加快搜索最大互信息的速度，在每一维内使用 Brent 算法迭代搜索和估计配准参数，从而可使互信息不断增加直至最大，同时考虑到 Powell 算法的极强的局部寻优能力和 PSO 算法的全局寻优能力，我们可以将这两种算法有机地结合起来形成一种新的寻优方法，即 PSO-Powell 混合寻优法。其主要步骤如下：

(1) 随机选取解空间中的一个点 T，在以 T 为中心的空间内随机初始化一个粒子群；

(2) 使用 PSO 算法进行一定步数的迭代，得到当前最优解 T'；

(3) 令 T、T' 位置的互信息函数值分别为 I、I'，若 $I < I'$ 或当前为第一轮搜索，则转步骤 (4)，否则转步骤 (6)；

(4) 将 T' 作为初始点, 对目标函数用 Powell 算法进行优化, 得到 T' 附近的极值 T'';

(5) 令 $T=T''$ 作为新一轮搜索中的初始最优点, 重新初始化粒子群, 转第 (2) 步;

(6) 输出当前最优解 T'。

4. 配准算法流程

综合前述讨论, 可将板带钢表面缺陷图像的配准方法, 即基于缺陷子图的互信息图像配准方法 (registration based on RIMI of subgraph, RR 法), 归结为如下步骤:

(1) 采用图像匹配方法, 选取缺陷子图, 用缺陷子图进行配准, 由于缺陷可能不止一个, 因此缺陷子图对的数目大于等于 1;

(2) 对在步骤 (1) 中选取的各缺陷子图采用邻域灰度与空间特征相结合的互信息作为相似性测度, 用 PSO 与 Powell 的混合法进行寻优;

(3) 根据第 (2) 步中得出的各缺陷子图配准结果, 求取它们的平均值作为原参考图像与浮动图像的配准结果;

(4) 按照配准结果对浮动图像进行几何变换得到最终的配准图像, 如图 4.7 所示。

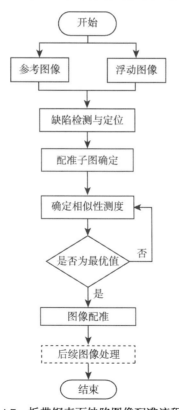

图 4.7 板带钢表面缺陷图像配准流程图

5. 实验结果与分析

现对图 4.6 所示的两幅图像进行仿真实验，两幅图像中的暗域图像 (图 4.6(b)) 作为浮动图像，另一幅明域图像 (图 4.6(a)) 作为参考图像。

将浮动图像 (图 4.6(b)) 分别沿 x, y 轴方向平移 5 个像素，逆时针方向旋转 3°，得到图 4.8(a)；将图 4.6(b) 分别沿 x, y 轴方向平移 10 个像素，逆时针方向旋转 5° 后得到图 4.8(b)。

图 4.8(c) 为图 4.6(a) 和图 4.8(a) 按 RR 法配准后的图像，图 4.8(d) 为图 4.6(a) 和图 4.8(b) 按 RR 法配准后的图像。

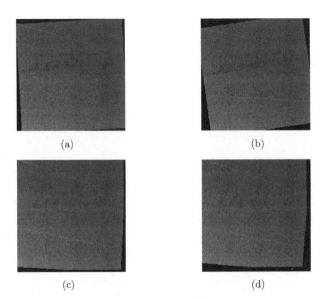

图 4.8   图像配准

分别采用归一化互信息 (NMI)、梯度互信息 (GMI) 和 RIMI 测度进行配准，配准后的结果如表 4.1 所示，其中 x 和 y 为平移量 (单位：像素)，θ 为旋转量 (单位：度)。

表 4.1   NMI、GMI 与 RIMI 配准结果对比

工况	参考值			RIMI			NMI			GMI		
	x	y	θ	x	y	θ	x	y	θ	x	y	θ
工况 1	1	1	0	1	1	0	1	1	0	1	1	0
工况 2	5	5	3	5	4.98	2.99	4.53	4.53	2.31	4.82	4.82	2.86
工况 3	10	10	5	9.98	9.91	4.89	9.11	9.11	3.72	9.76	9.76	4.81

从表中可以看出，当平移与旋转角度较小时，RIMI、NMI 及 GMI 的配准结果

精度都很高，接近于参考值。随着平移与旋转量的增加，NMI 的配准精度下降较快，GMI 因在配准时考虑了梯度这一空间信息，配准精度也相对较高。RIMI 的配准精度有所降低，但仍接近于参考值，这是因为其中包含了邻域内各像素的空间位置信息与灰度变化信息的作用。

图 4.8 中的 (a)、(b) 两幅图片是在实验室的理想环境下得到的，然而在板带钢轧制过程中，车间环境不可避免地存在灰尘或粉尘等颗粒，这些颗粒或者漂浮在 CCD 相机与板带钢之间，或者吸附在 CCD 镜头表面，除此之外，轧机的振动也会导致 CCD 相机实际采集到的板带钢表面图像中均含有不同程度的噪声，而这些噪声往往都是高斯噪声。为验证 RIMI 方法对含高斯噪声的适用性，在图像上人为地加上了均值为 0、方差为 0.01 的高斯噪声，如图 4.9 所示。

(a) 明域缺陷(参考图)   (b) 暗域缺陷(浮动图)

图 4.9　含高斯噪声的图像

分别采用 NMI、GMI 和 RIMI 方法进行配准，配准数据如表 4.2 所示。

表 4.2　NMI、GMI 与 RIMI 配准结果对比(加噪声后)

工况	参考值			RIMI			NMI			GMI		
	x	y	θ	x	y	θ	x	y	θ	x	y	θ
工况 1	1	1	0	1	1	0	0.86	0.86	0	1	1	0
工况 2	5	5	3	5	4.94	2.87	4.01	4.01	5.77	6.98	6.98	3.18
工况 3	10	10	5	9.81	9.81	4.85	8.77	8.77	7.63	14.76	14.76	7.11

由表 4.2 中的数据分析可得，三种方法的配准精度都因受噪声影响有所下降，但 RIMI 方法的配准误差仍在一个像素范围之内，而 NMI 方法随着移动与旋转角度的增加配准误差急剧变化。造成该问题的原因是 NMI 互信息方法在进行配准时只考虑了图像的灰度信息，当图像中含有噪声时，噪声信息直接引入到配准过程中，因此使配准结果陷入局部最优；GMI 方法的配准结果与参考数据相差较大，其结果已无法满足板带钢表面缺陷检测的要求，出现该问题的主要原因在于 GMI 方法中引入了梯度因子，梯度对噪声非常敏感，因此 GMI 方法只适合于信噪比小的图像融合。而 RIMI 方法在进行配准时，除了考虑到图像本身的灰度信息外，还考

虑了邻域内像素的灰度变化关系, 以及各像素之间的空间位置关系, 在弱化噪声的同时增强了边缘效应, 因此当图像存在噪声时仍能取得较好的图像配准结果。

4.4　板带钢表面多域缺陷图像融合方法

图像融合是用特定的算法将两个或多个不同的图像融合在一起, 生成新的图像。新图像减少了图像信息的不确定性, 通过对不同图像提供的信息加以综合, 消除图像信息之间可能存在的矛盾, 以形成对目标的清晰、完整而准确的信息描述。图像融合系统的层次通常可分为三个层次: 像素级图像融合、特征级图像融合和决策级图像融合。像素级图像融合属于底层的图像融合, 是对多源图像的同一场景、目标的同一像素级灰度进行的综合处理, 生成的新图像能够包含源图像中所有像素点的信息。它的优点在于尽可能多地保留了场景的原始信息, 图像中包含的信息更丰富、精确、可靠、全面。特征级图像融合是对源图像进行预处理和特征提取后获得的特征信息 (如边缘、形状、轮廓、区域等) 进行综合。特征级融合是在中间层次上进行的信息融合, 它既保留了足够数量的重要信息, 又可对信息进行压缩, 有利于实时处理。决策级图像融合是最高层次上的信息融合。在进行融合处理前, 先对从各个传感器获得的图像分别进行预处理、特征提取、识别或判决, 以获得对同一目标的初步判决和结论, 然后根据一定的准则以及每个决策的可信度作出决策融合处理。

在对来自于明域和暗域 CCD 传感器的板带钢表面同一位置处的缺陷图像进行配准之后, 可对配准后的两幅缺陷图像进行融合, 以获得质量更高、信息量更全的图像。融合后的图像对原缺陷的保留及增强程度等将直接影响后续图像处理的结果, 而融合效果的优劣也是能否避免系统漏检和误检问题的关键所在。本节将针对板带钢表面典型缺陷的图像特征, 介绍一种基于目标区域的像素级与特征级相结合的板带钢表面缺陷图像融合方法。

4.4.1　板带钢表面缺陷图像分析

板带钢表面缺陷多域检测系统在采用明域和暗域方式进行图像采集时, 采集到的缺陷图像信息不一致的主要原因是采集图像时的光谱信息不同。例如, 明域照明采集方式的摄像头位于反射光路上, 入射光线与反射光线呈对称分布, 若板带钢表面上没有缺陷, 则照在板带钢表面的光线将全部反射到摄像头内, 采集到的图像应该是亮背景; 如果板带钢表面存在三维缺陷, 则入射光线会在三维缺陷处发生散射, 结果造成反射到摄像头中的光线减弱, 采集到的缺陷就是亮背景、暗缺陷的效果。而如果板带钢表面存在二维缺陷, 虽然光经过二维缺陷反射后没有发生变化, 但是由于二维缺陷基本上是一些有色缺陷, 这些缺陷对光有较强的吸收作用, 同样也会减小反射光的强度, 这样也使得反射光在相机上的照度减小, 因而造成采集到的图像也是亮背景、暗缺陷的效果; 但有的时候, 钢板表面的物理作用, 如擦裂, 可以使板带钢表面产生部分平滑效果, 形成镜面, 使得更多的反射光进入摄像头, 形成光亮的缺陷效果, 如图 4.6 (a) 所示。与明域照明采集方式不同, 暗域照明采集方式则是摄像头位于与板带钢表面差不多垂直的位置方向, 如果板带钢表面没有缺陷, 摄像头将采集不到反射光, 整个图像是暗背景; 如果板带钢表面存在某些类型的三维缺陷, 入射光线会在缺陷区域产生漫反射, 产生的漫反射光线将被摄像头采集到, 这时, 采集图像是暗背景、亮缺陷, 如图 4.6(b) 所示。

综上所述, 缺陷类型的不同以及自身性质的不同, 造成检测不同的缺陷, 摄像头需安装在不同的角度。明域缺陷采集方式适合于采集明亮钢板上的散射缺陷与吸收类型缺陷, 以及大多数的灰度缺陷等, 常见的有分层、凹坑、夹杂、锈斑、擦裂等; 而暗域缺陷采集方式适合于暗背景的亮缺陷, 常见的有裂纹、孔洞、划伤等。

从图 4.6 所示的钢板同一位置处、不同照明方式下采集的缺陷图像可以看出, 在明域采集方式下采集到的图 4.6 (a) 中的夹杂缺陷 (线框区域内的缺陷) 信息明显比暗域采集方式下采集到的图 4.6 (b) 在同位置处的缺陷处有更丰富的信息, 而图 4.6 (b) 中暗域检测到的划痕缺陷在明域照明下未能采集到。显然, 在这种情况下, 如果单独采用明域图像采集方式, 则划痕缺陷将被漏检; 单独采用暗域检测方式, 则夹杂缺陷的严重程度也将被低估, 从而影响质量报告的准确度。图像融合正是通过对多源图像中的互补信息和冗余信息的优化组合得出更有效的图像, 以强化所包含的信息, 增加图像理解的可靠性。

值得注意的是, 无论是明域照明方式还是暗域照明方式采集的缺陷图像, 其缺陷部分通常只占整幅图像的一小部分, 无论是后续处理步骤中的特征提取, 还是缺陷类型识别, 都只是对缺陷图像区域感兴趣, 背景图像质量并不会影响缺陷识别结果, 只是对视觉效果有一定的影响。因此, 在进行板带钢表面缺陷图像融合时, 分区处理不失为一种好的选择。把对算法的研究重点集中于关注缺陷区域的融合及其效果, 而对背景区域则可采用方法简单、实时性高的融合方法。

4.4.2　基于小波变换的板带钢表面图像融合方法

将小波多尺度分解的思想应用于图像融合是基于以下考虑:

(1) 小波变换能把图像分解到不同尺度下, 便于分析图像的近似信息和细节信息。其对图像的多尺度分解过程, 可以看作是对图像的多尺度边缘提取过程。若将小波变换用于图像的融合处理, 就可以在不同尺度上, 针对不同大小、方向的边缘和细节进行融合处理。

(2) 小波变换具有空间和频域局部性, 利用小波变换可以将被融合图像分解到一系列频率通道中, 这样对图像的融合处理可以在不同的频率通道分别进行, 不同的频率通道对应不同的频带方向信息，如 LL、LH、HL、HH 等。

(3) 小波变换具有方向性，人眼对不同方向的高频分量具有不同的分辨率，若在融合处理时考虑到这一特性，就可以有针对性地进行融合处理，以获取良好的视觉效果。

(4) 对参与融合的图像进行小波塔形分解后，为获得好的融合效果并突出重要的特征细节信息，在进行融合处理时，不同频率分量、不同分解层、不同方向可以采用不同的融合规则及融合算子进行融合处理。另外，同一分解层上的不同局部区域上采用的融合算子也可以不同，这就可以充分利用图像的互补及冗余信息，有针对地突出、强化感兴趣的特征和细节信息。

1. 小波融合规则

依据多尺度分析的思想，设 A、B 为两幅原始图像，F 为融合后的图像。基于小波变换的图像融合基本过程如图 4.10 所示。

(1) 对每一源图像分别进行小波变换，建立图像的小波塔形分解；

(2) 对各分解层分别进行融合处理，各分解层上的不同频率分量可采用不同的融合规则进行融合，最终得到融合后的小波金字塔；

(3) 对融合后所得的小波金字塔进行小波逆变换 (即进行图像重构)，所得到的重构图像即为融合图像。

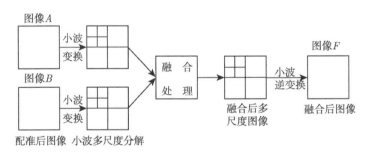

图 4.10　基于小波变换的图像融合过程

1) 低频子带融合规则

在小波分解后，对低频带的融合规则主要有系数平均与系数取大两种。所谓系数平均，就是在低频系数 LL 上，最低分辨率为 $2N$ 时，融合图像近似分量的处理公式为

$$C_{N,F}(m,n) = \frac{C_{N,A}(m,n) + C_{N,B}(m,n)}{2} \tag{4-14}$$

式中，$C_{N,A}(m,n)$、$C_{N,B}(m,n)$、$C_{N,F}(m,n)$ 分别为参与融合的源图像 A、B 和融合后的图像 F 在点 (m,n) 处的小波系数。系数平均的融合规则可以保留源图像的各自特征信息。

所谓系数取大，就是取两幅图像中对应点处小波系数值大的一个作为融合后的小波系数，即

$$C_{N,F}(m,n) = \max(C_{N,A}(m,n), C_{N,B}(m,n)) \tag{4-15}$$

系数取大的规则可以把两幅图像中最显著、细节最丰富的信息表达出来，使得融合后的图像对比度有所提高。

2) 高频子带融合规则

高频子带融合规则可大致分为两类 (图 4.11)，一类是基于单系数点的融合规则；另一类是基于区域系数的融合规则。基于单系数点的融合规则包括小波系数加权平均、系数取大等，其特点是融合过程中只考虑对单系数点进行简单的运算处理。由于图像的细节特征往往不是由单个点所能表征的，它与同区域的其他点有很强的相关性，只有联合在一起才能共同表达图像的某些细节特征，所以，只针对单系数点进行融合的规则具有片面性，往往得不到满意的融合效果；另一类基于区域系数特征的融合规则就比较符合图像特性，它在融合过程中把融合点邻域内的所有系数进行综合考虑。这里仅介绍基于区域系数的融合规则。

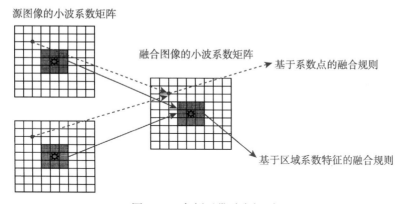

图 4.11　高频子带融合规则

一种基于区域系数的融合规则是区域系数方差融合规则。所谓区域系数方差的融合规则，就是将两幅源图像 A、B 进行小波分解后的高频成分按局部方差最大准则进行融合，规则如下：

(1) 以分解后的高频成分中的点 (x,y) 作为中心点，确定窗口的尺寸 (一般常取为 3×3 或 5×5)。

(2) 分别计算各点高频子带的方差 D。

(3) 如果 $D_A^k(2^j, x, y) \geqslant D_B^k(2^j, x, y)$，则 $f^k(2^j, x, y) = f_A^k(2^j, x, y)$；否则 $f^k(2^j, x, y) = f_B^k(2^j, x, y)$。这里 $f^k(2^j, x, y)$ 表示第 k 个融合高频子带在 2^j 分辨率下点

(x, y) 的融合系数值；$f_A^k(2^j, x, y)$ 表示源图像 A 在第 k 个高频子带、点 (x, y) 位置上的小波系数值；$f_B^k(2^j, x, y)$ 表示源图像 B 在第 k 个高频子带、点 (x, y) 位置上的小波系数值；$D_A^k(2^j, x, y)$ 表示源图像 A 在第 k 个高频子带、以点 (x, y) 为中心的系数方差；$D_B^k(2^j, x, y)$ 表示源图像 B 在第 k 个高频子带、以点 (x, y) 为中心的系数方差；$k = 1, 2, 3$ 分别对应 LH、HL、HH 三个高频子带。

2. 小波融合实例

1) 不配准而直接融合

图 4.12(a) 和 (b) 分别为图 4.8(a) 和 (b) 与明域参考图 (图 4.6(a)) 直接融合的结果，从这两幅图像我们可以明显看出，图 4.12(a) 和 (b) 中的夹杂缺陷明显大于原参考图像。

2) 先配准后融合

图 4.12(c) 为图 4.8(c) 与明域参考图 (图 4.6(a)) 的融合结果；图 4.12(d) 为图 4.8(d) 与图 4.6(a) 的融合结果。

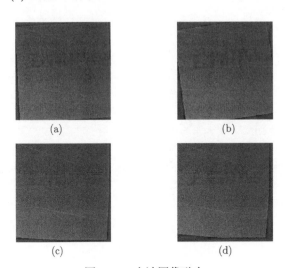

图 4.12　小波图像融合

4.4.3　基于缺陷区域的板带钢表面图像融合方法

目前常见的图像融合规则主要可分为基于像素和基于窗口邻域的融合规则，由于图像的缺陷目标或区域特征并非由单个像素或者单个窗口的像素所能表征，大多是由缺陷区域全部像素的集合来表征和体现；另外，缺陷图像中局部区域内的各像素间往往呈现较强的相关性。因此，基于像素和基于像素窗口邻域的融合规则对于缺陷图像进行图像融合时存在很大的局限性。

像素级图像融合的优势在于融合准确性高，能够提供其他层次上的融合处理所不具有的更丰富、更精确、更可靠的细节信息，有利于图像的进一步分析、处理与理解。但是，与其他两个层次的融合相比，像素级融合需要处理的信息量最大，处理时间较长；而特征级图像融合则可对信息进行压缩，有利于实时处理。鉴于板带钢表面的缺陷图像一般占整幅图像比例小的特点，这里给出了一种同时利用像素级图像融合和特征级图像融合两者优势的方法，即基于目标缺陷区域的板带钢表面图像融合方法，可称之为 P-C 法。该方法的基本思路是，先采用边缘提取与关联分析相结合的方法提取目标缺陷，然后对两幅源图像进行非下采样轮廓波变换 (nonsubsampled contourlet transform，NSCT)，得到相应的高低频系数，再以不同的融合方法对所提取的目标缺陷区域的高低频系数进行融合，从而得到目标缺陷融合图像；对于背景区域的高低频系数则采用最简单的系数平均法进行融合；最后通过 NSCT 反变换得到最终的板带钢表面缺陷图像。

1. 基于 NSCT 的图像分析

小波变换作为一种多尺度、多分辨率分析方法具有良好的空间和频域局部性，在图像去噪、图像增强以及图像融合等领域都得到了十分广泛的应用。但是，小波变换主要适用于表示具有各向同性的奇异性对象；对于各向异性的奇异性对象，小波变换并不是一个很好的表示工具。它只能获得有限的水平、垂直和对角三个方向信息，对于二维图像中的线、面奇异性往往并不能实现最稀疏的表示。这也正是基于小波变换的一系列处理方法，均不可避免地在图像边缘和细节位置会产生一定程度模糊的原因所在。而这些边缘或纹理的不连续 (也称为奇异性) 特征恰恰是图像中最重要的信息。

Contourlet 变换[76] 继承了小波变换优良的空间和频域局部性优点，不仅具有多尺度、良好的时频局部特性，还具有多方向特性，允许每个尺度上具有不同数目的方向分解。当采用 Contourlet 变换进行图像处理时，Contourlet 变换采用近似于轮廓段的基函数来对图像进行逼近，基函数支撑区间的长宽比会随着尺度变化而改变，并具有方向性和各向异性，因此可以实现对图像更为稀疏的表示。可以说，Contourlet 变换是一种 "真正" 的二维图像信号表示方法。

Contourlet 变换将多尺度分析和方向分析分开进行，即先利用拉普拉斯金字塔 (Laplacian pyramid，LP) 变换对图像进行多尺度分解，以 "捕捉" 图像中的奇异点。LP 是通过生成原始图像的一个低通采样逼近，以及原始图像与低通预测图像之间的一个差值图像，对所得的低通图像继续分解又可得到下一层的低通图像和差值图像，如此逐步滤波便可获得图像的多分辨率分解。继而再对每一级 LP 分解后的高频分量采用方向滤波器组 (directional filter bank，DFB) 进行多方向分解，将分布在同方向上的奇异点连接成轮廓段，实现图像的多尺度、多方向分解[77,78]。

其框架结构如图 4.13(a) 所示，该结构将二维频域切分成如图 4.13(b) 所示的楔形方向子带。

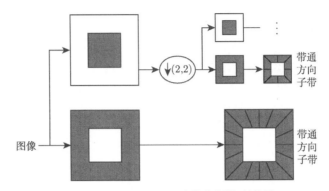

(a) Contourlet 变换滤波器组结构图

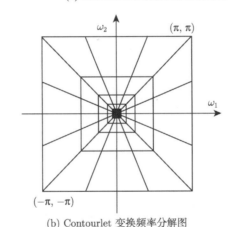

(b) Contourlet 变换频率分解图

图 4.13　Contourlet 变换

　　注意到，在采用 Contourlet 变换对图像进行分解和重构的过程中，需要对图像进行降采样和上采样操作，这就说明 Contourlet 变换不具有移不变特性，而移不变特性在边缘检测、图像增强、图像去噪以及图像融合等领域中都发挥着重要的作用。

　　NSCT 变换是一种通过使用迭代非下采样滤波器组来获得平移不变、多分辨、多方向的图像表示能力。由于 NSCT 是源于对 Contourlet 变换的改进，因此二者在结构上具有很强的相似性。如图 4.14(a) 所示，在对图像进行处理时，NSCT 与 Contourlet 变换一样也是先对图像进行多尺度分解，然后再进行多方向分解，从而得到不同尺度、不同方向的子带图像。NSCT 变换与 Contourlet 变换所不同的是，在进行多尺度分解时，Contourlet 变换采用的是 LP 分解，而 NSCT 采用的是非下采

样金字塔 (nonsubsampled pyramid，NSP) 分解；在进行多方向分解时，Contourlet 变换采用的是 DFB，而 NSCT 采用的是非下采样方向**滤波器组** (nonsubsampled directional filter bank，NSDFB)。可以看出，NSCT 通过采用非下采样金字塔和非下采样方向滤波器组，去掉了 LP 分解和 DFB 分解中经分析滤波后的下采样 (抽取) 以及综合滤波前的上采样 (插值)，而改为对相应的滤波器进行上采样，再对信号进行分析滤波和综合滤波。这种算法类似于平移不变小波变换中的多孔算法。正是由于 NSCT 在图像的分解和重构过程中，没有对信号进行下采样和上采样，而只是对相应的分析和综合滤波器进行上采样，这才保证了 NSCT 的平移不变性以及经 NSCT 分解后的子带图像与源图像的大小一致。如图 4.14(b) 所示，NSCT 不仅实现了图像的多尺度、多方向分解，而且实现了二维频域的理想划分。

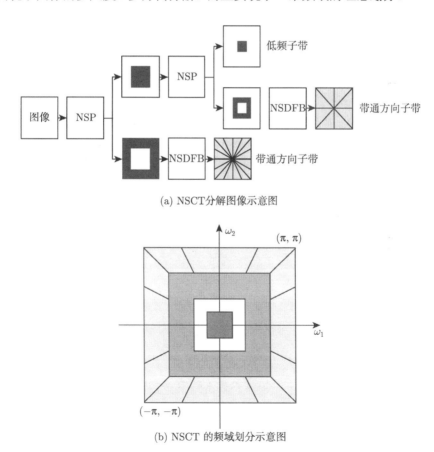

(a) NSCT分解图像示意图

(b) NSCT 的频域划分示意图

图 4.14 NSCT 变换

研究表明，NSCT 所具有的移不变特性，可有效降低配准误差对融合性能的影响。并且，图像经 NSCT 分解后得到的各子带图像与源图像具有相同的尺寸大小，

容易找到各子带图像之间的对应关系，从而有利于融合规则的制定，所以说 NSCT
是非常适合用于图像融合的。

2. 缺陷目标区域分割方法

目前，基于多分辨技术的融合方法大多属于像素级融合，即对单个像素或者像
素窗口邻域进行融合处理，如像素的 3×3 或者 5×5 窗口。但在图像融合的大多数
场合，并不需要对单个像素进行融合处理，而通常是对图像中特定的目标区域感兴
趣，因此若将相应的目标区域信息加入到融合过程中，让缺陷区域作为整体参与图
像融合，就可避免单个像素或窗口像素进行融合而引起物理意义上的割裂情况。这
种基于目标区域的融合方法，将有可能摆脱像素级融合存在的诸如融合后的图像
模糊效应、对噪声敏感以及要求源图像严格配准等问题。

在融合过程中，对于进行图像融合的明域和暗域两幅图像，由于光照条件的不
同，采集到的缺陷信息也不同，所以要分别对两幅图像进行分割，以提取出各自的
目标缺陷。所谓缺陷目标区域的分割就是将源图像分割为缺陷与背景两部分，这可
通过边缘提取与关联分析来实现。

图像边缘是图像局部特性不连续性的反映 (如灰度突变、颜色突变等)，它标志
着一个区域的终结和另一个区域的开始。这种不连续性可利用梯度算子等边缘提
取算子检测得到。梯度算子的选择必须符合两个条件：一是要满足检测的实时性要
求，即运算量要小；二是对图像的噪声不敏感。因此，可选用各向同性 Sobel 梯度
算子。各向同性 Sobel 算子有两个模板，一个是检测水平边缘的模板，另一个是检
测垂直边缘的模板，如图 4.15 所示。各向同性 Sobel 算子和普通 Sobel 算子相比，
位置加权系数更为准确，而且在检测不同方向的边缘时，其梯度的大小相同。

$$
\begin{bmatrix} -1 & -\sqrt{2} & -1 \\ 0 & 0 & 0 \\ 1 & \sqrt{2} & 1 \end{bmatrix}
\qquad
\begin{bmatrix} -1 & 0 & 1 \\ -\sqrt{2} & 0 & \sqrt{2} \\ -1 & 0 & 1 \end{bmatrix}
$$

图 4.15   各向同性 Sobel 梯度算子

采用各向同性 Sobel 算子对板带钢表面缺陷图像进行边缘提取，边缘提取后
的图像为含噪声及边缘的二值图像。为了去除边缘图像中的噪声干扰，可采用形态
学菱形结构元素 (即中心像素和它的四个强邻接像素) 对图像进行开运算[79]。由于
在一幅图像中，往往存在多个缺陷目标，同时也存在着噪声干扰。边缘二值化后，
这些相关图像信息都会存在于二值化图像中。为获得当前图像中的各个缺陷区域，
需进行同类缺陷的关联分析[80] 来得到只包含单一缺陷的最小区域，例如，对片状
磷化斑的缺陷应聚为一类，而不是作为一个个点状的单独点缺陷。

对于关联分析后所得的二值化图像进行缺陷区域分割，有一种简单而有效的方法，这就是对图像进行区域重叠处理。对于明域和暗域两幅图像中的同类缺陷(即关联后的重叠区域)，取重叠后的最大外轮廓作为关联后的分割结果；而对于图像中的不同类别的缺陷，即关联后有不重叠的区域，则直接选用取相应的缺陷区域作为分割结果，将两者合并即可得到最终的区域分割图，如图 4.16 所示。

(a) 明域缺陷图像分割图   (b) 暗域缺陷图像分割图   (c) 最终的区域分割图

图 4.16   区域分割图

由图 4.16(a)、(b) 可以看出，明域和暗域图像经分割后，明域图像中的夹杂缺陷及暗域图像中的夹杂和划痕缺陷被分割出来，但图 4.16(a) 中的夹杂缺陷区域明显大于图 4.16(b) 中的夹杂缺陷区域，因此取重叠后夹杂缺陷的最大外轮廓作为关联后的夹杂分割结果。而划痕缺陷直接采用暗域分割图 4.16(b) 中的分割区域作为关联后的分割结果。图 4.16(c) 即为图 4.16(a)、(b) 合并后的最终分割结果图。

3. 明暗域图像的融合算法

这里给出的明暗域图像的融合算法，是针对图像中含有目标缺陷的图像融合，对于不含缺陷的背景区域则可采用算法简单且实时性强的系数平均法对高低频系数进行融合。综合前述讨论，可以得到基于缺陷目标的板带钢表面多域图像融合算法，其基本过程如图 4.17 所示。

板带钢表面多域缺陷图像经多分辨分解后所得到的低频部分代表图像的近似分量，包含源图像的光谱信息，集中了图像的主要能量；高频部分代表图像的细节分量，包含源图像的边缘细节、纹理特征等信息。因此，各源图像分解后的融合算法，即融合规则及融合算子的选择对于融合质量是至关重要的，同时也是进行板带钢表面缺陷图像融合的研究重点。

在常用的融合算子中，通常的处理方式是对低频部分采取平均或加权平均算子，而对高频部分则采取绝对值最大算子。通常情况下，参与缺陷图像融合的各源图像所包含的信息存在着差异，例如，明域采集方式下采集到的是明亮钢板上的光散射型缺陷与光吸收型缺陷，即大多数的低灰度缺陷等，而暗域采集方式下采集到的大多是暗背景的亮缺陷，若对低频部分采用平均或者加权平均算子的方法就会

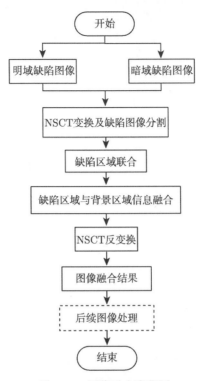

图 4.17　图像融合流程图

丢失相应缺陷的图像信息，使融合后的图像无法保留原缺陷图像的有用信息。例如，在图 4.6 中，图 4.6(a) 就缺少图 4.6(b) 中对应于相同位置处的划痕缺陷，如果直接采用低频取平均或加权平均算子的方法，势必将丢失暗域图像中的划痕缺陷信息，而且背景的对比度也会降低，这将直接影响后续图像的处理与分析。

1) 目标区域低频信息融合规则

低频信息融合规则的确定，关键在于低频系数的选择。若将区域分割中提取到的目标缺陷区域信息直接映射到 NSCT 分解的各分解层上，采用整个目标缺陷区域的总体能量值来进行融合系数的选择，就可采用目标区域能量及区域能量相似度作为融合规则。目标区域能量及区域能量相似度可由式 (4-16) 和式 (4-17) 计算得到，即

$$E_{Bd}(R_i) = \frac{1}{S_{R_i}} \sum_{(m,n) \in R_i} f_{Bd}^2(m, n) \tag{4-16}$$

式中，R_i 为第 i 个目标缺陷区域，S_{R_i} 为第 i 个目标缺陷区域 R_i 的面积，$f_{Bd}(m, n)$ 为明域目标缺陷图像坐标 (m, n) 处的像素值。同理可得暗域目标缺陷图像的区域能量 $E_{Dd}(R_i)$。

$$\text{Sim}_{Bd,Dd}(R_i) = \frac{2E_{Bd,Dd}(R_i)}{E_{Bd}(R_i) + E_{Dd}(R_i)} \tag{4-17}$$

式中，$\text{Sim}_{Bd,Dd}(R_i)$ 表示明、暗域缺陷区域 R_i 的区域能量相似度，其值在 0~1 变化，接近 0 说明两区域之间的信息能量相差很大，接近 1 说明两区域信息相似，相关性较大。$E_{Bd,Dd}(R_i)$ 可由式 (4-18) 计算得出：

$$E_{Bd,Dd}(R_i) = \sum \sum_{(m,n) \in R_i} f_{Bd}(m,n) f_{Dd}(m,n) \tag{4-18}$$

式中，$f_{Bd}(m,n)$ 和 $f_{Dd}(m,n)$ 分别表示明域目标缺陷图像和暗域目标缺陷图像在坐标 (m,n) 处的像素值。

根据缺陷区域能量值及区域能量相似度便可得到低频信息融合规则：当区域能量相似度小于指定域值 T 时，说明两区域相似度较小，可采用低频系数取大的原则；当区域能量相似度大于域值 T 时，说明两缺陷区域信息相似，则采用加权平均的方法进行融合。即

$$A_{Fd}^l(m,n) = \begin{cases} A_{Bd}^l(m,n), & \begin{aligned} E_{Bd}(R_i) &\geqslant E_{Dd}(R_i) \\ \text{Sim}_{Bd,Dd}(R_i) &\leqslant T \end{aligned} \\ A_{Dd}^l(m,n), & \begin{aligned} E_{Bd}(R_i) &< E_{Dd}(R_i) \\ \text{Sim}_{Bd,Dd}(R_i) &\leqslant T \end{aligned} \\ \omega_{Bd}A_{Bd}^l(m,n) + \omega_{Dd}A_{Dd}^l(m,n), & \text{Sim}_{Bd,Dd}(R_i) > T \end{cases} \tag{4-19}$$

式中，Bd, Dd, Fd 分别表示明域目标缺陷图像、暗域目标缺陷图像及融合后的目标缺陷图像；$(m,n) \in R_i$，A^l 表示各分解层获得的低频系数；$\omega_{Bd} = E_{Bd}/(E_{Bd} + E_{Dd})$，$\omega_{Dd} = 1 - \omega_{Bd}$；$T$ 为与 $\text{Sim}_{Bd,Dd}(R_i)$ 有关的阈值，一般取值为 0.50~1.0。

2) 目标区域高频信息融合规则

高频部分的能量大部分是由缺陷图像的边缘纹理和形状等细节信息组成的，而缺陷图像的边缘、纹理、形状等特征正是进行缺陷识别的关键。为了最大限度地保留这些重要的细节信息，对于高频分量，应采用高频系数绝对值取大的融合规则，即

$$C_{Fd}^{l,d}(i,j) = \begin{cases} C_{Bd}^{l,d}(i,j), & C_{Bd}^l \geqslant C_{Dd}^l \\ C_{Dd}^{l,d}(i,j), & \text{其他} \end{cases} \tag{4-20}$$

式中，$C^{l,d}$ 表示各分解层获得的高频系数，l 表示 NSCT 分解层数，d 表示对应每个分解层的高频子带的个数。

3) 背景区域高低频信息融合规则

为了减少算法复杂度及融合过程的计算量，对非缺陷目标的背景区域，可采用简单、快速的系数平均法对背景区域的高低频系数进行融合，背景区域的高低频系

数可由式 (4-21) 计算得到, 即

$$A^l_{Fbg}(m,n) = \frac{\left[A^l_{Bbg}(m,n) + A^l_{Dbg}(m,n)\right]}{2} \tag{4-21}$$

$$C^{l,d}_{Fbg}(m,n) = \frac{\left[C^{l,d}_{Bbg}(m,n) + C^{l,d}_{Dbg}(m,n)\right]}{2} \tag{4-22}$$

式中, Bbg, Dbg, Fbg 分别表示明域背景图像、暗域背景图像及融合后的背景图像; $A^l_{Bbg}(m,n)$、$A^l_{Dbg}(m,n)$、$A^l_{Fbg}(m,n)$ 分别为图像 Bbg、Dbg 和融合后图像 Fbg 在点 (m,n) 处的低频系数; $C^{l,d}_{Bbg}(m,n)$、$C^{l,d}_{Dbg}(m,n)$、$C^{l,d}_{Fbg}(m,n)$ 分别为图像 Bbg、Dbg 和融合后图像 Fbg 在点 (m,n) 处的高频系数。系数平均的融合规则可以保留两幅源图像的各自特征信息。

对已配准好的两明暗域图像, 其图像融合的基本步骤可归结为:

(1) 对已配准的两幅图像进行图像分割, 得到两幅图像的目标缺陷分割图 B 和 D; 然后将两幅分割图进行关联。

(2) 对目标缺陷图像 B 和 D 分别进行多级 NSCT 变换, 得到不同尺度层的 NSCT 系数, 包括低频系数和高频系数。

(3) 按照本节提出的融合规则分别对目标缺陷区域的高频与低频系数进行融合, 对于背景区域采用系数平均法进行融合, 得到融合后的高低频系数。

(4) 对融合后的高低频系数进行 NSCT 反变换, 得到融合后的板带钢表面缺陷图像。

4. 实验结果与分析

选用实验室环境下采集到的明域和暗域图像为源图像, 对三种图像的融合方法结果进行比较。

图 4.18(a) 为明域图像, 可以看出此图像中的夹杂缺陷非常清晰; 图 4.18(b) 为暗域图像, 图像中的夹杂缺陷变得相对模糊, 但在明域图像中未看到的划痕缺陷却清晰可见; 图 4.18(c) 为采用基于像素的小波变换融合结果; 图 4.18(d) 为采用基于窗口的小波变换融合结果; 图 4.18(e) 为采用本节的基于目标缺陷区域的图像融合结果。

(a) 明域图像　　　　　　(b) 暗域图像

(c) 基于像素的图像融合　　(d) 基于窗口的图像融合　(e) 基于目标区域的图像融合

图 4.18　融合效果图

可以看出，图 4.18(c) 中采用基于像素的图像融合方法和图 4.18(d) 中采用基于窗口的图像融合方法，融合效果差别不是很大。这两种方法融合后图像的夹杂缺陷与图 4.18(a) 中的明域图像中的夹杂缺陷相比明显减弱，缺陷区域减小；融合后的划痕缺陷较图 4.18(b) 中的划痕缺陷灰度值及粗细程度也明显降低。而采用基于目标区域的融合方法取得了比较理想的融合结果，不仅较好地保留了明域夹杂缺陷信息，暗域的划痕缺陷亦得到较好的继承；缺陷区域的纹理信息及边缘信息都得到增强，这也反映了 NSCT 捕捉图像中边缘信息的能力。

为进一步验证 P-C 方法的适用性。下面对板带钢表面同时存在生产实际中常见的凹坑、擦裂与划伤三类缺陷图像利用 P-C 方法进行图像融合，如图 4.19 所示。

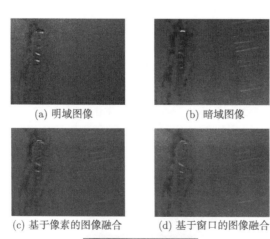

(a) 明域图像　　　　　　　　(b) 暗域图像

(c) 基于像素的图像融合　　　(d) 基于窗口的图像融合

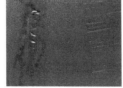

(e) P-C 方法的图像融合

图 4.19　三类缺陷共存的图像融合

从图 4.19 中可以看出，在进行图像融合之前，明域只采集到凹坑和擦裂两种缺陷，暗域只采集到划伤和擦裂两种缺陷 (凹坑缺陷不明显)，而融合后的图像整合了明域和暗域采集到的缺陷信息，使得三种缺陷同时可以被检测到，因此有效避免了缺陷漏检问题。

下面来讨论一下图像融合质量的客观评价。目前，对图像质量通常采用以下四种评价指标来进行客观评价[81]。

(1) 信息熵。

图像的信息熵是衡量图像信息丰富程度的一个重要指标，表示图像所包含的平均信息量的多少。融合图像的熵值越大，说明融合图像携带的信息量越大，信息就越丰富。信息熵定义如下：

$$E = -\sum_{i=0}^{l} P_i \log_2 P_i \tag{4-23}$$

融合后图像的熵的大小反映了融合图像包含的信息量的多少，其熵值越大，说明融合效果相对越好。其中，l 表示图像的总的灰度级数，P_i 表示灰度值为 i 的像素数与图像总像素数之比。

(2) 平均梯度。

平均梯度反映了图像中的微小细节反差表达能力和纹理变化特征，同时也反映了图像的清晰度，其定义为

$$\bar{G} = \frac{1}{(M-1)\times(N-1)} \sum_{i=1}^{M-1}\sum_{j=1}^{N-1} \sqrt{(\Delta I_x^2 + \Delta I_y^2)/2} \tag{4-24}$$

其中，ΔI_x，ΔI_y 为融合后图像在行与列方向上的一阶差分。一般来说，平均梯度越大，表示图像越清晰，融合图像质量越好。因此可以用来反映融合图像在微小细节表达能力上的差异。

(3) 标准差。

标准差反映了图像灰度相对于灰度平均值的离散情况。在某种程度上，标准差也可用来评价图像反差的大小。图像的标准差定义为

$$\sigma = \sqrt{\sum_{i=0}^{M}\sum_{j=0}^{N}(f(i,j)-\bar{f})^2/(M\times N)} \tag{4-25}$$

其中，$\bar{f}$ 是图像均值，即像素的灰度平均值，其定义为

$$\bar{f} = \frac{1}{M\times N}\sum_{i=1}^{M}\sum_{j=1}^{N} f(i,j) \tag{4-26}$$

若标准差大，则图像灰度级分布分散，图像的反差大，说明信息丰富；反之，若标准差小，则图像反差小，对比度不大，色调单一均匀，说明信息量小。

(4) 边缘信息保存量。

在对输入图像和融合图像进行边缘提取的基础上，通过计算边缘信息的保存量[82]，也可将加权的边缘信息保存量作为评价融合结果的衡量指标。

对于 A、B 两幅输入图像及融合图像 F，其加权的边缘信息的保存量 $Q^{AB/F}$ 可用如下公式计算：

$$Q^{AB/F} = \frac{\displaystyle\sum_{m=1}^{M}\sum_{n=1}^{N}\left(Q^{AF}(m,n)\,w^{A}(m,n) + Q^{BF}(m,n)\,w^{B}(m,n)\right)}{\displaystyle\sum_{i=1}^{M}\sum_{j=1}^{N}\left(w^{A}(i,j) + w^{B}(i,j)\right)} \tag{4-27}$$

其中，$Q^{AF}(m,n)$ 和 $Q^{BF}(m,n)$ 分别为 A、B 图像相对 F 图像的边缘信息保存量，而 $w^{A}(i,j)$ 和 $w^{B}(i,j)$ 为加权值。

表 4.3 给出了上述三种融合方法的四个评价指标。从表中数据明显可以看出，基于目标区域的图像融合 P-C 方法的四个指标均优于基于像素的小波融合方法和基于窗口的融合方法，熵值高说明对源图像的重要信息均保持得非常好，符合信息互补的融合要求；平均梯度大表明其融合图像清晰度高；标准差大表示其灰度分布分散，说明图像中包含了更多的缺陷信息；边缘信息保存量的数值大也与视觉观察结果完全一致。

表 4.3　不同算法融合结果客观评价

缺陷类型	融合方法	评价指标			
		信息熵	平均梯度	标准差	边缘保存量
夹杂与划伤	基于像素	5.1973	9.1720	9.4788	0.5176
	基于窗口	5.4789	8.7848	9.4788	0.6468
	基于目标区域	6.6707	9.8771	12.7986	0.9133
擦裂、凹坑与划伤	基于像素	5.1829	8.7552	9.4481	0.3351
	基于窗口	5.6438	8.7582	12.4160	0.3407
	基于目标区域	6.3428	16.4469	16.9640	0.4333

第5章 板带钢表面缺陷目标的检出方法

5.1 概　述

板带钢的表面缺陷是影响板带钢质量的重要因素,在板带钢的轧制过程中,不可避免地会造成其表面的一些划痕、孔洞、结疤、氧化皮、裂纹等缺陷,这些缺陷严重降低了板带钢的抗疲劳强度、耐腐蚀性、耐高温性、耐磨性等性能。为了能够将板带钢表面缺陷图像中的缺陷目标区域准确地检测出来,需要对表面缺陷图像进行图像分割、边缘检测、缺陷关联与定位等处理。

图像分割是图像分析和理解中的重要处理步骤,是检出板带钢表面缺陷目标的重要技术环节,可为下一步进行板带钢表面缺陷定位、识别和分类提供依据。在对图像的研究和应用中,不同领域的不同需要,往往是对原始图像中的某些特定区域感兴趣。图像分割就是根据图像中各个区域的不同特性,进行边界或区域分割,并从中提取出所感兴趣的目标。很显然,图像分割方法一般也只是适用于相应的特殊类型和特定要求的图像分割,不可能对任何一幅图像都能够实施有效的分割。随着机器视觉技术的发展,图像的分割方法已有很多种,但是还没有一种分割方法,可以对板带钢的缺陷图像进行很好的分割。本章将对板带钢表面缺陷图像的分割方法进行研究,并提出一种基于梯度信息的二维 Otsu 阈值分割方法。

含有表面缺陷的板带钢图像具有较为复杂的图像特征,缺陷图像之间有些特征呈现较大差异,而有些特征则较为接近。因此,要想准确地检测出板带钢图像的表面缺陷,就需要对表面缺陷进行关联与定位。

为了解决低对比度缺陷和微小缺陷的检测率低等问题,本章在板带钢表面缺陷检测系统中引入了选择性注意机制,研究并提出了一种基于人类视觉注意机制的板带钢表面缺陷检测方法,即利用 Gabor 函数对人类视觉系统中大脑皮层上皮细胞感受野的逼近能力,获得具有空间频率、空间位置和方向取向选择性的图像特征,建立板带钢表面缺陷检测模型。通过视觉注意力模型找出图像中的显著区域,即缺陷区域,有效缩小搜索范围,增强检测的实时处理效果。这不仅解决了数据量与实时性之间的矛盾,而且可提高机器视觉图像信息处理的性能和效率。实验结果表明,这种方法不但能够准确地检测出图像中存在的低对比度及微小缺陷,得到区域焦点的位置坐标,而且检测速度快,可以满足在线实时检测要求。

此外,为提高板带钢表面微小缺陷的检出率,及时控制板带钢的产品质量,本章中还针对潜在的缺陷目标区域，提出了一种显著凸活动轮廓模型的检测方法。在该方法中，采用了对称环绕凸显的显著提取技术，所获得的显著图可有效抑制杂乱背景，实现了在背景杂乱和噪声干扰情况下对板带钢表面微小缺陷的检测，并增加感兴趣目标区域和杂乱背景的对比度，使得潜在的微小缺陷目标区域得以凸显。为评估该检测方法的性能，选取了两种典型表面微小缺陷进行实验，并与其他方法的结果进行了对比。实验结果表明，该方法不仅能有效地检测出表面微小缺陷目标，同时可降低错误检测个数，表现出了更好的检测性能。

5.2 板带钢表面缺陷的分割方法

图像分割技术就是将整个图像区域分割成若干个互不交叠的非空子区域的过程，每个子区域的内部是连通的，且在同一区域的内部具有相同或相似的特性。图像分割在本质上也就是找出空域像素与满足一定均一性的区域之间对应关系的过程，最终得到的是边缘和区域。边缘和区域是相互对偶的因素，如果获得了准确的边缘，那么相应的区域也就可方便地表示。如果求得了有效的区域标记，那么边缘也就可在区域标记的基础上予以确定。

从图像分割的定义可知，图像分割技术主要是基于相邻像素在像素值方面的两个性质，即不连续性和相似性。区域内部的像素一般具有某种相似性，而在区域和边界之间具有某种不连续性。根据区域和边界的特点，可以简单地把图像分割分为边缘检测和区域生长两大类，从而有边缘分割方法和区域分割方法两类方法[83]。边缘分割方法是假设图像分割后的某个子区域在原图像中一定会有边缘存在；区域分割方法则是假设图像分割后的某个子区域与原图像中的同一区域一定会有相同的性质，而不同区域的像素则没有共同的性质。这两类方法都各有优缺点，通过不同的方法将两者结合起来进行图像分割已在许多领域都得到了应用。随着计算机处理能力的提高，很多方法不断涌现，如基于彩色分量分割、纹理图像分割，有些方法还结合应用了当今热门的应用数学理论，如模糊数学、生物遗传算法、神经网络、分形数学、小波变换等。

5.2.1 边缘分割法

边缘是图像灰度级或者结构具有突变的地方，它广泛地存在于物体与背景之间、物体与物体之间，表明一个区域的终结，也是另一区域开始的地方，是图像分割所依赖的重要特征。图像中的边缘特征不仅是用于图像分割，也是纹理分析等其他图像分析的重要信息源和形状特征基础。

边缘分割依赖于边缘检测算法，边缘检测算法是基于微分的思想，图像的边缘是灰度值的不连续性变化，因此可利用边缘邻近一阶或二阶方向导数的变化规律，来定位物体边缘[85]。为了计算方便，本节采用小区域模板进行卷积来近似计算梯度，并用 Roberts 算子、Sobel 算子、Prewitt 算子、Laplacian 算子和 Krisch 算子对常见的五种类型的板带钢表面缺陷图像进行边缘提取，即边裂、焊缝、夹杂、抬头纹、孔洞，如图 5.1 所示。

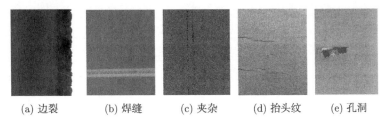

　　(a) 边裂　　　　(b) 焊缝　　　(c) 夹杂　　　(d) 抬头纹　　　(e) 孔洞

图 5.1　冷轧带钢缺陷图像

1. Roberts 算子

$$\begin{bmatrix} 0 & 1 \\ -1 & 0 \end{bmatrix} \quad \begin{bmatrix} 1 & 0 \\ 0 & -1 \end{bmatrix}$$

Roberts 边缘检测算子是一种利用局部差分算子寻找边缘的算子，其公式如下：

$$g(x,y) = |f(x,y) - f(x+1,y+1)| + |f(x+1,y) - f(x,y+1)| \tag{5-1}$$

$$g(x,y) = \{[f(x,y) - f(x+1,y+1)]^2 + [f(x+1,y) - f(x,y+1)]^2\}^{1/2} \tag{5-2}$$

式中，$g(x,y)$ 表示处理后 (x,y) 点的灰度值，$f(x,y)$ 表示处理前该点的灰度值。

　　从图 5.2 可以看出，Roberts 算子对边裂、孔洞、焊缝的分割效果较夹杂和抬头纹的明显。结合模板的特点可知，Roberts 算子对边缘较为显著的图像边缘定位较准，但同时对噪声也较敏感，所以一般适用于边缘明显而且噪声较少的图像分割。

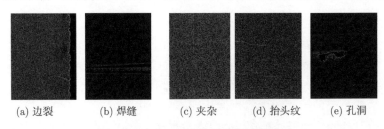

　　(a) 边裂　　　　(b) 焊缝　　　(c) 夹杂　　　(d) 抬头纹　　　(e) 孔洞

图 5.2　Roberts 算子的边缘检测效果

2. Sobel 算子

$$\begin{bmatrix} -1 & 0 & 1 \\ -2 & 0 & 2 \\ -1 & 0 & 1 \end{bmatrix} \quad \begin{bmatrix} -1 & -2 & -1 \\ 0 & 0 & 0 \\ 1 & 2 & 1 \end{bmatrix}$$

Sobel 边缘检测算子是先作加权平均，再微分，即

$$\Delta g_x = f(x-1, y+1) + 2f(x, y+1) + f(x+1, y+1)$$
$$- f(x-1, y-1) - 2f(x, y-1) - f(x-1, y-1) \tag{5-3}$$

$$\Delta g_y = f(x-1, y-1) + 2f(x-1, y) + f(x-1, y+1)$$
$$- f(x+1, y-1) - 2f(x+1, y) - f(x+1, y+1) \tag{5-4}$$

$$g[f(x,y)] = |\Delta g_x| + |\Delta g_y| \tag{5-5}$$

从上式可以看出，Sobel 边缘检测算子的中心与中心像素相对应，进行卷积运算，图中的每个点都用这两个核作卷积。两个卷积核的最大值作为该点的输出位，运算结果是一幅边缘幅度图像，如图 5.3 所示。

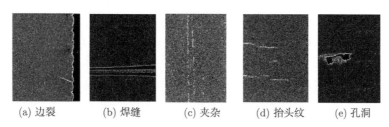

(a) 边裂　　(b) 焊缝　　(c) 夹杂　　(d) 抬头纹　　(e) 孔洞

图 5.3　Sobel 算子的边缘检测效果

Sobel 算子是加权平均的，同时使用水平和垂直两个算子进行运算，其中一个核对通常的垂直边缘影响最大，而另一个对水平边缘影响最大。从对板带钢表面图像的分割结果来看，它对板带钢表面图像的分割效果比 Roberts 算子边缘检测方法的分割效果好，同时，Sobel 算子对图像的噪声具有一定的抑制作用。Sobel 算子邻域的像素对当前像素产生的影响是不等价的，所以距离不同的像素具有不同的权值，对算子结果产生的影响也不同。一般来说，距离越大，产生的影响越小。

在实际应用中，有时也采用 Sobel 算子的另一种形式，即各向同性 Sobel 算子：

$$\begin{bmatrix} -1 & 0 & 1 \\ -\sqrt{2} & 0 & \sqrt{2} \\ -1 & 0 & 1 \end{bmatrix} \quad \begin{bmatrix} -1 & -\sqrt{2} & -1 \\ 0 & 0 & 0 \\ 1 & \sqrt{2} & 1 \end{bmatrix}$$

这时，

$$\Delta g_x = f(x-1, y+1) + \sqrt{2} f(x, y+1) + f(x+1, y+1)$$
$$- f(x-1, y-1) - \sqrt{2} f(x, y-1) - f(x-1, y-1) \tag{5-6}$$

$$\Delta g_y = f(x-1, y-1) + \sqrt{2} f(x-1, y) + f(x-1, y+1)$$
$$- f(x+1, y-1) - \sqrt{2} f(x+1, y) - f(x+1, y+1) \tag{5-7}$$

$$g[f(x,y)] = |\Delta g_x| + |\Delta g_y| \tag{5-8}$$

3. Prewitt 算子

$$\begin{bmatrix} -1 & 0 & 1 \\ -1 & 0 & 1 \\ -1 & 0 & 1 \end{bmatrix} \quad \begin{bmatrix} -1 & -1 & -1 \\ 0 & 0 & 0 \\ 1 & 1 & 1 \end{bmatrix}$$

Prewitt 算子和 Sobel 算子的模板相似，从对板带钢表面缺陷图像的分割结果来看也是很相近的，Prewitt 算子和 Sobel 算子都是加权平均，它们只是在邻域的加权的值上有所不同，都对噪声有抑制作用。同 Sobel 算子的使用方法一样，图像中的每个点都使用这两个核进行卷积，取得最大值作为输出。Prewitt 算子也可以产生一幅边缘幅度图像，如图 5.4 所示。

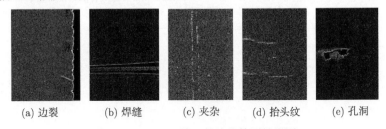

（a) 边裂　　　　（b) 焊缝　　　　（c) 夹杂　　　　（d) 抬头纹　　　　（e) 孔洞

图 5.4　Prewitt 算子的边缘检测效果图

4. Laplacian 算子

$$\nabla^2 = \begin{bmatrix} 0 & 1 & 0 \\ 1 & -4 & 1 \\ 0 & 1 & 0 \end{bmatrix}, \quad \nabla^2 = \begin{bmatrix} 1 & 1 & 1 \\ 1 & -8 & 1 \\ 1 & 1 & 1 \end{bmatrix} \quad \text{或者} \quad \begin{bmatrix} 1 & -2 & 1 \\ -2 & 4 & -2 \\ 1 & -2 & 1 \end{bmatrix}$$

$$G(x,y) = \nabla^2 f(x,y) \approx \nabla_x^2 f(x,y) + \nabla_y^2 f(x,y)$$
$$= f(x+1, y) + f(x-1, y) + f(x, y+1) + f(x, y-1) - 4f(x,y) \tag{5-9}$$

如图 5.5 所示，Laplacian 算子对边裂和孔洞等缺陷的检测效果好于其他类型缺陷的分割效果，但它对噪声也比较敏感。这是因为图像边缘有较大的灰度变化，所以图像的一阶偏导数在边缘处有局部最大值或最小值，并且二阶偏导数在边缘处会通过零点，Laplacian 算子检测边缘就是估计 Laplacian 算子的输出，找出它的零点位置，对图像的每个像素 (x, y)，取它关于 x 轴和 y 轴方向的二阶差分之和。

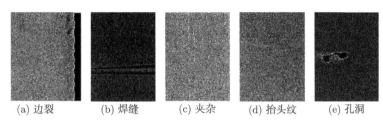

(a) 边裂　　(b) 焊缝　　(c) 夹杂　　(d) 抬头纹　　(e) 孔洞

图 5.5　Laplacian 算子的边缘检测效果图

5. Krisch 算子

以下 8 个卷积核组成了 Krisch 边缘检测算子。图像中的每个点都用 8 个掩模进行卷积，每个掩模都对某个特定边缘方向作出最大响应，所有 8 个方向中的最大值作为边缘幅度图像输出，其中最大响应掩模的序号构成了边缘方向的编码。Krisch 边缘检测算子为

$$
\begin{bmatrix} -3 & 5 & 5 \\ -3 & 0 & 5 \\ -3 & -3 & -3 \end{bmatrix}
\begin{bmatrix} -3 & 5 & 5 \\ -3 & 0 & 5 \\ -3 & -3 & -3 \end{bmatrix}
\begin{bmatrix} -3 & -3 & 5 \\ -3 & 0 & 5 \\ -3 & -3 & 5 \end{bmatrix}
\begin{bmatrix} -3 & -3 & -3 \\ -3 & 0 & 5 \\ -3 & 5 & 5 \end{bmatrix}
$$

$$
\begin{bmatrix} -3 & -3 & -3 \\ -3 & 0 & -3 \\ 5 & 5 & 5 \end{bmatrix}
\begin{bmatrix} -3 & -3 & -3 \\ 5 & 0 & -3 \\ 5 & 5 & -3 \end{bmatrix}
\begin{bmatrix} 5 & -3 & -3 \\ 5 & 0 & -3 \\ 5 & -3 & -3 \end{bmatrix}
\begin{bmatrix} 5 & 5 & -3 \\ 5 & 0 & -3 \\ -3 & -3 & -3 \end{bmatrix}
$$

从图 5.6 所示的 Krisch 算子分割情况来看，Krisch 算子的分割算法对带钢图像所产生的效果并不理想，并且该算法采用 8 个模板与模板内像素进行卷积计算，计算量相对比较大。

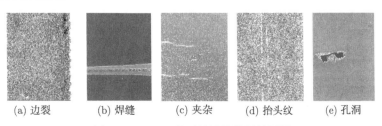

(a) 边裂　　(b) 焊缝　　(c) 夹杂　　(d) 抬头纹　　(e) 孔洞

图 5.6　Krisch 算子的边缘检测效果图

5.2.2　区域分割法

图像分割的目的之一就是目标提取，将感兴趣的区域提取出来。区域分割法通常是将灰度根据给定阈值分成两个或多个等间隔或不等间隔的灰度区间，利用图像中所要提取的目标物体和背景在灰度上的差异，选择一个合适的阈值，通过判断图像中的每一个像素点的特征属性是否满足阈值的要求来确定图像中该像素点属于目标区域还是属于背景区域，从而产生二值图像。区域分割的方法主要有阈值法、区域生长法和聚类分割法等。

1. 阈值法

阈值法[86-90] 分为全局阈值和局部阈值两种，通过设定不同的特征阈值，将像素点分为若干类。常用的方法一般有实验法、直方图法、自适应阈值法。

(1) 实验法是以图像的一些已知特征为依据，通过试验不同的阈值，然后看是否满足已知特征即可。例如，以图像的灰度为依据来尝试不同阈值的分割效果。如图 5.7 所示，就是通过不同阈值的实验后得出的较好处理结果，其中 (a) 的灰度阈值为 150，(b) 的灰度阈值为 115，(c) 的灰度阈值为 128，(d) 的灰度阈值为 70，(e) 的灰度阈值为 100。

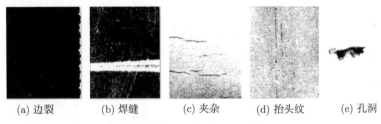

(a) 边裂　　　　(b) 焊缝　　　　(c) 夹杂　　　　(d) 抬头纹　　　　(e) 孔洞

图 5.7　实验法的区域分割

(2) 直方图法是选择图像灰度直方图的两个峰值之间的谷点作为阈值。如果灰度直方图有明显的双峰，如图 5.8(a) 所示，则可很容易选择一个阈值；如果直方图上有多个峰值，如图 5.8(b) 所示，有多个阈值可选，可以在适当的谷点位置，选择一个阈值。这些阈值的选取和应用要根据实际情况具体判定。

(3) 自适应阈值法是由 Otsu 等提出的一种最大类间方差法，是一种全局动态二值化方法，它从整个灰度图像的像素分布出发寻求一个最佳的阈值。

其基本想法是：若把直方图在某一阈值处分割成两组 (例如，取一个阈值 t，将图像像素按灰度大小分为大于等于 t 和小于 t 两组)，取能使被分成的两组之间的方差最大的 t 值作为分割阈值。

假设用一个二维矩阵将一幅灰度图像描述为 $F_{M \times N} = [f(x,y)]_{M \times N}$，$M \times N$ 是图像大小，$f(x,y)$ 是像素的灰度值。在图像中灰度级 i 出现的次数为 n_i，则它

出现的概率为 $p_i = \dfrac{n_i}{M \times N}$。若以灰度级 t 为阈值将全部像素分为两类：背景类 $S_1(i \leqslant t)$ 和前景类 $S_2(i > t)$，二者的出现的概率为：$P_1 = \displaystyle\sum_{i=0}^{t} p_i$，$P_2 = \displaystyle\sum_{i=t+1}^{L-1} p_i(L$ 为灰度级总数)，$P_1 + P_2 = 1$。若把两类的类间方差作为阈值识别函数，那么最优的阈值 t^* 应该是使 σ^2 最大的灰度值。于是有最优阈值判别式：$\sigma^2(t^*) = \max \sigma^2(t)$。

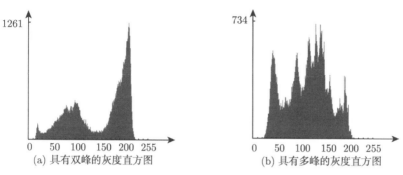

(a) 具有双峰的灰度直方图　　　　　(b) 具有多峰的灰度直方图

图 5.8　具有明显双、多峰的灰度直方图

图 5.9 为采用自适应阈值法对板带钢图像进行分割后的图像。很显然，该算法对于板带钢图像的缺陷区域分割效果并不理想。

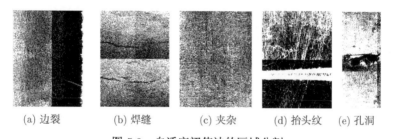

(a) 边裂　　　　(b) 焊缝　　　　(c) 夹杂　　　　(d) 抬头纹　　　　(e) 孔洞

图 5.9　自适应阈值法的区域分割

2. 区域生长法

区域生长是指从某个像素出发，按照一定的准则，逐步加入邻近像素，当满足一定的条件时，区域生长终止。图 5.10 给出了区域生长的一个示例，其中邻域是采用 4 邻域，在图 5.10(a) 中，带有阴影的像素为初始的种子点，假设生长准则是种子点与所考虑像素灰度值之差的绝对值，并且小于或等于某个阈值 T，就将该像素包括到该种子像素所在的区域。图 5.10(b) 中结出了 $T = 1$ 时的区域生长结果，图像被分成了 4 个区域。图 5.10(c) 给出了 $T = 3$，种子点为图 5.10(a) 中像素值为 2 和 11 的两个像素，结果是整个图像被分成了 2 个区域。图 5.10(d) 给出了 $T = 5$，种子点为图 5.10(a) 中像素值为 2 的像素，生长的结果是最后全图像变

成了一个区域。从这个例子可以看出，关系区域生长结果好坏的有以下 3 个条件：①初始点 (种子点) 的选取；② 生长准则；③终止条件。由于区域生长法严重依赖于初始种子像素，而且该方法的计算量较大，不太适合用于板带钢表面缺陷的实时检测系统，因此本节没有采用该方法进行分割。

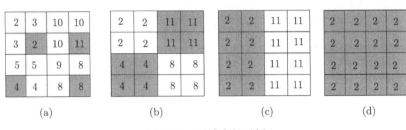

图 5.10　区域生长示例

3. 聚类分割法

聚类就是把具有相似性质的事物区分开来并加以分类。经典的分类方法往往是从单因素或有限的几个因素出发，凭经验和专业知识对事物进行分类。这种分类具有非此即彼的特性，同一事物归属且仅归属所划定类别中的一类，这样分出的类别界限是清晰的。有些学者引入模糊数学进行聚类分割，用普通数学方法进行的分类称为普通聚类分析，而把应用模糊数学方法进行的分类称为模糊聚类分析。

聚类分割的本质是使同类像素之间的灰度值尽可能接近，而不同类像素之间的灰度值相差尽可能大，理论上讲，这时最易进行阈值分割。

聚类分割算法是属于一种无监督的统计方法。典型的聚类分割算法有 K 均值算法、模糊 C 均值算法、分层聚类方法及期望最大化等。K 均值算法先对当前的每一类求均值，然后按新均值对像素进行重新分类，再对新生成的类迭代进行前面的步骤；模糊 C 均值是从模糊理论角度对 K 均值算法进行推广；期望最大化算法把图像中每一个像素的灰度值看作几个概率分布按一定比例的混合，通过优化基于最大后验概率的目标函数来估计这几个概率分布的参数和它们之间的混合比例；分层聚类方法通过一系列连续合并和分裂完成，聚类过程可以用一个类似树的结构来表示。

5.2.3　基于梯度信息的二维 Otsu 阈值分割方法

1. 二维 Otsu 阈值法

5.2.2 节中提到的自适应阈值法有很大的局限性，在图像质量较差、对比度低的情况下 (例如，当图像的灰度直方图仅有一个峰值时，如图 5.11(a) 所示)，难以获取一个好的阈值。

所谓二维 Otsu 阈值法, 就是同时考虑像素的灰度值分布和它们邻域像素的平均灰度值分布, 形成一个二维的灰度分布直方图, 如图 5.11(b) 所示。如此, 在一维灰度直方图分不出波峰与波谷时, 在二维灰度直方图中却可以看到清晰的波峰与波谷。这说明利用二维直方图进行图像分割可以得到很好的分割效果。

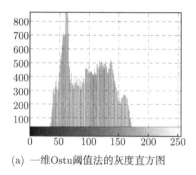

(a) 一维Ostu阈值法的灰度直方图

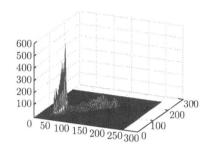

(b) 二维Ostu阈值法的灰度直方图

图 5.11　Ostu 阈值法的灰度直方图

按 Otsu 的阈值确定方式, 其最佳的阈值是在一个二维测度下类间方差取最大值时得到的。

设图像的灰度分为 C 级, 那么像素的邻域平均灰度也分为 C 级。另外, 图像中坐标 (x,y) 的像素点的灰度值为 $f(x,y)$, 定义点 (x,y) 的像素 $k \times k$ 邻域平均灰度值 $g(x,y)$ 为

$$g(x,y) = \frac{1}{k \times k} \sum_{i=-(k-1)/2}^{(k-1)/2} \sum_{j=-(k-1)/2}^{(k-1)/2} f(x+i,y+j) \tag{5-10}$$

由于 $0 \leqslant g(x,y) < C$, 即邻域平均灰度 $g(x,y)$ 的灰度级也为 C。

在每个像素点处计算其邻域平均灰度, 由此形成一个二元组: 像素点的灰度值和它的邻域平均灰度值。设二元组 (i,j) 出现的频数为 f_{ij}, 可以定义相应的联合概率密度为

$$p_{ij} = \frac{f_{ij}}{N \times N}, \quad i,j = 0,2,\cdots,L-1 \tag{5-11}$$

式中, N 为图像的像素点数, $0 \leqslant i,j \leqslant L-1$, 且 $\sum_{i=0}^{L-1}\sum_{j=0}^{L-1} p_{ij} = 1$。

假设二维直方图中存在两类 c_0 和 c_1, 分别代表目标和背景, 具有两个不同的概率分布, 若在二维直方图上以 $(s,t)(0 \leqslant s,t < L)$ 为阈值将图像分割为目标和背景 (L 表示灰度级), 那么两类出现的概率分别为

$$w_0(s,t) = P(c_0) = \sum_{i=0}^{s}\sum_{j=0}^{t} p_{ij}, \quad w_1(s,t) = P(c_1) = \sum_{i=s+1}^{L-1}\sum_{j=l+1}^{L-1} p_{ij} \tag{5-12}$$

式中，p_{ij} 表示二维直方图中坐标 (i,j) 处的概率。两类对应的均值矢量分别为

$$\boldsymbol{u}_0 = (u_{0i}, u_{0j})^{\mathrm{T}} = \left| \sum_{i=0}^{s} \sum_{j=0}^{t} \frac{ip_{ij}}{w_0(s,t)} \quad \sum\sum \frac{jp_{ij}}{w_0(s,t)} \right|^{\mathrm{T}} \tag{5-13}$$

$$\boldsymbol{u}_1 = (u_{1i}, u_{1j})^{\mathrm{T}} = \left| \sum_{i=s+1}^{L-1} \sum_{j=t+1}^{L-1} \frac{ip_{ij}}{w_1(s,t)} \quad \sum_{i=s+1}^{L-1} \sum_{j=t+1}^{L-1} \frac{jp_{ij}}{w_1(s,t)} \right|^{\mathrm{T}} \tag{5-14}$$

二维直方图的阈值 (s,t) 可将图像分成 4 个区域，如图 5.12 所示。根据同态性原理可以对各个区域进行分析。

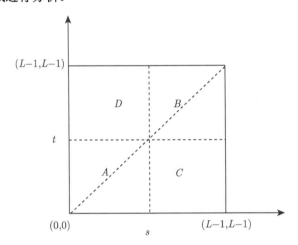

图 5.12　图像的二维直方图定义域

由二维直方图的性质可知，目标和背景的信息基本都在对角线的周围，远离对角线的概率可以忽略不计，即 $w_0 + w_1 \approx 1$，则总体均值矢量为

$$\boldsymbol{u}_z = (u_{zi}, u_{zj})^{\mathrm{T}} = \left| \sum_{i=0}^{L-1} \sum_{j=0}^{L-1} ip_{ij} \quad \sum_{i=0}^{L-1} \sum_{j=0}^{L-1} jp_{ij} \right| = w_0 \boldsymbol{u}_0 + w_1 \boldsymbol{u}_1 \tag{5-15}$$

定义类间的离散测度矩阵：

$$\sigma_B(s,t) = w_0 \left[(u_{0i} - u_{zi})^2 + (u_{0j} - u_{zj})^2 \right] + w_1 \left[(u_{1i} - u_{zi})^2 + (u_{1j} - u_{zj})^2 \right] \tag{5-16}$$

上式的取值仅与 (s,t) 有关。若选取合适的阈值 (s_m, t_m) 使得 $\sigma_B(s,t)$ 最大：

$$\mathrm{tr}\sigma_B(s_m, t_m) = \max\{\mathrm{tr}\sigma_B(s,t)\}, \quad 0 \leqslant s, t < 1 \tag{5-17}$$

则称 (s_m, t_m) 为最佳的二维 Ostu 自适应阈值。

2. 最小类内离散度的二维 Otsu 阈值法

由聚类分割的思想可知，若能使同类像素之间的灰度值尽可能接近，而不同类像素之间的灰度值则相差得尽可能大，则分割最为有效。所谓最小类内离散度的二维 Otsu 阈值法，就是在满足最大类间方差的同时，又使类内离散度为最小的一种阈值法。

设二维直方图中存在目标和背景两类，即 c_0 和 c_1，则每个灰度-邻域灰度均值到相应类中心 u_i 的方差 $d_i(i = 0, 1)$ 分别可以表示为

$$d_0 = \sum_{i=0}^{s} \sum_{j=0}^{t} \left[(i - u_{0i})^2 + (j - u_{0j})^2 \right] p_{ij} / w_0(s, t) \tag{5-18}$$

$$d_1 = \sum_{i=s+1}^{L-1} \sum_{j=t+1}^{L-1} \left[(i - u_{1i})^2 + (j - u_{1j})^2 \right] p_{ij} / w_1(s, t) \tag{5-19}$$

每个类的 d_i 值越小，表示其内聚性越好，类别的可分性越好，d_i 值可以表征类别的可分性。定义类内的离散测度：

$$\rho_s = w_0 d_0 + w_1 d_1 \tag{5-20}$$

显然 ρ_s 越小，类别的内聚性越好，将式 (5-18) 和式 (5-19) 代入式 (5-20) 得

$$\rho_s = \sum_{i=0}^{s} \sum_{j=0}^{t} \left[(i - u_{0i})^2 + (j - u_{0j})^2 \right] p_{ij} + \sum_{i=s+1}^{L-1} \sum_{j=t+1}^{L-1} \left[(i - u_{1i})^2 + (j - u_{1j})^2 \right] p_{ij} \tag{5-21}$$

为使类内离散测度 ρ_s 达到最小，同时使类间方差 $\sigma_B(s, t)$ 最大，可采用下述新的阈值确定函数，即

$$\varphi(s, t) = \frac{\displaystyle\sum_{i=0}^{s} \sum_{j=0}^{t} \left[(i - u_{0i})^2 + (j - u_{0j})^2 \right] p_{ij} + \sum_{i=s+1}^{L-1} \sum_{j=t+1}^{L-1} \left[(i - u_{1i})^2 + (j - u_{1j})^2 \right] p_{ij}}{w_0 \left[(u_{0i} - u_{zi})^2 + (u_{0j} - u_{zj})^2 \right] + w_1 \left[(u_{1i} - u_{zi})^2 + (u_{1j} - u_{zj})^2 \right]} \tag{5-22}$$

这样，若选取合适的阈值 (s_m, t_m) 使得 $\varphi(s, t)$ 最小，则 (s_m, t_m) 即为最佳自适应阈值。此时，前景和背景两类的内聚性最好，且可最大程度地分离，并获得最有效的目标分割。

3. 基于梯度信息的二维 Otsu 阈值分割法

基于梯度信息的二维 Otsu 阈值分割法，实际上是尝试一种将边缘分割与区域分割结合在一起的图像分割方法。注意到前述边缘分割法中，通过各种算子对缺陷

图像进行差分运算后得到的梯度图像有强化边缘特征的作用，所以可尝试先对板带钢表面缺陷图像进行差分运算，再对所获得的梯度图像进行区域分割，这就是所谓的基于梯度信息的二维 Otsu 阈值分割法。这里我们采用了各向同性 Sobel 算子对缺陷图像进行差分运算。

如图 5.13 所示，图 5.13(b) 是直接对原图 (图 5.13(a)) 进行阈值分割的结果，图 5.13(d) 是先对原图进行各向同性 Sobel 算子差分运算，得到图 5.13(c) 所示的梯度图像后，再进行阈值分割的结果。可以看出，图 5.13(d) 的图像对比度较高，更适合作二值化处理来定位和标记缺陷目标。

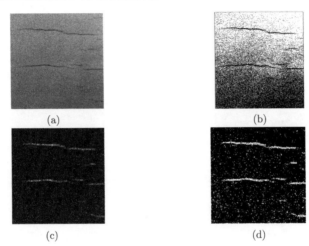

图 5.13　板带钢表面缺陷的分割

4. 缺陷边缘的修补处理

由前述阈值分割法得到的缺陷分割图像，实际上是一个二值化的图像。缺陷边缘灰度梯度的不连续及分割，导致分割后的边缘也经常会出现间断，所以有必要对缺陷边缘进行适当的修补。一个可行的办法是采用数学形态学的方法对二值化图像进行处理。这里简单介绍三个最基本的形态学代数运算子，即腐蚀 (erosion) 运算子、膨胀 (dilation) 运算子和闭 (close) 运算子。

(1) 腐蚀的运算符为 $\otimes$。

对于一个给定的图像 B 和结构元素 S，所有与 B 具有最大相关的结构元素 S 的当前位置像素的集合即称为 S 对 B 的腐蚀。其数学形式为

$$E = B \otimes S = \{(x, y) | S_{xy} \subseteq B\} \tag{5-23}$$

从数学形式上讲，就是用 S 来腐蚀 B 得到的集合 E，是 S 完全包括在 B 中时 S 的当前位置 (通常取结构元素的原点位置) 的集合。

图 5.14 给出了用结构元素 S(图 5.14(b)) 对目标图像 B(图 5.14(a)) 进行腐蚀运算所得到的运算结果 (图 5.14(c))。其中用于对图像进行腐蚀的结构元素是一个十字形模板，取其中心元素位置为原点位置；图 5.14 (a) 为目标图像；图 5.14(c) 中的灰色区域为原属于目标图像而现在被腐蚀掉的部分，黑色区域则为腐蚀后的结果。可以看出，图像的腐蚀实际是一种消除目标图像所有边界点以及边界上的突出部分的过程。腐蚀对于从一幅分割图像中去除那些极小且无意义的目标是很有用的，而且，如果图像中两目标之间存在细小的连通，经过多次腐蚀或结构元素足够大时，完全可以将其分离。

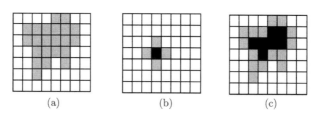

(a)   (b)   (c)

图 5.14   图像的腐蚀运算

(2) 膨胀的运算符为 $\oplus$。

对于一个给定的图像 B 和结构元素 S，膨胀过程为先对 S 作关于结构元素原点的映射，并将其映像平移 (x, y)，最后所有经过平移仍与图像 B 相交而不为空的结构元素 S 的原点位置所在像素组成了膨胀后的图像。据此，膨胀的一种数学定义为

$$D = B \oplus S = \{(x,y)|[(\hat{S})_{(x,y)} \bigcap B] \neq \varnothing\} \tag{5-24}$$

也可这样来理解膨胀运算：用 S 来膨胀 B 得到的集合也可以将其看成 S 映像的位移与 B 至少有一个元素相交时，结构元素 B 的原点位置的集合。所以，膨胀运算也可以被定义为

$$D = B \oplus S = \{(x,y)|[(\hat{S})_{(x,y)} \bigcap B \neq B]\} \tag{5-25}$$

按这种定义方式就可以用卷积模板的概念来理解，这时结构元素 S 就相当于卷积模板，通过对 S 的映像连续在 B 上的移动而实现膨胀运算。

图 5.15(a) 为原图 B，结构元素 S 仍为十字形 (图 5.15(b))，经膨胀处理后得到图 5.15(c)，其中黑色标出的像素为原先不属于目标而由膨胀产生的新的像素，灰色标出的为原始图像的位置。

(3) 闭的运算符为 $\cdot$。

闭运算能使本来不连通的区域连为一体，它是先对一幅图像进行膨胀运算，再

进行腐蚀运算。B 用 S 来作闭运算写作 $B \cdot S$，其定义为

$$B \cdot S = (B \oplus S) \otimes S \tag{5-26}$$

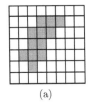 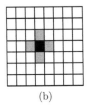 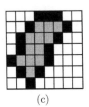

(a)　　　　　　　　　　(b)　　　　　　　　　(c)

图 5.15　图像的膨胀运算

图 5.16 给出了阈值分割二值化图经形态学处理后的结果。可以明显看出，原来图像上大量存在的面积较小的斑点都被清除了，而板带钢表面缺陷图像上存在的缺陷基本上都被保留下来，缺陷清晰可见。

(a) 二值化图　　　　　　　　　　(b) 形态学处理结果图

图 5.16　缺陷边缘的修补处理

5.3　板带钢表面缺陷的关联与定位

板带钢表面图像上缺陷的关联与定位是冷轧板带钢表面在线检测系统中的一个重要环节，准确的缺陷位置信息不仅有助于判断是否存在周期性的同类缺陷，也是质量评价和质量报告不可或缺的重要内容。

5.3.1　板带钢表面缺陷的关联

关联分析可以将相似的数据点归为一类。一幅板带钢表面缺陷图像经过图像分割后，得到的二值化目标缺陷图像中，其目标缺陷可能有多个，而这多个目标缺陷有些是同一个缺陷但相应的缺陷区域没有完全连通，但也有可能是不同类型的目标[91]。关联分析技术就是要解决这一问题。

选择关联算法着重考虑两个问题：一是类别数的选择和确定，二是计算时间能否满足实时性要求。一般情况下，关联算法需要预先确定总类别数并指定关联中

心，总类别数及关联中心的参数选择，直接影响到关联效果。很多情况下，每幅板带钢表面图像上的缺陷种类和数量是未知的，那么应用这些关联算法时就得事先假定总类别数，关联效果往往并不理想。

1. 图像连通与缺陷区域标记

对缺陷区域进行关联分析，首先必须确定缺陷区域是否为独立的缺陷目标，若图像中有若干个缺陷区域，那么就需要对这些缺陷区域进行标识。图像处理中常取 4 邻域和 8 邻域，即

$$F_4(x,y) = \{f(x+1,y), f(x,y+1), f(x-1,y), f(x,y-1)\} \tag{5-27}$$

$$\begin{aligned}
F_8(x,y) = \{&f(x-1,y-1), f(x-1,y), f(x-1,y+1), f(x,y-1), f(x,y+1), \\
&f(x+1,y-1), f(x+1,y), f(x+1,y+1)\} \tag{5-28}
\end{aligned}$$

1) 邻域

与像素 (x,y) 对应的点集合 $\{(x+p,y+q)\}((p,q)$ 为整数$)\}$ 称为像素 (x,y) 的邻域。

2) 连通

如果像素 $f(x,y)$ 与 $f(x+i,y+j)$ 路径中的邻接点存在 4 点邻域或 8 点邻域，则称点 $f(x,y)$ 与 $f(x+i,y+j)$ 连通，如图 5.17 所示。

(a) 4点连通　　　　　　　　　　(b) 8点连通

图 5.17　图像像素的连通示意图

3) 连通成分

二值图像中互相连通的 0-像素集或 1-像素集称为连通成分。被 1-像素包围的 0-像素叫做孔。1-像素集连通成分不含孔时，叫做单连通成分，含有一个或多个孔的连通成分叫做多重连通成分。

4) 标记

分割后的一幅图像内可能存在多个连通成分，每个连通成分都对应一个缺陷区域，所谓标记就是给各缺陷区域分配相应标号。缺陷区域是否被标记与所采取的是 4 邻域还是 8 邻域有关，因此又分为 4 连通和 8 连通两种方法。不同的连通规则对应不同计算加标记的方法。连通域判别算法的基本原理如下：

"条" 的定义：逐点对图像进行扫描并与选定的阈值作比较，若有满足阈值条件的连续点，则记录其参数行，这样的连续点就是 "条"。建立了如下三个模板：

模板 1：若该 "条" 不与任何已有域相连，则认为该 "条" 属于新域，并建立一个新域存入该 "条" 参数。

模板 2：若该 "条" 只与一个已有域相连，则认为该 "条" 属于与其相连的域，并将该 "条" 加入其相连域。

模板 3：若该 "条" 与多个已有域相连，则认为这些域为一个新域，将它们合并成一个域，其中各 "条" 按行、列顺序重组并将该 "条" 加入新域，同时释放各原相邻域。

这样只要将扫描到的每一个 "条" 与上述三个模板进行比较，找到相符模板并按模板操作，即可实现对缺陷边缘的自动检测。由于整个过程中始终保持域内各 "条" 按行、列顺序排列，因此作模板查找时，只需要与各域最后一行的 "条" 作比较，计算量较小，而且对整幅图像作一次扫描就可以找出所有连通域。

加标记：设有一幅已经被分割的二值缺陷图像，如图 5.18 所示，图中 A 代表物体，0 代表背景，规定用 4 连通准则加标记。由于扫描有一定的次序，对任一点来说，当前点的左前一点和上一点必然是已扫描过的点，如果在扫描过程中遇到图像上点 P，那么其上点及左点必然是已经标记过的点，对 P 点加标记的方法是由左点及上点来确定的。主要有下面几种不同的情况：

(1) 当左前一点和上一点皆为背景 0，则 P 点加新标记；

(2) 当左前一点和上一点有一个为 0，另一个为已加标记，则 P 点和已加标记的邻点加上相同标记；

(3) 当左前一点和上一点两个邻点皆为已加标记，则 P 点标记与左点标记相同。

```
    ⋮   ⋮   ⋮   ⋮   ⋮   ⋮   ⋮   ⋮   ⋮   ⋮   ⋮   ⋮   ⋮   ⋮   ⋮
... 0   0   A   A   A   A   0   0   0   0   0   0   0   0 ...
... 0   A   A   A   A   A   A   0   0   A   A   A   0 ...
... 0   A   A   0   0   A   A   A   A   A   A   A   0 ...
... A   A   A   0   0   A   A   A   A   A   0   A   A ...
```

图 5.18　原图像

根据上面的三原则，在第一次扫描后所有物体上皆已加标记，如图 5.19 所示，标记依次为 1、2、3、4、…，其图像上的同一缺陷区域可能有几种不同的标记。因此需要进行第二次扫描，根据 4 连通准则把同一缺陷区域的标记统一起来，如图 5.20 所示。

```
   ⋮   ⋮   ⋮   ⋮   ⋮   ⋮   ⋮   ⋮   ⋮   ⋮   ⋮   ⋮   ⋮
···0   0   1   1   1   1   0   0   0   0   0   0   0···
···0   2   2   2   2   2   2   0   0   3   3   3   0···
···0   4   4   4   0   0   5   5   5   5   5   5   0···
···6   6   6   0   0   7   7   7   7   7   0   8   8···
```

图 5.19   图像扫描示意图

```
   ⋮   ⋮   ⋮   ⋮   ⋮   ⋮   ⋮   ⋮   ⋮   ⋮   ⋮   ⋮   ⋮
···0   0   1   1   1   1   0   0   0   0   0   0   0···
···0   1   1   1   1   1   1   0   0   1   1   1   0···
···0   1   1   1   0   0   1   1   1   1   1   1   0···
···1   1   1   0   0   1   1   1   1   1   1   0   1   1···
```

图 5.20   图像标记示意图

2. 缺陷图像的关联

板带钢表面缺陷图像经处理后为二值图像，在二值图像中相互连接的黑色像素的集合成为一个黑色区域，因此对板带钢表面图像的缺陷进行关联首先要对黑色区域进行标识。通过对图像内每个区域进行标记操作 (标号)，求得区域的数目，处理后的每个黑色像素即为其处理区域的标号。

```
struct Black{
int point_xmin;    // 区域最小行坐标
int point_ymin;    // 区域最小列坐标
int point_xmax;    // 区域最大行坐标
int point_ymax;    // 区域最大列坐标
int point_area;    // 区域面积
int point_number;  // 区域标记
};
Black pointxy[n];    // 定义结构体对象
```

在进行标识之前，首先定义一个结构体 Black，用来记录连通区域的信息，其中包含连通区域的最小行列坐标、最大行列坐标、面积、标记等，并分别赋予初始值。图像的扫描是按照从左到右、从上到下进行的，坐标原点位于图像的左上角。然后，再用该结构体定义一个数组 pointxy[n]，分别记录不同连通区域的信息。

1) 区域连通标识

这里以采用 8 连通判别算法为例，说明对板带钢表面缺陷图像进行标识的过程。图 5.21 是板带钢表面缺陷图像的局部放大示意图，图中有四个相互不连通区域。对这四个区域的标识过程如下：

(1) 从左到右, 从上到下逐个像素扫描。

(2) 若当前点的左上、正上、右上及左前共 4 个点的像素值都不为 0, 则把数标加 1, 且此数组值为 1, 即 pointxy[1]. point_number = 1, 同时对 pointxy[1]. point_xmin, pointxy[1].point_ymin, pointxy[1].point_xmax, pointxy[1].point_ymax 与初始值进行比较替换, 面积变量 pointxy[1]. point_area 进行自动累加 1。

(3) 采用 (行坐标, 列坐标) 方式标记物体。若遇到当前点 (1,1) 像素为 0, 依次判断该像素点的右上点 (0,2)、正上点 (0,1)、左上点 (0,0) 及左前点 (1,0) 是否为 0, 优先级依次降低的顺序为右上点 (0,2)、正上点 (0,1)、左上点 (0,0) 及左前点 (1,0)。(0,2) 的优先级最高, 而左前点 (1,0) 的优先级最低。

(4) 若右上点为 0, 则当前点标记和右上点相同的值。例如, 当前点 (3,1), 则其右上点 (2,2) 为 0, 所以当前点 (3,1) 与右上点 (2,2) 标记相同的值。则 pointxy[1] 的标记值保持不变, 并进行 pointxy[1].point_xmin, pointxy[1].point_ymin, pointxy[1]. point_xmax, pointxy[1].point_ymax 等变量的判断比较, 同时面积 pointxy[1]. point_area 进行累加。

(5) 若右上点不为 0, 则对当前点的正上点进行判断。例如, 当前点 (5,6), 判断其右上点 (4,7) 的值不是 0, 则判断其正上点 (4,6) 的值, 若为 0, 则当前点 (5,6) 应与正上点 (4,6) 有相同的标记。

(6) 同理, 若当前点的右上点、正上点都不为 0, 则用同样的方法依次判断左上点, 若左上点也不为 0, 则再判断左前点。

(7) 继续扫描, 如果当前点 8 邻域的四个点的值都不为 0, 则当前点的标记在前面的基础上加 1, 同时对结构体对象的各成员变量赋值。例如, 当前点 (1,9) 的右上点 (0,10)、正上点 (0,9)、左上点 (0,8) 及左前点 (1,8) 都不为 0, 则当前点的值在原来的标记上加 1, 即 pointxy[2]. point_number = 2, 以此标记来作为另一个连通区域 pointxy[1] 标记的区别, 并进行 pointxy[2]. point_xmin, pointxy[2]. point_ymin, pointxy[2]. point_xmax, pointxy[2]. point_ymax 等变量的判断比较, 同时对面积 pointxy[2]. point_area 进行累加。

(8) 要注意某些特殊的情况, 例如, 在图 5.21 中, 点 (12,1) 是一个新加标记的点, 若当前点是 (12,2), 它的右上点 (11,3) 和左前点 (12,1) 为不同标记, 正上点和左上点不为 0, 则当前点 (12,2) 标记应该同右上点 (11,3) 设置相同的值。此时, 从头到尾扫描图像, 把所有同 (12,1) 标记相同的像素值都标记成与右上点 (11,3) 同样的值。有多少个像素点转换, 则在统计右上点 (11,3) 标记值的数组里的标记变量更改的同时, 对面积变量要进行求和累加, 并判断更新各坐标变量。而把统计点 (12,1) 的像素值 (标记值) 的数组置为 0。

	0	1	2	3	4	5	6	7	8	9	10	11	12	13	14	15
0	255	255	255	255	255	255	255	255	255	255	255	255	255	255	255	255
1	255	1	1	1	1	1	255	255	255	2	2	2	2	2	255	255
2	255	255	1	1	1	1	1	255	2	2	2	2	2	2	2	255
3	255	1	1	1	1	1	255	255	255	2	2	2	2	255	255	255
4	255	1	1	1	1	1	1	255	2	2	2	2	2	255	255	255
5	255	255	1	1	1	1	1	255	255	255	2	2	2	2	255	255
6	255	255	1	1	1	1	255	255	255	255	2	2	2	255	255	255
7	255	255	255	255	255	255	255	255	255	255	2	2	2	2	255	255
8	255	255	255	255	255	255	255	255	255	255	255	255	255	255	255	255
9	255	255	255	255	3	255	3	255	255	255	4	4	4	4	255	255
10	255	255	255	3	3	3	3	255	255	255	255	4	4	4	4	255
11	255	255	255	3	3	3	3	3	255	3	255	4	4	4	255	255
12	255	3	3	3	3	3	3	3	255	255	255	255	4	4	255	255
13	255	255	3	3	3	3	3	3	255	255	255	255	255	4	4	255
14	255	255	3	3	3	3	3	3	255	255	255	255	4	255	255	255
15	255	255	255	255	255	255	255	255	255	255	255	255	255	255	255	255

图 5.21 板带钢表面缺陷标识示意图

经区域标记连通后，将所有缺陷区域包括噪声的坐标、面积、标号等信息都已经存储在相应的结构体对象数组里面。也就是说，对于灰度值为 0 的区域，可以确定包围它的最小矩形坐标和 0 值像素的个数 (缺陷面积)，如图 5.22 所示。

图 5.22 缺陷图像连通标记图

2) 确定缺陷区域

由于板带钢表面缺陷检测的实时性要求较高，且缺陷类型未知，因此需要对每幅图像的所有缺陷进行整体定位。在二值图像的缺陷区域标记连通后，所有缺陷的信息都已经确定，只需对存储的各个缺陷信息即结构体 Black 对象 pointxy[n] 进行循环比较、判断，即可确定包含所有缺陷区域的最小矩形、矩形长度和宽度、距离图像各个边界的距离、缺陷的总面积 (可以通过对符合要求的区域进行面积累加获得)，并将这些信息存储在一个新的结构体对象中，该对象用来记录当前图像的整体缺陷信息，在此过程中，还可以通过设定面积阈值来滤除噪声。结果如图 5.23 所示。

图 5.23　确定缺陷区域

3) 细分缺陷区域

如果需要对缺陷区域进行细分，可以按下面的方法进行。对于各个缺陷矩形区域，以面积最大的缺陷区域作为中心，考察相关缺陷，通过分别判定与设定行列间距离来进行区域划分，如式 (5-29) 和式 (5-30)；同时比较面积，若小于所设定的阈值，如式 (5-31)，则认为是噪声并将其滤掉。

$$|x_1 - x_2| \leqslant x\,\text{Threshold} \tag{5-29}$$

$$|y_1 - y_2| \leqslant y\,\text{Threshold} \tag{5-30}$$

$$\text{Area} \leqslant \text{areaThreshold} \tag{5-31}$$

式中，x_1, y_1, x_2, y_2 分别是各个区域的中心点坐标值；Area= pointxy[n].point_area，为缺陷连通区域面积；$x\,\text{Threshold}$，$y\,\text{Threshold}$，areaThreshold 分别为行、列和面积的阈值，可以根据不同的要求来进行设定。

若

$$\text{abs}\,(x_1 - x_2) \leqslant x\,\text{Threshold}$$
$$\text{abs}\,(y_1 - y_2) \leqslant y\,\text{Threshold}$$
$$\text{Area} > \text{areaThreshold}$$

成立，则将符合条件的缺陷区域归入一个新的 Black 对象 region[n] 中存储，并对其成员变量赋值，同时对 Black 对象 pointxy[] 的相应数据进行清零处理。然后再对不符合条件的缺陷区域重新按照上述规则进行细分，直至全部细分完毕。这时，代表各个区域的 region[] 对象中包含了覆盖该区域最小矩形的信息。如图 5.24 所示，(a) 为 400 像素 ×400 像素的板带钢表面缺陷图像，(b) 为分割后进行区域连通缺陷关联后的图像，其中 $x\,\text{Threshold}= 50$，$y\,\text{Threshold}= 50$，areaThreshold $= 5$。

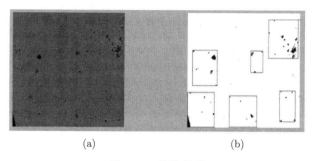

图 5.24 缺陷关联

5.3.2 板带钢表面缺陷的定位

在板带钢生产过程中，板带钢表面的缺陷图像可能是连续的，也可能是间断的。缺陷定位能够确定缺陷在每幅图像中的位置，进而确定缺陷在整卷板带钢中的位置，同时有助于判断当前帧图像中的缺陷与上一帧图像中的缺陷是否是连续的同一个缺陷。将缺陷区域范围、位置信息、是否与前一帧连续等相关信息传送到系统数据库中存储，可为缺陷的识别与分类、质量等级评估等提供依据。

图 5.25 为板带钢定位示意图，假设已知板带钢每幅图像中的缺陷区域信息，包括缺陷的面积、缺陷矩形区域 $S_i^m = H_i^m \times W_i^m (H_i^m \times W_i^m)$ 与图像边缘的距离。

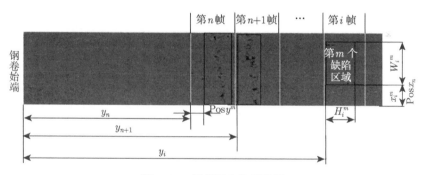

图 5.25 板带钢定位示意图

对图 5.25 中的缺陷图像，以第 i 帧上第 m 个缺陷区域为例，需要确定 y_i^m，x_i^m，H_i^m 和 W_i^m，y_i^m 代表在一卷板带钢中的纵向位置，x_i^m 代表在宽度方向的位置，y_i^m 和 x_i^m 的值可由式 (5-32) 和式 (5-33) 求得。第 n 帧和第 $n+1$ 帧为连续出现的两帧缺陷，可以利用式 (5-34) 来判断。如果小于 T，则在前一帧的标志位基础上加 1，否则直接对标志位赋值 0。

$$y_i^m = (i-1) \times \text{Height} + \text{Pos} y_i^m \tag{5-32}$$

$$x_i^m = \mathrm{Pos}\, x_i^m \tag{5-33}$$

$$\mathrm{Height} - (\mathrm{Pos} y_i^m + H_i^m) + \mathrm{Pos} y_{i+1}^j < T \quad (m, j = 1, 2, \cdots) \tag{5-34}$$

式中，y_i^m，x_i^m 分别代表第 n 帧图像缺陷区域距钢卷开始端的距离和宽度方向与边的距离；Height，H_i^n 分别代表一帧图像沿轧制方向的实际长度和缺陷矩形区域在该方向的长度；T 代表判断相邻两帧图像缺陷是否连续的阈值，可以根据不同要求进行设置，本节根据对大量的板带钢样本进行实验分析后设定为 T=10mm；$\mathrm{Pos} y_i^m$，$\mathrm{Pos} x_i^m$ 分别代表缺陷区域在一帧图像中的位置坐标，如图 5.25 所示。

缺陷定位的算法流程如图 5.26 所示。

表 5.1 给出了部分缺陷的定位数据。其中的标志位表示当前帧图像中的缺陷与前一帧图像中的缺陷之间的关系，即缺陷是不是一个连续缺陷，如果是连续的，那么在前一帧的标志位上加 1。例如，序号为 8 和 9 的两帧图像，其帧号分别为 64 和 65，帧号相连，通过判断，二者的缺陷连续，则第 65 帧的标志位赋值为 1。而序号为 3 和 4 的两帧图像，帧号 26、27 相连，但缺陷不连续，故标志位均赋值为零。

表 5.1　缺陷定位实验数据

序号	钢卷号	帧号	与板带钢始端距离 /mm	宽度方向与边距离 /mm	缺陷轧制方向长 /mm	缺陷宽度方向宽 /mm	标志位	缺陷面积 /mm²	缺陷类型
1	2	12	1230	0	32	58	0	30	——
2	2	22	2253	1	29	34	0	8	——
3	2	26	2662	29	22	26	0	67	——
4	2	27	2772	12	30	46	0	88	——
5	2	30	3074	10	37	48	0	35	——
6	2	34	3481	15	29	37	0	9	——
7	2	47	4812	22	40	23	0	49	——
8	2	64	6625	11	34	42	0	34	——
9	2	65	6660	7	37	58	1	97	——
10	2	79	8089	26	39	27	0	8	——
11	2	91	9318	4	31	52	0	102	——
12	2	93	9525	2	32	53	0	87	——
13	2	102	10455	3	26	55	0	92	——
14	2	125	12800	10	39	45	0	35	——
15	2	133	13619	6	35	49	0	116	——
16	2	144	14750	1	34	57	0	97	——
17	2	156	15974	7	39	50	0	89	——
18	2	159	16281	3	40	32	0	20	——
19	2	167	17101	31	26	19	0	8	——
20	2	177	18124	0	40	57	0	88	——

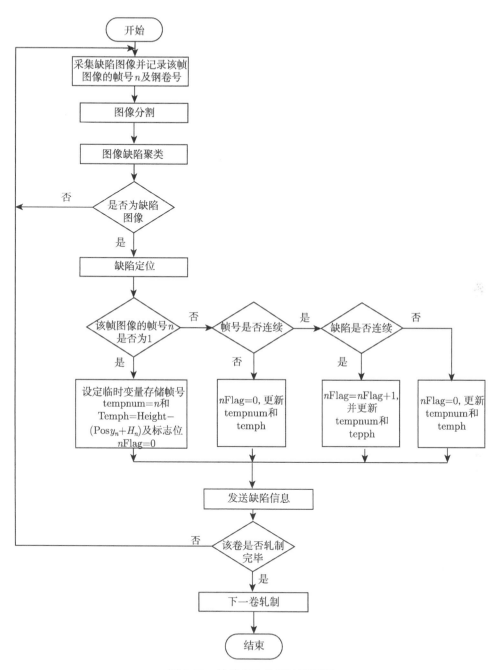

图 5.26 缺陷定位的算法流程图

5.4　基于视觉注意机制的板带钢表面缺陷的检出方法

将人类的视觉注意机制用于机器视觉检测，可以在一定程度上实现有选择性地获取所关注目标的显著信息，不仅可以大量降低信息计算量，而且还可以提高目标检测的效果。

人类视觉系统处理视觉信息是多通道机制，视觉信息按其特征在不同的通道下调谐于特定频率、方向范围中进行处理。*Nature* 杂志报道[94]，美国科学家采用功能成像的方式精细地显示了视皮层的微功能柱结构，该柱状组织垂直于表层，称为超柱。每一个超柱又由对应所有朝向的微柱组成。每一个微柱由很多单细胞组成，这些单细胞的朝向相同、尺度不同，不同的超柱用来处理不同窗口上的图像，一个超柱就是一个基本的处理单元。

每一个单细胞对局部的光强图像有一个响应，该图像在超柱内就被一组响应值所描述，这一组值称为超柱向量。超柱向量是视觉信息的重要提取，与原始的光强模式相比，数据量大大降低。它仅以合适的比例和选定的方向保留了一定空间频率段内的局部对比信息，排除了空间高频率和低频率成分附加的亮度变化。生物学实验发现，Gabor 滤波器可以很好地近似单细胞的感受野函数 (在光强刺激下的传递函数)，由此建立数学模型。选取二维 Gabor 函数的方向确定一组朝向。一个局部图像与 n 个 Gabor 模板分别作内积，得到一个 n 维向量作为超柱向量。从 Gabor 函数的频域来分析也容易得出用超柱向量来描述目标图像相比原始的光强模式的优势，这是因为 Gabor 函数在频域上是一个带通滤波器，通过调整 Gabor 函数的朝向，可以提取目标在不同朝向上指定频带内的信息，而将其他不关心的信息全部滤除。

5.4.1　人类的视觉注意机制与计算模型

1. 人类的视觉信息处理系统

我们知道，人类视觉信息处理系统由视觉感官、视觉通路和多级视觉中枢组成，实现视觉信息的产生、传递和处理，如图 5.27 所示。

图 5.27　人类视觉系统示意图

神经心理学和解剖学的研究表明，视觉信息在大脑中按照一定的通路进行传递，视觉通路可简化为由视觉神经系统的三大部分构成，即视网膜、外侧膝状体和大脑视皮层，如图 5.28 所示。

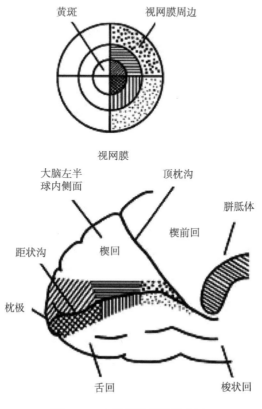

图 5.28　人类视觉通路示意图

图 5.29 是视觉信息从视网膜到视皮层处理过程的简单示意图。从侧膝体出发，第一个接收视觉输入的区域是主视皮层区，主要负责创建视觉空间的三维映射基函数，并提取图像的形状、方向和色彩等信息，具有局部性、方向性和带通性。超柱是视皮层的基本单位，它包含一组对所有朝向有反应的朝向片和一组左右眼优势柱。侧膝体是视觉信息处理的各种通道的中间环节，它综合了来自左、右眼的各种信息，如空间频率信息、颜色信息及视差信息等。

人类视觉信息处理的主要特点是：

(1) 两条通路。目前普遍被接受的观点是：在人类视觉系统中存在着两条通路，一条称为腹部通路，用来形成感受和进行对象识别；另一条则称为背部通路，用来处理动作和其他空间信息。

(2) 层次结构。视觉系统具有非常复杂的层次结构，主要体现在处理视觉信息的两条通路上，无论腹部通路还是背部通路都明显地表现出层次处理结构。

(3) 反馈连接。在人类视觉系统中，大部分连接都是双向的，前向连接往往都伴随着反馈连接。这些反馈通路的存在被认为与人类的意识行为有关。

(4) 感受野等级特性。视觉通路上各层次神经细胞，由简单到复杂，所处理的信息分别对应于视网膜上的一个局部区域，层次越深，该区域就越大，这就是感受野等级特性。

(5) 选择注意机制。大脑对视觉信息是分层次进行处理的，这是一个序列式处理过程。而在各层次内部，信息则是并行处理的。在同一个层次内的神经元往往具有相似的感受野形状和反应特性，并完成相似的功能。然而，在处理过程中，大脑对外界信息并不一视同仁，而是表现出某种特异性。大脑只需要对部分重要的信息作出响应，并进行控制。这种特异性称为神经系统的注意 (attention) 机制。

(6) 学习机制。大脑之所以能够从外界复杂的刺激中辨别出不变的、本质的东西，就在于不断地学习。人们普遍认为，这种学习是一种自组织的、无监督的学习。正是具有了学习能力，人类才能够不断进化。

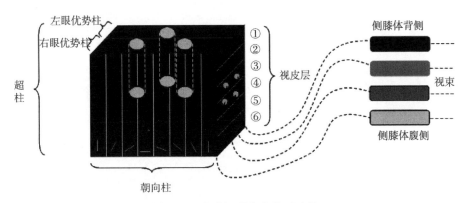

图 5.29　人类视觉信息处理过程

2. 视觉注意机制原理

视觉注意是人类信息处理中一项重要的调节机制[96]。人类的视觉系统就是利用这个机制，处理大量的视觉信息并及时作出反应。它是视觉感知模型的重要组成部分，与学习、记忆等模块协同工作，完成将目标从背景中分离、注意焦点在多个目标间转移、注意目标与记忆中的模式匹配等任务。事实上，选择性是视觉注意众多功能中最根本的一条，通过选择来舍弃一部分信息，以便更有效地处理重要的信息。例如，我们在观察一个场景时，总是有选择地将注意力集中在场景中的某些最具吸引力的内容上。从人类观察事物的角度来看，这是一个从场景中选择内容进行观察的过程，所以称之为视觉选择性；而从场景的角度来说，场景中的某些内容比其他内容更能引起观察者的注意，故称之为视觉显著性。其实两者都是从不同的角度对选择性视觉注意过程的描述，在该过程中，引起人们注意的场景内容则被称为注意焦点。

可用简单的几何图形来描述视觉注意机制，对图 5.30 中的几何图形，我们可以非常明显地感受到视觉注意的存在。空心圆环、矩形阵列中的圆形以及不同方向的线段都会迅速地引起我们的注意。

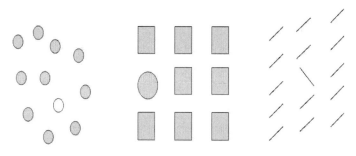

图 5.30　视觉注意机制示例

目前，已经确认的影响视觉注意力的低层次因素主要包括：

(1) 对比度：区域对比度是一种很强的吸引视觉注意的因素，与相邻区域具有很高对比度的区域往往显得更为重要。

(2) 尺寸：大面积区域比小面积区域更容易吸引视觉注意。当然，存在一个饱和度，一旦区域面积超过它，其重要性就会明显降低。

(3) 形状：狭长形状的区域同具备相同对比度和面积的区域相比更容易引起人们的视觉注意。

(4) 运动：当人们观察运动图像序列的时候，通常会专注于某些运动对象，想要搞清楚运动的细节。

而影响视觉注意力的高层次因素主要与人类的主观认知因素有关，包括：

(1) 位置：人们在观察图像时，通常首先都会把注意力定格在图像中央的 25% 的区域范围之内。

(2) 前景/背景：人们的视觉对前景和背景的区分通常比较敏感，都会把注意力停留在前景对象上，而忽略背景的具体内容。

视觉显著性的产生，是由于视觉对象与外界通过某种对比，形成了能够引起观察者注意的一种刺激而造成的视觉反差。视觉反差往往是由构成图像的元素自身引起的，反差越大的区域就越容易吸引视觉系统的注意，可称之为显著区域。在图像的目标搜索和检测应用中，感兴趣的目标所在区域一般也是容易引起视觉注意的显著区域，因此通过视觉注意力模型就可以先找出图像中的显著区域，即目标候选区域，有效地缩小搜索范围，增强检测的实时处理效果。

3. 视觉注意计算模型

为实现与人类感知相近的视觉注意计算模型，就要从人类视觉系统的组织和工作机制入手，以视觉注意机制的认知神经科学及心理学理论为基础，从机理上模拟人类视觉系统的功能。

图 5.31 是一组 Gabor 滤波器模板[97]，可以用这样一组模板作为一个超柱。用超柱向量描述图像，可以把对图像的匹配转化为对超柱向量的匹配问题。同一目标不同时刻、不同位置在视觉系统中成像是不同的，但人类的生物系统却能够识别出这是同一个目标，原因在于生物系统通过调节单细胞的感受野函数，始终维持该目标的超柱向量。在计算机实现上，我们也可采用同样的方法通过对 Gabor 函数的变换来实现生物视觉系统的这一功能。

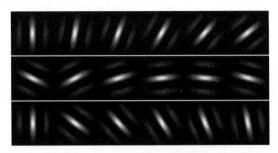

图 5.31   Gabor 滤波器模板

视觉注意计算模型就是在单一分辨率图像上通过构建 Gabor 滤波器建立多尺度、多方位的多通道图像，通过全波整流和各通道间的对比度增益控制，得到多尺度、多方位的方位特征图，这些特征图的线性组合则为显著性图。使被检测目标在显著性图中得到明显增强，有利于检测的实现。

二维 Gabor 滤波器对信号的滤波可分别在水平方向和垂直方向上进行，在对图像的尺度选择性和方向取向选择性进行分析时，可以通过改变带通滤波器的带宽和调频频率实现多尺度分析，而通过改变角度方向实现方向取向选择性分析。通常，方向特性是纹理结构中最重要的因素之一，选取不同的参数，就形成了不同的带通滤波器。2D Gabor 滤波器是一种 2D 高斯窗的傅里叶变换[98]：

$$\text{Gabor}\,(x,y) = \frac{1}{2\pi\sigma_x\sigma_y} \exp\left\{\pi\left[\left(\frac{x_{\theta k}}{\sigma_x}\right)^2 + \left(\frac{y_{\theta k}}{\sigma_y}\right)^2\right]\right\} \exp\left(\frac{2\pi\mathrm{i}x_{\theta k}}{\lambda}\right) \tag{5-35}$$

式中，λ 和 θ_k 分别是正弦波的波长和方向。λ，σ_x，σ_y 反映了 Gabor 滤波器的多尺度特性。θ_k 的定义如下：

$$\theta_k = \frac{\pi}{n}\,(k-1), \quad k = 1, 2, \cdots, n \tag{5-36}$$

k 决定了滤波器方向的个数。可以看出，Gabor 滤波器具有很好的方向选择性。σ_x 和 σ_y 分别为高斯包络在 x 和 y 方向上的标准差，它们决定了高斯包络的空间扩展。

2D Gabor 滤波器除了具有时间-频率域的最佳局部化以及与人类的视觉接收模型相吻合的性质之外，对图像的亮度和对比度变化还具有一定的鲁棒性，其中 $x_{\theta k}$ 和 $y_{\theta k}$ 的定义为

$$x_{\theta k} = x \cos(\theta_k) + y \sin(\theta_k) \tag{5-37}$$

$$y_{\theta k} = -x \sin(\theta_k) + y \cos(\theta_k) \tag{5-38}$$

Gabor (x, y) 为复值函数，即

$$G(x, y) = R(x, y) + \mathrm{j} I(x, y) \tag{5-39}$$

$$R(x, y) = \frac{1}{2\pi\sigma_x\sigma_y} \exp\left[-\left(x^2 + y^2\right) / \left(2\sigma^2\right)\right] \cos\left[2\pi\phi\left(x \cos\theta + y \sin\theta\right)\right] \tag{5-40}$$

$$I(x, y) = \frac{1}{2\pi\sigma_x\sigma_y} \exp\left[-\left(x^2 + y^2\right) / \left(2\sigma^2\right)\right] \sin\left[2\pi\phi\left(x \cos\theta + y \sin\theta\right)\right] \tag{5-41}$$

图像 $f(x, y)$ 的 Gabor 滤波器输出为 $f(x, y)$ 和 Gabor 滤波器 $G(x, y)$ 的卷积：

$$G(x, y | \sigma, \phi, \theta) = f(x, y) * G(x, y) \tag{5-42}$$

方向参数为 4 个子通道，分别为 0°，45°，90° 和 135°。当图像在某一频率和方向上有最明显的特征时，与之对应的 Gabor 滤波器就会有最大响应，这样便得到关于目标图像复杂程度 (这里用频率代表，频率反映了图像灰度分布和纹理变换的快慢)、朝向、位置的局部特征。目前，2D Gabor 滤波器在纹理分析中有着非常广泛的应用，一方面是因为它的良好时域局部特性，另一方面也是因为 Gabor 滤波器非常适用于模拟人眼的视觉通道。

图 5.32 和图 5.33 分别是无缺陷图像和有缺陷图像的傅里叶变换后的能量谱图，可以看到两幅图像的频谱能量分布有着明显的差别。因此当 Gabor 滤波器的滑动窗口覆盖图像中的缺陷区域时就会产生比较大的响应，从而把缺陷的存在转化为可识别的滤波器的输出。

  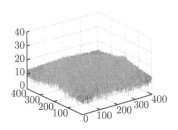

(a) 无缺陷图像　　　　　　(b) 傅里叶变换图像　　　　　　(c) 三维能量谱图

图 5.32　无缺陷图像及傅里叶变换域图像

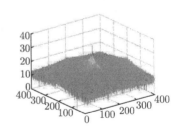

(a) 有缺陷图像　　　　　　　(b) 傅里叶变换图像　　　　　　(c) 三维能量谱图

图 5.33　有缺陷图像及傅里叶变换域图像

若对原始图像进行 Gabor 滤波，通过对滤波后的结果图像提取图像特征，如亮度、颜色和方向等，将一幅图像分解成若干特征图，采用视觉注意计算模型，就可计算出注意焦点度量区域的兴趣度，其特征显著性通过计算图像区域中心和周边的高斯差分采样得到：

$$\mathrm{DOG}\,(x,y) = \frac{1}{2\pi\sigma_c^2}\exp\left(-\frac{x^2+y^2}{2\sigma_c^2}\right) - \frac{1}{2\pi\sigma_s^2}\exp\left(-\frac{x^2+y^2}{2\sigma_s^2}\right) \tag{5-43}$$

由于各特征图表示的是不同特征通道的视觉特征，因此它们之间存在很大的独立性。为此，这里采用一个特征图归一化算子 $N\,(\cdot)$，以增强显著峰较少的特征图，而削弱存在大量显著峰的特征图。对每一特征图，归一化该特征图至范围 $[0,1]$ 内，便可消除依赖于特征的幅度差别。

设显著性图 S 是亮度特征图 I、颜色特征图 C 和方向特征图 O 的组合，则

$$S = \omega_i \cdot N\,(I) + \omega_c \cdot N\,(C) + \omega_0 \cdot N\,(O) \tag{5-44}$$

式中，$N\,(\cdot)$ 是归一化因子，ω 是特征权值。

得到显著性图 S 后，下一步需要找到显著性图中的注意焦点，即视觉显著性最强的点。注意焦点通过胜者为王[95] 神经网络方法得到，即

$$V\,(t+\delta t) = \left(1 - \frac{\delta t}{CR}\right)V\,(t) + \frac{\delta t}{C}I\,(t) \tag{5-45}$$

式中，C 表示电容，R 是电阻，V 为模电压。式 (5-45) 表示已知 t 时刻的输出电压 $V\,(t)$ 和输入电流 $I\,(t)$ 在时间 δt 后产生的模电压 $V\,(t+\delta t)$，经过一段时间产生的电压积分发放。将显著性图看成一个二维的积分发放神经元阵列，神经元的输入电流对应显著性图中像素点的值，然后将显著性图中每个神经元的电压通过电导转换成胜者为王 (winner take all, WTA) 网络中神经元的输入电流。最先发生发放的神经元就对应于显著性图中显著值最大的神经元，即注意焦点。

5.4.2 确定缺陷区域

通过视觉注意计算模型得到显著图[99]，就可以定位到一幅图像中最显著的点，但是更多的时候关注的是显著点所表征的具体目标的信息。在缺陷检测中，也就是希望可以通过该显著点获取一个缺陷区域。对于灰度图像的感兴趣区域的提取一般是基于图像像素灰度值的相似性来进行的。这里，我们采用区域生长的方法对显著区域进行提取。为提取基于视觉注意的显著区域，可以通过显著图得到的显著点作为初始生长种子进行区域生长，最终生成基于视觉注意的显著区域。

设显著点的坐标为 (x, y)，找到对该显著点贡献最大的特征通道：

$$k_w = \arg\max C_k(x, y), \quad k \in \{I, C, O\} \tag{5-46}$$

式中，$C_k(x, y)$ 表示在该显著点处各个特征通道的显著值，k 表示一类特征通道，k_w 表示对 (x, y) 贡献最大的特征通道。在得到对显著点 (x, y) 贡献最大的特征通道之后，继续搜索对该显著点贡献最大的特征图：

$$(k_w, c_w, s_w) = \arg\max F_{c,s}(x, y) \tag{5-47}$$

式中，$F_{c,s}(x, y)$ 表示特征通道 k_w 内各级图像在显著点 (x, y) 处的显著值。最后，把搜索到的对 (x, y) 贡献最大的特征图，从 (x, y) 处进行区域生长，得到显著区域。

以焊缝类缺陷为例，通过 Gabor 滤波得到多特征通道 (亮度、颜色和方向) 的特征图，归一化后组合成显著性图，应用胜者为王神经网络方法得到显著性图中最亮点的位置，即注意焦点的坐标 (349,194)。由于板带钢表面缺陷图像为灰度图像，所以 Gabor 滤波后得到两个特征图：亮度特征和方向特征。所提取出的黄色区域即为注意区域，也就是所检测到的板带钢表面的缺陷区域，如图 5.34 所示。

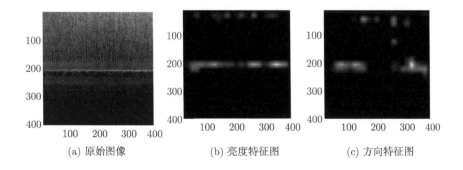

(a) 原始图像 　　　　(b) 亮度特征图 　　　　(c) 方向特征图

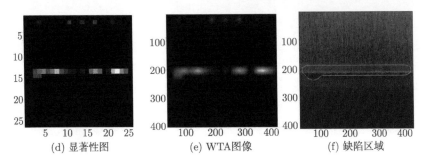

(d) 显著性图　　　　　　　　　(e) WTA图像　　　　　　　　　(f) 缺陷区域

图 5.34　焊缝类缺陷区域的检测结果

5.4.3　实验结果与分析

这里选择了生产现场采集到的几种典型缺陷进行实验分析，其中包括了对比度低的缺陷类型，缺陷类型依次为划伤、焊缝、夹杂、抬头纹、黄斑、锈斑、孔洞，如图 5.35 所示。

基于注意机制的检测模型可以先对图像中的可能目标对象进行检测，并对感兴趣区域进行加强，同时削弱背景因素的影响，从而能够更好地适应图像的质量变化、目标形变、同类间目标差异以及复杂的背景因素的干扰。从图 5.35 可以看

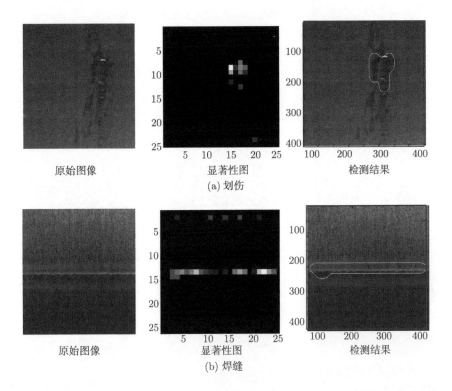

　　　原始图像　　　　　　　　　　　显著性图　　　　　　　　　　　检测结果
　　　　　　　　　　　　　　　　　　　(a) 划伤

　　　原始图像　　　　　　　　　　　显著性图　　　　　　　　　　　检测结果
　　　　　　　　　　　　　　　　　　　(b) 焊缝

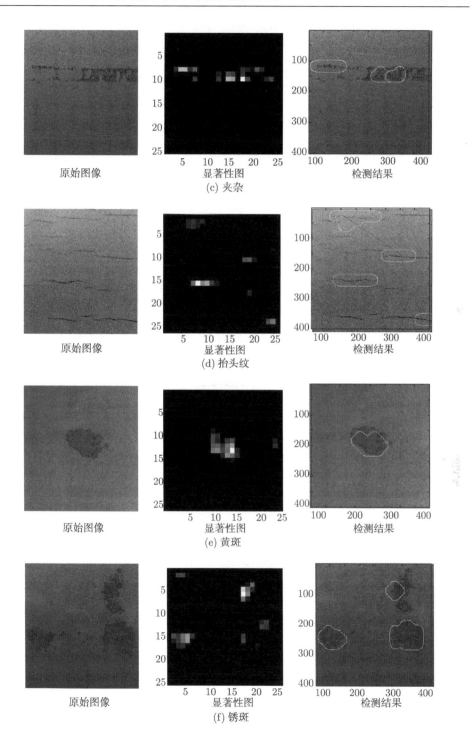

原始图像　　　　　　显著性图　　　　　　检测结果

(c) 夹杂

原始图像　　　　　　显著性图　　　　　　检测结果

(d) 抬头纹

原始图像　　　　　　显著性图　　　　　　检测结果

(e) 黄斑

原始图像　　　　　　显著性图　　　　　　检测结果

(f) 锈斑

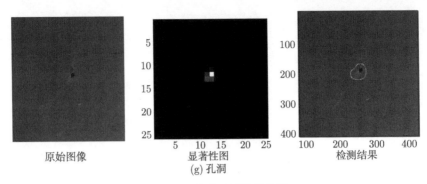

原始图像　　　　　　　　显著性图　　　　　　　　检测结果
(g) 孔洞

图 5.35　缺陷区域检测结果

出，所选取的 7 种典型缺陷都被准确地检测到，对于一幅图像存在多个缺陷区域的情况也能无遗漏地快速定位，该方法不受缺陷种类、大小和位置等因素的影响。实验中均是在 4 个尺度上计算方位特征，每检出一个缺陷目标的运算时间都不超过 100ms，可满足检测系统的实时性要求。表 5.2 给出相关的检测数据。

表 5.2　缺陷焦点坐标及检测时间

缺陷类型	划伤	孔洞	抬头纹	锈斑	夹杂	黄斑	焊缝
缺陷焦点位置	(235,142)	(203,193)	(114, 234) (370, 364) (294, 146) (103, 21)	(271, 85) (65, 252) (265, 247)	(271, 157) (67, 116) (221, 146)	(225,199)	(349,194)
缺陷检测时间/ms	95.4	93.5	93.9 178.6 259.1 393.4	94.2 163.0 272.9	97.3 161.6 214.2	96.9	95.9

5.5　板带钢表面微小缺陷检出方法

尽管目前已有各种各样的检测方法应用到板带钢表面缺陷检测中，然而并没有一种通用的方法适用于所有缺陷对象的检测，由于目前多数缺陷检测方法的检测精度仅为 0.5mm×0.5 mm，很显然使用这些方法检测微小缺陷目标是比较困难的。另外，表面微小缺陷图像的背景也比较杂乱，这进一步增加了缺陷检测的难度。尽管这些杂乱的背景具有一定的纹理特征，但这些特征比规则的纹理具有更强的随机性。此外，由于粗糙的表面背景中夹杂着一定程度的类似噪声的干扰，这种干扰在一定程度上也给缺陷目标检测带来了困难。因此，有必要研究一种专门适合于板带钢表面微小缺陷的检测方法。

本节给出了一种基于显著凸活动轮廓模型(saliency convex active contour model, SCACM)的检测方法[100]。其基本思想是，引入显著提取技术凸显潜在的缺陷目标区域，并获得显著图像，所提取的显著图用以代替像素作为特征，鉴于这些特征的统计特性，可以将这些特征融入到基于局部活动轮廓的凸能量最小化函数中，进而求解函数得到最终检测结果。

5.5.1 含微小缺陷的硅钢板图像的基本特点

本节所研究的表面微小缺陷的图像均是在明域的布局方式下采集的，采集系统中所使用的 LED 光源为日本 CCS 公司生产的，型号为 HLND-1200-SW2。为了获取表面微小缺陷，这里使用了由德国 Basler 公司生产的面阵彩色 CCD 相机，型号为 acA640-90uc，相机分辨率为 658 像素 ×492 像素，帧数为 90 f/s。在实际图像采集中，相机的分辨率被调整为 640 像素 ×480 像素，使用的镜头为 55mm。

图 5.36(a) 展示了一幅硅钢板表面微小缺陷样本图像。从图 5.36(a) 中可以看出，该缺陷样本图像代表了实际硅钢板面积为 9.6mm×7.2 mm 的区域。同时，可以看到该缺陷样本图像主要包含两部分内容：感兴趣的微小缺陷目标区域和杂乱的背景。感兴趣的微小缺陷目标区域是主要检测的对象，而杂乱的背景对检测形成了很大的干扰。为了更好地说明微小缺陷目标的尺度问题，这里从原缺陷图像中提取了 60 像素 ×60 像素的区域。该像素区域在实际中代表了硅钢板的面积为 0.9mm×0.9 mm，图 5.36(b) 显示了裁剪出的区域。图 5.36(c) 显示了从裁剪区域提取出的缺陷面积，从图中可以看到该缺陷面积是由 6 像素 ×6 像素的区域组成，也就是代表了实际硅钢板的面积为 90μm × 90μm。

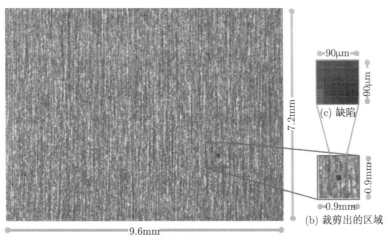

(c) 缺陷

(b) 裁剪出的区域

(a) 表面微小缺陷图像

图 5.36 表面微小缺陷样本图像

图 5.37 显示了缺陷样本图像的三维图，从图中可以看出杂乱的背景在整幅图像中具有较强的随机分布性。

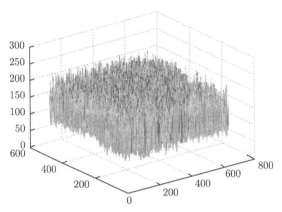

图 5.37　缺陷样本图 5.36 的三维图

图 5.38 则给出了纹理图像的结构性和随机性的示意图，图 5.38(a) 的墙体图像是由纹理基元按照确定的排列规则组成的，可以称为结构性纹理，图 5.38(b) 的织物纹理排列规则接近于结构化。而图 5.38(c) 的硅钢板图像则没有特定纹理基元的排列规律，呈现出较强的随机性，因而可称为随机性纹理。由此可以看出，呈现随机性分布的杂乱背景对缺陷目标的检测增加了较大的难度。此外，由于粗糙的表面背景中夹杂着一定程度的类似噪声的干扰，这种干扰在一定程度上也给缺陷目标检测带来了困难。

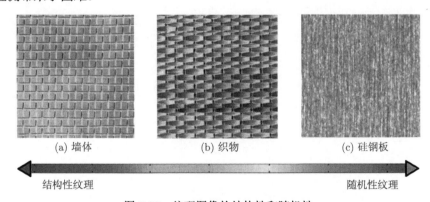

(a) 墙体　　　　　　　　　　(b) 织物　　　　　　　　　　(c) 硅钢板

结构性纹理　　　　　　　　　　　　　　　　　　　随机性纹理

图 5.38　纹理图像的结构性和随机性

5.5.2　基于显著活动轮廓模型的微小缺陷检出方法

基于显著活动轮廓模型的检测方法主要由两部分组成：为凸显潜在的缺陷目标区域，引入显著提取方法获得显著图像；然后将显著图像融入到一个凸能量最小化函数中，并进行求解。

1. 显著目标的提取

显著目标的提取是机器视觉检测中很重要的一个部分，主要应用于目标检测和图像分割。一个好的显著提取方法能够有效地凸显潜在的目标。然而，当前大部分显著提取方法产生的显著图存在分辨率较低和边界定义模糊等问题，有些方法的结果甚至出现错误的目标边界。

为了避免以上缺点，可采用频率调谐[101] 的方法，即使用颜色和亮度信息评估中心环绕的对比度。尽管频率调谐方法产生了更好分辨率的显著图像，并且获得了较好的显著目标边界，但是该方法在杂乱背景下凸显微小目标时并没有得到所期待的结果。因而，为改善频率调谐方法的性能，这里使用了对称环绕凸显的方法[102]。

对于输入图像 I，对称环绕凸显值 $S(x, y)$ 可以从下式获得：

$$S(x, y) = \|I_\mu(x, y) - I_f(x, y)\| \tag{5-48}$$

式中，$I_f(x, y)$ 为高斯模糊处理后其相应的 Lab 颜色空间下的向量值，$\|\cdot\|$ 为欧氏距离 L_2 范数。与频率调谐方法不同，$I_\mu(x, y)$ 是中心像素在 (x, y) 位置的子图像的 Lab 平均向量，其值可以从下式获得：

$$I_\mu(x, y) = \frac{1}{A} \sum_{i=x-x_0}^{x+x_0} \sum_{j=y-y_0}^{y+y_0} I(i, j) \tag{5-49}$$

式中，坐标 x_0，y_0 和子图像面积 A 为

$$\begin{aligned} x_0 &= \min(x, w - x) \\ y_0 &= \min(y, h - y) \\ A &= (2x_0 + 1)(2y_0 + 1) \end{aligned} \tag{5-50}$$

式中，w 和 h 分别为输入图像的宽和高。

现对称环绕凸显方法的计算过程进行简要说明，对于一幅输入图像，其显著图像的提取流程如图 5.39 所示。首先，使用 $N \times N$ 高斯滤波窗口对表面缺陷图像 (即图 5.39(a)) 进行滤波处理，获得滤波后图像 (即图 5.39(b))。将未滤波的表面缺陷图像和滤波后的表面缺陷图像进行颜色空间转换，即从 RGB 颜色空间转换到 Lab 颜色空间，从而分别得到 Lab 颜色空间下的表面缺陷图像 (即图 5.39(c)) 和滤波后的表面缺陷图像 (即图 5.39(d))。然后，在 Lab 颜色空间下，分别计算未滤波的表面缺陷图像的平均向量 $I_\mu(x, y)$ 和滤波后的表面缺陷图像的向量 $I_f(x, y)$。最后，将 $I_\mu(x, y)$ 和 $I_f(x, y)$ 代入式 (5.43) 中计算得到显著值 $S(x, y)$。

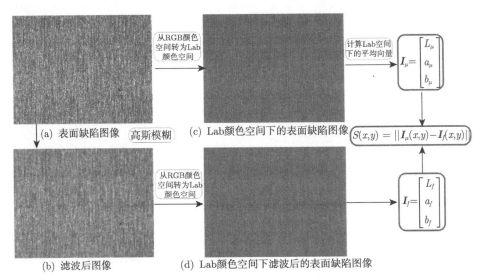

图 5.39　对输入的缺陷图像进行显著图像提取的示意图

对于输入的缺陷图像即图 5.39(a)，其计算得到的显著图和三维图如图 5.40 所示。从图 5.40(a) 可以看出，提取的显著图能够有效地抑制杂乱背景，并增加了感兴趣目标区域和杂乱背景的对比度。而且，从图 5.40(b) 可以清楚地看到一个峰值，即感兴趣目标区域和杂乱背景的差异很明显。因此，该三维图进一步确认了对称环绕凸显方法对表面微小缺陷凸显的有效性。

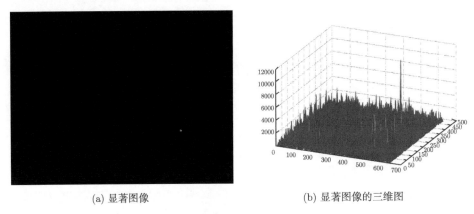

(a) 显著图像　　　　　　　　　　(b) 显著图像的三维图

图 5.40　缺陷图像的显著图及其三维图

2. 显著活动轮廓模型

上面所提取的显著图可以代替像素作为特征，鉴于这些特征的统计特性，可以将这些特征融入到基于局部活动轮廓的凸能量最小化函数中，进而获得显著凸活动轮廓模型。

定义局部活动轮廓的能量函数为

$$\min_{C} E\left(m_1, m_2, C\right) = \int_{C} L\left(s, C\right) \mathrm{d}s + \lambda \int_{\mathrm{inside}(C)} \left|S\left(x\right) - m_1\right|^2 \mathrm{d}x$$
$$+ \lambda \int_{\mathrm{outside}(C)} \left|S\left(x\right) - m_2\right|^2 \mathrm{d}x \tag{5-51}$$

式中，$L(s, C)$ 是关于曲线长度 C 的函数，s 是曲线长度 C 的积分变量，λ 为固定系数，$S(x)$ 是显著图，m_1 和 m_2 分别是曲线内外的图像灰度均值：

$$m_1 = \mathrm{mean}\left(S \in \left(\{x \in \Omega | \phi\left(x\right) < 0\} \bigcap W_k\left(x\right)\right)\right) \tag{5-52}$$

$$m_2 = \mathrm{mean}\left(S \in \left(\{x \in \Omega | \phi\left(x\right) > 0\} \bigcap W_k\left(x\right)\right)\right) \tag{5-53}$$

式中，$W_k\left(x\right)$ 是标准差为 σ 的局部高斯窗口，窗口大小为 $(4\sigma + 1) \times (4\sigma + 1)$。

对于式 (5-51)，通常使用水平集方法进行处理，其中 C 使用水平集函数 ϕ 来表示。因此，式 (5-51) 的水平集构架如下：

$$\min_{\phi} E\left(m_1, m_2, \phi\right) = \int \left|\nabla H\left(\phi\right)\right| + \lambda \cdot \int \left|S\left(x\right) - m_1\right|^2 H\left(\phi\right) \mathrm{d}x$$
$$+ \lambda \cdot \int \left|S\left(x\right) - m_2\right|^2 \left(1 - H\left(\phi\right)\right) \mathrm{d}x \tag{5-54}$$

式中，ϕ 是水平集函数，$H\left(\phi\right)$ 是海氏函数。

尽管水平集函数可以成功地对式 (5-51) 进行数值求解，但是式 (5-54) 是个非凸的能量最小化问题，也就是说最终的解要依托于初始轮廓。换句话说，无效的初始位置会导致错误的解。这里，最优化问题并不是线性和非线性的问题，而是凸与非凸的问题。为了解决非凸问题，提出以下新的显著活动轮廓模型。式 (5-54) 可以重构如下：

$$\min_{\phi \in \{0,1\}} E\left(m_1, m_2, \phi\right) = \int \left|\nabla \phi\right| + \lambda \cdot \int \left|S\left(x\right) - m_1\right|^2 \phi \mathrm{d}x + \lambda \cdot \int \left|S\left(x\right) - m_2\right|^2 \left(1 - \phi\right) \mathrm{d}x \tag{5-55}$$

为避免与水平集函数的区别，函数 ϕ 被替换为函数 u。函数 u 被限定在 $[0, 1]$ 范围内。因而式 (5-55) 可以重写为

$$\min_{u \in [0,1]} E\left(m_1, m_2, u\right) = \int \left|\nabla u\right| + \lambda \cdot \int \left|S\left(x\right) - m_1\right|^2 u \mathrm{d}x + \lambda \cdot \int \left|S\left(x\right) - m_2\right|^2 \left(1 - u\right) \mathrm{d}x \tag{5-56}$$

式 (5-56) 的最小值即为显著凸活动轮廓模型的解，即

$$\min_{u \in [0,1]} E^{\mathrm{SCACM}}\left(m_1, m_2, u\right) = \int \left|\nabla u\right| \mathrm{d}x + \lambda \cdot \int r \cdot u \mathrm{d}x \tag{5-57}$$

其中, $\int |\nabla u| \mathrm{d}x$ 是 u 的全变差, r 的定义为

$$r = |S(x) - m_1|^2 - |S(x) - m_2|^2 \tag{5-58}$$

由于水平集方法中的数值解法相对较慢, 为了快速地求解式 (5-57), 引入新的向量变量 $\boldsymbol{d}$, 式 (5-58) 改写成

$$\min_{u \in [0,1], \boldsymbol{d}} E^{\mathrm{SCACM}}(m_1, m_2, u) = \int |\boldsymbol{d}| + \lambda \cdot r \cdot u \mathrm{d}x, \quad \boldsymbol{d} = \nabla u \tag{5-59}$$

采用 Bregman 迭代方法保证 $\boldsymbol{d} = \nabla u$, 并引入迭代参数 $\boldsymbol{b}$, 则上式变为如下形式:

$$\begin{cases} \left(u^{k+1}, \boldsymbol{d}^{k+1}\right) = \min_{u \in [0,1], \boldsymbol{d}} \int |\boldsymbol{d}| + \lambda \cdot r \cdot u + \dfrac{\mu}{2}\left|\boldsymbol{d} - \nabla u - \boldsymbol{b}^k\right| \mathrm{d}x, \quad k \geqslant 0 \\ \boldsymbol{b}^{k+1} = \boldsymbol{b}^k + \nabla u^{k+1} - \boldsymbol{d}^{k+1} \end{cases} \tag{5-60}$$

由变分法原理, 得到最优解满足如下表达式:

$$\mu \Delta u = \lambda \cdot r + \mu \cdot \mathrm{div}\left(\boldsymbol{d}^k - \boldsymbol{b}^k\right), \quad u \in [0,1] \tag{5-61}$$

采用 Gauss-Seidel 迭代方法求解 u^{k+1}:

$$\begin{cases} \alpha_{i,j} = \boldsymbol{d}_{i-1,j}^{x,k} - \boldsymbol{d}_{i,j}^{x,k} - \boldsymbol{b}_{i-1,j}^{x,k} + \boldsymbol{b}_{i,j}^{x,k} + \boldsymbol{d}_{i,j-1}^{y,k} - \boldsymbol{d}_{i,j}^{y,k} - \boldsymbol{b}_{i,j-1}^{y,k} + \boldsymbol{b}_{i,j}^{y,k} \\ \beta_{i,j} = \dfrac{1}{4}\left(u_{i-1,j}^{k,n} + u_{i+1,j}^{k,n} + u_{i,j-1}^{k,n} + u_{i,j+1}^{k,n} - \dfrac{\lambda}{\mu}r + \alpha_{i,j}\right) \\ u_{i,j}^{k+1,n+1} = \max\left\{\min\left\{\beta_{i,j}, 1\right\}, 0\right\} \end{cases} \tag{5-62}$$

通过软阈值得到 $\boldsymbol{d}^{k+1}$ 的最优解:

$$\boldsymbol{d}^{k+1} = \frac{\nabla u^{k+1} + \boldsymbol{b}^k}{\left|\nabla u^{k+1} + \boldsymbol{b}^k\right|} \max\left(\left|\nabla u^{k+1} + \boldsymbol{b}^k\right| - \mu^{-1}, 0\right) \tag{5-63}$$

综上所述, 本节中提出的基于显著活动轮廓模型检测方法的流程图如图 5.41 所示。

3. 实验结果与分析

为了评估提出的检测方法的性能, 选取了两种典型的表面微小缺陷, 即微小点状缺陷和凹痕缺陷。

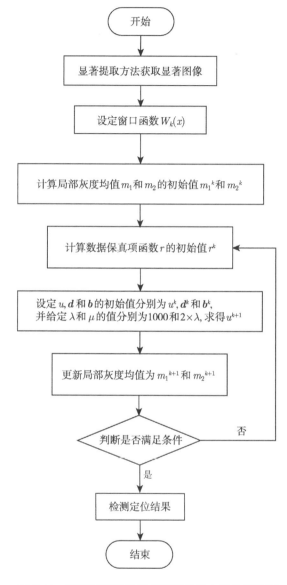

图 5.41 基于显著活动轮廓模型检测方法的流程图

1) 实验执行细节

SCACM 方法中的几个重要参数设置如下：高斯模糊窗口的大小设置为 5×5；局部高斯窗口的 σ 值设置为 3×3，权重系数 λ 和调整项 μ 的值分别为 10 和 1000。此外，为了进行对比实验，这里选取了 SBM (split bregman method) 对表面微小缺陷进行检测。为了评估这些方法的性能，这里选择了以下性能评估指标：正确

检测个数 (the number of true detection, NTD)；错误检测个数(the number of false detection, NFD)；丢失检测个数 (the number of missed detection, NMD)。

2) 微小点状缺陷的结果与分析

微小点状缺陷是表面微小缺陷中最常见的一种缺陷类型，该缺陷在图像中所占的像素面积一般为 6×6 的像素区域。这里，同时使用 SBM 和 SCACM 方法对点状缺陷图像进行检测。图 5.42 展示了使用两种方法对点状缺陷图像 1 和 2 进行检测的结果，从图 5.42(c) 和图 5.42(d) 中可以看到 SBM 在杂乱背景的缺陷图像中可以检测到微小缺陷目标，但同时该方法的错误检测个数很高。与 SBM 相反，从图 5.42(e) 和图 5.42(f) 中可以看到 SCACM 方法不仅完全检测出了表面微小缺陷目标，同时降低了错误检测个数，表现出更好的检测性能。

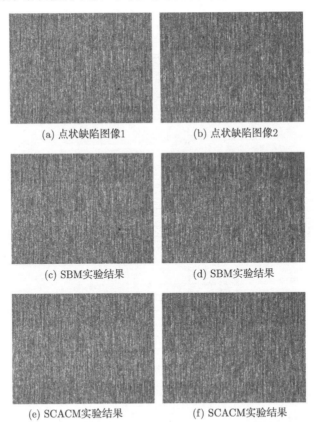

图 5.42　对点状缺陷图像 1 和 2 使用不同方法的实验结果 (后附彩图)

为进一步评估这两种方法在微小点状缺陷图像检测时的性能，现对另外的 18 个微小点状缺陷图像进行实验。为描述方便起见，这里对微小点状缺陷图像进行了简写，即微小点状缺陷图像(spot-defect image) 简写为 SDI，例如，微小点状缺陷图像 3(spot-defect image 3) 简写为 SDI_3。图 5.43 展示了两种对微小点状缺陷图像 3~8(SDI_3~SDI_8) 进行检测的实验结果。很显然，从图像中可以看到 SBM 由于杂乱背景的干扰问题而检测出了太多的错误目标。尽管 SCACM 方法在微小点状缺陷图像 7(SDI_7) 中检测出两个错误目标，但是该方法在其余图像中几乎检测出了所有缺陷目标而没有任何错误检测。表 5.3 给出了两种方法在检测微小点状缺陷图像 3~8 时的性能评估指标。从该表中可以看到两种方法得到了相同的 NTD，而 SBM 的 NFD 远高于 SCACM 方法的 NFD。此外，除了微小点状缺陷图像 8(SDI_8)，两种方法没有丢失检测，即 NMD 的值为 0。

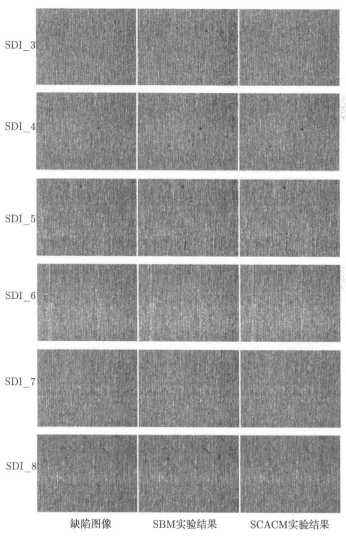

图 5.43　对点状缺陷图像 (SDI_3~SDI_8) 使用不同方法的实验结果 (后附彩图)

表 5.3　　评估两种方法对点缺陷检测的性能

缺陷图像	方法	NTD	NFD	NMD
SDI_1	SBM	1	37	0
	SCACM	1	0	0
SDI_2	SBM	1	179	0
	SCACM	1	1	0
SDI_3	SBM	1	80	0
	SCACM	1	0	0
SDI_4	SBM	2	34	0
	SCACM	2	0	0
SDI_5	SBM	1	32	0
	SCACM	1	0	0
SDI_6	SBM	1	19	0
	SCACM	1	0	0
SDI_7	SBM	1	24	0
	SCACM	1	2	0
SDI_8	SBM	3	33	0
	SCACM	2	0	1

　　由于在上述实验结果中的 SCACM 方法的性能远比 SBM 的性能要好，因而图 5.44 仅给出了 SCACM 方法对微小点状缺陷图像 9~20(SDI_9~SDI_20) 的检测实验结果。而图 5.45 给出了两种方法对微小点状缺陷图像 1~20(SDI_1~SDI_20) 的

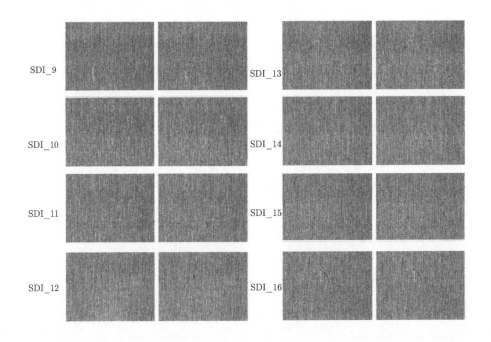

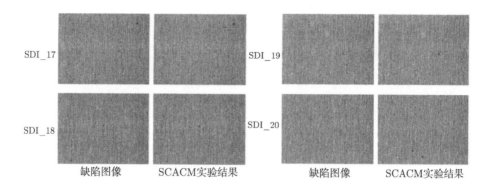

图 5.44 对点状缺陷图像 (SDI_9~SDI_20) 使用 SCACM 方法的实验结果 (后附彩图)

NFD 值。从图 5.45 中可以清楚地看到 SBM 的 NFD 的平均值为 65，而 SCACM 方法的 NFD 的平均值仅为 0.5，这就验证了 SCACM 方法对检测微小点状缺陷的有效性。

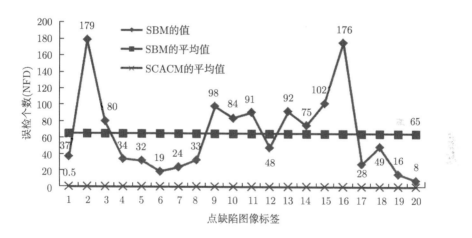

图 5.45 对点缺陷图像 (SDI_1~SDI_20) 使用不同方法的 NFD 值

3) 凹痕缺陷的结果与分析

凹痕缺陷也是表面微小缺陷中常见的一种缺陷类型，与点状缺陷不同，凹痕缺陷的形状像一条线，而且比点状缺陷亮。图 5.46 给出了凹痕缺陷图像与显著图及其三维图，从图 5.46(c) 中可以看到杂乱背景在显著图中已经被抑制。而且，从图 5.46(b) 和图 5.46(d) 的对比图中可以看到，感兴趣的缺陷目标区域和杂乱背景之间的差异得到了增强。

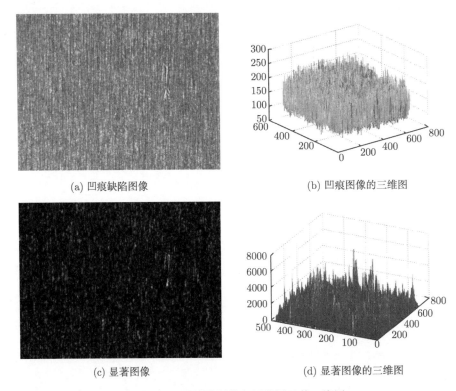

图 5.46　　凹痕缺陷图像与显著图及其三维图

图 5.47 展示了使用两种方法对凹痕缺陷图像 1 和 2 进行检测的结果，从图 5.47(c) 和图 5.47(d) 中可以看到 SBM 在杂乱背景的缺陷图像中可以检测到凹痕缺陷目标，但同时该方法的错误检测个数很高。然而，从图 5.47(e) 和图 5.47(f) 中可以看到 SCACM 方法不仅完全检测出了凹痕缺陷目标，同时降低了错误检测个数，表现出更好的检测性能。

同样地，为了更好地评估这两种方法在凹痕缺陷图像检测时的性能，这里也对另外的 13 个凹痕缺陷图像进行同样的实验。将凹痕缺陷图像 (steel-pit-defect image) 简写为 SPDI，例如，凹痕缺陷图像 3(steel-pit-defect image 3) 简写为 SPDI_3。图 5.48 展示了两种方法对凹痕缺陷图像 3~7(SPDI_3~SPDI_7) 进行检测的实验结果。很显然，从图像可以看到 SBM 由于杂乱背景的干扰问题而检测出了太多的错误目标。尽管 SCACM 方法在凹痕缺陷图像 7(SPDI_7) 中也检测出一个错误目标，但是该方法在其余图像中几乎检测出了所有缺陷目标而没有任何错误检测。表 5.4 给出了两种方法在检测凹痕缺陷图像 1~7 时的性能评估指标。从该表中可以看到两种方法几乎得到了相同的 NTD 值，而 SBM 的 NFD 远高于 SCACM 方法的 NFD。而且，SBM 在凹痕缺陷图像 1(SPDI_1) 和凹痕缺陷图像 7(SPDI_7)

结果中的 NMD 都为 1, 而 SCACM 方法则没有检测丢失的情况, 即 NMD 的值为 0。

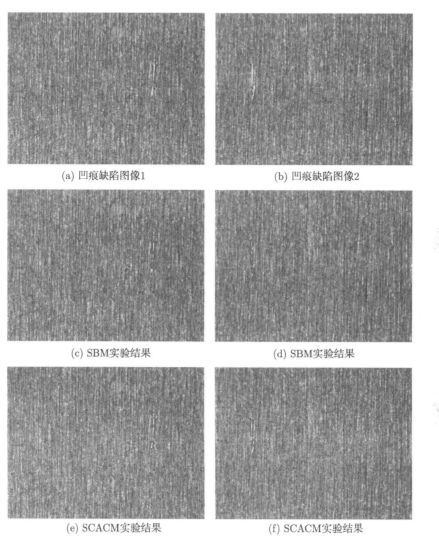

(a) 凹痕缺陷图像1　　　　　　　　　　　　(b) 凹痕缺陷图像2

(c) SBM实验结果　　　　　　　　　　　　(d) SBM实验结果

(e) SCACM实验结果　　　　　　　　　　　　(f) SCACM实验结果

图 5.47　对凹痕缺陷图像 1 和 2 使用不同方法的实验结果 (后附彩图)

SPDI_3

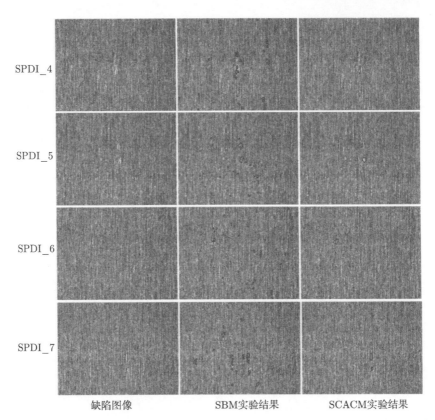

图 5.48　对凹痕缺陷图像 (SPDI_3~SPDI_7) 使用不同方法的实验结果 (后附彩图)

表 5.4　评估两种方法对凹痕缺陷检测的性能

缺陷图像	方法	NTD	NFD	NMD
SPDI_1	SBM	2	16	0
	SCACM	2	0	0
SPDI_2	SBM	2	19	0
	SCACM	2	0	0
SPDI_3	SBM	0	38	1
	SCACM	1	0	0
SPDI_4	SBM	1	31	0
	SCACM	1	0	0
SPDI_5	SBM	2	28	0
	SCACM	2	0	0
SPDI_6	SBM	2	28	0
	SCACM	2	0	0
SPDI_7	SBM	1	26	1
	SCACM	2	1	0

由于在上述实验结果中的 SCACM 方法的性能远比 SBM 的性能要好，因而图 5.49 仅给出了 SCACM 方法对凹痕缺陷图像 8~15(SPDI_8~SPDI_15) 的检测实验结果。而图 5.50 给出了两种方法对凹痕缺陷图像 1~15(SPDI_1~SPDI_15) 的 NFD 值。从图 5.50 中可以清楚地看到 SBM 的 NFD 的平均值为 22，而 SCACM 方法的 NFD 的平均值仅为 0.5，因此，这也就验证了 SCACM 方法对检测凹痕缺陷的有效性。

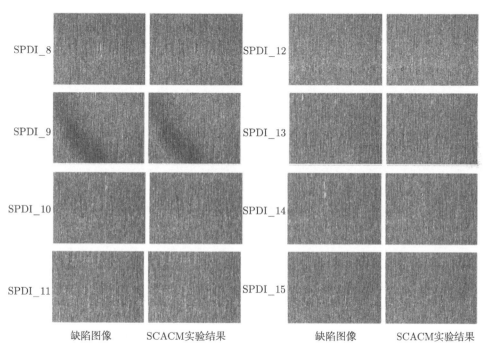

图 5.49 对凹痕缺陷图像 (SPDI_8~SPDI_15) 使用 SCACM 方法的实验结果 (后附彩图)

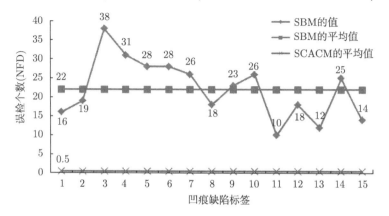

图 5.50 对凹痕缺陷图像 (SPDI_1~SPDI_15) 使用不同方法的 NFD 值

第6章 图像特征提取与分析

6.1 概　　述

第 5 章介绍了缺陷的分割及定位，也就是从大量的检测对象中分割出有缺陷的部分并且将缺陷图片定位出来，接下来就是要对缺陷图像进行分析。我们都知道，图像是由像素构成的，缺陷当然也是许多像素的集合，但是单从像素角度我们很难对缺陷进行识别。例如，同样是裂缝的两幅缺陷图像，由于明暗、颜色等不同，它们的像素值不会完全相同，还有可能会有较大的差异，因此无法单从像素的角度将它们归为裂缝这类缺陷。那么怎样才能让这些像素体现出缺陷的信息呢？答案就是提取特征。用特征来代表缺陷像素，图像特征可以看成是像素信息的一种抽象化表示。例如，有一幅 20×20 的图像，我们可以通过一些特征提取的方法将这 400 个像素抽象为由 10 个数字组成的一个列向量，那么这个列向量就是这幅图的一个特征表达。如果特征提取的方法合适，那么相似的图像所提取的特征是相同或相似的。本章主要介绍我们在缺陷图像特征提取方面的最新研究成果。

为了更好地掌握本章相关的内容，先来了解一下经常容易混淆的几个概念：

(1) 图像特征：图像特征是指图像的原始特性或属性。

(2) 特征提取：特征提取即提取缺陷图像的特征信息，是后续缺陷识别的重要依据。

(3) 组合特征提取：不同种类的特征从不同的方面描述了图像所含的信息，每种特征有其各自的特点，描述了图像的不同特征。为了提高图像识别分类效果，通常会提取图像的多种特征。通过对不同种类特征的组合使用，可以从多方面对图像进行描述，提供丰富的图像信息，从而有利于图像的分类识别。

但随着特征维数的增多，有时会带来维数灾难，因此要对多维特征进行分析、选择、降维，选出规模与性能较好的特征组合进行应用。

(4) 特征选择：特征选择是从不同的原始特征中选取出一些最有代表性的特征，并通过权值进行加权处理，达到减少输入维数的目的。

(5) 特征降维：特征降维就是将提取出的图像原始多维特征，通过特征空间从高维到低维的映射 (或称变换) 的方法，把多维特征变换为维数较少的新特征，从而减少后续计算的空间复杂性和运算复杂性，提高处理速度，便于缺陷分类。

在机器视觉检测系统中，随着研究的深入和图像处理技术的发展，涌现出一大批图像特征提取方法,因而也就出现了各式各样的图像特征。总体上,可将这些特征分为以下几类,即几何特征、统计特征、变换域特征以及其他一些特征,如纹理特征、投影特征、拓扑特征以及代数特征等。而提取何种图像特征,如何选择图像特征进行识别,以及图像特征的提取方式都直接影响着最终缺陷检测的效果。对于板带钢表面缺陷图像的识别,并非是提取缺陷的图像特征越多越好,相反,图像特征越多,不仅会造成运算复杂,影响缺陷检测的实时性,而且往往会在图像特征之间产生所谓的"互抵效应",使得缺陷图像识别率反而降低,这也是目前板带钢缺陷图像识别中最令人头疼的问题之一[103]。第 7 章将讨论相关的特征组合问题。

6.2 缺陷图像的基本特征

6.2.1 几何特征

几何特征是目标的基本特征。缺陷图像的几何特征主要包括缺陷的周长、面积、长度、形状度、矩形度、伸长度、线度、重心和压缩度等。所谓提取缺陷图像的几何特征,就是要提取反映缺陷的几何特征参数,不同缺陷的几何特征参数通常也是不同的,据此就可把几何特征参数作为判别不同缺陷的一个参量。例如,在完成二值图像的轮廓提取后,就可以利用轮廓信息来获得缺陷周长和缺陷面积等几个缺陷特征参量。

几何矩是由 Hu[104] 在 1962 年提出的一种几何不变量表示,通过其构造的几何矩不变量,保证了在对缺陷图像进行几何变换时,具有平移、旋转和尺度的不变性,并以此作为缺陷图像的特征进行识别,已经得到成功的应用。

下面从几何特征参量和矩特征两方面来介绍图 6.1 所示缺陷图像的相关几何特征。

(a) 锈斑

(b) 划伤

图 6.1 几何特征

1. 几何特征参量

(1) 缺陷周长 (C)：缺陷区域的周长，也就是缺陷区域边界长度之和。缺陷的周长越长，可视为缺陷越严重，对表面质量的影响就越大。通常，可简单地利用二值图像对缺陷边界上像素个数的统计来获取周长特征参数。

这里，给出一种更为准确的采用链码法来计算缺陷周长的方法。用于描述曲线的方向链码法是由 Freeman 提出的，该方法采用曲线起始点的坐标和曲线的斜率(方向) 来表示曲线，链码用于表示由顺次连接的具有指定长度和方向的直线段组成的边界线。对于数字图像而言，区域的边界可理解为相邻边界像素之间的单元连线逐段相连而成。

设 $X_0 C_1 C_2 C_3 \cdots C_n$($X_0$ 表示起始点的坐标位置点，符号 C_i 表示码字，$C_i \in \{0, 1, 2, \cdots, 7\}$) 表示一个链码，如果每个码字所表示的距离用欧几里得距离度量，则

$$\Delta L = \begin{cases} 1, & C_i \in \{0, 2, 4, 6\} \\ \sqrt{2}, & C_i \in \{1, 3, 5, 7\} \end{cases} \tag{6-1}$$

则缺陷的周长为

$$C = \sum_{i=1}^{n} \Delta L_i \tag{6-2}$$

(2) 缺陷的面积 (S)：缺陷区域的大小。缺陷面积是缺陷的一个基本特征，可以利用前面处理后生成的二值图像，对缺陷边界内像素个数的统计来获取面积的特征值。

设缺陷图像 $f(x,y)$ 的大小为 $m \times n$，对二值图像有：目标物 (即缺陷)$f_o(x,y)=1$，背景 $f_b(x,y)=0$，则缺陷的面积 S 为

$$S = \sum_{x=0}^{m-1} \sum_{y=0}^{n-1} f_o(x, y) \tag{6-3}$$

(3) 缺陷长度 (L)：缺陷长度是影响缺陷严重程度的一个因素，在面积一定的情况下，缺陷的长度越长，对表面质量的影响范围就越大。

对于区域为 $m \times n$ 的二值图像 $f(x,y)$，在 x 轴上的灰度投影为

$$p(x) = \sum_{y=0}^{n-1} f(x, y), \quad x = 0, 1, 2, \cdots, m-1 \tag{6-4}$$

在 y 轴上的灰度投影为

$$p(x) = \sum_{y=0}^{m-1} f(x, y), \quad y = 0, 1, 2, \cdots, n-1 \tag{6-5}$$

由上面两式所给出的曲线都是一维离散波形曲线。这样，就把二维图像的形状分析化为对一维离散曲线的波形分析。

对 x 轴上的投影进行分析，求得 $p(x)$ 序列中不为零的 $p(x)$ 的个数 X。

对 y 轴上的投影进行分析，求得 $p(y)$ 序列中不为零的 $p(y)$ 的个数 Y。

缺陷的长度利用如下公式求得：

$$L = \sqrt{X^2 + Y^2} \tag{6-6}$$

(4) 缺陷形状因子 (Q)：也称缺陷的圆形度，是根据缺陷区域的周长和缺陷区域的面积计算出来的。其定义为

$$Q = \frac{C^2}{4\pi S} \tag{6-7}$$

其中，C 为缺陷周长；S 为缺陷面积。

形状因子在一定程度上描述了缺陷区域的紧凑性，反映了缺陷区域的形状紧凑程度，即当圆形度较小时，表明形状比较密集紧凑。可以看出，在同样面积情况下，当圆形缺陷边界光滑时 Q 为 1，而当边界呈现凹凸变化时，其周长将增加，Q 值也随之变大。

(5) 缺陷的矩形度 (T)：缺陷的面积与缺陷的最小外接矩形面积之比，反映了缺陷区域与矩形的偏离程度。当缺陷区域为矩形时，T 取最大值 1，其计算式为

$$T = S/(L \cdot W) \tag{6-8}$$

其中，C 为缺陷的长度，W 为缺陷的宽度。

(6) 缺陷区域细长比 (H)：度量缺陷区域的细长比，即区域的宽和长的比值。一般可以先确定出缺陷的最左边、最右边、最上边和最下边的点的坐标，求得缺陷所在区域的宽 w 和长 l，这个缺陷区域构成一个矩形。缺陷区域细长比的定义为

$$H = w/l \tag{6-9}$$

细长比在一定程度上也描述了缺陷区域的紧凑程度。

(7) 缺陷的线度 (X)：反映了单位边界长度所围缺陷面积的大小。其计算公式为

$$X = \frac{S}{C} \tag{6-10}$$

(8) 缺陷的质心：质心坐标 $(\bar{x}, \bar{y})$ 由下式计算得到。

$$\bar{x} = \frac{1}{S} \sum_{x=0}^{m-1} x \tag{6-11}$$

$$\bar{y} = \frac{1}{S} \sum_{y=0}^{n-1} y \tag{6-12}$$

2. 矩特征

矩特征是借用力学中 "矩" 的概念，就是将区域内部的像素作为质点，像素的坐标作为力臂，从而以各阶矩的形式来表示区域形状特征，它具有很好的几何不变性[105]，可用作缺陷图像的重要特征。对于给定的二维连续函数 $f(x,y)$，其 pq 阶矩由下式定义给出：

$$M_{pq} = \int_{-\infty}^{+\infty} \int_{-\infty}^{+\infty} x^p y^q f(x,y)\mathrm{d}x\mathrm{d}y, \quad p,q = 0,1,2 \tag{6-13}$$

对一幅数字化图像 $\{f(x,y), x = 0,1,\cdots,m-1; y = 0,1,\cdots,n-1\}$ 而言，其 pq 阶矩为

$$M_{pq} = \sum_{y=0}^{n-1} \sum_{x=0}^{m-1} f(x,y) x^p y^q \tag{6-14}$$

不同 p、q 值下可以得到不同的图像矩 M_{pq}，零阶矩就表示了图像的 "质量"，对缺陷而言，"质量" 就表示缺陷面积，由式 (6-3) 和式 (6-14) 可知

$$S = M_{00} \tag{6-15}$$

图像的一阶矩 (M_{01}, M_{10}) 则可用于确定图像的质心 $(\bar{x}, \bar{y})$，由式 (6-11)、式 (6-12) 及式 (6-14)，可得

$$(\bar{x}, \bar{y}) = \left(\frac{M_{10}}{M_{00}}, \frac{M_{01}}{M_{00}} \right) \tag{6-16}$$

若将坐标原点移至 $(\bar{x}, \bar{y})$ 处，可得到图像位移不变的中心矩，即

$$\overline{M}_{pq} = \sum_{y=0}^{n-1} \sum_{x=0}^{m-1} f(x,y)(x - \bar{x})^p (y - \bar{y})^q \tag{6-17}$$

由二阶、三阶中心矩可以求得

$$M_1 = \overline{M}_{20} + \overline{M}_{02} \tag{6-18}$$

$$M_2 = \left(\overline{M}_{20} - \overline{M}_{02} \right)^2 + 4\overline{M}_{11}^2 \tag{6-19}$$

$$M_3 = \left(\overline{M}_{30} - 3\overline{M}_{12} \right)^2 + (3\overline{M}_{21} - \overline{M}_{03})^2 \tag{6-20}$$

$$M_4 = \left(\overline{M}_{30} + \overline{M}_{12} \right)^2 + \left(\overline{M}_{21} + \overline{M}_{03} \right)^2 \tag{6-21}$$

$$M_5 = \left(\overline{M}_{30} - 3\overline{M}_{12} \right) \left(\overline{M}_{30} + \overline{M}_{12} \right) \left[\left(\overline{M}_{30} + \overline{M}_{12} \right) - 3 \left(\overline{M}_{03} + \overline{M}_{21} \right)^2 \right]$$
$$+ \left(3\overline{M}_{21} - \overline{M}_{03} \right) \left(\overline{M}_{21} + \overline{M}_{03} \right) \left[3(\overline{M}_{30} + \overline{M}_{12})^2 - \left(\overline{M}_{03} + \overline{M}_{21} \right)^2 \right] \tag{6-22}$$

$$M_6 = \left(\overline{M}_{20} - \overline{M}_{02}\right)\left[(\overline{M}_{12} + \overline{M}_{30})^2 - (\overline{M}_{21} + \overline{M}_{03})^2\right] + 4\overline{M}_{11}\left(\overline{M}_{12} + \overline{M}_{30}\right)\left(\overline{M}_{21} + \overline{M}_{03}\right)$$
$$(6\text{-}23)$$

$$M_7 = \left(3\overline{M}_{21} - \overline{M}_{03}\right)\left(\overline{M}_{30} + \overline{M}_{12}\right)\left[\left(\overline{M}_{30} + \overline{M}_{12}\right)^2 - 3\left(\overline{M}_{03} + \overline{M}_{21}\right)^2\right]$$
$$+ \left(3\overline{M}_{21} - \overline{M}_{03}\right)\left(\overline{M}_{21} + \overline{M}_{03}\right)\left[3\left(\overline{M}_{30} + \overline{M}_{12}\right)^2 - \left(\overline{M}_{03} + \overline{M}_{21}\right)^2\right] \quad (6\text{-}24)$$

可以证明，上述 7 个矩都具有平移、旋转和比例的不变性。

表 6.1 给出了图 6.2 所示四类缺陷样本的上述 7 个矩特征实际计算值。

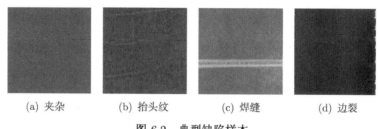

(a) 夹杂　　　　(b) 抬头纹　　　　(c) 焊缝　　　　(d) 边裂

图 6.2　典型缺陷样本

表 6.1　不变矩特征值

缺陷类型		M_1	M_2	M_3	M_4	M_5	M_6	M_7
边裂	样本 1	20.9506	22.1785	31.9914	40.4471	12.1283	55.0737	80.3702
	样本 2	23.2493	35.6417	9.5517	9.6251	0.5419	16.4892	7.4701
	样本 3	20.5327	49.7692	31.3133	28.7423	4.0002	30.3454	76.3875
焊缝	样本 1	14.0686	0.0646	0.3827	0.5505	0.0002	−0.0390	−0.0251
	样本 2	14.8935	0.2836	1.1281	0.7157	0.0026	−0.1198	−0.0584
	样本 3	14.6992	2.1603	0.3985	0.1387	−0.0001	−0.0413	−0.0027
夹杂	样本 1	16.9255	3.2693	0.9620	0.2015	0.0005	−0.0028	−0.0071
	样本 2	17.8564	7.2910	1.2541	0.1409	0.0004	−0.0547	−0.0037
	样本 3	13.3030	0.2748	0.1660	0.3174	0.0004	0.0294	0.0055
抬头纹	样本 1	22.9754	0.4574	0.7716	0.3587	−0.0018	−0.0515	0.0024
	样本 2	23.1526	3.6152	0.1721	0.2649	0.0005	−0.1578	0.0003
	样本 3	21.5652	1.6770	0.0172	0.0564	−0.0000	−0.0204	−0.0000

6.2.2　统计特征

所谓统计特征，就是将图像局部或所有像素共有的特性进行统计分析所得到的图像特征。例如，对缺陷图像区域像素的灰度最大值、最小值以及均值与方差的统计分析、灰度直方图统计分析等。事实上，灰度直方图的统计特征包含了灰度均值、方差、扭曲度、峰度、能量、熵及梯度等统计特征。

1. 直方图统计特征

直方图统计特征是最常用的统计特征之一，灰度直方图是灰度级的函数，所描述的是图像中具有该灰度级的像素的个数, 一般用横坐标表示灰度级, 纵坐标则是该灰度出现的频率 (像素的个数)。设图像的灰度值量化为 j 个灰度级, 令 $i = 0, 1, 2, \cdots, j-1$, 第 i 个灰度级的像素总数为 $N(i)$, 而整幅图像的像素总数为 M, 那么灰度 i 出现的概率为

$$p(i) = \frac{N(i)}{M}, \quad i = 0, 1, \cdots, j-1 \tag{6-25}$$

图 6.3 所示的是图 6.1 所示缺陷图像的一阶灰度直方图。直方图的形状提供了图像特征的许多信息。当直方图表现为较窄的单峰时, 说明图像中的灰度反差较低; 当直方图出现双峰时, 说明图像中有不同亮度的两种区域, 如果直方图的峰值显示出偏向低亮度, 那么图像的平均亮度就比较低。灰度直方图虽然不一定能反映图像的纹理特征, 但它是一幅图像最基本的灰度特征度量。从统计角度看, 直方图代表了区域的概率密度函数。因此, 它的统计测度可以作为相互类别之间的特征差异[101]。

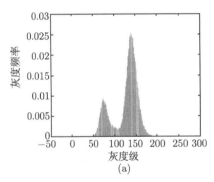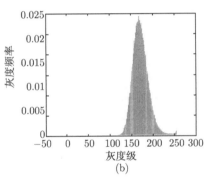

图 6.3　灰度直方图

可以对一阶灰度直方图进一步提取下述统计特征:

(1) 灰度均值 μ(灰度分布对原点的 1 阶矩):

$$\mu = \sum_{i=0}^{L-1} i \times p(i) \tag{6-26}$$

(2) 灰度方差 σ^2, 是对图像灰度分布离散性的度量:

$$\sigma^2 = \sum_{i=0}^{L-1} (i - \mu)^2 \times p(i) \tag{6-27}$$

(3) 扭曲度 (又称偏度)S, 是对图像的灰度分布偏离对称情况的一种量度:

$$S = \frac{1}{\sigma^3} \sum_{i=0}^{L-1} (i - \mu)^3 \times p(i) \tag{6-28}$$

(4) 峰度 K，描述了图像的灰度分布情况：

$$K = \frac{1}{\sigma^4} \sum_{i=0}^{L-1} (i - \mu)^4 \times p(i) \tag{6-29}$$

(5) 图像的能量 E：

$$E = \sum_{i=0}^{L-1} (p(i))^2 \tag{6-30}$$

(6) 图像的熵 H：

$$H = -\sum_{i=0}^{L-1} p(i) \times \log p(i) \tag{6-31}$$

其中，L 代表灰度级数，这里 $L=256$。

表 6.2 给出了图 6.2 所示四类缺陷样本的上述 6 个直方图统计特征的实际计算值。

表 6.2　直方图统计特征值

缺陷类型		均值 μ	方差 σ^2	扭曲度 S	峰度 K	能量 E	熵 H
边裂	样本 1	83.6426	60.8248	0 .0143	4.7512	2.6211	1.7142
	样本 2	77.4793	53.5893	0 .0116	4.7569	4.4552	2.0001
	样本 3	87.6613	67.6993	0 .0216	4.5803	1.6716	1.6228
焊缝	样本 1	117.4752	15.2471	0.0379	3.6386	5.2961	2.2771
	样本 2	111.5052	17.9475	0.0365	3.6678	3.8587	2.1389
	样本 3	110.9783	18.1538	0.0371	3.6638	3.8354	2.1422
夹杂	样本 1	100.1728	32.0664	0.0095	4.8608	0.6543	0.1628
	样本 2	92.8618	32.4359	0.0095	4.8447	0.1501	0.0918
	样本 3	124.4459	29.4312	0 .0113	4.6855	0.2966	0.2016
抬头纹	样本 1	73.1399	17.8167	0 .0171	4.2755	1.8152	0.3767
	样本 2	71.5283	17.6993	0 .0172	4.2679	1.8194	0.4173
	样本 3	77.8298	18.1251	0 .0168	4.2965	1.4728	0.1965

2. 灰度共生矩阵特征

灰度共生矩阵又称灰度共现矩阵，是图像灰度的二阶统计度量。灰度共生矩阵 $[p(i,j)|d,\theta]$ 的第 i 行第 j 列元素 $p(i,j|d,\theta)$ 表示在 θ 方向上，相隔 d 个像素距离的一对像素分别具有灰度值为 i 和 j 的出现概率 (频数)。灰度共生矩阵 $[p(i,j|d,\theta)]$ 反映了图像灰度分布关于方向、局部邻域和变化幅度的综合信息，但它并不能直接提供区别纹理的特性，还需从 $[p(i,j|d,\theta)]$ 进一步提取纹理特征，如熵、能量等。这就说明灰度共生矩阵特征是一个二次统计量特征。常用的特征参数主要有以下几种。

(1) 角二阶矩 (能量)。

$$h_1 = \sum_{i=0}^{L-1} \sum_{j=0}^{L-1} p^2(i,j) \tag{6-32}$$

角二阶矩是图像灰度分布均匀性的度量。当灰度共生矩阵中的非零元素分布较集中于主对角线时,说明从局部区域观察图像的灰度分布是较均匀的。从图像整体来观察,图像纹理较粗,此时角二阶矩 h_1 的值较大,反之,h_1 的值较小。由于角二阶矩是共生矩阵元素的平方和,所以也称为能量。

(2) 对比度。

$$h_2 = \sum_{i=0}^{L-1} \sum_{j=0}^{L-1} (i-j)^2 p(i,j) \tag{6-33}$$

图像的对比度可以理解为图像的清晰度,即纹理的清晰程度。在图像中,纹理的沟纹越深,其对比度 h_2 越大,图像的视觉效果越清晰。

(3) 相关系数。

$$h_3 = \frac{\sum_{i=0}^{L-1} \sum_{j=0}^{L-1} ijp(i,j) - u_1 u_2}{\sigma_1^2 \sigma_2^2} \tag{6-34}$$

式中,$u_1, u_2, \sigma_1, \sigma_2$ 分别定义为

$$u_1 = \sum_{i=0}^{L-1} i \sum_{j=0}^{L-1} p(i,j), \quad u_2 = \sum_{i=0}^{L-1} j \sum_{j=0}^{L-1} p(i,j)$$

$$\sigma_1^2 = \sum_{i=0}^{L-1} (i-u_1)^2 \sum_{j=0}^{L-1} p(i,j), \quad \sigma_2^2 = \sum_{j=0}^{L-1} (j-u_2)^2 \sum_{i=0}^{L-1} p(i,j)$$

相关系数衡量灰度共生矩阵的元素在行方向或列方向上的相似程度。

(4) 熵。

$$h_4 = -\sum_{i=0}^{L-1} \sum_{j=0}^{L-1} p(i,j)\log p(i,j) \tag{6-35}$$

熵值是图像所具有的信息量的度量,若图像没有任何纹理,则灰度共生矩阵几乎为零矩阵,熵值 h_4 也几乎为零。

(5) 方差。

$$h_5 = \sum_{i=0}^{L-1} \sum_{j=0}^{L-1} (i-u)p(i,j) \tag{6-36}$$

式中,u 为 $p(i,j)$ 的均值。

(6) 逆差矩。

$$h_6 = \sum_{i=0}^{L-1} \sum_{j=0}^{L-1} \frac{p(i,j)}{1 + (i-j)^2} \tag{6-37}$$

除以上常用的特征参数外，还有和平均、和方差、和熵、差平均、差方差、差熵等，在此不再赘述。表 6.3 给出了图 6.2 所示四类缺陷样本的上述 6 个灰度共生矩阵二次统计量特征的实际计算值。

表 6.3　灰度共生矩阵特征参数

缺陷类型		h_1	h_2	h_3	h_4	h_5	h_6
边裂	样本 1	5658.8260	15.5858	21.8359	39.8271	10.4617	106.8328
	样本 2	2468.3271	18.1254	24.4452	40.3926	8.6063	78.9117
	样本 3	12184.4821	13.1514	19.0374	38.0612	12.0422	144.8503
焊缝	样本 1	1833.6612	1.1411	322.7560	30.3937	14.0554	148.7118
	样本 2	1871.1633	1.1799	252.3129	30.2567	12.7674	163.4201
	样本 3	1951.8292	1.1796	247.6301	30.2014	12.6570	164.5532
夹杂	样本 1	99.2449	16.9748	15.1319	41.6963	10.9870	32.0736
	样本 2	132.6243	17.3136	15.4561	41.5982	9.6360	37.2414
	样本 3	135.9634	13.5105	18.9808	40.3278	16.4139	39.1990
抬头纹	样本 1	296.9141	5.7571	29.4157	36.9782	5.6630	54.8747
	样本 2	301.4490	5.7499	26.3327	36.9177	5.4261	54.1340
	样本 3	288.2477	6.1259	20.9525	37.1641	6.3849	53.2388

6.2.3　变换域特征

图像变换是特征提取和模式识别中经常采用的处理方法，通过各类数学变换对图像进行空间变换处理，可以获得在原空间上所得不到的各类图像信息。这里所说的变换域特征是指对图像进行各种数学变换，如傅里叶变换、小波变换、小波包变换等处理后，在新的图像空间上得到的各种图像特征。

本节主要介绍傅里叶变换、小波变换、散射变换三种变换域特征。

1. 傅里叶变换

傅里叶变换是将图像的时域信号分解为不同频率的正弦信号或余弦信号的叠加，也就是把图像从空间域变换到频率域，其逆变换则是将图像从频率域变换到空间域。对于离散的数字化图像，傅里叶变换总是存在的。傅里叶变换的物理意义就是将图像的灰度分布函数变换为图像的频率分布函数，傅里叶逆变换则是将图像的频率分布变换为灰度分布。傅里叶变换是一种全局性的变换。

设有二维离散数字图像 $f(x,y)$ 的大小为 $M \times N$，则图像 $f(x,y)$ 的二维离散

傅里叶变换可用下式表示:

$$F(u,v)=\sum_{y=0}^{N-1}\sum_{x=0}^{M-1}f(x,y)\exp\left[-\mathrm{j}2\pi\left(\frac{ux}{M}+\frac{vy}{N}\right)\right],\quad u=0,1,\cdots,M-1;v=0,1,\cdots,N-1 \tag{6-38}$$

上式 $F(u,v)$ 就是图像 $f(x,y)$ 在频域中的表达,其傅里叶幅值谱、相位谱和能量谱如下所示:

$$|F(u,v)|=\left[R^2(u,v)+I^2(u,v)\right]^{\frac{1}{2}} \tag{6-39}$$

$$\phi(u,v)=\arctan\frac{I(u,v)}{R(u,v)} \tag{6-40}$$

$$E(u,v)=R^2(u,v)+I^2(u,v) \tag{6-41}$$

其中, $R(u,v)$ 和 $I(u,v)$ 分别为 $F(u,v)$ 的实部和虚部。

对缺陷图像进行二维离散傅里叶变换时,可通过两次一维快速傅里叶变换来实现。若记 $F(u,v)=\Re\left\{f(x,y)\right\}$,则有

$$\begin{aligned}F(u,v)&=\Re\left\{f(x,y)\right\}\\&=\frac{1}{\sqrt{N}}\sum_{y=0}^{N-1}\left[\frac{1}{\sqrt{M}}\sum_{x=0}^{M-1}f(x,y)\exp\left(-\mathrm{j}2\pi\frac{ux}{M}\right)\right]\exp\left(-\mathrm{j}2\pi\frac{vy}{N}\right)\\&=\frac{1}{\sqrt{N}}\sum_{y}^{N-1}\Re_x^u\left\{f(x,y)\right\}\exp\left(-\mathrm{j}2\pi\frac{vy}{N}\right)\\&=\Re_y^v\left\{\Re_x^u\left\{f(x,y)\right\}\right\}\end{aligned} \tag{6-42}$$

为了获得二维傅里叶变换及其能量谱的完整显示,通常是利用二维傅里叶变换的循环性对 $F(u,v)$ 进行中心化处理,即将原点 $(0,0)$ 移到变换域的中心位置 $(M/2,N/2)$。事实上,只要对 $f(x,y)(-1)^{x+y}$ 进行傅里叶变换即可实现此目的。这样,一幅图像经过二维傅里叶变换后,图像的中央区域就表达了幅值谱的低频特征,边缘区域则反映的是高频特征。图 6.4 所示的是对图 6.1 中的缺陷图像进行傅里叶变换后的结果。大量实验研究表明,板带钢缺陷图像经傅里叶变换后的幅值谱都呈现中心对称、低频区域特征明显的特点,据此可对幅值谱提取出相关的图像频域特征。

需要注意的是,对图像进行二维傅里叶变换得到的是频谱图,频谱图上的各点与图像上各点并不存在一一对应的关系。从傅里叶频谱图上可以看到相邻像素点灰度值之间的统计依从性,即灰度差异的强弱。换句话说,我们得到了图像灰度的梯度信息,低频区域表示的是图像灰度变化比较平坦,即梯度较小;而高频区域代表了图像灰度变化梯度大的纹理结构特征。这样,通过观察傅里叶变换后的频谱

图，就可以看出图像的能量分布，如果频谱图中暗的点数更多，那么实际图像是比较柔和的，反之，如果频谱图中亮的点数多，那么实际图像一定是尖锐的，即边界分明且边界两边像素差异较大。

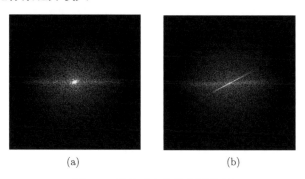

(a)   (b)

图 6.4 傅里叶变换的频域特征

2. 小波变换

小波变换是傅里叶变换的一种改进，两者相比，傅里叶变换只有信号的频率分辨率而没有时间分辨率，只能知道信号中包含有哪些频率的信号却无法确定相应频率的信号出现的时间；小波变换则是一种时频分析方法，可对信号的时间 (空间) 和频率的局部进行分析，它通过伸缩平移运算对信号 (函数) 逐步进行多尺度细化，实现高频部分有较高的时间分辨率、低频部分则有较高的频率分辨率，能自动适应时频信号分析的要求，从而可聚焦到信号的任意细节。小波变换自 20 世纪 80 年代中后期逐渐发展起来，并且越来越受到工程界的重视。

小波变换具有很好的时域和空域的局部化特性，对一维或二维信号具有很强的特征提取能力。与傅里叶变换相似，图像的小波变换也是用母小波通过伸缩平移后得到的小波基函数序列来表达原图像。目前，对图像进行小波变换时，大多采用 Mallat 算法，该算法统一了构造正交小波基的所有方法。二维图像的小波变换可以由一维小波变换推广得到。下面先介绍一维双正交小波的 Mallat 算法。

在进行离散小波变换时，通常是将母小波的伸缩平移参数离散为 $2^j (j \in Z)$ 的倍数。通常说尺度等于 2^j 时的分辨率为 2^{-j}。若设 $\{V_j\}_{j \in Z}$ 是平方可积函数空间 $L^2(R)$ 中的一个多分辨子空间，则存在唯一的尺度函数 $\phi(x) \in L^2(R)$，且函数集

$$\left\{ \phi_{j,k}(x) = 2^{\frac{j}{2}} \phi\left(2^j x - k\right) \right\}_{k \in Z} \tag{6-43}$$

是 V_j 的一个正交规范基，称 V_j 为尺度空间。这样，函数 $f(x)$ 在尺度 j 和 $j+1$ 上的逼近就分别等于它们在尺度空间 V_j 和 V_{j+1} 上的正交投影。

若记 V_j 在 V_{j+1} 中的正交补空间为 U_j, 即

$$V_{j+1} = V_j \oplus U_j, \quad V_j \perp U_j \tag{6-44}$$

则

$$V_j = U_{j-1} \oplus V_{j-1} = U_{j-1} \oplus U_{j-2} \oplus V_{j-2} = U_{j-1} \oplus U_{j-2} \oplus U_{j-3} \oplus \cdots \tag{6-45}$$

Mallat 证明了双尺度方程的存在, 即

$$\phi(x) = \sqrt{2} \sum_{k \in Z} h(k) \phi(2x - k) \tag{6-46}$$

其中

$$h(k) = \sqrt{2} \int_{-\infty}^{+\infty} \phi(x) \phi(2x - k) \mathrm{d}x \tag{6-47}$$

利用 $\phi(x)$ 可构造出函数 $\psi(x)$, 即

$$\psi(x) = \sqrt{2} \sum_{k \in Z} g(k) \phi(2x - k) \tag{6-48}$$

其中

$$g(k) = \sqrt{2} \int_{-\infty}^{+\infty} \psi(x) \phi(2x - k) \mathrm{d}x \tag{6-49}$$

若定义 $\bar{h}(k) = h(-k)$ 及 $\bar{g}(k) = g(-k)$, 则

$$g(k) = (-1)^{1-k} \bar{h}(1 - k) \tag{6-50}$$

可以证明, $\psi(x)$ 就是一个母小波函数, 通过对其伸缩平移后, 所得到的

$$\left\{ \psi_{j,k}(x) = 2^{\frac{j}{2}} \psi\left(2^j x - k\right) \right\}_{k \in Z} \tag{6-51}$$

就构成了 U_j 的一组正交规范基, 可称之为正交小波基, 称 U_j 为小波空间。将 $\{\phi_{j,k}(x)\}_{j,k \in Z}$ 和 $\{\psi_{j,k}(x)\}_{j,k \in Z}$ 分别按 V_j 的正交规范基展开, 可以推得

$$\phi_{j-1,k}(x) = \sum_{n \in Z} h(n - 2k) \phi_{j,n}(x) \tag{6-52}$$

$$\psi_{j-1,k}(x) = \sum_{n \in Z} g(n - 2k) \psi_{j,n}(x) \tag{6-53}$$

这样, $\{\phi_{j,k}(x)\}_{j,k \in Z}$ 和 $\{\psi_{j,k}(x)\}_{j,k \in Z}$ 一起构成了 $L^2(R)$ 的正交基, 对任意函数 $f(x) \in L^2(R)$, 均可表示为正交基的线性组合, 即

$$f(x) = \sum_{k \in Z} c_{j-1,k} \phi_{j-1,k}(x) + \sum_{k \in Z} d_{j-1,k} \psi_{j-1,k}(x) \tag{6-54}$$

其中，组合系数 $c_{j-1,k}$ 和 $d_{j-1,k}$ 分别称为尺度系数和小波系数，按照函数正交展开系数的定义，可以求得

$$c_{j-1,k} = \sum_{n \in Z} h\left(n - 2k\right) c_{j,n} \quad \text{或} \quad c_{j-1,k} = \sum_{n \in Z} \bar{h}\left(2k - n\right) c_{j,n}$$

$$d_{j-1,k} = \sum_{n \in Z} g\left(n - 2k\right) c_{j,n} \quad \text{或} \quad d_{j-1,k} = \sum_{n \in Z} \bar{g}\left(2k - n\right) c_{j,n} \tag{6-55}$$

这样，小波变换实质上就是求上述小波系数，而式中的 $\bar{h}$ 和 $\bar{g}$ 是分别由式 (6-47) 和式 (6-49) 定义的数字滤波器，前者称为低通滤波器，也叫尺度滤波器，后者为高通滤波器。由此可见，对图像进行二维小波变换，实质上也就是将原始图像信号用一组不同尺度的带通滤波器进行滤波，将信号分解到一系列频带上对图像进行多频道、多分辨率的分析处理[106]。

对于二维离散小波变换，若设 $L^2\left(R^2\right)$ 是由二维平方可积函数构成的空间，$\{V_j\}_{j \in Z}$ 是 $L^2\left(R^2\right)$ 中的一维多分辨率空间，$V_j^2 = V_j \times V_j$，则二维多分辨率的尺度函数为

$$\phi\left(x, y\right) = \phi\left(x\right)\phi\left(y\right) \tag{6-56}$$

其中，$\phi\left(x\right)$，$\phi\left(y\right)$ 是多分辨率空间 $\{V_j\}_{j \in Z}$ 的一维尺度函数。与一维情况类似，二维尺度函数的伸缩平移给出一个 V_j^2 空间中的正交基，即

$$2^{-j}\phi\left(2^{-j}x - n, 2^{-j}y - m\right), \quad \forall j \in Z; \quad m, n \in Z \tag{6-57}$$

设 U_j^2 是 V_j^2 在 V_{j+1}^2 上的正交补，即

$$V_j^2 \oplus U_j^2 = V_{j+1}^2 \tag{6-58}$$

于是可产生三个基本小波函数：

$$\begin{cases} \psi^{(1)}\left(x, y\right) = \phi\left(x\right)\psi\left(y\right) \\ \psi^{(2)}\left(x, y\right) = \psi\left(x\right)\phi\left(y\right) \\ \psi^{(3)}\left(x, y\right) = \psi\left(x\right)\psi\left(y\right) \end{cases} \tag{6-59}$$

这三个基本小波函数的伸缩平移，将给出 U_j^2 的正交基，即

$$\begin{cases} 2^{-j}\psi^1\left(2^{-j}x - m, 2^{-j}y - n\right) \\ 2^{-j}\psi^2\left(2^{-j}x - m, 2^{-j}y - n\right) \quad, \quad \left(m, n\right) \in Z^2 \\ 2^{-j}\psi^3\left(2^{-j}x - m, 2^{-j}y - n\right) \end{cases} \tag{6-60}$$

式 (6-57) 与式 (6-60) 一起构成 $L^2\left(R^2\right)$ 的正交基。

设 $f = f(x, y) \in V_j^2$ 为原始图像, 记 $A_j f$ 为函数 f 在 V_j^2 上的正交投影 (这里 $f = f(x, y) \in V_j^2$, 所以就是函数 f 在 V_j^2 上的逼近), $D_j f$ 为函数 f 在 U_j^2 上的正交投影, 则

$$A_j f = A_{j-1} f + D_{j-1}^1 f + D_{j-1}^2 f + D_{j-1}^3 f \tag{6-61}$$

式中

$$
\begin{aligned}
A_{j-1} f &= \sum_{m \in Z} \sum_{n \in Z} C_{j-1}(m, n) \, \phi_{j-1}(m, n) \\
D_{j-1}^i f &= \sum_{m \in Z} \sum_{n \in Z} D_{j-1}^i(m, n) \, \psi_{j-1}(m, n), \quad i = 1, 2, 3
\end{aligned}
\tag{6-62}
$$

利用尺度函数和小波函数的正交性, 可得

$$C_{j-1}(m, n) = \sum_{k \in Z} \sum_{l \in Z} h(k - 2m) \, h(l - 2n) \, C_j(k, l) \tag{6-63}$$

及

$$
\begin{aligned}
D_{j-1}^1(m, n) &= \sum_{k \in Z} \sum_{l \in Z} h(k - 2m) \, g(l - 2n) \, C_j(k, l) \\
D_{j-1}^2(m, n) &= \sum_{k \in Z} \sum_{k \in Z} g(k - 2m) \, h(l - 2n) \, C_j(k, l) \\
D_{j-1}^3(m, n) &= \sum_{k \in Z} \sum_{l \in Z} g(k - 2m) \, g(l - 2n) \, C_j(k, l)
\end{aligned}
\tag{6-64}
$$

这里, 同样注意到

$$\bar{h}(2m - k) = h(k - 2m), \quad \bar{g}(2m - k) = g(k - 2m) \tag{6-65}$$

则各分解系数 (变换系数) 均可由滤波器滤波求得。若记 L 为低通滤波器, H 为高通滤波器, 则

$$
\begin{aligned}
C_{j-1}(m, n) &= (\mathrm{LL})_j \, C_j(k, l) \\
D_{j-1}^1(m, n) &= (\mathrm{LH})_j \, C_j(k, l) \\
D_{j-1}^2(m, n) &= (\mathrm{HL})_j \, C_j(k, l) \\
D_{j-1}^3(m, n) &= (\mathrm{HH})_j \, C_j(k, l)
\end{aligned}
\tag{6-66}
$$

这组四个滤波器分别表示先逐行滤波, 再逐列滤波, 其滤波格式如图 6.5(a) 所示。由此便可求得 $f = f(x, y) \in V_j^2$ 在分辨率 2^{-j} 上分解后的四个子图 $A_{j-1} f$ 和 $D_{j-1}^i f \, (i = 1, 2, 3)$, j 表示分解的层级数, 如图 6.5(b) 所示。

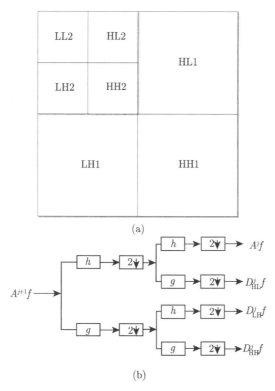

(a)

(b)

图 6.5 小波变换示意图

下面仍以锈斑和划伤为例 (图 6.1) 进行 2 层级的小波变换。为便于清楚变换图像的细节, 这里对变换后的系数进行了 8 倍的放大, 如图 6.6 所示。

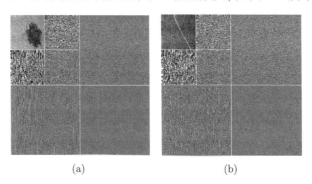

(a)　　　　　　　(b)

图 6.6 缺陷图像 2 尺度小波变换

图 6.5 中左上角 $(LL)_2$ 是水平和垂直方向都低通的二级滤波后的低尺度逼近, 保留了原图像的低频信息, 反映了原图像的轮廓。在同级分辨率下, $(HL)_2$ 包含了水平方向高通、垂直方向低通滤波后所保留的高频边缘细节信息, 同样地, $(LH)_2$ 保

留的是水平方向低通、垂直方向高通滤波后所保留的高频边缘细节信息，而 $(HH)_2$ 包含的则是水平和垂直方向都是经过高通滤波后的细节信息，反映的是对角线方向的高频信息。

基于小波变换的纹理分类方法，通常是对小波变换后的小波系数计算出各频带的 L_1 范数、平均能量 E、熵等作为图像特征，即

$$L_1 = \frac{1}{M^2} \sum_{m=1}^{M} \sum_{n=1}^{M} |w(m,n)| \tag{6-67}$$

$$E = \frac{\sum_{m=1}^{M} \sum_{n=1}^{M} w^2(m,n)}{M^2} \tag{6-68}$$

$$H = \frac{\sum_{m=1}^{M} \sum_{n=1}^{M} w(m,n)^2 \log(w^2(m,n))}{M^2} \tag{6-69}$$

其中，M 为频带宽，m 和 n 分别表示频带上子图的行和列，w 为该频带的小波系数。

表 6.4 给出了图 6.2 所示四类缺陷样本的经二级小波变换后得到的 7 个小波变换系数。

表 6.4　小波变换 L_1 范数特征值

缺陷类型		$L_{1,1}$	$L_{1,2}$	$L_{1,3}$	$L_{1,4}$	$L_{1,5}$	$L_{1,6}$	$L_{1,7}$
边裂	样本 1	324.0132	23.3856	20.5993	19.1638	21.8041	17.7196	15.8509
	样本 2	299.9654	25.8231	23.2249	20.7047	24.0925	19.9971	17.7443
	样本 3	342.0256	20.3771	18.7462	16.7017	18.5638	15.9682	13.5584
焊缝	样本 1	469.8651	5.4008	7.6645	3.3662	2.3994	4.2712	1.1633
	样本 2	445.8864	5.2004	6.9839	3.1051	2.1811	3.9394	1.0767
	样本 3	443.5883	5.1730	7.0220	3.1152	2.1453	3.9465	1.0303
夹杂	样本 1	397.1261	24.8899	22.1166	21.3528	24.7150	20.7452	20.4609
	样本 2	368.2032	24.0486	22.5249	21.5229	24.5742	20.9836	20.4528
	样本 3	492.4179	20.9945	19.5565	18.3023	20.6381	17.4719	17.1453
抬头纹	样本 1	293.4835	11.0585	20.7104	9.9123	8.1934	17.1111	7.0220
	样本 2	286.5162	11.2885	20.8264	9.9522	8.3091	16.7121	6.9203
	样本 3	311.2341	12.3072	20.5242	9.4730	9.0082	17.1669	6.7182

3. 散射变换

图像或者缺陷特征的一个基本要求是具有平移不变性，也就是对于变形要具有一定的稳定性。散射变换[107] 是通过计算一连串的小波分解和模运算得到包括多尺

度和多方向共现信息的局部描述符. 通过引入散射卷积网络 (scattering convolution network, SCN) 建立了大尺度的不变性, 由散射系数组成的卷积网络对于变形来说具有平移不变性和 Lipschitz 连续性, 同时保留了信号能量, 这些属性指导了网络体系结构的优化, 在保留重要信息的同时避免了无用的计算.

本章 6.3 节将对散射变换的变换域特征作进一步详细介绍.

6.2.4 其他特征

除了上述几大特征外还有许多其他的图像特征, 如纹理特征、投影特征、拓扑特征以及代数特征等[111].

图像的纹理特征是一种重要的视觉线索, 是图像中普遍存在而又难以描述的特征. 纹理分析技术一直是计算机视觉、图像处理、图像分析、图像检索等方面的活跃的研究领域. 纹理分析的研究内容主要包括: 纹理分类和分割、纹理合成、纹理检索和由纹理恢复形状. 这些研究内容的一个最基本的问题是纹理特征提取. 作为纹理研究的主要内容之一, 纹理分类与分割问题一直是人们关注的焦点, 涉及模式识别、应用数学、统计学、神经生理学、神经网络等多个研究领域. 在具体纹理特征提取过程中, 人们总是先寻找更多的能够反映纹理特征的度量, 然后通过各种分析或变换从中提取有效的特征用于纹理描述和分类. 本章 6.4 节将重点介绍局部二值模式的纹理特征提取方法.

图像的投影特征一般包括投影波形特征, 投影脉冲特征, 投影峰值特征, 投影裕度特征, 投影歪度特征, 投影峭度特征等.

图像的拓扑特征主要是指其拓扑结构以及空间拓扑关系等.

图像的代数特征是指对图像进行各种代数变换, 如 K-L(karhunen-loeve) 变换、矩阵的奇异值分解等.

6.3 基于散射卷积网络的缺陷特征提取方法

6.3.1 散射变换

与前述小波变换中对母小波函数进行伸缩和平移不同, 这里是用伸缩和旋转小波计算卷积. 设 G 是由 r 个旋转角度为 $2k\pi/K$ 的元素组成的集合, 其中 $0 \leqslant k < K$. 通过旋转一个单一的带通滤波器 $\psi(r \in G)$, 以及以 $2^j(j \in Z)$ 扩张它, 获得二维的方向小波

$$\psi_\lambda(u) = 2^{-2j}\psi(2^{-j}r^{-1}u) \tag{6-70}$$

其中, $\lambda = 2^{-j}r$.

x 的小波变换是 $\{x * \psi_\lambda(u)\}_\lambda$. 这是一个没有正交性的冗余变换. 如果小波滤波器 $\hat{\psi}_\lambda(w)$ 覆盖整个频率平面, 那么它是稳定和可逆的. 在非连续的图像中, 为了

避免混淆，在图像的频率正方形中，只捕捉圈 $|w| \leqslant \pi$ 内的频率。大多数摄像机图像已经忽略了频率圈外的能量。

若 Q 是一个通过平移转换得到的线性或非线性操作子，那么 $\int Qx(u)\mathrm{d}u$ 是平移不变量。将其应用到 $Qx=x*\psi_\lambda$，因为 $\int \psi_\lambda(u)\mathrm{d}u = 0$，可得出对所有 x 的一个简单不变量 $\int x*\psi_\lambda(u)\mathrm{d}u = 0$。如果 $Qx = M(x*\psi_\lambda)$ 和 M 是线性的，并且是通过平移转换得到的，则积分仍然为零。

为了保证 $\int M(x*\psi_\lambda)(u)\mathrm{d}u$ 对于变形更稳定，希望 M 与微分同胚映射能进行功能交换，而为了保证对添加噪声的稳定性，又希望 M 是非扩张的。所以有 $||M_y - M_z|| \leqslant ||y-z||$。如果 M 是一个与微分同胚映射进行功能交换的非扩张性操作子，那么就可以证明[112]，M 必然是逐点操作。这意味着，$M_{y(u)}$ 只是一个关于 $y(u)$ 的函数。欲建立一个保持信号能量的不变量，需要在复杂信号 $y = y_r + iy_i$ 上，选择一个模量操作子：

$$My(u) = |y(u)| = \left(|y_r(u)|^2 + |y_i(u)|^2\right)^{1/2} \tag{6-71}$$

平移不变性系数的结果是 $L^1(R^2)$ 的范数

$$||x*\psi_\lambda||_1 = \int |x*\psi_\lambda(u)|\mathrm{d}u \tag{6-72}$$

$L^1(R^2)$ 的范数 $\{||x*\psi_\lambda||_1\}_\lambda$ 形成了一个衡量小波系数稀疏性的粗信号表示。模量去除了 $x*\psi_\lambda(u)$ 复杂的相位，并没有造成信息丢失。事实上，可以通过小波系数 $\{|x*\psi_\lambda(u)|\}_\lambda$ 的模量重建 x，直到一个乘的常量。信息丢失是由于 $|x*\psi_\lambda(u)|$ 的整合，去除了所有非零的频率。通过计算 $|x*\psi_{\lambda_1}|$ 的小波系数 $\{|x*\psi_{\lambda_1}|*\psi_{\lambda_2}(u)\}_{\lambda_2}$，这些非零的频率得到恢复。$L^1(R^2)$ 范数定义了一个更大的不变量集，对于所有的 λ_1 和 λ_2：

$$||\,|x*\psi_{\lambda_1}|*\psi_{\lambda_2}||_1 = \int ||x*\psi_{\lambda_1}(u)|*\psi_{\lambda_2}|\mathrm{d}u \tag{6-73}$$

通过在小波变换和模量操作子上作进一步迭代，可以得到更多平移不变量系数。令 $U[\lambda]\,x = |x*\psi_\lambda|$，任何序列 $p = (\lambda_1, \lambda_2, \cdots, \lambda_m)$ 定义了一个路径，沿着这个路径计算了非线性的有序产品和非交换操作子：

$$U[p]\,x = U[\lambda_m]\cdots U[\lambda_2]\,U[\lambda_1]\,x = |\,||x*\psi_{\lambda_1}|*\psi_{\lambda_2}|\cdots|*\psi_{\lambda_m}| \tag{6-74}$$

其中，$U[\phi]\,x = x$。沿路径 p 的散射变换被定义为一个积分，并通过狄拉克的响应归一化：

$$\bar{S}x(p) = \mu_p^{-1} \int U[p]\,x(u)\mathrm{d}u \tag{6-75}$$

其中，$\mu_p = \int U[p]\,\delta(u)\mathrm{d}u$。

对于 x 的平移，每个散射系数 $\bar{S}x(p)$ 都是不变量。可以看到，这种变换和傅里叶变换模量有许多相似之处，它也是平移不变量。然而，相对于傅里叶变换模量，散射对于变形是 Lipschitz 连续的。对于分类来说，还要保证在尺度大于 2^j 时保留其空间变量，这里使用缩放空间窗口 $\phi_{2^j}(u) = 2^{-2j}\phi(2^{-j}u)$ 通过局部化散射积分得到。在 u 的附近，定义了一个窗口散射变换：

$$S[p]\,x(u) = U[p]\,x * \phi_{2^j}(u) = \int U[p]\,x(v)\,\phi_{2^j}(u-v)\,\mathrm{d}v \qquad (6\text{-}76)$$

进而得到

$$S[p]\,x(u) = |||x * \psi_{\lambda_1}| * \psi_{\lambda_2}|\cdots| * \psi_{\lambda_m}| * \phi_{2^j}(u) \qquad (6\text{-}77)$$

其中，$S[\phi]x = x * \phi_{2^j}$。对于每个路径 p，$S[p]\,x(u)$ 是窗口位置 u 的函数，它可以被窗口大小 2^j 的比例间隔进行二次取样。

6.3.2 散射卷积网络

散射变换系数可以通过散射卷积网络来求得。如果 $p = (\lambda_1,\cdots,\lambda_m)$ 是长度为 m 的路径，那么 $S[p]\,x(u)$ 被称为 m 阶窗口散射系数，它是在指定卷积网络的第 m 层计算的。对于大尺度的不变量，多层的处理能够避免信息的丢失。

通过进一步迭代小波变换和模量算子计算可得到散射变换的高阶系数[113,114]，同时通过 $\phi_{2^j}(u) = 2^{-2j}\phi\left(2^{-j}u\right)$ 滤波，小波系数被计算到最大尺度 2^j 和最低的频率。对于一个 Morlet 小波 ψ，平均滤波器 ϕ 通常选择高斯。由于图像是实值信号，因而充分考虑正向旋转 $r \in G^+$，角度 $[0,\pi)$：

$$Wx(u) = \{x * \phi_{2^j}(u),\, x * \psi_\lambda(u)\}_{\lambda \in p} \qquad (6\text{-}78)$$

其中，索引集 $p = \{\lambda = 2^{-j}r : r \in G^+, j \leqslant J\}$。这里 2^j 是空间尺度变量，而 $\lambda = 2^{-j}r$ 是给 $\hat{\psi}_\lambda(w)$ 支持频率位置的频率指数。

小波模量传播子保证了低频均值，同时计算了复杂的小波系数模量：

$$\tilde{W}x(u) = \{x * \phi_{2^j}(u),\, |x * \psi_\lambda(u)|\}_{\lambda \in p} \qquad (6\text{-}79)$$

迭代 $\tilde{W}$ 定义了如图 6.7 所示的卷积网络。第 m 层的网络节点对应着的长度为 m 所有路径 $p = (\lambda_1,\cdots,\lambda_m)$ 的 p^m 集合。第 m 层存储着传播信号 $\{U[p]\,x\}_{p \in p^m}$ 和输出散射系数 $\{S[p]\,x\}_{p \in p^m}$。对于任何 $p = (\lambda_1,\cdots,\lambda_m)$，记作 $p + \lambda = (\lambda_1,\cdots,\lambda_m,\lambda)$。由 $S[p]\,x = U[p]\,x * \phi_{2^j}$ 和 $U[p+\lambda]\,x = |U[p]\,x * \psi_\lambda|$ 得到

$$\tilde{W}U[p]\,x = \{S[p]\,x,\, U[p+\lambda]\,x\}_{\lambda \in p} \qquad (6\text{-}80)$$

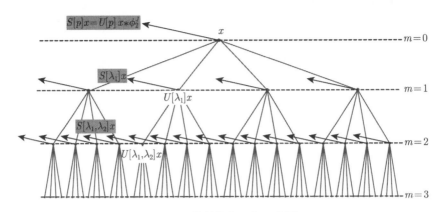

图 6.7　散射卷积网络示意图

将 $\tilde{W}$ 应用到第 m^{th} 层 p^m 的所有传递信号 $U[p]x$ 输出散射信号 $S[p]x$，计算出下一层 p^{m+1} 的所有传播信号 $U[p+\lambda]$。所有沿着路径长度 $m \leqslant \bar{m}$ 的输出散射信号 $S[p]x$ 是首先通过计算 $\tilde{W}x = \{S[\phi]x, U[\lambda]x\}_{\lambda \in p}$，然后迭代应用 $\tilde{W}$ 到传递信号的每一层。散射通过在下一层恢复小波系数，避免了信息的丢失，这也解释了多层网络结构的重要性。

通过深度卷积网络进行散射化，有非常具体的架构。与标准的卷积网络不同，输出散射系数是由每一层而不是最后一层产生的。过滤器不是通过数据学习得到，而是预定义的小波。事实上，所建立的相对平移的不变量并不需要学习。创建其他形式的不变量，如旋转和缩放，同样也可通过预定义小波得到，而卷积是沿旋转或缩放变量实现的。

对于一个固定的位置 u，阶数 $m = 1, 2$ 的窗口化散射系数 $S[p]x(u)$ 作为分段常数图像显示在一个圆盘上，这个圆盘则代表着图像 x 的傅里叶系数。这个频率的圆盘被划分为由路径 p 指示的扇区 $\{\Omega[p]\}_{p \in p^m}$。在频率扇区 $\Omega[p]$ 的图像值是 $S[p]x(u)$，如图 6.8 所示。

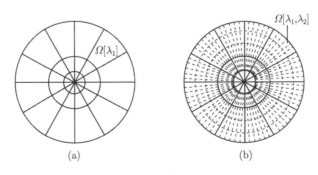

图 6.8　窗口化散射系数圆盘

对于 $m = 1$ 时，在 $\hat{\psi}_{\lambda_1}$ 的支持下，散射系数 $S[\lambda_1]x(u)$ 取决于 x 的局部傅里叶变换能量。它的值显示在扇区 $\Omega[\lambda_1]$。对于 $\lambda_1 = 2^{-j_1}r_1$，有 k 旋转扇区在规模为 2^{-j_1} 的环面上，对应每个 $r_1 \in G$，如图 6.8(a) 所示。

二阶散射系数 $S[\lambda_1, \lambda_2]x(u)$ 是通过二次小波变换计算得到的，它进行了二次频率细分。这些系数显示在频率扇区 $\Omega[\lambda_1, \lambda_2]$ 上，它是一次小波 $\hat{\psi}_{\lambda_1}$ 扇区 $\Omega[\lambda_1]$ 的细分，如图 6.8(b) 所示。

图 6.9 显示了六类典型表面缺陷图像的散射系数，其中第一行为六类典型的表面缺陷图像，而第二和第三行分别为一阶散射系数和二阶散射系数。

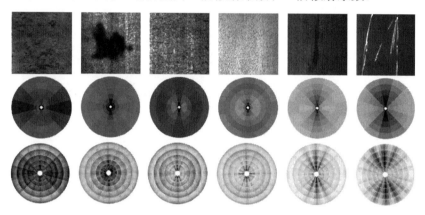

图 6.9　六种典型的表面缺陷的散射系数圆盘

作为该方法的试验验证，在后面两节中，将把散射卷积网络应用到硅钢板表面缺陷的特征提取实验中，并与当前其他方法的结果进行对比[115]。

6.3.3　NEU-Silicon 图像数据集与实验分析

为研究散射卷积网络在硅钢板表面缺陷的特征提取中的应用，这里建立了一个硅钢板表面缺陷图像数据集 (Northeastern University-Silicon, NEU-Silicon)。在对该数据集进行特征提取后，使用最近邻分类器 (nearest neighbor classifier, NNC) 对其进行缺陷分类。

1. NEU-Silicon 缺陷图像数据集

NEU-Silicon 缺陷图像数据集包含现场实际获得的硅钢板表面四个缺陷种类，即擦裂、划伤、锈斑和孔洞，每一个缺陷类别都包含 30 个样本 (像素大小为 640×480)。这些图像采集的硬件配置与第 3 章中的方案一致。如图 6.10 所示，图中包含了四个表面缺陷类别，其中每一类给出了三个样本图像。从图像中可以看到类内缺陷样本的差异很大，如划伤缺陷在数量和长度上有着明显不同，锈斑和孔洞缺陷在面积上也有很大区别，因此如何有效地提取这些缺陷特征并对其进行分类显得尤为重要。该数据集可以作为检验特征提取方法有效性的样本库。

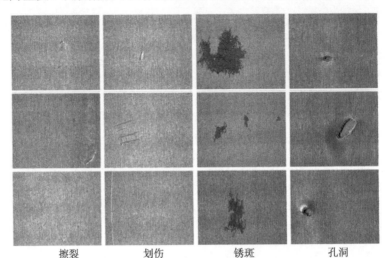

擦裂　　　　　划伤　　　　　锈斑　　　　　孔洞

图 6.10　NEU-Silicon 图像数据集的典型缺陷样本

2. 实验结果与分析

为了和其他文献方法的研究结果加以比较，这里将 NEU-Silicon 图像数据集中的原图像转为灰度图，总的图像样本个数为 120。从每一类中随机抽取 15 个图像组成训练集，而其余 15 个图像组成测试集，且独立运行 100 次。在 NEU-Silicon 图像数据集上，使用 SCN 提取缺陷特征并进行分类实验得到的平均分类精度和标准差如表 6.5 所示，表 6.5 同时也给出了使用局部二值模式 (local binary pattern，LBP)[116]、完整局部二值模式 (completed LBP，CLBP)[117] 和局部三值模式 (local ternary patterns，LTP)[118] 等方法得到的结果。从表中的数据可以清晰地看到 SCN 得到了 95.2%的平均分类精度，该结果均超过了其他方法得到的结果，从而验证了 SCN 在 NEU-Silicon 图像数据集上的有效性。

表 6.5　各种方法在 NEU-Silicon 图像数据集上的分类精度　　（单位：%）

实验方法	LBP	LTP	CLBP	SCN
实验结果	87.33±1.96	93.17±3.64	93.67±1.89	**95.20±2.91**

6.3.4　NEU-Hot 图像数据集与实验分析

为进一步验证散射卷积网络的有效性，本小节建立了热轧板表面缺陷图像数据集 (Northeastern University-Hot, NEU-Hot)，该数据集包含了更多的缺陷类别和样本个数。本小节中还给出了支持向量机 (support vector machine, SVM) 分类器的实验结果。

1. NEU-Hot 图像数据集

NEU-Hot 图像数据集包含有六类热轧板表面缺陷，即氧化铁皮压入 (rolled-in scale, RS)、斑块 (patches, Pa)、网纹 (crazing, Cr)、表面麻点 (pitted surface, PS)、夹杂 (inclusion, In) 和划伤 (scratches, Sc)。每一类样本都有 300 幅 200 像素 ×200 像素的图像，总样本个数为 1800。如图 6.11 所示，图中包含了六个表面缺陷类别，其中每一类给出了六个样本图像。从图 6.11 中，可以清楚地观察到相同类别缺陷外观存在较大差异，例如，划伤缺陷 (图 6.11 中最后一列) 有水平、垂直和倾斜等多种形态。而且，不同类别的缺陷也会有着许多相似之处，如氧化铁皮压入、网纹、表面麻点。此外，由于受光照和缺陷材质变化的影响，同类缺陷的灰度图像有一定差异。显然，热轧板表面缺陷图像数据集 NEU-Hot 比硅钢板表面缺陷图像数据集 NEU-Silicon 更具挑战性，更能检验各方法的性能。

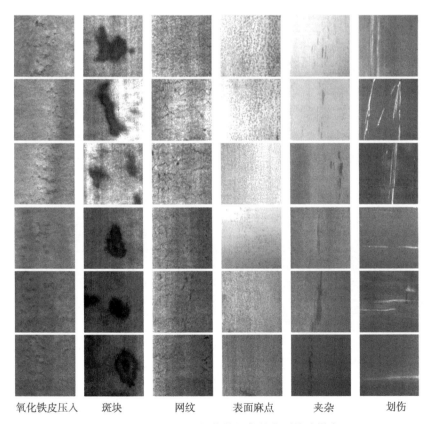

氧化铁皮压入　　斑块　　　网纹　　　表面麻点　　　夹杂　　　划伤

图 6.11　NEU-Hot 图像数据集的典型缺陷样本

2. 实验结果与分析

与 NEU-Silicon 图像数据集的实验方案相似, 这里从 NEU-Hot 图像数据集的每一类中随机选取 150 幅图像作为训练, 其余 150 幅作为测试, 即总的训练样本为 900 幅图像, 测试样本也为 900 幅图像。此外, 这里还分别使用了 NNC 和 SVM 分类器进行分类测试, 且独立运行 100 次。在 NEU-Hot 图像数据集上, 使用 SCN 提取缺陷特征并进行分类实验得到的平均分类精度和标准差如表 6.6 所示, 表 6.6 也同时给出了使用局部 LBP、CLBP 和 LTP 等方法得到的结果。从表中的数据可以清晰地看到, SCN 在 SVM 分类器上得到了 98.60%的平均分类精度, 该结果均超过了其他方法得到的结果。同时, 从表中还可以看到使用 SVM 分类器的结果均好于使用 NNC 分类器的结果。表中的数据验证了即使在更具挑战性的 NEU-Hot 图像数据集上, SCN 依旧表现出较好的性能, 这就进一步验证了 SCN 的有效性。

表 6.6　各种方法在 NEU-Hot 图像数据集上的分类精度　　　　(单位: %)

实验方法	LBP	LTP	CLBP	SCN
NNC 分类器结果	95.07±0.71	95.93±0.39	96.91±0.24	**97.24±0.27**
SVM 分类器结果	97.93±0.66	98.22±0.52	98.28±0.51	**98.60±0.59**

为了进一步研究六类不同的表面缺陷的详细识别结果情况, 表 6.7 给出了 SCN 在 NEU-Hot 图像数据集上的混淆矩阵。其中, 每一个类别都被抽取 150 个样本用来作为测试集, 这里使用的分类器为 NNC。从表 6.7 中可以看到 RS 缺陷获得了最好的识别结果, 正确率为 100%。而 PS 缺陷的识别率最低, 仅为 92%, 其原因为受光照变化的影响, PS 缺陷的灰度图像差异较大, 很容易和 RS、Cr、In 等缺陷混淆, 表 6.7 中的结果也显示了 PS 被误判为 RS、Cr、In 缺陷的个数均为 3 个。此外, In 和 Sc 缺陷识别正确的个数都为 145, 尽管略低于整体的识别正确率 97.22%, 但是高出最低的识别率 4%。

表 6.7　SCN 方法在 NEU-Hot 图像数据集上的混淆矩阵

	RS	Pa	Cr	PS	In	Sc	正确数	样本数	正确率/%
RS	150	0	0	0	0	0	150	150	100.00
Pa	0	149	1	0	0	0	149	150	99.33
Cr	1	1	148	0	0	0	148	150	98.67
PS	3	2	3	138	3	1	138	150	92.00
In	0	0	0	2	145	3	145	150	96.67
Sc	1	0	0	2	2	145	145	150	96.67
合计	—	—	—	—	—	—	875	900	97.22

6.4 邻域评估下的局部二值模式特征提取方法

在钢板表面缺陷检测系统中,很重要的一项任务就是对缺陷进行准确识别,并要保证系统有较高的识别率。尽管目前已有一些特征提取方法 (如 Gabor 滤波、小波滤波和多尺度几何分析等) 在诸如贝叶斯分类器[119] 和支持向量机[120] 等分类器上取得了不错的结果,然而,要保证系统具有较高的识别率,还需要接受以下三个挑战:

(1) 同一类缺陷在外貌形态上常存在较大的差异,如划伤缺陷的形状会有横向、纵向和斜向的差异,而不同类缺陷又时常表现出很大的相似性,有些甚至出现重叠现象,缺陷特征区分度不高,给识别带来了较大的挑战。

(2) 光照变化和缺陷材质对成像的影响,致使缺陷图像的像素灰度值随之发生改变,这就对特征的提取造成了影响,进而影响到识别结果的稳定性。

(3) 目前所使用的大部分通用特征提取方法,如 LBP、小波滤波和多尺度几何分析等都容易受到噪声的干扰,得到的缺陷特征不能够稳定地代表缺陷形态,因而不能保证系统识别结果的稳定性。

以上三方面的困难挑战从各个方面都影响到缺陷特征提取的稳定性,尽管现有的大部分特征提取方法对其中的一个或两个问题有所考虑,但同时解决好以上三个难点确实是一项挑战。

本节中介绍的 LBP 和 CLBP 特征提取方法,由于其灰度和旋转不变性,能较好地解决前述两个困难点,已在纹理识别中取得了较大的成功。但是,其传统编码策略对噪声比较敏感,也就是说,随机噪声的干扰导致邻域值很容易改变,进而导致局部二值模式的不稳定,因此 LBP 和 CLBP 仍然面临前述第三个困难点的挑战。为此,本节在传统局部二值模式操作方法的基础上,构建了一个围绕邻域值的评估窗口来降低噪声的干扰,形成了一种邻域评估下的局部二值模式(adjacent evaluation local binary pattern, AELBP)方法。既然邻域评估方法有良好的通用性且可集成到现有的 LBP 扩展模式中以改善它们对噪声干扰的鲁棒性,所以我们可将邻域评估方法分别集成到 CLBP 和 LTP 中,得到邻域评估下的完整局部二值模式 (adjacent evaluation completed local binary pattern, AECLBP) 和邻域评估下的局部三值模式 (adjacent evaluation local ternary pattern, AELTP) 两种方法。

6.4.1 局部二值模式及其扩展模式

1. 局部二值模式

局部二值模式 (LBP)是一种灰度范围内的纹理度量,最初是由 Ojala 等[121] 为了辅助性地度量图像的局部对比度而提出的。LBP 最初定义于像素的 8 邻域中,以中心像素的灰度值为阈值, 将周围 8 个像素的值与其比较, 如果周围像素的灰度值小于中心像素的灰度值, 该像素位置就被标记为 0, 否则标记为 1; 将阈值化后的值 (即 0 或者 1) 分别与对应位置像素的权重相乘, 8 个乘积的和即为该邻域的 LBP 值, 如图 6.12 所示。

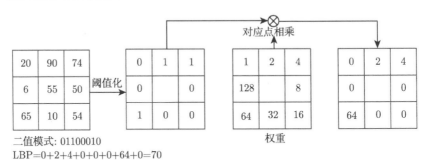

二值模式: 01100010
LBP=0+2+4+0+0+0+64+0=70

图 6.12   原始 LBP 值的定义

为了改善原始的 LBP 存在的无法提取大尺寸结构纹理特征的局限性, Ojala 等[114] 对 LBP 作了修改, 并形成了系统的理论。在某一灰度图像中, 定义一个半径为 $R(R > 0)$ 的圆环形邻域, $P(P > 0)$ 个邻域像素均匀分布在圆周上, 如图 6.13 所示 (图中没有落在像素中心的邻域的灰度值通过双线性内插得出)。设邻域的局部纹理特征为 T, 则 T 可以用该邻域中 $P+1$ 个像素的函数来定义, 即

$$T = t\left(g_{\mathrm{c}}, g_0, \cdots, g_{p-1}\right) \tag{6-81}$$

其中, g_{c} 为该邻域中心像素的灰度值, $g_i(i = 0, \cdots, p-1)$ 是 p 个邻域像素的灰度值。

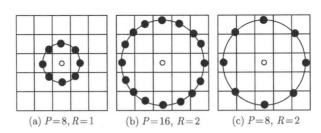

(a) $P=8, R=1$ (b) $P=16, R=2$ (c) $P=8, R=2$

图 6.13   几种不同 P, R 值对应的圆环形邻域

随着半径的增大, 像素之间的相关性逐渐减小, 因此, 在较小的邻域中即可获得绝大部分纹理信息。在不丢失信息的前提下, 如果将邻域像素的灰度值分别减去邻域中心像素的灰度值, 局部纹理特征则可以表示为

$$T = t\left(g_{\mathrm{c}}, g_0 - g_{\mathrm{c}}, \cdots, g_{p-1} - g_{\mathrm{c}}\right) \tag{6-82}$$

假设各个差值与 g_c 相互独立，则式 (6-82) 可分解为

$$T \approx t(g_c)\, t(g_0 - g_c, \cdots, g_{p-1} - g_c) \tag{6-83}$$

由于 $t(g_c)$ 代表图像的亮度值，且与图像局部纹理特征无关，式 (6-83) 所描述的纹理特征可以直接表示为差值的函数：

$$T \approx t(g_0 - g_c, \cdots, g_{p-1} - g_c) \tag{6-84}$$

虽然式 (6-84) 中定义的纹理不受灰度值变化的影响，即邻域中所有 $P+1$ 像素同时加上或者减去某个值，其表征的纹理不变，但是当所有像素的值同时放大或者缩小相同倍数后，其纹理特征发生变化。为了使定义的纹理不受灰度值单调变化的影响，只考虑差值的符号：

$$T \approx t(s(g_0 - g_c), \cdots, s(g_{p-1} - g_c)), \quad s(x) = \begin{cases} 1, & x \geqslant 0 \\ 0, & x < 0 \end{cases} \tag{6-85}$$

函数 $s(g_i - g_c)$ 乘以因子 2^i，则得到唯一表征局部纹理特征的 LBP 值：

$$\mathrm{LBP}_{P,R} = \sum_{i=0}^{P-1} s(g_i - g_c)\, 2^i \tag{6-86}$$

在实验过程中，经过阈值计算后的无符号二进制数选取的初始位和方向不同时，对应的 $\mathrm{LBP}_{P,R}$ 会产生 2^P 种模式。很明显，随着邻域取样点个数增加，二值模式的种类也是急剧增加的。如此多的模式无论对于纹理的提取还是对于纹理的分类识别都是不利的。为了解决这一问题，Ojala 等[116] 对 LBP 进行了扩展，提出了 "统一模式"(uniform pattern)。在二进制数进行一次循环运算时，最多只产生两位变化，则称该 LBP 为统一模式。例如，00000000(0 位转变)，01110000(2 位转变)，11001111(2 位转变) 是统一模式，而 11001001(4 位转变)，01010010(6 位转变) 不是统一模式。检验某种模式是不是统一模式，简单的方法是将其移动一位后的二值模式按位相减的绝对值求和，如下式：

$$U(\mathrm{LBP}_{P,R}) = |s(g_{p-1} - g_c) - s(g_0 - g_c)| + \sum_{p=1}^{P-1} |s(g_p - g_c) - s(g_{p-1} - g_c)| \tag{6-87}$$

计算某种模式时，若 $U(\mathrm{LBP}_{P,R})$ 小于或等于 2 则为统一模式，用 $\mathrm{LBP}_{P,R}^{u2}$ 表示，统一模式之外的其他模式归为一类，叫混合模式。这样改进后二值模式的种类将大大减少，对于 8 个采样点来说，二值模式由原来的 256 种减少为 58 种。在 LBP 直方图的计算中，使用统一模式时，直方图有单独的统一模式位，而非统一模式需要分配单独的位。

为了达到对图像的旋转不变性，Ojala 等[116] 又提出了旋转不变性的 LBP，即不断旋转圆形邻域得到一系列初始定义的 LBP 值，取其最小值作为该邻域的 LBP 值，用公式表示如下：

$$\mathrm{LBP}^{\mathrm{ri}}_{P,R} = \min\{\mathrm{ROR}\,(\mathrm{LBP}_{P,R}, i)\,|i = 0, 1, \cdots, P-1\} \tag{6-88}$$

其中，$\mathrm{ROR}(x, i)$ 为旋转函数，表示将 x 循环右移 $i(i < P)$ 位。通过引入旋转不变的定义，LBP 不仅对于图像旋转表现得更为突出，并且模式的种类进一步减少，使得纹理识别更加容易。此外，旋转不变性的 LBP 还可以与统一模式联合起来，即将统一模式进行旋转得到旋转不变的统一模式，公式表示如下：

$$\mathrm{LBP}^{riu2}_{P,R} = \begin{cases} \displaystyle\sum_{p=0}^{P-1} s\,(g_p - g_c), & U\,(\mathrm{LBP}_{P,R}) \leqslant 2 \\ P+1, & \text{其他} \end{cases} \tag{6-89}$$

其中，$U\,(\mathrm{LBP}_{P,R})$ 计算方法如式 (6-87)，上标 riu2 代表使用了旋转不变统一模式。这种模式种类减少为 $P+1$ 类，所有非旋转不变统一模式都被归为第 $P+1$ 类。

2. 完整局部二值模式

为了在纹理分类中更好地利用 LBP 编码时所丢失的信息，同时也为了解释简单的 LBP 编码能够传递如此多的局部结构判别信息的原因，Guo 等[117] 提出了完整的局部二值模式 (CLBP) 的方法。该方法从局部差异符号与大小转换 (local difference sign-magnitude transform，LDSMT) 的角度分析了 LBP 方法，并给出了三种不同的描述子：中心描述子 (CLBP-Center，CLBP_C)，符号描述子 (CLBP-Sign，CLBP_S)，大小描述子 (CLBP-Magnitude，CLBP_M)。由 LBP 方法可以定义如下中心值与周边邻域值的差异：$d_p = g_p - g_c$，且 d_p 可以分解为

$$d_p = s_p m_p, \quad \begin{cases} s_p = \mathrm{sign}\,(d_p) \\ m_p = |d_p| \end{cases} \tag{6-90}$$

式中，$s_p = \begin{cases} 1, & d_p \geqslant 0 \\ -1, & d_p < 0 \end{cases}$，$s_p$ 是 d_p 的符号，而 m_p 是 d_p 的大小，上式就是 LDSMT。可以看出，描述子 CLBP_S 和原始的 LBP 编码是一致的，只是将编码值 "0" 变为了 "−1"。其余的两个描述子分别为

$$\mathrm{CLBP\_M}_{P,R} = \sum_{p=0}^{P-1} t\,(m_p, c)s_p, \quad t\,(x, c) = \begin{cases} 1, & x \geqslant c \\ 0, & x < c \end{cases} \tag{6-91}$$

式中，c 是自适应阈值，在实验中被设定为局部图像的均值。

$$\mathrm{CLBP\_C}_{P,R} = t\,(g_c, c_{\mathrm{I}}) \tag{6-92}$$

式中的 t 与 CLBP_M 中的表示一致，c_I 在实验中被设定为整幅图像的均值。CLBP 方法通过实验证明了 LBP 编码中的符号部分 (即 CLBP_S) 比数值大小部分 (即 CLBP_M) 更重要，同时指出了 LBP 编码中丢失的 CLBP_M 信息对实验结果有重要影响，即通过融合 CLBP_C、CLBP_S 和 CLBP_M 这三种不同的描述子所取得的实验结果最好。然而，CLBP 方法并没有给出解决 LBP 对高斯噪声敏感问题的方案。

3. 局部三值模式

Tan 等[118] 对局部二值模式进行了扩展进而提出了局部三值模式 (LTP) 的方法。该方法引入了 $\pm t$ 的区间，也就是：当邻域值在中心值的区间里时，编码值为 0；当邻域值比中心值的区间大时，编码值为 1；当邻域值比中心值的区间小时，编码值为 -1。因此，LTP 有 0、1 和 -1 三个值，三个值计算式如下：

$$s\left(g_p, g_c, t\right) = \begin{cases} 1, & g_p \geqslant g_c + t \\ 0, & |g_p - g_c| < t \\ -1, & g_p \leqslant g_c - t \end{cases} \tag{6-93}$$

其中，t 为设定的阈值，不同的 t 值会有不同的效果，因此 t 值的大小对实验结果的影响很大，一般情况是把 t 设为 5。

6.4.2 邻域评估下的局部二值模式及其扩展模式

1. 邻域评估下的局部二值模式

在前述的局部二值模式操作中，局部二值编码的提取是通过周围像素和中心像素的比值大小获得的，进而编码组成了局部二值模式。然而，这种编码策略对噪声比较敏感，也就是说，随机噪声的干扰导致邻域值很容易改变，进而导致局部二值模式的不稳定。为了解决该问题，这里构建一个围绕邻域值的评估窗口来降低噪声的干扰。所谓邻域评估下的局部二值模式 (AELBP) 可以认为是对 LBP 的扩展，其定义如下：

$$\text{AELBP}_{P,R} = \sum_{p=0}^{P-1} s\left(a_p - g_c\right) 2^p, \quad s(x) = \begin{cases} 1, & x \geqslant 0 \\ 0, & x < 0 \end{cases} \tag{6-94}$$

其中，P, R 和 g_c 的定义与式 (6-86) 一致，而 a_p 代表的是在第 p 个评估窗口中像素的平均值 (不包括评估中心的像素值)。

很显然，AELBP 和 LBP 的主要区别就在于，AELBP 使用 a_p 代替了 g_p。AELBP 的整个操作过程主要包括两个部分：

计算 a_p 值：围绕邻域中心 g_c 设置其邻域，并将其邻域设置为评估中心 a_p，而后围绕评估中心 a_p 设置其评估窗口 $W \times W(W$ 为奇数)，计算评估窗口中像素的平

均值 (不包括评估中心)。需要注意的是，当 W 的值为 1 时，AELBP 的形式就等于 LBP。

组成局部二值模式：通过对比评估窗口值 a_p 和邻域中心值 g_c 获得局部二值编码，进而通过编码组成局部二值模式。

为了更好地解释 AELBP 的操作流程，图 6.14 给出了一个 AELBP 操作的示意图。从图中可以看到，p 为 4 时，评估中心 a_p 的值为 152。根据 AELBP 计算原理，按照顺时针方向，依次可以得到所有评估窗口的 a_p 值，即得到左下角的正方形结果。将邻域中心 g_c 的值 (即 118) 与评估窗口的 a_p 值代入函数 $s(x)$ 中计算，进而得到局部二值编码，即 "11111111"。

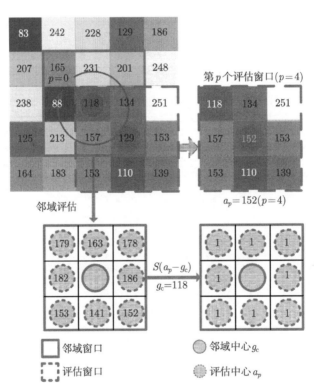

图 6.14　AELBP 操作示意图 $(P = 8, R = 1)$(后附彩图)

为了说明 AELBP 对噪声干扰的鲁棒性，图 6.15 给出了一个案例，即通过在 Outex 纹理数据库图像 (canvas011) 中添加高斯噪声 (SNR=20dB) 进行 LBP 和 AELBP(W 的值 3) 的对比实验。图 6.15(a) 为一幅原纹理图像，而对其添加一定量的高斯噪声后的图像如图 6.15 (b) 所示。在图 6.15(a) 和图 6.15(b) 中左下角的相同位置分别提取大小为 5×5 的像素区域，即图 6.15(c) 和图 6.15(d)。分别计算这两幅图的 LBP 值, 即图 6.15(e) 和图 6.15(f)。然后再分别计算这两幅图的 AELBP 值, 即图 6.15(g) 和图 6.15(h)。其中, 对于计算图 6.15(c) 的 AELBP 值的过程如图 6.16 所示, 即如图 6.16(a) 中围绕邻域中心 g_c 设置其邻域, 并将其邻域设置为评估中心 a_p, 图 6.16(b) 围绕评估中心 a_p 设置其评估窗口 $W \times W$, 图 6.16(c) 计算评估窗口中像素的平均值, 最后代入公式获得如图 6.16(d) 所示的模式值。

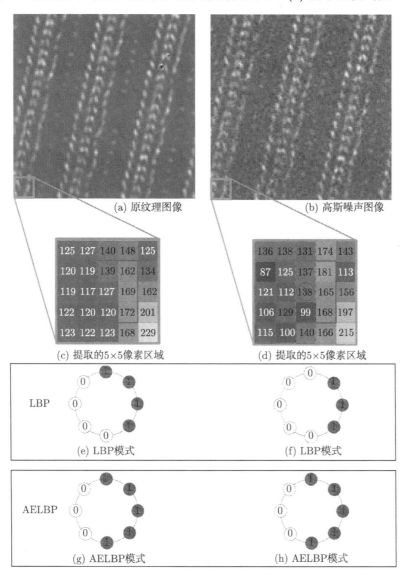

图 6.15 AELBP 和 LBP 在高斯噪声 (SNR=20dB) 干扰下的鲁棒性 (Outex 纹理图像, canvas011)(后附彩图)

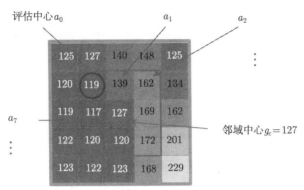

(a) 围绕邻域中心 g_c 设置其邻域, 并将其邻域设置为评估中心 a_p

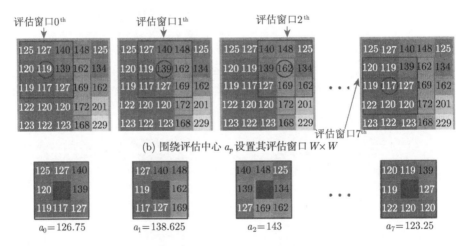

(b) 围绕评估中心 a_p 设置其评估窗口 $W \times W$

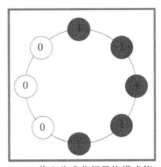

(c) 计算评估窗口的平均值(不包括评估中心)

(d) 代入公式获得最终模式值

图 6.16　AELBP 的主要操作示意图

从图 6.15(e) 和图 6.15(f) 可以看出, 高斯噪声的干扰导致 LBP 的模式值发生了改变。图 6.17 给出了 9 种旋转不变性 "统一模式" 和对应编号 ($\text{LBP}_{8,R}^{riu2}$), 根据

图 6.17 可以知道，由于高斯噪声的干扰，图 6.15(e) 中编号 "4"(编号表示 0 的个数) 变为了图 6.15(f) 中的 "5"。而与此相反，图 6.15(g) 和 (h) 中的编号依然为 "3"，没有发生改变，因而 AELBP 的编码模式在高斯噪声的干扰下没有发生变化。

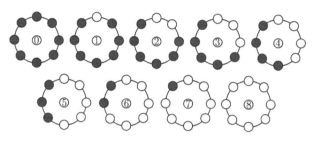

图 6.17　9 种旋转不变性 "统一模式" 和对应编号 ($LBP_{8,R}^{riu2}$)

从以上示意图中可以看到，AELBP 受噪声的干扰与 LBP 相比具有更强的鲁棒性。

下面，我们来进一步考察分析 LBP 和 AELBP 的 "微结构"(micro-structure) 信息。文献[116] 中提到，LBP 主要是通过检测 "微结构" 信息才能够有效地描绘局部纹理特征。然而，"微结构" 越小其受噪声干扰就越严重，这也是 LBP 模式受噪声干扰的一个潜在的原因。

如图 6.18(a) 所示，在有高斯噪声干扰时，不同半径的分类精度也不相同，也就是说半径越小，受噪声干扰越严重。为了降低这种干扰，AELBP 对 "微结构" 信息进行了改善，即使用了评估窗口的平均值替代了邻域值，并且由于评估窗口的使用，"微结构" 的尺度也被扩大了，因此，在噪声干扰中 AELBP 的 "微结构" 能够更有效地提取纹理结构信息，从而获得了更高的分类精度。如图 6.18(b) 所示，在噪声干扰下且半径较小时 (即 $R = 1$)，其分类精度有了较大提高，即从图 6.18(a)

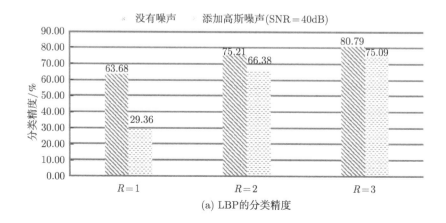

(a) LBP的分类精度

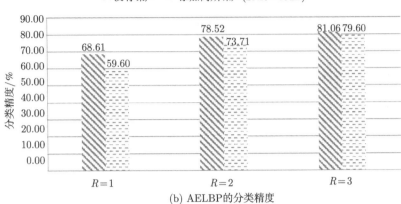

图 6.18　AELBP(AELBP$_{P,R}^{riu2}$) 和 LBP(LBP$_{P,R}^{riu2}$) 的分类精度 (Outex_TC_0012 "horizon" 纹理图像)

中的 29.36% 提高到 59.60%。而且，在不同半径下 AELBP 的分类精度都比 LBP 的要高，更多实验结果见 6.4.3 节。

此外，由于邻域评估方法有一定通用性且可以集成到现有的 LBP 扩展模式中以改善它们对噪声干扰的鲁棒性，如 CLBP、CLBC(completed local binary count) 和 LTP。在下面两小节中，我们分别将邻域评估方法集成到 CLBP 和 LTP 中，进而得到了 AECLBP 和 AELTP。

2. 邻域评估下的完整局部二值模式

与 CLBP 的操作方法相似，AECLBP 也将图像局部差异分解为两个部分：s_p 和 m_p。它们的定义如下：

$$s_p = s\left(a_p - g_c\right), \quad m_p = \left|a_p - g_c\right| \tag{6-95}$$

其中，a_p, g_c 和 $s(x)$ 的定义与式 (6-90) 一致。

同样地，这里也提出了三种不同的描述子，即中心描述子 (AECLBP-Center，AECLBP_C)，符号描述子 (AECLBP-Sign，AECLBP_S) 和大小描述子 (AECLBP-Magnitude，AECLBP_M)。其中，中心描述子 AECLBP_C 与 CLBP_C 是一样的，符号描述子 AECLBP_S 的定义与 AELBP 一样，而大小描述子 AECLBP_M 的定义如下：

$$\text{AECLBP\_M}_{P,R} = \sum_{p=0}^{P-1} t\left(m_p, c\right) 2^p, \quad t\left(x, c\right) = \begin{cases} 1, & x \geqslant c \\ 0, & x < c \end{cases} \tag{6-96}$$

其中，阈值 c 为整幅图像中 m_p 的均值。

3. 邻域评估下的局部三值模式

与 LTP 的定义相似, 也可将 AELBP 扩展到三个值的计算模式中, 即 AELTP, 其计算式如下:

$$\text{AELTP}_{P,R} = \sum_{p=0}^{P-1} s(a_p, g_c, t)\, 2^p, \quad s(a_p, g_c, t) = \begin{cases} 1, & a_p \geqslant g_c + t \\ 0, & |a_p - g_c| < t \\ -1, & a_p \leqslant g_c - t \end{cases} \quad (6\text{-}97)$$

其中, t 为设定的阈值, 而 a_p 和 g_c 的定义与式 (6-94) 一致。此外, AELTP 的编码操作也与 LTP 一样, 即将 AELTP 拆分成两个类似于 AELBP 的模式, 并分别计算顶层模式和底层模式的二值编码。

6.4.3 实验结果与分析

1. NEU-Silicon 图像数据集上实验结果与分析

为检验 6.4.2 节中提出的 AECLBP 方法在硅钢板表面缺陷的特征提取中的应用情况, 我们应用 AECLBP 方法对硅钢板表面缺陷图像数据集 NEU-Silicon 进行分析。本节中使用多尺度的方法提取了不同分辨率下的特征, 分别使用 NNC 和 SVM 进行分类实验, 并与其他方法的结果进行对比验证。

同样地, 先将 NEU-Silicon 图像数据集中的原图像转为灰度图, 图像样本的总数为 120 个。从每一类中随机抽取 15 个图像组成训练集, 而其余 15 个图像组成测试集, 且独立运行 100 次。在没有噪声干扰的 NEU-Silicon 图像数据集上, 使用 AECLBP 方法得到的平均分类精度和标准差如表 6.8 所示, 在表 6.8 中, 同时给出了使用 LBP、CLBP 和 LTP 等方法得到的结果。从表中的数据可以清晰地看出, AECLBP 方法在 NNC 分类器和 SVM 分类器上都获得了最好的实验结果, 其平均分类精度分别为 94.13% 和 95.33%, 这些实验结果验证了 AECLBP 方法在 NEU-Silicon 图像数据集上的有效性。

表 6.8　没有噪声干扰时 NEU-Silicon 数据集的分类精度　　　　(单位: %)

实验方法	NNC 分类器结果	SVM 分类器结果
LBP	87.33±1.96	90.79±2.34
LTP	93.17±3.64	93.67±1.32
CLBP	93.67±1.89	95.12±3.56
AECLBP	**94.13±1.92**	**95.33±1.28**

当存在高斯噪声干扰时, 各方法在 NEU-Silicon 图像数据集上的平均分类精度和标准差如表 6.9 所示。从表 6.9 中可以看出, 当 SNR 大于等于 40 时, 所有方法得到的平均分类精度只是稍微有改变, 而当 SNR 小于 40 时, 由于噪声干扰强度

变大，因而分类精度出现较大的下滑。然而，不管在多大噪声干扰下，AECLBP 方法获得的平均分类精度都好于其他方法的结果。与没有噪声干扰时的结果类似，由于分类器性能的原因，使用 SVM 分类器得到的结果好于 NNC 分类器得到的实验结果。

表 6.9　高斯噪声干扰时 NEU-Silicon 数据集的分类精度　　　　（单位：%）

实验方法	分类器	SNR=50dB	SNR=40dB	SNR=30dB	SNR=20dB
LBP	NNC	63.67±4.95	60.33±3.31	25.01±0.10	25.00±0.00
	SVM	63.56±5.23	59.36±5.42	24.82±1.20	25.12±0.21
LTP	NNC	83.67±3.21	79.10±5.60	26.67±0.01	25.00±0.00
	SVM	87.67±3.83	78.64±4.21	26.53±0.21	25.04±0.15
CLBP	NNC	87.01±3.91	81.67±5.83	28.33±4.13	25.01±0.11
	SVM	93.67±1.83	84.33±5.01	28.61±3.25	25.23±0.31
AECLBP	NNC	93.87±1.39	92.67±2.92	46.67±3.73	25.01±0.13
	SVM	**94.67±1.31**	**93.28±2.15**	**50.91±4.39**	**25.33±0.14**

2. NEU-Hot 图像数据集上实验结果与分析

对于 AECLBP 方法在热轧板表面缺陷图像数据集 NEU-Hot 上的检验，同样使用多尺度的方法提取不同分辨率下的特征，分别使用 NNC 和 SVM 进行分类实验，并与其他方法的结果进行对比验证。

从 NEU-Hot 图像数据集的每一类中随机选取 150 幅图像作为训练，其余 150 幅作为测试，即总的训练样本为 900 幅图像，测试样本也为 900 幅图像。分别使用 NNC 和 SVM 分类器进行分类测试，且独立运行 100 次。在没有噪声干扰的 NEU-Hot 图像数据集上，使用 AECLBP 方法得到的平均分类精度和标准差如表 6.10 所示，表中同时给出了使用 LBP、CLBP 和 LTP 等方法得到的结果。与所预期的效果一样，AECLBP 方法在 NNC 分类器和 SVM 分类器上也同样都获得了最好的实验结果，其平均分类精度分别为 97.93% 和 98.93%，这些实验结果验证了 AECLBP 方法在 NEU-Hot 图像数据集上依然有效。

表 6.10　没有噪声干扰时 NEU-Hot 数据集的分类精度　　　　（单位：%）

实验方法	LBP	LTP	CLBP	AECLBP
NNC 分类器结果	95.07±0.71	95.93±0.39	96.91±0.24	**97.93±0.21**
SVM 分类器结果	97.93±0.66	98.22±0.52	98.28±0.51	**98.93±0.63**

为了进一步研究六类表面缺陷的详细识别结果情况，表 6.11 给出了 AECLBP 方法在 NEU-Hot 图像数据集上的混淆矩阵。其中，每一个类别都被抽取 150 个样本用来作为测试集，这里使用的分类器为 NNC。从表 6.11 中可以看到 RS 缺陷获得了最好的识别结果，正确率为 100%。受光照变化的影响，PS 和 In 缺陷的识别

率最低，为 96%。表 6.11 中的结果也显示了 Sc 缺陷有 3 个被误判为 In 缺陷。此外，Pa 和 Sc 缺陷识别正确的个数都为 147，尽管略低于 Cr 的正确个数 149，但是都高于整体的识别正确率 97.89%。

表 6.11　AECLBP 方法在 NEU-Hot 数据集上得到的混淆矩阵

	RS	Pa	Cr	PS	In	Sc	正确数	样本数	正确率/%
RS	150	0	0	0	0	0	150	150	100.00
Pa	0	147	3	0	0	0	147	150	98.00
Cr	0	1	149	0	0	0	149	150	99.33
PS	0	3	2	144	1	0	144	150	96.00
In	2	1	1	1	144	1	144	150	96.00
Sc	0	0	0	0	3	147	147	150	98.00
合计	—	—	—	—	—	—	881	900	97.89

当存在高斯噪声干扰时，各个方法在 NEU-Hot 图像数据集上的平均分类精度和标准差如表 6.12 所示。当 SNR 大于等于 40 时，所有方法得到的平均分类精度只是稍微有改变，而当 SNR 小于 40 时，由于噪声干扰强度变大，因而分类精度出现较大的下滑。这与预期的一样，不管在多大噪声干扰下，AECLBP 方法获得的平均分类精度都好于其他方法的结果，即使当 SNR 等于 20 时，AECLBP 方法依然获得了 37.09% 的平均分类精度。同样地，与没有噪声干扰时的结果类似，由于分类器性能的原因，使用 SVM 分类器得到的结果好于 NNC 分类器得到的实验结果。这些实验结果验证了 AECLBP 方法在 NEU-Hot 图像数据集上，依然对噪声干扰具有较强的鲁棒性。

表 6.12　高斯噪声干扰时 NEU-Hot 数据集的分类精度　　　　（单位: %）

实验方法	分类器	SNR=50dB	SNR=40dB	SNR=30dB	SNR=20dB
LBP	NNC	67.93±0.59	65.02±1.76	57.93±1.86	20.60±4.79
	SVM	73.87±0.49	69.56±0.99	62.36±2.85	22.53±3.96
LTP	NNC	95.56±0.85	92.11±1.37	58.91±1.88	18.60±1.06
	SVM	98.18±0.42	97.60±0.69	67.62±2.23	24.98±5.94
CLBP	NNC	94.40±0.46	90.07±1.41	73.09±0.94	23.04±1.33
	SVM	98.11±0.39	97.04±0.67	74.84±1.03	27.42±3.25
AECLBP	NNC	97.87±0.48	96.38±0.69	79.69±1.32	31.20±3.46
	SVM	**98.87±0.37**	**98.53±0.39**	**88.29±1.70**	**37.09±2.15**

第 7 章　图像特征组合与降维

7.1　概　　述

在第 6 章中，我们只是有重点地介绍了一些特征提取的方法，事实上，目前还有很多方法，用这些方法能够提取出大量的图像特征。从理论上讲，特征越多对目标对象的表达就越具体，从识别分类的角度来看就应该越准确。也就是说，正确地进行目标对象的识别，必须要有进行正确判断的足够多的有效特征作基础。从第 6 章中不难发现，尽管特征提取方法很多，但是每一种方法所能提取的有效特征是有限的，所以有必要对各种不同特征加以组合，形成一个有效的、可进行准确识别分类的特征向量。

多种特征的组合并不是将多个特征进行简单的代数组合，特征组合需要对原始图像以及多种特征进行分析，选择那些对识别分类 "贡献率" 大的特征，采用恰当的方式进行组合。这里就涉及一个特征选择的问题。对于一个稍微复杂点的目标对象，其特征可能会有无数多个，若要选择有限个特征来表达目标对象，直观上讲，当然是要选择那些能表达目标对象的主要特征和关键特征。而这些主要特征和关键特征往往也不是很容易发现和获取，导致特征冗余 (过多的 "无用" 特征)，而即使能发现和获得，它们也可能是其他类别目标对象的主要特征和关键特征，这就是所谓的类别交叉问题。所以，特征选择就是要选择尽可能少的且能最大限度地区分不同类别的主要特征和关键特征。

多种特征的组合带来的另一个大问题是所谓的 "维数爆炸"。特征越多，最终构成的特征空间维数就越大，维数越大，计算难度就越大，严重时还会导致计算系统 "崩溃"。所以，一般都要对组合特征进行降维处理。

本章主要介绍特征分析、多特征的选取组合及其降维方法。

7.2　多特征的选取与组合

不同种类的特征从不同的方面描述了图像所含的信息，如灰度直方图特征描述了图像的灰度统计信息，小波变换特征描述了图像纹理方面的频域信息，灰度共生矩阵描述了图像的基元和排列结构信息。每种特征有其各自的特点，描述了图像的不同特征[122,123]。从这个意义上讲，特征是对图像的一种抽象，特征本身并没有优劣之分。但是，从目标对象识别分类的角度，总是希望所提取的目标对象的特征相互独立、互不相关，且特征所构成的特征空间是一个正交空间。就某一种特征提取方法而言，通常情况下是能满足这一要求的。例如，利用小波变换提取得到的变换域特征，由于小波变换系数是"正交独立"的 (在小波变换空间)，最终所提取的与小波系数相关的特征也可以比较容易做到"正交独立"。但是，不同方法提取的特征，要做到"正交独立"就难以实现。

实践表明，多特征的合并会存在较大的特征相关性和冗余性，随着特征的增多，不但没有提高板带钢表面缺陷的正确识别率，反而会降低识别率。究其原因，主要是：①根据信息论的观点，多种特征的类别信息既有互补性，又有矛盾性，特征集的简单合并所带来的互补信息可能不抵它们之间的矛盾信息；②按照目前的类别分类器的设计原理，多种特征信息的简单合并不仅使得特征空间维数增加，而且会使得分类器的类别可分离性下降。所以，就识别分类而言，特征的选择一般应遵循以下原则：

(1) 可区别性：所选择的特征应该与其他类别的特征存在明显的差异，即可区别不同类别的特征。

(2) 可靠性：同类对象的特征值应该比较接近，确保同类识别的准确性和可靠性。

(3) 独立性：所选用的各特征之间应彼此不相关，以减少特征冗余，提高计算效率。

7.2.1 特征归一化

由于不同种类的特征其物理意义各不相同，且特征值的取值范围也大相径庭。由表 6.1～表 6.4 可以清楚地看出，不同类别 (目标对象) 的同一种特征数据之间以及同一类别的不同特征的特征数据之间，特征数据的数量级相差很大。所以各特征之间通常不具有直接可比性。若直接把那些不同量级的特征数据组合在一起，那么数量级大的特征在特征向量中所占权重就大，会造成信息分布失衡。因此，在进行图像特征组合之前，需要对所有特征数据进行归一化处理[125]。

在进行图像特征数据归一化处理时，一方面要使特征数据具有可比性，另一方面要保持特征数据在特征空间的拓扑结构信息不变。

目前，常用的数据归一化方法有：单位区间法、单位方差法、均匀分布法、排序归一化法等。

(1) 单位区间法。

所谓单位区间法就是将特征数据归一化成取值范围在 [0,1] 区间。若给定一个特征 x，其取值下限为 l、上限为 u，则可用下式对特征值 x 进行归一化：

$$x' = \frac{x - l}{u - l} \tag{7-1}$$

(2) 单位方差法。

所谓单位方差法是将特征 x 变换为一个具有 0 均值和单位方差的随机变量，即

$$x = \frac{x - \mu}{\sigma} \tag{7-2}$$

其中，μ 是特征的均值，σ 是特征的标准方差。

(3) 均匀分布法。

均匀分布法则是将特征 x 视为一随机变量，将其变换成在 $[0,1]$ 上为均匀分布的随机变量。若设 $H(x)$ 是随机变量 x 的累积分布函数，则由变换 $x' = H(x)$ 得到的变量就是在 $[0,1]$ 上均匀分布的随机变量。

(4) 排序归一化法。

该方法不考虑特征数据实际数值大小，只按大小顺序将所有特征值都均匀地映射到 $[0,1]$ 中。设所有特征的采样值为 $x_1, x_2, \cdots, x_N$，可先将特征值按从小到大排序 $x_{(1)}, x_{(2)}, \cdots, x_{(N)}$，再以排序来表示特征的归一化，即

$$x_i' = \frac{1}{N-1} \left[\text{rank}\,(x_i) - 1 \right] \tag{7-3}$$

7.2.2　多特征的选取组合

特征的选取与组合方式有很多种，这里重点介绍一种基于类距离可分离性判据的多特征的选取与组合方法。在实际板带钢生产线上，一段时期内，当生产环境未发生改变时，板带钢表面缺陷的种类 c 往往是固定的。这时，经常采用较为简单的聚类识别法来进行识别分类。所谓聚类法，就是在特征空间里，把空间距离相近的聚成一类缺陷。很显然，同类缺陷越集中、异类缺陷越分散，识别分类的效果就越好。这也就给出了一条多特征的选择组合思路：通过选择不同的特征组合，类内距离变小，而类间距离变大。

若设 c 为缺陷种类，n_i 分别为第 i 类缺陷的样本数，P_i 是第 i 类缺陷的先验概率，x^i 分别为表征第 i 类缺陷的 D 维特征向量，$d(x^i, x^j)$ 为两特征向量 x^i, x^j 在特征空间里的距离。假定特征空间是一个欧氏空间，则有

$$d(x^i, x^j) = (x^i - x^j)^{\text{T}} (x^i - x^j) \tag{7-4}$$

若记 $\boldsymbol{m}^i$ 为第 i 类缺陷样本集的均值向量 (第 i 类缺陷特征子空间中心)，$\boldsymbol{m}$ 为 c 类缺陷样本集总体的均值向量 (c 类缺陷特征空间中心)，即

$$\boldsymbol{m}^i = \left\{ \frac{1}{n_i} \sum_{k=1}^{n_i} x_{j,k}^i \right\} \tag{7-5}$$

$$\boldsymbol{m} = \sum_{i=1}^{c} P_i \boldsymbol{m}^i \tag{7-6}$$

及

$$s_b = \sum_{i=1}^{c} P_i (\boldsymbol{m}^i - \boldsymbol{m})^{\mathrm{T}} (\boldsymbol{m}^i - \boldsymbol{m}) \tag{7-7}$$

$$s_w = \sum_{i=1}^{c} P_i \frac{1}{n_i} \sum_{k=1}^{n_i} (x_k^i - \boldsymbol{m}^i)^{\mathrm{T}} (x_k^i - \boldsymbol{m}^i) \tag{7-8}$$

其中，s_b 越大表示第 i 类缺陷样本集的均值向量与总体的均值向量间的距离越大，故称之为类间离散度；同理，s_w 被称为类内离散度。

直观上，希望特征向量的类间离散度 s_b 尽量大，而类内离散度 s_w 尽量小。若定义类距离 $d_{i,j}$ 为类中心距离减去相应类的平均半径，即

$$d_{i,j} = d(\boldsymbol{m}^i, \boldsymbol{m}^j) - r_i - r_j \tag{7-9}$$

其中

$$r_i = \frac{1}{n_i} \sum_{k=1}^{n_i} (x_k^i - \boldsymbol{m}^i)^{\mathrm{T}} (x_k^i - \boldsymbol{m}^i) \tag{7-10}$$

因此，可定义 $J_d(x)$ 为类间平均距离，即

$$J_d(x) = \frac{1}{2} \sum_{i=1}^{c} \sum_{j=1}^{c} P_i P_j d_{i,j} \tag{7-11}$$

可以证明

$$J_d(x) = s_b - s_w \tag{7-12}$$

显然，$J_d(x)$ 越大，缺陷类别可分离性越好。由此，多特征的选取组合就是使 $J_d(x)$ 尽可能地变大。

7.2.3 实例

本节以实际采集的板带钢表面缺陷图像为例，展示说明多特征组合的实际应用操作方法。主要缺陷包括夹杂、抬头纹、擦裂、分层、焊缝、边缘锯齿等 6 种。每种缺陷各 29 个样本，共计 174 幅图像。典型的表面缺陷图像样本如图 7.1 所示。

(a) 夹杂   (b) 抬头纹   (c) 擦裂

(d) 分层　　　　　　　　(e) 焊缝　　　　　　　　(f) 边缘锯齿

图 7.1　典型表面缺陷样本 (比例: 1:3.5)

对各样本共提取出 26 个图像特征数据, 即小波变换特征数据 (7 个)、灰度直方图特征数据 (6 个)、灰度共生矩阵特征数据 (6 个)、不变矩特征数据 (7 个)。这样, 特征空间初始维数 $D = 26$, 样本类别数 $c = 6$。

1) 特征归一化处理

对每个样本 i 的每一特征数据 j 均按单位区间法作归一化处理, 即

$$p'_{i,j} = \frac{p_{i,j} - l_i}{u_i - l_i}, \quad i = 1, 2, \cdots, 29; j = 1, 2, \cdots, 26 \tag{7-13}$$

式中, $p_{i,j}$ 是归一化前第 i 个缺陷样本图像的第 j 个特征值; $p'_{i,j}$ 是归一化后的特征值。

2) 聚类识别

分别按四种特征 (灰度共生矩阵特征 (F1(6))、灰度直方图特征 (F1(6))、不变矩特征 (F1(7))、小波特征 (F1(7))) 进行识别分类实验, 表 7.1 给出了每类缺陷 10 个样本、共 60 个样本的实验结果, 表中数字为误识样本个数。实验表明, 小波特征准确识别率最高。

表 7.1　不同特征的缺陷误识情况

特征 (维数)	边裂	焊缝	夹杂	抬头纹	擦裂	分层	误识率
F1(6)	3	0	3	1	0	0	11.6%
F2(6)	4	0	2	0	0	2	13.3%
F3(7)	0	6	3	2	0	1	20.0%
F4(7)	2	0	1	0	0	0	5.0%

3) 多特征组合

考虑到灰度直方图特征与灰度共生矩阵特征均属灰度统计类特征, 会存在某种相关性, 实验将四种特征组合成 F4+F1、F4+F1、F4+F1、F4+F2+F3、F4+F2+F3 等五种情况, 表 7.2 给出了 60 个样本的识别分类结果。实验表明, 特征组合提高了缺陷识别率, 但不同特征组合, 效果不同; 准确识别率并非随特征维数增加而增加。

表 7.2　不同特征组合的缺陷误识情况

特征 (维数)	边裂	焊缝	夹杂	抬头纹	擦裂	分层	误识率
F4+F1(13)	0	0	1	0	0	2	5.0%
F4+F2(13)	0	0	1	0	0	1	3.3%
F4+F3(14)	2	0	3	0	0	0	8.3%
F4+F2+F3 (20)	0	0	1	0	0	1	3.3%
F4+F1+F3 (20)	5	0	1	0	0	1	11.6%

4) 多特征的优化组合

根据 $J_d(x)$ 大小进行特征排序，选出优化特征。经综合分析对比，优选出 11 个特征组合成特征向量，即 $\{L1_3、L1_6、L1_5、L1_7、L1_4、h_2、H、L1_2、\sigma^2、h_3、M_1\}$，其中，小波特征 6 个、灰度共生矩阵特征 2 个、灰度直方图特征 2 个 ($H、\sigma^2$)、不变矩特征 1 个。这里，小波特征入选最多，由表 7.1 可知其合理性，但灰度共生矩阵特征 h_3 与灰度直方图特征 σ^2 同时入选，表明这种特征组合方式不能排除特征相关性。将该特征组合向量对全部 174 个样本进行识别分类实验，结果表明，其误识率仅为 2.8%，而若取前 7 个特征组合成特征向量，其误识率却达到 5.7%，表 7.3 给出了相应组合特征向量对 174 个样本的实验结果。

表 7.3　优选组合特征的缺陷误识情况

组合特征数	边裂	焊缝	夹杂	抬头纹	擦裂	分层	总体误识率
7	1	0	3	0	0	7	5.7%
11	0	0	1	0	0	4	2.8%

7.3　多维特征的降维

7.3.1　图像特征降维概述

在 7.2 节中，我们已看到，缺陷图像的识别过程中，多维图像特征有利于提高准确识别率。这是因为缺陷图像的多维特征向量往往包含更丰富的缺陷信息，采用各种不同的特征数据有利于实现优势互补。但是，随着图像特征向量维数的增加，后续处理程序的复杂性成倍提高，运算时间也成倍增加。

对多维特征向量的降维处理，主要有两类方法，一是 7.2 节提到的通过一定准则，进行特征选择，实现优化特征向量的目的；另一类方法是所谓的 "特征降维算法"，实际上就是将高维特征空间中的特征向量映射到低维特征空间进行分析，其优点是对高维特征进行了压缩便于处理，但其缺点是特征压缩不好时特征分类信息将会丢失。本节及以后讨论的特征降维方法都是属于后一类的特征降维算法。

目前，特征降维的算法有很多，常用的降维算法如 PCA[126]，主要是针对线性分布的高维数据进行降维。本节将重点介绍一种自组织特征映射神经网络算法 (self-organizing feature map, SOFM)。

7.3.2　SOFM 神经网络的特征降维算法

1. SOFM 神经网络结构

自组织现象普遍存在于许多生物的神经系统中。人脑中处于不同区域的细胞对来自某一方面或特定的刺激信号的敏感程度不同。Kohonen[127] 依据人脑细胞的信息传输特点，于 1982 年提出了一种 SOFM 算法，创建了 SOFM 网络的学习算法。该网络的特点是能模拟大脑皮层中具有自组织特征的神经信号传送过程。

SOFM 是一种基于竞争学习、无监督的神经网络学习算法，它能自动产生与输入数据相似的，在一维、二维或三维神经元列 (阵) 上顺序排列的分布图。这种数据的相似性也即拓扑映射的保序性可表述为：输出神经元的空间位置对应于输入空间中特定区域内在的数据统计特征，也就是说，输出空间中邻近的节点，在输入空间所对应的模式点也是邻近的。利用 SOFM 网络的这一特性，可以对缺陷图像直接进行识别分类，相关的识别分类方法将在第 8 章中讨论。

SOFM 网络是由输入层和输出层组成的。如图 7.2 所示，第一层为输入层，就是把缺陷样本图像的特征向量 $x = \{x_1, x_2, \cdots, x_N\}$ 作为输入，输入神经元数为 N；第二层由一维、二维或三维节点列 (阵) 组成，称为输出层或竞争层，输出神经元个数分别为 $S = m$，$S = m \times m$ 或 $S = m \times m \times m$。SOFM 网络对训练数据进行自组织学习后，在输出层中将形成低维的映射图，同类别的缺陷特征向量所对应的输出层神经元将比较接近。从特征降维的角度来看，SOFM 网络的输出层就相当于低维特征空间，通过 SOFM 网络可实现把高维特征向量空间向低维特征向量空间的映射。输入层与竞争层之间全部是互连接，竞争层神经元 j 与输入层神经元 i 的连接权重是 w_{ij}。图 7.2 所示的是具有二维输出层的 SOFM 神经网络结构模型。

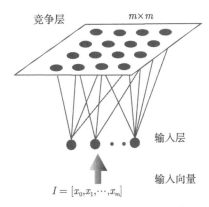

图 7.2　SOFM 神经网络结构模型

SOFM 网络的运行分为两个阶段, 即训练阶段和工作阶段。训练阶段也叫学习阶段, 在这个阶段, 特征向量的映射过程是采用胜者为王的竞争算法来实现。通过竞争来不断调整连接权值, 最终使输出层各神经元所对应的权向量成为各输入样本缺陷类别的中心向量, 并可在输出层形成反映缺陷类别分布的特征图。这样, 在工作阶段, 每输入一个高维特征向量, 在输出层就可得到一个低维空间上的特征向量[129]。

设输入样本特征为 $\boldsymbol{x}^k = \{x_1, x_2, \cdots, x_N\}^k, k = 1, 2, \cdots, p$, 其中 p 为样本数, 单元 j 的权向量为 $\boldsymbol{w}_j = \{w_{j1}, w_{j2}, \cdots, w_{jN}\}^{\mathrm{T}}, j = 1, 2, \cdots, S$。所谓胜者为王的竞争机制, 就是每当输入一个特征向量 (模式) 时, 输出层中的某个神经元产生最大响应而获胜。以 $\boldsymbol{x}$ 与 $\boldsymbol{w}_j$ 间的欧氏距离最小者为获胜神经元, 即

$$i[\boldsymbol{x}] = \arg \min_j \|\boldsymbol{x} - \boldsymbol{w}_j\|, \quad j = 1, 2, \cdots, S \tag{7-14}$$

获胜神经元周围的神经元也因侧向连接的兴奋作用而产生较大的响应, 所以, 在进行权向量调整时, 获胜神经元及其周围的所有神经元的权向量都要向缩短与输入特征向量距离的方向作不同程度的调整, 调整程度应随神经元与获胜神经元距离的减小而逐渐减弱。

很显然, 获胜神经元的邻域范围及其邻近神经元的激励强度, 对 SOFM 网络的学习训练效率有很大影响。依据神经生物学的观点, 侧向反馈的强度应该与神经元 j 距离中心单元 i 的远近有关。邻域函数, 也称侧向抑制函数, 用来表达获胜神经元对其他神经元的侧向邻近效应。通常选用 "墨西哥帽" 函数作为侧向抑制函数, 即

$$\lambda\left(d_{ji}\right) = \left(1 - d_{ji}^2\right) \exp\left(-\frac{d_{ji}^2}{2\sigma^2}\right) \tag{7-15}$$

其中, d_{ji} 是获胜神经元与邻近神经元之间的距离, σ 是邻域的 "有效宽度", 邻域的范围应随着迭代次数 n 的增加而逐渐减小, 最终当迭代次数 n 足够大时, 邻域中的激励神经元将只剩下获胜神经元本身。为此, 一般也选指数函数来表征 σ, 即

$$\sigma\left(n\right) = \sigma\left(0\right) \exp\left(-\frac{n}{n_1}\right) \tag{7-16}$$

或

$$\sigma\left(n\right) = \sigma\left(0\right) \left(\frac{1}{2\sigma\left(0\right)}\right)^{\frac{n}{n_{\max}}} \tag{7-17}$$

式中, n_1 为一常数, $n_{\max}$ 为设定的最大迭代次数, $\sigma\left(0\right)$ 可取输出神经元结构中两距离最远的神经元之间神经元数目的一半。若记 m_d 为对角线上的神经元数目, 则可取 $\sigma\left(0\right) = \dfrac{m_d}{2}$。

墨西哥帽函数所表征的生物神经元的侧向邻近效应是，获胜神经元对最邻近的神经元有正向激励作用，而对稍远的神经元则有反向的抑制作用。实践中有时也为计算方便，采用其简化形式，如高斯型函数、"大礼帽"型函数和"厨师帽"型函数等。

这样，我们就可以按下述方式调整权向量：

$$w_j(n+1) = \begin{cases} w_j(n) + \eta(n)\lambda(n)[x(n) - w_j(n)], & j \in \sigma(n) \\ w_j(n), & j \notin \sigma(n) \end{cases} \qquad (7\text{-}18)$$

式中，$\lambda(n)$ 表示第 n 次迭代时的抑制函数 $\lambda(d_{ji})$; $\eta(n)$ 是学习效率，或叫做学习步长，一般 $0 < \eta(n) < 1$ 也是随迭代次数 n 的增加而逐渐减小，这表示随着学习训练的进行，权向量的调整幅度会越来越小。实践中，一般也是取 $\eta(n)$ 为指数函数形式，如

$$\eta(n) = \eta(0)\exp\left(-\frac{n}{n_2}\right) \qquad (7\text{-}19)$$

或

$$\eta(n) = \eta(0)\left(\frac{1}{n_{\max}\eta(0)}\right)^{\frac{n}{n_{\max}}} \qquad (7\text{-}20)$$

式中，n_2 也是一常数。

2. SOFM 神经网络学习算法

依据上述讨论，不难得到以下 SOFM 神经网络的一种学习算法:

(1) 权值初始化，用小的随机数对各权向量赋初值 $w_j(0)$，各节点权值应取不同值。当然，也可以有针对性地来选择权向量初值，以提高训练学习效率。例如，先事先求出所有样本特征向量的中心向量，即

$$\bar{x} = \frac{1}{p}\sum_{k=1}^{p} x^k \qquad (7\text{-}21)$$

然后，在此中心向量上再叠加一个小的随机数作为权向量的初值。还有一种更为简便的方法，就是直接从 p 个样本中随机选出 S 个特征向量作为权向量初值。

(2) 逐次在样本集中随机选一个样本 x 作为输入。

(3) 在第 n 次迭代 (输入) 时，按式 (7-5) 确定获胜神经元 i(竞争过程)，即

$$i[x(n)] = \arg\min_j \|x(n) - w_j(n)\|, \quad j = 1, 2, \cdots, S \qquad (7\text{-}22)$$

(4) 按式 (7-15) 确定邻域函数，$\lambda(n) = \lambda(d_{ji})$(协作过程)。

(5) 按式 (7-18) 修正权值

$$w_j(n+1) = \begin{cases} w_j(n) + \eta(n)\lambda(n)\left[x(n) - w_j(n)\right], & j \in \sigma(n) \\ w_j(n), & j \notin \sigma(n) \end{cases} \tag{7-23}$$

(6) 返回第 (2) 步, 令 $n = n + 1$。

(7) 直到形成有意义的映射图。

SOFM 神经网络的训练流程如图 7.3 所示。

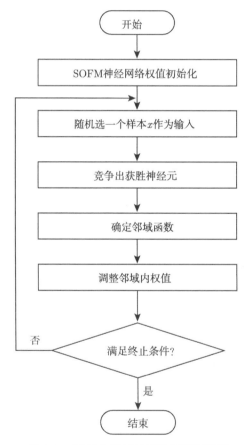

图 7.3　SOFM 神经网络降维算法流程

3. 几点说明

1) 关于 SOFM 神经网络的结构

网络结构的维数, 决定了最终特征空间的维数, 所以这是一种事先确定特征空间维数的降维方法, 其特点是算法简单明了, 能保持特征向量的拓扑结构基本不变。训练学习结束后，可将高维特征直接映射到低维特征空间中，并可在此低维特征空间中直接进行识别分类处理。

实践中，通常取方形结构，如三维结构可取 m 行 $\times m$ 列 $\times m$ 层。

2) 关于初值的确定

在网络的训练学习初始阶段，权值会形成某种排序，一般称之为排序阶段，在这个阶段将形成权值向量的拓扑排序；而此后的阶段则是收敛阶段，在该阶段将微调特征映射关系以提高特征映射的准确性，此阶段的网络训练时间较长。实验研究表明，$\eta(n)$ 的变化规律对网络的学习训练并不是十分重要，只要能保证排序阶段 $\eta(n)$ 适当大些，而在收敛阶段 $\eta(n)$ 能逐渐变小即可。一般取 $\eta(0) = 0.8$。

$n_{\max}$ 是预计最大迭代次数，一般应比输出的总单元数高 2 个数量级或更多。

7.4 基于 ReliefF 的多维混合加权特征组合算法

7.4.1 ReliefF 算法

Kira 和 Rendell[131] 于 1992 年提出了一种基于样本学习的特征权重计算算法，即适用于两类特征模式的 Relief 特征选择算法，它是通过计算样本之间的距离来选择特征样本，并以特征在同类近邻样本与异类近邻样本之间的差异来度量特征的区分能力。若特征在同类样本之间差异小，而在异类样本之间差异大，则该特征的区分能力就强。这样，通过迭代计算特征权重，就可把所有特征按照区分能力的强弱 (特征权重大小) 进行排序。

设样本集合 $X = \left\{ \boldsymbol{x}^k = \{x_1, x_2, \cdots, x_N\}^k \right\}, k = 1, 2, \cdots, p$, 共有 p 个样本，分为两类 $\boldsymbol{x}^k \in C = \{c1, c2\}$, 每个样本包含 N 个特征。记同类样本子集为 H, 异类样本子集为 M。

若从样本集中随机选择一个样本 $\boldsymbol{x}^k$, 并计算 $\boldsymbol{x}^k$ 与各样本之间的距离，分别选出 H 和 M 样本子集中与 $\boldsymbol{x}^k$ 距离最短的两个样本，记为 $\boldsymbol{x}^H$ 和 $\boldsymbol{x}^M$, 则按下式更新特征权值，即

$$w_j = w_j - \frac{1}{T} \cdot D_j(x_j^k, x_j^H) + \frac{1}{T} \cdot D_j(x_j^k, x_j^M) \tag{7-24}$$

其中，T 为总迭代次数，$D_j(x_j^k, x_j^l)$ 表示两个特征样本第 j 维特征值之间的差异程度，对于归一化的特征向量可定义为两特征值的绝对差值，即

$$D_j(x_j^k, x_j^l) = \left| x_j^k - x_j^l \right| \tag{7-25}$$

Kononenko1994 年将 Relief 算法扩展到了多类特征模式情况，提出了 ReliefF 算法[132]。按照 Relief 算法的基本思路，不难得到 ReliefF 算法的基本步骤：

(1) 从具有 q 个类别、p 个样本的样本集 X 中随机选出一个样本 $\boldsymbol{x}^k \in C = \{c1, c2, \cdots, cq\}$。类似地，与 $\boldsymbol{x}^k$ 同类的样本为一个子集，记为 H；其余为不同类的样本子集，记为 $M(cl)$，$l = 1, 2, \cdots, q-1$，$cl \neq H$。

(2) 计算 $\boldsymbol{x}^k$ 与各样本之间的距离，在 H 和 $M(cl)$ 样本子集中分别选出 S 个与 $\boldsymbol{x}^k$ 距离最短的两个样本，分别记为 $\boldsymbol{x}^{H_i}$ 和 $\boldsymbol{x}^{M_i(cl)}(i = 1, 2, \cdots, S)$。

(3) 按下式更新特征权值：

$$
w_j = w_j - \frac{1}{T \times S} \sum_{i=1}^{S} D_j(x_j^k, x_j^{H_i}) + \frac{1}{T \times S} \sum_{cl \neq H} \left[\frac{P(cl)}{1 - P(H)} \sum_{i=1}^{S} D_j(x_j^k, x_j^{M_i(cl)}) \right]
$$
(7-26)

这里，与 Relief 算法所不同的是，在同类和各异类子集中分别选出了 S 个与 $\boldsymbol{x}^k$ 距离最近的样本，以这 S 个相应特征值的差异平均值作为该特征的贡献来进行特征权值更新。实践中，通常取 $S=10$。

对异类子集中各特征的贡献，考虑了各类样本子集的分布情况，式 (7-26) 中 $P(cl)$ 代表 cl 类的先验概率，且有

$$
\sum_{cl \neq H} \frac{P(cl)}{1 - P(H)} = 1
$$
(7-27)

可见，依据 ReliefF 算法，可以将特征按所获得的权重大小进行排序。实际上，权向量的调整过程也是对特征贡献大小的评估过程，最终权重大的特征表明其区分能力强，而权重小的特征则可以按一定规则予以去除，以实现特征降维的目的。

但是，应该注意到，由于 ReliefF 算法在计算某维特征权重时，都是独立于其他维特征而分别进行权重调整的，因此该算法最大的缺点就是不能辨别冗余特征。在多种特征组合时，某些特征之间往往存在一定的潜在关联性，这就是所谓的冗余特征。7.4.2 节将讨论冗余特征的去除方法。

7.4.2 冗余特征的去除

冗余特征的本质是特征组合时所产生的特征之间的相关性，所以适当去除冗余特征既能降低特征维数，又不会影响特征向量的类别表征能力。这里着重介绍一种采用最大信息压缩准则来计算不同特征之间相关性的冗余特征去除方法。

通常所说的一个 "好特征"，是指它与类别标记是紧密相关，而与其他特征是不关联或弱相关的，即不是冗余的。同样的，一个特征向量是好的，则表明其中的所有特征分量与模式类别是强关联的，而各特征分量互相之间是不相关的。特征之间的相关性有多种评价方式，这里采用最大信息压缩准则来衡量特征之间的相关性。

　　两个特征之间的相关性，可以通过对它们的相似度测量来解决。我们知道，对于两个随机变量 x 和 y，可以用多种方式来描述其相互间的关联关系。例如，可以用两随机变量的概率密度函数，通过研究其联合概率分布来确定两随机变量的独立性；也可用相关系数，即

$$\rho_{xy} = \rho(x, y) = \frac{\mathrm{cov}(x, y)}{\sigma_x \sigma_y} \tag{7-28}$$

式中，σ 是随机变量的均方差，$\mathrm{cov}(\ )$ 是两个随机变量的协方差。当两随机变量相互独立 (不相关) 时，相关系数 $\rho_{xy} = 0$，相关系数的绝对值越接近于 1，说明两随机变量关联性越强 (相似度越大)。尽管如此，相关系数并不适合用于特征相似度的度量来选择特征，这是因为，相关系数具有尺度变换的不变性。即若作变量变换 $u = \dfrac{x - a}{c}$，　$v = \dfrac{y - b}{d}$，其中 a, b, c, d 均为常数，则有 $\rho(u, v) = \rho(x, y)$。

　　为此，将随机变量 x 和 y 的协方差矩阵的最小特征值定义为最大信息压缩指数 $\lambda(x, y)$，即

$$2\lambda(x, y) = \sigma_x^2 + \sigma_y^2 - \sqrt{\left(\sigma_x^2 + \sigma_y^2\right)^2 - 4\sigma_x^2 \sigma_y^2 \left(1 - \rho_{xy}^2\right)} \tag{7-29}$$

　　由于 $\lambda(x, y)$ 具有对称性、旋转不变性和尺度变换的敏感性，所以比较适合作为两特征之间相似度的测量。当 $\lambda(x, y) = 0$ 时，说明两特征线性相关，并且随着 x 与 y 相关性的降低，$\lambda(x, y)$ 的值变大。

7.4.3　基于 ReliefF 的去冗余特征组合算法

　　依据前述讨论，我们只要在 ReliefF 算法的基础上，增加最大信息压缩指数 $\lambda_2(x, y)$ 的计算和判断，即可得到一个比较理想的特征选择与组合算法。算法框图如图 7.4 所示。

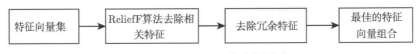

图 7.4　特征选择算法的框图

基于 ReliefF 的去冗余特征组合算法的主要步骤如下：

　　(1) 按 ReliefF 算法获得降维后的排序特征向量 R。

　　(2) 对 R 中的每个特征 x_i 计算其与 k 个最近 (特征值大小的远近，相应特征值的大小可通过该特征的样本均值得到) 特征 $x_j(j = 1, 2, \cdots, k)$ 的最大信息压缩指数 $\lambda_i^k(x_i, x_j)$，求得一个最小指数，即

$$\theta = \min_{i, j} \lambda_i^k(x_i, x_j) \tag{7-30}$$

将最小指数对应的特征对 (x_i, x_j) 中权重较小的特征 (在特征向量 R 中排序靠后的特征) 舍弃掉，并更新特征向量。

(3) 若更新后的特征向量 R' 的维数 $D' > k+1$，则继续对 R' 中的每个特征 x_i 计算其与 k 个最近特征 x_j 的最大信息压缩指数 $\lambda_i^k (x_i', x_j')$，若 $\min\limits_j \lambda_i^k (x_i', x_j') < \theta$，则将最小指数对应的特征对 (x_i', x_j') 中权重较小的特征舍弃掉，并更新特征向量 R'；否则 $k = k - 1$，重复前述计算直至 $k = 1$，最终得到的 R' 即为降维后的特征向量。

需要注意的是，这里是以第一次迭代的压缩指数作为舍弃特征的门槛值 θ，所以 θ 的大小与 k 的选择密切相关，而这里的 k 则起到了一个尺度参数的作用，它影响着最终特征向量的维数。

算法流程如图 7.5 所示。

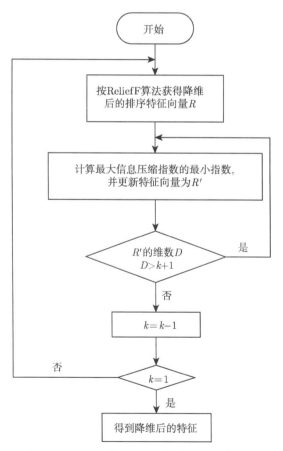

图 7.5   去冗余的 ReliefF 混合特征组合算法

第8章 缺陷模式的识别与分类

8.1 概 述

前面章节中我们已经介绍了缺陷样本图像获取、预处理、特征提取与选择部分，本章将介绍缺陷的模式识别与分类方法。在板带钢表面质量检测系统中，对缺陷进行识别与分类的过程，可按图 8.1 所示基本框架结构进行，主要包括缺陷样本图像获取、预处理、特征提取与选择、模式分类 (分类器设计及识别过程) 和后处理。目前，模式识别与分类的方法很多，本章着重介绍基于距离的识别与分类、基于支持向量机的识别与分类、基于人工神经网络的识别与分类等方面的应用研究成果。

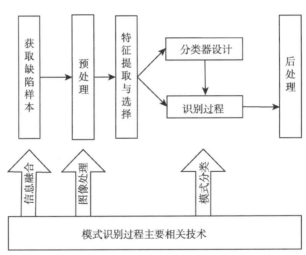

图 8.1 模式识别基本框架

模式的分类通常可分为有序分类和无序分类。有序分类一般用于分级，评价评估系统，各等级间有渐进的关系或在最后转化指标上有可比性，如后处理过程中的质量分级评价系统等。无序分类则是通常所指的分类问题。本书中对两类分类方法均有涉及。缺陷类别间的区分主要表现为无序分类，而在缺陷类别内的等级的确定主要表现为有序分类。

在进行模式分类的过程中，我们会用到以下的常用术语：

(1) **识别率** (也称正识率或准确率)：正确识别的样本数量占样本总量的比

例，即

$$识别率 = \frac{正确识别的样本数}{总样本数} \times 100\%$$

(2) **误识率** (也称误分率或错判率)：错误识别的样本数量占样本总量的比例，即

$$误识率 = \frac{错误识别的样本数}{总样本数} \times 100\%$$

(3) **漏识率** (也称拒识率)：未被识别的样本数量占样本总量的比例，即

$$漏识率 = \frac{未被识别的样本数}{总样本数} \times 100\%$$

例如，有 100 幅表面图像样本，其中 50 个是划伤缺陷样本，50 个是抬头纹缺陷样本，对其进行识别分类，如果其中的 48 个划伤缺陷样本和 48 个抬头纹缺陷样本被正确识别出，并且有 1 个划伤缺陷样本被识别为抬头纹缺陷样本，有 1 个抬头纹缺陷样本被识别为划伤缺陷样本，1 个划伤缺陷样本和 1 个抬头纹缺陷样本未被识别，则

$$识别率 = \frac{48+48}{100} \times 100\% = 96\%$$

$$误识率 = \frac{2}{100} \times 100\% = 2\%$$

$$漏识率 = \frac{1+1}{100} \times 2\%$$

不难看出，识别率 + 误识率 + 漏识率 =1。在评价分类器的分类性能时，不能只追求高识别率，误识率和漏识率同样是评价其性能的重要指标。

(4) **泛化能力**：本章中提到的泛化能力是指神经网络对训练集之外样本的正确处理的能力。

8.1.1　缺陷模式识别的基本原理与方法

模式分类技术是模式识别的主要任务和核心研究内容，即根据已经获得的数据，按照某种理念设计一个分类器，然后用学习训练过的分类器对未知样本进行识别与分类。设 $D_{\text{train}} = \{d_1, \cdots, d_n\}$ 为训练的实例集合，每个实例都有预先标记好的类别 ω_i，$\Omega = \{\omega_i\}$。通过对这些训练数据的有导师学习，产生一个分类器模型，能对未知类别实例预测其类别，预测的准确程度是评价分类器性能的主要指标之一。追求更高性能的模式识别分类器一直是模式识别及人工智能领域的重要课题。

目前比较常见的模式分类方法主要有以下几种。

1. 贝叶斯决策方法

贝叶斯决策 (Bayesian decision) 是统计模型决策中的一个基本方法[134,135]，也是统计模式识别理论最重要的方法之一。它可以在信息不完全的情况下，对部分未知的状态，先用主观概率估计，然后利用贝叶斯公式由先验到后验，对发生概率进行修正，最后再利用期望值和修正的后概率作出最优决策。

贝叶斯决策的理论价值远大于它的实用价值。对于任何一个给定问题，都可以通过似然率测试决策规则得到最小的错误概率。这个错误概率称为贝叶斯错误率，这是所有分类器中可以得到的最好结果。贝叶斯方法主要适用于下列场合：

(1) 样本的数量不充分大、也不过分小 (不属于小样本) 的大子样统计理论不适宜的场合。

(2) 有先验信息的场合。

研究表明，贝叶斯决策理论在应用中主要存在以下问题：

(1) 贝叶斯理论是以特征集中各特征的条件独立假设为前提的，若该假设不能得到满足，其分类精度就会显著降低，而在很多实际情况下，这一假设很难得到满足。

(2) 特征项的冗余和数据稀疏也对分类器产生不良影响 (如果一些特征项没有在数据集中出现，不管其他的特征项的条件概率有多高，都会导致条件概率的零概率)。

(3) 理论上，与其他所有分类算法相比，利用贝叶斯分类方法可以设计出具有最小判决风险的分类器 (最小错误概率分类器就是这种分类器的特例)。但是，贝叶斯分类器设计的关键是要知道特征样本的各种概率密度函数，而在实际应用时，后验概率往往是难以获得的。因此，目前此类方法还较少用于板带钢表面缺陷图像的识别与分类。

2. 决策树

决策树 (decision tree)特别适合于判断因素比较少、逻辑组合关系不复杂的情况，目前经常被应用于数据挖掘、预测、分类等领域。

决策树一般都是自上而下来生成的，每个决策或事件 (即自然状态) 都可能引出两个或多个事件，导致不同的结果，把这种决策分支画成图就很像一棵树的枝干，故称决策树。决策树的基本组成部分：决策节点、分支和叶子。决策树中最上面的节点称为根节点，是整个决策树的开始。决策树可以是二叉的，也可以是多叉的。其每个节点子节点的个数与决策树在用的算法有关，如 CART(classification and regression tree) 算法得到的决策树每个节点有两个分支，这种树称为二叉树。决策树的每个分支要么是一个新的决策节点，要么是树的结尾，称为叶子。

决策树在处理层次较少、判断因素简单的问题时是非常好的一种算法,它常被用于板带钢表面检测系统的粗分类。

3. 最近邻法及 K-近邻法

最近邻 (nearest neighbor, NN)算法的基本思想是:空间中的每一点和与之最近的点属于同一类的可能性最大,即同类相近。如果用一个最近点叫 1NN,用两个点叫 2NN,用 K 个点的最近邻的方法就是 KNN[136−138],即 K-近邻法 (K-nearest neighbor,KNN)。

KNN是一种预测性的分类算法 (有监督学习)。它并不要求数据的一致性问题,即可以存在噪声。KNN 根据未知样本的 K 个最近邻已知样本来预测该样本的类别,其优点在于:

(1) 判别规则只依赖于已知样本数据本身。

(2) 并不要求数据的一致性问题,即可以存在噪声。

4. 遗传算法和粒子群优化算法

1) 遗传算法

遗传算法 (genetic algorithm,GA) 基于 “适者生存,优胜劣汰” 的进化原则,在计算机上模拟实现达尔文的自然选择和自然淘汰的进化机制,现已成为一种应用广泛的随机搜索和优化的方法,具有很强的鲁棒性。

标准的遗传算法操作对象是一组二进制串,由这一组二进制串组成种群 (population)。每个二进制串被称为染色体 (chromosome) 或个体 (individual),个体对应于问题的可能解。从随机的初始种群出发,采用基于轮盘赌选择策略或距离原则在当前种群中选择个体,并使用交叉 (crossover) 和变异 (mutation) 操作来产生下一代种群,如此反复代代进化,直至满足期望的终止条件。遗传算法的基本步骤可描述如下:

(1) 初始化,随机生成初始群体。

(2) 设定终止条件和最大进化代数,设置进化代数计数器。

(3) 对个体进行评估,计算个体的适应度。

(4) 选择运算。

(5) 交叉运算。

(6) 变异运算。

(7) 判断终止条件是否满足。若满足则结束,否则进入步骤 (3)。

判断终止条件一般可通过判断种群是否收敛或者是否超过最大迭代次数来达到。

在可行解的群体中可反复使用基本的遗传学操作,逐代产生优选的个体,操作中不要求函数可微，群体搜索策略和群体中个体之间的信息交换也不依赖梯度信息，故可进行并行处理，并能获得问题的全局最优解。

遗传算法具有如下优点：

(1) 遗传算法不是从单个解开始搜索，利于全局择优，在很大程度上避免误入局部最优解。这是遗传算法与传统优化算法的极大区别。

(2) 遗传算法基本上不用更多的其他辅助信息，而仅用适应度函数值来评估个体。适应度函数可以任意设定，并无特殊要求。

(3) 遗传算法可同时处理群体中的多个个体，每个处理过程相对独立，算法本身易于实现并行化。

(4) 同其他仿生方法一样也具有自组织、自适应和自学习性。

在模式识别分类方面，主要是利用遗传算法的全局最优解的特点处理解决模式识别分类中经常出现局部极值点的问题，所以一般都是与其他模式识别分类方法相配合，如 GA-BP 神经网络等。

2) 粒子群优化算法

粒子群优化 (particle swarm optimization，PSO)算法起源于对鸟群、鱼群以及对某些社会行为的模拟[139,140]。PSO 强调的是个体间的协作与竞争，即优秀个体对其余个体的影响，而不是将其代替。因此其算法中没有遗传算法中的选择、交叉、变异等操作。同遗传算法比较，PSO 的优势在于简单、容易实现，并且没有许多参数需要调整，目前已广泛应用于函数优化、神经网络训练、模糊系统控制等方面。尽管它也是一种全局搜索的算法，但它还是有可能进入局部最优点。

5. 支持向量机

传统的统计模式识别方法的前提是要求样本数目足够多，只有在样本数趋于无穷大时，其识别性能在理论上才能得到保证。但是实际应用中，样本数量都是有限的，有时还是非常少的，所以一般情况下统计模式识别的方法很难达到理想的识别效果。

Vapnik 等在小样本统计理论的基础上建立起一种新型的模式识别方法，即支持向量机 (SVM)。SVM 在很大程度上克服了传统机器学习中的维数灾难以及局部极小等问题，它根据有限的样本信息，在模型中的复杂性 (即对特定训练样本的学习精度) 和学习能力 (即无错地识别任意样本的能力) 之间寻求最佳折中，进而趋于达到最佳的推广能力。在解决小样本、非线性及高维模式识别问题中，SVM 表现出许多特有的优势，并能够推广应用到函数拟合等其他机器学习问题中。

SVM 方法主要有以下优点：

(1) 在有限样本情况下非常有效，其结果是得到现有信息下的最优解，而不是追求样本数趋于无穷大时的最优值；

(2) 算法最终可转化成为一个二次型寻优问题，从理论上讲，所得到的解将是全局最优解，这就解决了在神经网络方法中无法避免的局部极值问题；

(3) SVM 算法将实际问题通过非线性变换转换到高维的特征空间，在高维空间中构造线性判别函数来实现原空间中的非线性判别函数，巧妙地解决了维数问题，其算法复杂度与样本维数无关；

(4) 解的稀疏性说明只需少量的样本 (支持向量) 就可以构成最优分类器。

6. 人工神经网络算法

人工神经网络 (artificial neural network，ANN)是对人脑组织结构和运行机制的模拟，作为一种非线性的处理网络，只有当神经元对所有输入信号的综合处理结果超过某一门限值后才输出一个信号。它具有并行性、快速性、容错性和联想记忆等优点，且具有良好的逼近非线性函数的能力。目前，已研究出很多种各种形式的神经网络模型，如第 7 章中的 SOFM 神经网络、BP(back propagation) 神经网络、径向基函数 (radical basis function, RBF) 神经网络等，所有这些形式不同、应用场合也不完全相同的神经网络模型，通常都具有以下特点：

(1) 有较强的容错能力，能够识别带有噪声或变形的输入模式；

(2) 有很强的自适应学习能力；

(3) 具有分布式的信息存储与处理能力，计算处理速度快。

8.1.2　缺陷模式的分类机制

大量的模式分类方法已在板带钢缺陷模式的分类中得到应用，尽管这些方法出发点不一样、表现形式也千差万别，但究其内在机制却有很多的相似性，甚至有些看似毫无关系的方法却能在某些转化情况下达到基本公式表达形式的相似或等效，因而它们也将有相似的优点和弊端。就目前而言，缺陷模式分类的机制主要有以下几大类：

(1) 在特征空间或映射中，以距离的方式 (相似度) 进行分类的方法，如 KNN等，可称之为距离分类方法。

(2) 在特征空间或映射中，用分类面分割类别的方法，如多层感知器中的 BP神经网络、支持向量机等，可称之为面分类方法。

(3) 在特征空间或映射中，以占据某个区域的形态进行分类的方法，如 SOFM网络等，可称之为区域分类法。

(4) 以概率密度为核心的分类方法，如贝叶斯方法、聚类分析等，可称之为统计模型分类法。

8.2   基于距离的识别与分类

在板带钢缺陷检测中，采集到的缺陷图像统称为样本。一般用缺陷图像的一组特征 (即特征向量) 来表征样本。若有 n 个特征，则一个 n 维特征向量 $\boldsymbol{x}$ 就代表一个缺陷样本，记作 $\boldsymbol{x} = (x_1, x_2, \cdots, x_n)^{\mathrm{T}}$。若各特征正交独立，则每一个特征向量就是欧氏空间中的一个点，该欧氏空间称为特征空间。

8.2.1   距离的基本概念

在模式识别中，距离可用来计算模式的相似性，一般把特征空间中缺陷样本之间的距离分为以下几种。

1. 样本与样本之间的距离

设有两个样本 $\boldsymbol{x}_i, \boldsymbol{x}_j$ 的特征向量分别为

$$\boldsymbol{x}_i = (x_{i1}, x_{i2}, \cdots, x_{in})^{\mathrm{T}}, \quad \boldsymbol{x}_j = (x_{j1}, x_{j2}, \cdots, x_{jn})^{\mathrm{T}}$$

则如图 8.2(a) 所示两个样本 $\boldsymbol{x}_i, \boldsymbol{x}_j$ 之间的欧氏距离为

$$d_{ij} = \|\boldsymbol{x}_i - \boldsymbol{x}_j\| = \sqrt{(\boldsymbol{x}_i - \boldsymbol{x}_j)^{\mathrm{T}}(\boldsymbol{x}_i - \boldsymbol{x}_j)} = \sqrt{\sum_{k=1}^{n}(x_{ik} - x_{jk})^2} \tag{8-1}$$

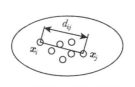
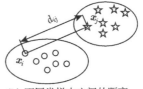

(a) 同类样本之间的距离   (b) 不同类样本之间的距离

图 8.2   样本间距离示意图

2. 样本与类之间的距离

设 $\omega = \left\{\boldsymbol{x}^k = \{x_1, x_2, \cdots, x_n\}^k\right\}\,(k = 1, 2, \cdots, p)$ 为某类缺陷样本的集合，ω 中有 p 个样本，$\boldsymbol{x}$ 是一个未知样本，如图 8.3 所示，则特征向量 $\boldsymbol{x}$ 与 ω 类之间的距离就是 $\boldsymbol{x}$ 到类中心 $\boldsymbol{M}(\omega)$(图中黑色表示) 之间的距离，即

$$d^2(\boldsymbol{x}, \omega) = d^2(\boldsymbol{x}, \boldsymbol{M}(\omega)) = \sum_{i=1}^{n}|x_i - m_i(\omega)|^2 \tag{8-2}$$

其中，类中心 $\boldsymbol{M}(\omega)$ 的各分量为

$$m_i\left(\omega\right) = \frac{1}{p}\sum_{k=1}^{p} x_i^k, \quad i = 1, 2, \cdots, n \tag{8-3}$$

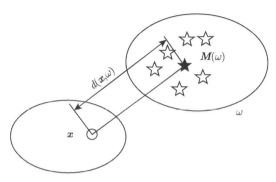

图 8.3　样本与类之间的距离

3. 类间距离

类间距离的度量可以有多种方法，最基本和常用的有最短距离法、最长距离法和重心法，假设有两个类 ω_i, ω_j，如图 8.4 所示。

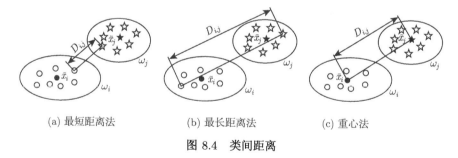

(a) 最短距离法　　　　(b) 最长距离法　　　　(c) 重心法

图 8.4　类间距离

1) 最短距离法

类间距离为两类之间相距最近的两个点之间的距离 (图 8.4(a))，即

$$D_{i,j} = \min(d_{ij}) \tag{8-4}$$

$$d_{ij} = \|\boldsymbol{x}_i - \boldsymbol{x}_j\|, \quad \boldsymbol{x}_i \in \omega_i, \boldsymbol{x}_j \in \omega_j \tag{8-5}$$

2) 最长距离法

类间距离为两类之间相距最远的两个点之间的距离 (图 8.4(b))，即

$$D_{i,j} = \max(d_{ij}) \tag{8-6}$$

$$d_{ij} = \|\boldsymbol{x}_i - \boldsymbol{x}_j\|, \quad \boldsymbol{x}_i \in \omega_i, \boldsymbol{x}_j \in \omega_j \tag{8-7}$$

3) 重心法

以两类的重心 (质心) 之间的距离作为类间距离 (图 8.4(c))，即

$$D_{i,j} = \|\tilde{\boldsymbol{x}}_i - \tilde{\boldsymbol{x}}_j\| \tag{8-8}$$

其中，$\tilde{\boldsymbol{x}}_i$ 和 $\tilde{\boldsymbol{x}}_j$ 分别为 ω_i, ω_j 类的重心 (图中加黑表示)，即

$$\tilde{\boldsymbol{x}}_i = \frac{1}{N_i} \sum_{\boldsymbol{x}_i \in \omega_i} \boldsymbol{x}_i, \quad \tilde{\boldsymbol{x}}_j = \frac{1}{N_i} \sum_{\boldsymbol{x}_j \in \omega_j} \boldsymbol{x}_j \tag{8-9}$$

式中，N_i, N_j 分别是 ω_i, ω_j 类中样本的个数。

以距离作为分类依据的方法主要有最小距离法、最近邻方法、K-近邻法和最近邻搜索聚类算法。基于距离的识别与分类方法是早期比较常用的方法，现在对板带钢缺陷模式的识别分类大多是采用基于支持向量机和基于人工神经网络的方法。

8.2.2 常用的几种方法

1. 最小距离法

最小距离法是最简单的一种线性分类方法，其基本思想就是未知样本在特征空间中离哪个已知的类别中心近，其特征就与该已知类别的特征相似，故可归类为该类别。这样只要求出未知缺陷样本到各已知缺陷类别中心的距离，就可将未知缺陷样本归类为距离最小的那个缺陷类别。

设有 c 个缺陷类别 $\omega_i(i = 1, 2, \cdots, c)$，每类有已知缺陷类别的样本 $N_i(i = 1, 2, \cdots, c)$ 个，各缺陷的类别中心为 $m_i(i = 1, 2, \cdots, c)$，则分类规则为：若

$$d_i < d_j, \quad j \neq i \tag{8-10}$$

则

$$\boldsymbol{x} \in \omega_i$$

式中，d_i 为未知样本 x 到类别中心的距离。

该方法仅利用了已知样本的均值信息，在很多情况下分类效果往往很不理想。

2. 最近邻法

最近邻法的思想也很简单，如果认为两样本在特征空间上的距离相近，就认为其特征相似而属于同一类别。那么求出未知缺陷样本与所有已知缺陷类别样本之间的距离，即可将未知样本归类为距离最小的那个已知样本的类别。设已知缺陷类别的样本集合为 $\omega = \left\{ \boldsymbol{x}^k = \{x_1, x_2, \cdots, x_n\}^k \right\}, k = 1, 2, \cdots, p$，且包含 c 个缺陷类

别 $\omega_i(i=1,2,\cdots,c)$，则未知缺陷样本的分类规则为：若

$$d_m = \min \left\| \boldsymbol{x} - \boldsymbol{x}^k \right\|, \quad k=1,2,\cdots,p \tag{8-11}$$

且 $\boldsymbol{x}^m \in \omega_i$，则 $\boldsymbol{x} \in \omega_i$。

3. K-近邻法

K-近邻法是最近邻法的一个推广，就是在 N 个已知缺陷种类的样本集中取出未知样本 $\boldsymbol{x}$ 的 K 个近邻，看这 K 个近邻中多数属于哪一类，就把 x 归为哪一类。设 $\boldsymbol{x}$ 的 K 个近邻中有 k_i 个已知样本属于 ω_i 类缺陷，则未知缺陷样本的分类规则为：若

$$k_i = \max_j k_j, \quad j=1,2,\cdots,c \tag{8-12}$$

则

$$\boldsymbol{x} \in \omega_i$$

4. 最近邻聚类法

前述基于距离的识别分类方法，都涉及未知样本与已知类别样本间的距离计算，从理论上讲，已知样本的数量越多，分类效果就越好。那么，从大量采集到的实际缺陷图像中，如何形成一个已知缺陷类别的样本集将是所有基于距离的分类方法所面临的主要问题。一种方法是人为地逐一标识样本，当样本数据量很大时，显然是不可取的，并且更糟糕的是，由于缺陷模式的复杂性，许多样本的类别实际上肉眼是难以识别的。因此，就需要研究各种自动标识样本类别的方法。

聚类法就是依据一定准则将同类缺陷样本自动聚集在一起的基本方法。样本聚集的过程就称为学习过程或训练过程。最近邻聚类法就是依照最近邻法 “同类相近” 的思想进行聚类，即认为特征空间中距离最近的两个样本属于同一类别的可能性最大。

在设计最近邻聚类算法时，应了解和注意以下几个问题：

(1) 目前已有很多种方法可以用于设计最近邻聚类算法。事实上，聚类与分类本身就存在着相通之处，所以许多识别分类的方法也可用于聚类。例如，第 7 章中介绍的 SOFM 神经网络，既可用于降维 (高维特征向低维映射)，由于该神经网络的拓扑映射的保序性 (映射前后所有样本在特征空间的相对位置关系保持不变)，所以也可以将其用于聚类和识别分类。

(2) 传统的基于距离的聚类方法，类别数目需要事先确定，并且聚类结果对算法中初值的选择有很大的依赖性。例如，按层次法来设计算法，一开始可以把每个样本都视为一类，然后把最近邻合为一类，依次循环，直至聚指定的类别数为止。当然，也可以按 “异类相远” 的法则，选择相距最远的 c (指定的类别数目) 个样本

作为初始的类别样本，再依照 "同类相近" 的法则，将其余样本以最近邻法归类。很显然，这两种最近邻聚类结果完全有可能不一样，并且这样的聚类也不会完全正确，也就是说方法本身缺乏纠错能力。

(3) 用特征向量表征的缺陷样本本身在特征空间中的类别界限往往是模糊的，类别间存在交叉重叠的现象，硬性地归类显然是不科学的。所以说聚类与识别分类一样，需要不断研究更科学、更有效的方法，这也许是一个永恒的课题，没有最好，只有更好。

8.3   基于支持向量机的识别与分类

自 20 世纪 90 年代 Vapnik 提出支持向量机以来，相关的理论和应用研究一直处在快速发展阶段，可以说支持向量机的理论基础及其各种算法实现的基本框架目前已基本完善[142]。本节将着重介绍一种渐进直推式分类学习算法与支持向量机相结合的方法，即渐进直推式向量机 (PT-SVM) 方法，与通常的支持向量机相比，该方法在板带钢表面缺陷识别中具有更高的识别率和推广性能。

8.3.1   支持向量机基本概念

对于图 8.5 所示的两种缺陷类别的分类问题，很显然，两平行直线 L_1 和 L_2 之间的任一平行直线 L 都可将两类缺陷分割开来。那么依据某种准则 (如使两平行线间距最大)，就可以找到一条最佳的直线来划分两种缺陷类别，这就是线性分类问题。而这条最佳的类别划分线的确定是与平行直线 L_1 和 L_2 有关的，可以把 L_1 和 L_2 称为支持直线，而两条直线上的点 (缺陷的特征向量) 叫做支持向量。依据支持向量设计出的分类 (机) 器就可称为支持向量机。

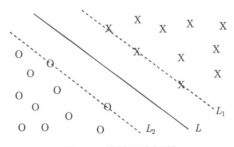

图 8.5   线性可分问题

对于如图 8.6(a) 所示的非线性分类问题，一种途径是通过空间变换，把非线性分类问题转化为线性分类问题，如图 8.6(b) 所示。

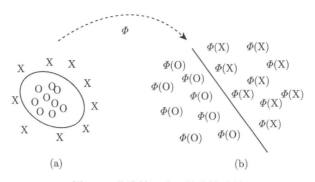

图 8.6　非线性可分下的线性映射

　　理论研究表明，把非线性分类变换为线性分类问题，并不需要选择变换函数，只要选择适当的核函数就可以按线性支持向量机的方法进行分类。核函数定义为变换函数 $\Phi(x)$ 点积 (内积)，即

$$\boldsymbol{K}\left(\boldsymbol{x}, \boldsymbol{x}'\right) = \Phi\left(\boldsymbol{x}\right) \cdot \Phi\left(\boldsymbol{x}'\right) \tag{8-13}$$

　　满足上述定义的核函数有很多[131]。从分类问题的角度讲，选择核函数的依据就是前面提到的未知类别与已知类别的相似程度。常见的核函数主要有：

　　(1) 多项式核函数，包括 q 阶齐次多项式核函数和非齐次多项式核函数，即

$$\boldsymbol{K}\left(\boldsymbol{x}, \boldsymbol{x}'\right) = \left(\boldsymbol{x}, \boldsymbol{x}'\right)^{q} \tag{8-14}$$

和

$$\boldsymbol{K}\left(\boldsymbol{x}, \boldsymbol{x}'\right) = \left(\left(\boldsymbol{x}, \boldsymbol{x}'\right) + 1\right)^{q} \tag{8-15}$$

式中，q 为正整数。

　　(2) 径向基核函数：

$$\boldsymbol{K}\left(\boldsymbol{x}, \boldsymbol{x}'\right) = \exp\left(-\frac{\left\|\boldsymbol{x} - \boldsymbol{x}'\right\|^{2}}{\sigma^{2}}\right) \tag{8-16}$$

式中，σ 为高斯参数。

　　对于两种缺陷类别，若设 $\left\{\left(\boldsymbol{x}^{k}, y^{k}\right), k = 1, 2, \cdots, N\right\}$ 为给定训练样本集，其中 $\boldsymbol{x}^{k} \in R^{n}$ 为 n 维特征向量，$y^{k} \in \{1, -1\}$ 为对应样本 $\boldsymbol{x}^{k}$ 的缺陷类别 (ω_{1}, ω_{2})，即

$$y^{k} = \begin{cases} 1, & \boldsymbol{x}^{k} \in \omega_{1} \\ -1, & \boldsymbol{x}^{k} \in \omega_{2} \end{cases} \tag{8-17}$$

选定核函数 $K(\boldsymbol{x}, \boldsymbol{x}')$ 后，二类缺陷的分类问题就归结为求解凸二次规划问题，即

$$
\begin{aligned}
&\min_{\alpha} \frac{1}{2} \sum_{i=1}^{N} \sum_{j=1}^{N} y_i y_j \boldsymbol{K}(\boldsymbol{x}_i, \boldsymbol{x}_j) \alpha_i \alpha_j - \sum_{j=1}^{N} \alpha_j \\
&\text{s.t.} \sum_{i=1}^{N} y_i \alpha_i = 0 \\
&\qquad 0 \leqslant \alpha_i \leqslant C, \quad i = 1, \cdots, N
\end{aligned}
\tag{8-18}
$$

其中，参数 C 是考虑对约束条件的松弛效应。

若上述问题的解为 $\boldsymbol{\alpha}^* = (\alpha_1^*, \cdots, \alpha_N^*)^{\mathrm{T}}$（其中 $\alpha_i^* \neq 0$ 所对应的特征向量 $\boldsymbol{x}^i$ 为支持向量），则

$$
b^* = y_j - \sum_{i=1}^{N} y_i \alpha_i^* \boldsymbol{K}(\boldsymbol{x}_i, \boldsymbol{x}_j)
\tag{8-19}
$$

那么，可构造缺陷的判别函数为

$$
y = f(\boldsymbol{x}) = \operatorname{sgn}(g(\boldsymbol{x}))
\tag{8-20}
$$

其中

$$
g(\boldsymbol{x}) = \sum_{i=1}^{N} y_i \alpha_i^* \boldsymbol{K}(\boldsymbol{x}_i, \boldsymbol{x}) + b^*
\tag{8-21}
$$

通常情况下，在每条板带钢生产线上，板带钢表面缺陷种类不止两类。对于多种缺陷类别的识别问题，可以有以下几种处理方式：

(1) "一对多"，就是把 c 类问题化为 c 个两类问题，即设计 c 个两类分类机，把属于 ω_i 类的和不属于 ω_i 类的分开；分别对 c 个分类器进行训练，训练第 i 个分类器时，是把第 i 类已知缺陷样本作为一类，把其余类别的样本作为一类。这样，在分类器分类工作时，输入的未知样本分别经过这 c 个分类器，共得到 c 个输出结果，若出现多于一个类别的输出，则可通过比较 $g(\boldsymbol{x})$ 数值的大小来确定类别。

(2) 把所有类别按 "一对一" 组合，即设计 $p = \dfrac{c(c-1)}{2}$ 个两类分类器，训练时也是用相应类别的已知样本，在对未知样本分类时，需分别输入 p 个分类器，若判别函数 $f_{i,j}(\boldsymbol{x}) = \operatorname{sgn}(g_{i,j}(\boldsymbol{x})) = 1$，则判定输入的未知样本为 ω_i 类，否则为 ω_j，分别统计 c 个类别在 p 个分类器中判定结果的次数，以次数多的为最终判定类别。

(3) 还有一种所谓的分叉法，分叉形式可以多种多样。这里仅举一例说明。训练时，若以第 1 类为一类，其余的作为一类，继而排除第 1 类已知样本，把第 2 类作为一类，其余的作为另一类，如此继续，直到第 $(c-1)$ 类为一类，第 c 类是另一类。这样，一共需要 $c-1$ 个分类器。判别时，按序依次进行即可。

选择哪种方式，主要考虑学习训练效率、判决速度、分类效果等因素。若已知样本数一定，那么每种方式的分类器训练样本数却不同，每个分类器中不同类别的样本数也会不均衡，这些都会对实际分类结果产生影响。

8.3.2 基于 PT-SVM 的缺陷识别方法

前面介绍的支持向量机分类方法与距离分类方法一样，都要求训练样本的类别是已知的 (称为有标签的样本)。实际上，大量的缺陷样本即使是肉眼也难以区分其类别属性，而已知类别的缺陷样本太少，就会导致分类效果很差。如果只知道部分样本的类别属性，而大量样本的类别属性是未知的，那么如何在学习训练过程中逐步增加有标签的样本，提高识别分类效果，就是本小节主要解决的问题。

很容易想到的一种方法就是先依据已知缺陷类别的样本进行分类器训练，然后对未知样本进行识别分类，根据分类结果，把相应的样本加以标识成为有标签的样本，再重新对分类器进行训练。这样的处理方式不仅费时，而且容易随着第一个标签而 “跑偏”，更严重的是由于存在误判，最终将会导致名义上有标签的样本多，而实际上会存在较多的错误标签，使得分类器的分类效果反而变得更差。

下面将介绍的 PT-SVM 较好地解决了上述问题。PT-SVM 的基本思想是，在训练的每一步，用当前的有标签样本作为训练样本，并计算出当前所有无标签样本的判别函数值。对所有

$$0 < g(\tilde{\boldsymbol{x}}_i) < 1 \tag{8-22}$$

求

$$g\left(\boldsymbol{x}^+\right) = \max\left(g(\tilde{\boldsymbol{x}}_i)\right) \tag{8-23}$$

则把与之对应的 $\tilde{\boldsymbol{x}}_+$ 贴为正标签；同时，对所有

$$-1 < g(\tilde{\boldsymbol{x}}_j) < 0 \tag{8-24}$$

求

$$g\left(\boldsymbol{x}^-\right) = \min\left(g(\tilde{\boldsymbol{x}}_j)\right) \tag{8-25}$$

把与之对应的 $\tilde{\boldsymbol{x}}_-$ 贴为负标签。

这样，在每一次新的训练完成之后，PT-SVM 算法是采用了一次标注两个样本点的做法，即标注一个新的正标签的同时标注一个新的负标签。如果在某次训练中不存在满足式 (8-22) 或式 (8-24) 的无标签样本，则不标注新的正标签或负标签。这一过程持续下去，直到某次训练后所有的无标签样本都不满足贴签条件。

上述过程中，有可能在某一次训练后发现一个或多个已标注的无标签样本值和用当前分类器计算的判决函数值与其分类所得到的标签值不一致的情况，这就说明在前面的迭代过程中有可能出现了误标。这时，就把与之对应的样本重新置为

无标签状态, 并继续执行迭代, 该样本有可能在未来的某次训练后得到更为可靠的新标注。这样就使得该方法具备了一定的差错修复能力。

8.3.3　缺陷分类实例

样本是某大型冷轧薄板厂生产线上板带钢的实际缺陷图像样本, 从每类缺陷图像中分别选取 40 幅, 共 160 幅作为样本, 图 6.2 给出了其中的 4 类典型缺陷 (边裂、焊缝、夹杂、抬头纹) 样本图。在每一类样本中, 选定 5 幅为有标签样本、10 幅为无标签样本, 共 60 幅样本作为训练样本, 其余 100 幅样本为测试样本[143]。

对每个样本图像分别提取二级小波变换后的 $L1$ 范数特征 (7 个)、灰度共生矩阵特征 (6 个)、几何特征 (5 个)。每类缺陷样本按前述的基于类距离可分离性判据准则, 选出 5 个样本作为已知类别的有标签样本, 如表 8.1~表 8.4 所示。经特征组合降维后, 选择其中的 9 个特征作为缺陷样本特征向量 (其中 $L1$ 范数特征 4 个, 灰度共生矩阵特征 3 个, 几何特征 2 个)。

表 8.1　$L1$ 范数特征数据

		$L1_1$	$L1_2$	$L1_3$	$L1_4$	$L1_5$	$L1_6$	$L1_7$
边裂	样本 1	330.190	25.700	23.980	24.670	28.519	34.228	35.610
	样本 2	310.210	26.430	28.456	28.098	32.839	34.890	45.908
	样本 3	350.567	25.679	21.670	25.857	30.257	34.670	43.100
	样本 4	320.205	25.032	26.733	25.775	28.990	32.517	53.467
	样本 5	290.8371	24.189	26.001	23.927	28.050	31.929	41.988
焊缝	样本 6	250.450	18.545	28.087	26.282	28.745	31.028	32.560
	样本 7	301.240	19.098	31.353	25.793	28.654	31.773	32.331
	样本 8	280.237	22.100	35.430	27.536	29.159	32.056	33.550
	样本 9	247.685	19.463	33.801	26.010	28.930	31.737	37.080
	样本 10	220.765	20.540	29.726	26.457	28.099	29.119	32.124
夹杂	样本 11	387.090	21.113	22.647	21.453	16.567	18.002	39.235
	样本 12	400.320	21.007	21.908	20.732	16.333	17.520	32.241
	样本 13	383.010	23.425	23.001	21.269	16.128	18.099	35.000
	样本 14	385.400	20.882	23.479	21.300	16.489	18.116	35.750
	样本 15	330.562	22.020	21.502	21.263	17.207	19.037	39.320
抬头纹	样本 16	419.970	20.567	17.938	23.032	24.285	25.134	44.650
	样本 17	425.218	9.205	16.458	14.064	13.827	17.798	15.192
	样本 18	427.315	11.263	18.035	13.713	110.360	18.251	15.098
	样本 19	410.320	13.225	16.235	13.886	13.767	17.280	13.390
	样本 20	473.900	11.863	18.028	13.123	14.986	18.307	16.005

表 8.2　灰度共生矩阵特征数据

		h_1	h_2	h_3	h_4	h_5	h_6
边裂	样本 1	69.662	23.898	20.801	42.217	13.436	27.749
	样本 2	66.809	25.899	19.284	42.357	14.826	27.421
	样本 3	66.047	26.670	18.725	42.413	16.199	26.999
	样本 4	68.459	25.233	19.809	42.260	15.017	27.341
	样本 5	70.196	24.981	20.153	42.202	14.371	26.309
焊缝	样本 6	75.725	28.313	17.019	42.027	24.290	26.747
	样本 7	72.355	29.770	16.024	42.138	23.508	25.040
	样本 8	75.890	28.032	16.642	42.179	24.329	27.743
	样本 9	84.784	27.906	16.911	41.872	26.902	28.728
	样本 10	65.759	30.245	14.560	42.273	19.731	23.457
夹杂	样本 11	120.898	22.572	2.143	40.163	37.504	28.435
	样本 12	119.727	22.711	1.378	40.198	37.271	27.983
	样本 13	121.877	22.561	5.985	40.108	37.019	28.038
	样本 14	108.519	28.619	14.752	40.536	35.210	25.376
	样本 15	123.383	22.409	1.132	40.088	37.122	27.741
抬头纹	样本 16	63.066	32.109	15.004	42.567	18.430	23.921
	样本 17	63.069	34.367	13.618	42.566	17.112	21.092
	样本 18	66.520	34.352	12.291	42.420	14.250	21.446
	样本 19	62.070	34.676	13.806	42.559	17.001	21.612
	样本 20	67.034	33.588	12.002	42.336	13.997	22.509

表 8.3　几何特征数据

		C	S	Q	T	H
边裂	样本 1	834.2	4021	8.43	1.73	1.90
	样本 2	700.0	4057	10.25	1.69	2.88
	样本 3	987.0	3968	10.34	2.77	2.81
	样本 4	380.6	3874	8.11	1.83	3.29
	样本 5	321.0	3570	11.79	2.58	3.31
焊缝	样本 6	5135.7	40173	20.72	3.20	8.26
	样本 7	4213.1	41256	15.21	3.21	7.57
	样本 8	6327.7	39801	15.84	2.52	8.10
	样本 9	5602.9	34767	15.13	2.76	8.19
	样本 10	5149.2	33579	16.11	3.38	9.41
夹杂	样本 11	382.4	2457	2.11	4.47	1.55
	样本 12	540.5	2570	1.98	2.90	3.86
	样本 13	343.1	2499	2.25	5.53	3.94
	样本 14	214.2	2482	2.31	9.78	5.56
	样本 15	299.5	2478	2.20	4.22	2.41
抬头纹	样本 16	904.4	8001	32.71	3.01	38.70
	样本 17	912.4	7884	25.40	3.11	25.49
	样本 18	1456.7	7920	26.58	3.46	35.04
	样本 19	613.8	7123	24.97	4.57	27.24
	样本 20	1205.9	7911	25.29	3.55	10.05

表 8.4   组合特征数据

		$L1_1$	$L1_2$	$L1_3$	$L1_4$	h_1	h_2	h_3	C	Q
边裂	样本 1	316.1	24.63	24.76	24.43	70.28	25.27	21.25	3624	9.26
	样本 2	310.5	25.88	24.67	24.69	64.04	25.92	20.65	3970	11.18
	样本 3	321.2	24.59	23.16	24.52	68.11	26.31	20.49	3482	11.28
	样本 4	314.2	24.60	25.93	23.88	69.58	25.26	20.50	3382	8.87
	样本 5	307.6	23.80	25.11	23.26	69.21	25.03	20.39	2963	12.25
焊缝	样本 6	260.1	18.25	29.57	26.12	75.97	28.43	16.75	34115	27.85
	样本 7	271.3	18.65	31.31	25.85	74.64	29.26	16.19	39025	17.46
	样本 8	262.0	19.19	33.74	27.02	75.79	27.92	16.42	31950	18.51
	样本 9	258.7	19.08	31.65	26.73	81.38	28.00	17.00	28186	16.99
	样本 10	242.5	18.82	30.99	26.77	71.66	30.18	15.16	27654	19.89
夹杂	样本 11	372.8	21.57	22.42	20.81	127.3	22.99	2.973	2365	1.77
	样本 12	379.3	20.48	22.12	20.90	115.6	23.31	2.459	2519	1.81
	样本 13	374.9	20.32	22.79	21.41	121.7	23.08	4.119	2470	2.00
	样本 14	375.8	19.95	22.68	21.33	121.0	25.16	12.16	2411	1.91
	样本 15	363.4	21.25	21.24	21.12	122.5	23.16	1.998	2450	1.86
抬头纹	样本 16	433.5	15.37	17.82	19.82	65.34	33.19	14.33	7759	38.45
	样本 17	429.2	10.52	17.54	15.48	65.04	33.92	13.12	6980	27.85
	样本 18	435.1	10.82	17.91	14.84	66.37	34.43	12.51	7645	29.55
	样本 19	434.6	12.30	16.01	15.22	66.51	33.56	13.02	6023	25.61
	样本 20	442.9	12.04	18.45	14.92	66.02	33.68	12.56	7413	28.76

实验中设计了 4 个两类分类器, 每个分类器的核函数均取式 (8-16) 的径向基核函数。表 8.5 给出了 SVM 和 PT-SVM 在不同参数 σ 下的分类结果。从表中数据可以看出:

(1) SVM 的分类性能受 σ 参数影响较大, 而 PT-SVM 方法极大地改善了分类结果对于参数选择的敏感性。这应该是与 PT-SVM 考虑了无标签样本的信息, 而改变了支持向量有关。

(2) 对于同一核参数, 缺陷类别不同, SVM 分类器的分类结果差异性也很大, 如表中 $\sigma=0.5$ 时, 对边裂、焊缝、夹杂, 分类效果较好, 但对于抬头纹, SVM 的识别率却很低; 与之相比, PT-SVM 的分类比较稳定。

(3) 对于同一类别的缺陷, 分类器的正确识别率并不是随 σ 单调变化的, 随着 σ 的减小, 正确识别率有时降低有时增加, 这也正是导致核参数选择困难的原因之一。

表 8.5 分类结果比较

核参数	分类算法	边裂	焊缝	夹杂	抬头纹
$\sigma = 2$	SVM	95%	100%	92.5%	95%
	PT-SVM	100%	100%	95%	97.5%
$\sigma = 0.5$	SVM	85%	90%	87.5%	57.5%
	PT-SVM	97.5%	97.5%	97.5%	97.5%
$\sigma = 0.1$	SVM	67.5%	82.5%	65%	70%
	PT-SVM	92.5%	97.5%	97.5%	95%
$\sigma = 0.05$	SVM	72.5%	65%	50%	45%
	PT-SVM	95%	100%	95%	92.5%

8.4 基于人工神经网络的识别分类方法

人工神经网络按照网络拓扑结构类型可分为层次型结构和互连型结构, 按网络信息流向又可分为前馈网络和反馈网络。目前, 在各个应用领域中用得最多并且最有成效的是多层前馈神经网络。该网络在学习 (训练) 过程中采用了 BP 算法, 故又称为 BP 网络。本节除了介绍如何采用 BP 神经网络对板带钢表面缺陷进行识别分类之外, 还将介绍模糊识别、遗传算法与 BP 神经网络相结合的方法, 以及 RBF 神经网络和 WTM-SOFM 神经网络在板带钢表面缺陷识别分类中的应用。

8.4.1 BP 神经网络的识别分类方法

1. 人工神经元模型

人工神经网络是模仿大脑神经网络结构和功能而建立起来的一种信息处理系统。大脑神经网络的基本单元是神经元, 一个神经元有两种状态 —— 兴奋和抑制。神经元所接收的多个输入以代数和的方式叠加, 平时处于抑制状态的神经元, 当接收到其他神经元传递来的输入兴奋总量超过某个阈值时, 神经元就会被激发而进入兴奋状态, 发出输出脉冲, 并传递给其他神经元。

人工神经元模型的种类繁多, 工程上常用的最简单的模型如图 8.7(a) 所示。

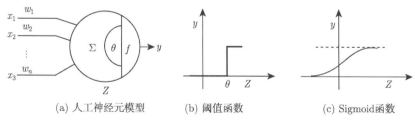

(a) 人工神经元模型　　(b) 阈值函数　　(c) Sigmoid函数

图 8.7 人工神经元模型与两种常见的输出函数

图 8.7(a) 中的 n 个输入 $x_i \in R$ 相当于其他神经元的输出值, n 个权值 $w_i \in R$

相当神经元的连接强度，f 是一个非线性函数，可取为阈值函数 (图 8.7(b)) 或 Sigmoid 函数 (图 8.7(c))，θ 是阈值。若记

$$Z = \sum_{i=1}^{n} w_i x_i - \theta \tag{8-26}$$

则当 f 为阈值函数时，有

$$y = f(Z) = \operatorname{sgn}\left(\sum_{i=1}^{n} w_i x_i - \theta\right) \tag{8-27}$$

若设阈值为

$$\theta = -w_0 \tag{8-28}$$

$$\boldsymbol{w} = (w_0, w_1, w_2, \cdots, w_n)^{\mathrm{T}} \tag{8-29}$$

$$\boldsymbol{x} = (1, x_1, x_2, \cdots, x_n)^{\mathrm{T}} \tag{8-30}$$

则

$$Z = \boldsymbol{w}^{\mathrm{T}} \cdot \boldsymbol{x} \tag{8-31}$$

$$y = f(Z) = \operatorname{sgn}\left(\boldsymbol{w}^{\mathrm{T}} \cdot \boldsymbol{x}\right) \tag{8-32}$$

当 f 为 Sigmoid 函数时，有

$$y = f(Z) = f\left(\boldsymbol{w}^{\mathrm{T}} \cdot \boldsymbol{x}\right) = \frac{1}{1 + \exp\left(-\boldsymbol{w}^{\mathrm{T}} \cdot \boldsymbol{x}\right)} \tag{8-33}$$

2. BP 神经网络的算法与实现

BP 神经网络算法的基本原理是学习过程由样本输入的正向传递和输出误差的反向传递组成。即正向传递后的实际输出与期望的输出之间存在误差时，就把神经网络的输出误差归结为各个节点的 "过错"，反向地把输出层各神经元的误差逐层向输入层传播，"分摊" 给各个节点，从而使各层神经元获得参考误差用以调整相应的连接权值。

常用的 BP 网络一般由三层神经元组成，其结构如图 8.8 所示。最左面为输入层，中间层为隐层，最右面为输出层。网络中相邻层采取全互连方式连接，而同层各神经元之间没有任何连接，输出层与输入层之间也没有任何连接。理论研究表明[144]，具有一个隐层的 BP 神经网络可以映射所有连续函数，只有在函数不连续时才需要两个隐层。所以，所谓多隐层，最多也只是两个隐层。因此，在实际应用时，通常是采用一个隐层，当增加大量隐层节点仍无法满足训练误差要求时，再考虑增加一个隐层。若采用两个隐层时，一般也是在第一个隐层设置较多节点，在第二个隐层设置较少的节点。

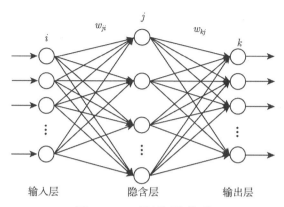

图 8.8 BP 神经网络模型

现以三层 BP 神经网络为例，介绍其实现过程。设输入样本为缺陷特征向量 $\boldsymbol{x}^k = \{x_1, x_2, \cdots, x_n\}^k, k = 1, 2, \cdots, N$，输入层单元个数与特征向量维数相等为 n 个；输出层对应于输入样本的期望输出向量 (由缺陷样本类别确定)，为 $\boldsymbol{y}^k = \{y_1, y_2, \cdots, y_m\}^k, k = 1, 2, \cdots, N$，输出层单元数与缺陷类别数相等为 m 个；隐层的单元数假设为 l 个；输入层与隐层神经元之间的权值为 $\boldsymbol{w} = \{w_{ij}\} (i = 1, 2, \cdots, n; j = 1, 2, \cdots l)$，隐层与输出层神经元之间的权值为 $\boldsymbol{v} = \{v_{jp}\} (j = 1, 2, \cdots, l; p = 1, 2, \cdots m)$；隐层各神经元的阈值为 $\{\theta_j^1\}, j = 1, 2, \cdots, l$，输出层各神经元的阈值为 $\{\theta_p^2\}, p = 1, 2, \cdots, m$。各神经元的阈值是为模拟生物神经元的动作电位而设置的，在神经网络学习训练过程中也需要不断修正。

BP 神经网络的算法可归结为：

(1) 初始化网络及相关参数：可将连接权值 $\boldsymbol{w}$、$\boldsymbol{v}$ 及阈值 θ^1、θ^2 赋予 $[-1, 1]$ 区间的随机数，并给定学习效率 $0 < \alpha, \beta < 1$，以及误差收敛因子 ε。

(2) 随机选定一个样本 $\boldsymbol{x}^k$ 作为输入。

(3) 隐层的输入与输出分别为

$$s_j^k = \sum_i^n w_{ij} x_i^k - \theta_j^1, \quad j = 1, 2, \cdots, l \tag{8-34}$$

$$b_j^k = f\left(s_j^k\right), \quad j = 1, 2, \cdots, l \tag{8-35}$$

(4) 输出层的输入与输出分别为

$$t_p^k = \sum_j^l v_{jp} b_j^k - \theta_p^2, \quad p = 1, 2, \cdots, m \tag{8-36}$$

$$c_p^k = f\left(t_p^k\right), \quad p = 1, 2, \cdots, m \tag{8-37}$$

(5) 根据已知的期望输出，计算输出层各神经元的校正误差：

$$e_p^k = \left(y_p^k - c_p^k\right) f'\left(t_p^k\right), \quad p = 1, 2, \cdots, m \tag{8-38}$$

式中，$f'(t)$ 是 Sigmoid 函数 $f(t)$ 的一阶导数，有

$$f'(t) = f(t)\left[1 - f(t)\right] \tag{8-39}$$

注意到，当 t 在 0 附近时，Sigmoid 函数 $f(t)$ 的变化幅度较大，网络参数越需要调整，而此时 $f'(t)$ 恰好处于峰值附近，BP 网络的训练很好地利用了这种对应关系。

(6) 计算隐层各神经元的校正误差：

$$d_j^k = \left[\sum_p^m v_{jp}^k e_p^k\right] f'\left(s_j^k\right), \quad j = 1, 2, \cdots, l \tag{8-40}$$

(7) 修正隐层神经元与输出层神经元之间的权值及隐层神经元的阈值：

$$\Delta v_{jp} = \alpha e_p^k b_j^k, \quad j = 1, 2, \cdots, l; p = 1, 2, \cdots, m \tag{8-41}$$

$$\Delta \theta_p^2 = \alpha e_p^k, \quad p = 1, 2, \cdots, m \tag{8-42}$$

(8) 修正隐层神经元与输出层神经元之间的权值及隐层神经元的阈值：

$$\Delta w_{ij} = \beta d_j^k x_i^k, \quad i = 1, 2, \cdots, n; j = 1, 2, \cdots, l \tag{8-43}$$

$$\Delta \theta_j^1 = \beta d_j^k, \quad j = 1, 2, \cdots, l \tag{8-44}$$

(9) 继续随机选取下一个训练样本，返回 (3)，直到 N 个样本全部训练结束。

(10) 判断网络误差是否满足误差收敛要求，即

$$\left|c_p^k(T) - y_p^k(T)\right| \leqslant \varepsilon \tag{8-45}$$

式中，T 为训练次数。若满足，则转至 (12)，否则转至 (11)。

(11) 更新训练次数 $T = T + 1$，若训练次数小于规定的次数，返回 (2)，否则转至 (12)。

(12) 结束训练。

$$\Delta w_{ji}^{(l)} = \alpha \delta_{pj}^{(l)} o_{pi}^{(l-1)} + \eta \left(w_{ji}^{(l)}(n) - w_{ji}^{(l)}(n-1)\right) \tag{8-46}$$

3. 几点说明

(1) 在初始化时, 初始的连接权值可以是随机数, 但不能使所有的连接权初值都相同。

(2) BP 网络算法中的学习效率 (或称步长)α、β 较大时, 权值的修改量就较大, 这时学习速率比较快, 但太大会导致振荡; 取值较小时, 学习速率慢, 但学习过程平稳。实践中, 一般可取为一个与学习过程有关的变量, 在学习刚开始时取值相对大, 随着学习的深入, 其值逐步减小。实践中, 常取 $\alpha = \beta$。

(3) 在权值的修改公式中, 经常会加入一个惯性项, 即

$$\Delta v_{jp}(T) = \alpha e_p^k b_j^k + \eta \Delta v_{jp}(T-1), \quad j = 1, 2, \cdots, l; p = 1, 2, \cdots, m \tag{8-47}$$

$$\Delta w_{ij}(T) = \beta d_j^k x_i^k + \eta \Delta w_{ij}(T-1), \quad i = 1, 2, \cdots, n; j = 1, 2, \cdots, l \tag{8-48}$$

式中, η 为惯性项校正系数, 可取为一个常数, 其值越大则权值修正的惯性越大。惯性项使得每一次权值的修正与前一次权值的修正相关连。实践表明, 较大的 η 可以加快网络的收敛速度, 但对提高网络的收敛精度并没有积极的作用。

(4) 在采用 Sigmoid 函数时, 输出层各神经元的实际输出值只能是趋近于 1 或者 0, 所以在设置各训练样本的理想输出分量时, y_p^k 可取为接近 1 或 0 的数, 如 0.9 或 0.1, 而不直接取为 1 或 0。

4. 缺陷图像的识别分类

选择边裂、焊缝、夹杂、抬头纹、辊印共 5 类缺陷, 每类缺陷样本 40 个, 共 200 个。取每类缺陷样本中的 10 个样本作为训练样本, 其余的 150 个样本作为测试样本图像。这里分别采用小波变换后的 $L1$ 范数和能量作为特征向量, 比较了 BP 神经网络分类器与最小距离分类器的识别分类结果[145]。实验结果如表 8.6 所示。

表 8.6　两种特征和两种分类器的识别率比较　　　　　　(单位: %)

缺陷类型	BP 网络		最小距离分类器	
	$L1$ 范数	能量 E	$L1$ 范数	能量 E
边裂	95	95	80	70
焊缝	95	100	85	82.5
夹杂	85	87.5	77.5	75
抬头纹	90	92.5	75	72.5
辊印	87.5	92.5	80	75

8.4.2　模糊神经网络的识别分类方法

在板带钢表面缺陷的识别与分类中, 常会遇到缺陷类别很难界定的情况, 如滚印、划痕、抬头纹和裂纹等。对这些样本进行标识往往是极为困难的, 原始样本一

旦标识错误, 将直接导致学习训练进入错误的方向。模糊模式识别是解决这一问题的一种途径。将模糊识别技术与神经网络相结合, 就形成了模糊神经网络的识别分类方法。

所谓模糊识别, 就是利用模糊数学中的概念、原理和方法, 将缺陷类别和未知样本作为模糊集和模糊元素, 把原来意义上的特征值变为模糊特征, 并建立模糊集的隶属函数 (关联度), 然后再进行缺陷类别的识别分类。

1. 样本数据的处理

1) 数据标准化

设原始样本集 $\{x^k, k = 1, 2, \cdots, N\}$, 共有 N 个样本含有 c 类缺陷, 每个样本维数为 n, 则可按极值标准化法对所有样本特征数据作模糊标准化处理, 即

$$\tilde{x}_i = \frac{\max\limits_i x_i - x_i}{\max\limits_i x_i - \min\limits_i x_i} \tag{8-49}$$

标准化后的样本集可写为矩阵形式 $\boldsymbol{X}_{n \times N}$, 其中各元素为特征数据 $\tilde{x}_i \in [0, 1]$。

2) 确定隶属度函数

若将特征视为随机变量, 则可计算出各特征的均值 $\bar{x}_i$、均方差 σ_i 以及各特征之间的相关系数 r_{ij}, 这里的 r_{ij} 可以看作特征之间的模糊关系, 其值越接近 0 或 1, 说明两者关系越明确、越不模糊。以 r_{ij} 构成的矩阵可认为是一个模糊矩阵, 即

$$\boldsymbol{R}_{n \times N} = (r_{ij})_{n \times N}, \quad r_{ij} \in [0, 1]$$

类似地, 可以构造出缺陷特征与缺陷类别的隶属关系, 一般可选择正态分布函数来表达这类隶属关系。有了模糊矩阵之后, 就可选用适当的方法进行分类, 这就是所谓的模糊分类方法。这种方法的分类效果显然与隶属函数的选择有关。若将模糊分类法与神经网络相结合, 就是所谓的模糊神经网络方法。

2. 模糊神经网络构造

1) 输入模糊化的神经网络

构造模糊神经网络的方法有很多种, 对神经网络的输入进行模糊化处理是最简单、最直观的一种方法[147−149]。假设已知所有训练样本的缺陷类别 $\Omega = \{\omega_i, i = 1, 2, \cdots, c\}$, 每一类缺陷的样本数为 n_i, 总样本数 $N = \sum\limits_{i=1}^{m} n_i$。同时, 假设缺陷特征在特征空间中的分布符合正态分布, 那么可以计算得到各类别的均值向量 $\boldsymbol{u}_i = (u_{i1}, u_{i2}, \cdots, u_{in})^{\mathrm{T}}$ 和均方差向量 $\boldsymbol{\sigma}_i = (\sigma_{i1}, \sigma_{i2}, \cdots, \sigma_{ik})^{\mathrm{T}}$, 其中 u_{ij} 和 $\sigma_{ij} (i = 1, 2, \cdots, c; j = 1, 2, \cdots, n)$ 分别表示第 j 个特征在第 i 类缺陷类别 ω_i 中的均值和均方差。

输入模糊化神经网络的结构为：输入层有 n 个神经元，对应于 n 维特征向量，模糊层有 c 组、每组有 n 个神经元，共 $c \times n$ 个神经元。

$$\mu_{ij} = \frac{1}{\sqrt{2\pi}\sigma_{ij}} \exp\left(-\frac{x_j - u_{ij}}{2\sigma_{ij}^2}\right) \tag{8-50}$$

式中，μ_{ij} 表示输入样本的第 j 个特征属于类别 ω_i 的隶属度，而模糊层中第 i 组神经元的输出 $(\mu_{i1}, \mu_{i2}, \cdots, \mu_{in})^{\mathrm{T}}$ 就是输入样本对类别 ω_i 的隶属度向量。这就把输入的特征向量转化为各特征对各类别的隶属度。

网络的隐层可采用与前述的 BP 神经网络同样的方式，以 Sigmoid 函数为响应函数，对 $c \times n$ 个神经元作非线性处理。网络的输出层同样包含 c 个神经元，分别对应于 c 类缺陷类别。其网络训练方式不变。

实验研究表明，如此构造的模糊神经网络可以提高缺陷的识别分类正确性。但是，由于这种模糊神经网络也是建立在已知训练样本类别的基础上，仅考虑了未知待识样本的模糊隶属度，所以并没有有效提高特征在特征空间有重叠区域情况的识别分类精度。

2) 隐层模糊化的神经网络

构建这种网络的想法就是把所有样本全部进行模糊神经网络训练。网络结构如图 8.9 所示。同样地，输入层和输出层分别有 n 个和 c 个神经元，对应于 n 维特征向量和 c 类缺陷类别。隐层则由 m 个神经元构成，可根据需要调整确定。设第 i 个输入神经元和第 j 个隐层神经元的连接权为 v_{ij}，连接第 j 个隐层神经元和第 l 个输出神经元的连接权为 w_{ij}。

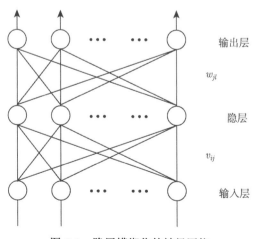

输出层

w_{jl}

隐层

v_{ij}

输入层

图 8.9 隐层模糊化的神经网络

与前述 BP 算法不同的是，这里将隐层输入–输出的响应改为如图 8.10 所示的阶梯状, 使得隐层的输出具有多个相对稳定状态, 而不是传统的 0、1 两个稳定状态, 并对一定范围内的输入样本的响应基本稳定, 这就相当于在网络中引入了模糊机制。θ_j^r 是可训练调整的门限变量。

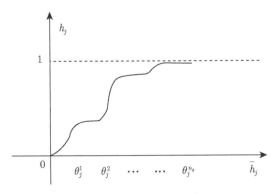

图 8.10   输入–输出响应

实现这种输入–输出关系的隐层神经元传递函数可用一组 s 个 Sigmoid 函数之和的形式来表示, 即具有 $s+1$ 个相对稳定状态。s 的值越大, 隐层的模糊化程度越高。这样, 第 j 个隐层神经元的输出可表示为

$$h_j = \frac{1}{s} \sum_{r=1}^{s} h_j^r = \frac{1}{s} \sum_{r=1}^{s} f(\beta_j(\bar{h}_j - \theta_j^r)) \tag{8-51}$$

$$\bar{h}_j = \sum_{i=1}^{n} v_{ij} x_i \tag{8-52}$$

其中, $f(\tau) = \dfrac{1}{1 + \exp(-\tau)}$ 为 Sigmoid 函数; β_j 是一个平滑系数; θ_j^r 为隐层传递函数的一个阶跃门限, 即第 r 个 Sigmoid 函数的位置, 其值可以通过对类内条件方差的最小化过程进行训练并最终确定; h_j^r 表示第 r 个 Sigmoid 函数的输出。

这样, 网络输出层响应为

$$y_l = \operatorname{sgn}(\beta_0 \bar{y}_l) \tag{8-53}$$

$$\bar{y}_l = \sum_{j=0}^{m} w_{jl} h_j \tag{8-54}$$

3. 缺陷分类实验

对夹杂 (ω_1)、抬头纹 (ω_2)、辊印 (ω_3)、边裂 (ω_4)、焊缝 (ω_5) 等 5 类缺陷, 共 219 个训练样本, 150 个检测样本进行了 BP 神经网络识别 (BP) 和模糊神经网络

识别 (FBP) 的缺陷分类实验, 缺陷特征选用小波变换后的 7 个 $L1$ 范数。表 8.7 给出的是完成网络训练后, 对训练样本重新进行分类检测的误识率, 表 8.8 则是对 150 个检测样本的误识率。不难看出, FBP 分类方法的误识率比 BP 方法明显降低, 且 FBP 具有更好的泛化 (推广) 能力。

表 8.7　训练样本作为检测样本的实验结果

分类方法	误识率					总体	
	ω_1	ω_2	ω_3	ω_4	ω_5		
BP	3/44	6/66	1/47	2/16	2/46	14/219	6.4%
FBP	1/44	2/66	0/47	0/16	0/46	3/219	1.4%

表 8.8　检测样本的实验结果

分类方法	误识率					总体	
	ω_1	ω_2	ω_3	ω_4	ω_5		
BP	6/30	5/30	4/30	5/30	3/30	23/150	15.3%
FBP	3/30	2/30	1/30	2/30	2/30	10/150	6.7%

8.4.3　遗传神经网络的识别分类方法

遗传算法 (GA) 的目标函数既不要求连续也不要求可微, 仅要求该问题可计算, 而且它的搜索始终遍及整个解空间, 容易得到全局最优解。鉴于 GA 很强的搜索能力以及简单通用、鲁棒性强、适于并行处理等特点, 将 GA 与 BP 网络相结合, 即在 BP 网络训练时先用 GA 进行寻优, 把搜索范围缩小后, 再用 BP 算法在这个小的解空间和最优的网络结构中搜索出最优解, 形成 GA-BP 混合训练算法, 可以达到全局寻优和快速高效的目的。

GA-BP 神经网络混合训练算法流程如图 8.11 所示。

1. 编码方案的确定

在构建 GA-BP 算法时, 宜采用实数编码, 即直接采用十进制编码。这种编码具有表达自然、遗传搜索空间大和便于处理复杂决策变量约束条件等优点, 并可以直接进行遗传操作, 增加搜索能力。随机产生一组个体种群, 种群中的每个个体代表一个神经网络的权值和阈值的分布, 一个连接权值和阈值用一个基因染色体表示, 个体的长度为神经网络的权值个数和阈值个数之和。

2. 适应度函数的选取

在遗传算法进行的过程中, 是通过适应度函数来对染色体作出评价, 适应度函数的函数值是选择运算的依据, 总是使遗传算法向着适应度增加的方向进行, 所以目标函数的寻优方向应与适应度函数增加的方向一致，这是确定适应度函数的先决条件。

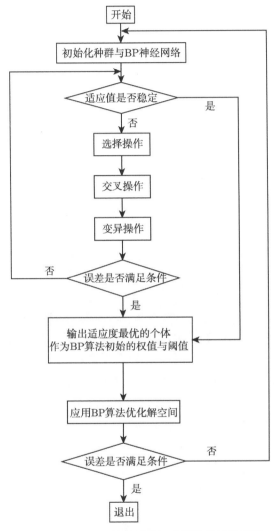

图 8.11   GA-BP 神经网络混合训练算法流程图

网络训练的目标函数一般可选用网络误差平方和函数，即

$$E(i) = \sum_{j} \sum_{k} (y_k - t_k)^2 \tag{8-55}$$

式中，$E(i)$ 为网络误差平方和；i 为染色体；j 为学习样本数；k 为输出层节点数；y_k 为输出层的输出；t_k 为训练目标值。训练的目标就是寻求使网络误差最小的权值

和阈值 (基因染色体)。

由于遗传算法中的进化只能朝着适应度函数值增大的方向进行，所以可采用目标函数的倒数作为适应度函数，即

$$f(i) = \frac{1}{E(i)} \tag{8-56}$$

其中，$f(i)$ 为第 i 个染色体的适应值。

3. 遗传操作及各参数的设定

(1) 选择操作：采用排序选择方法，即在群体中根据适应度大小对个体排序，并按事先设计好的概率表按序分配给个体，作为个体的选择概率。

(2) 交叉操作：由于采用实数编码，故交叉操作采用算数交叉算子。算数交叉是指两个个体的线性组合而产生出两个新的个体。其步骤如下：

第 1 步：确定交叉操作的次数 C。

$$C = \left[\frac{p_c N}{2} \right] \tag{8-57}$$

式中，p_c 为交叉概率，N 为种群规模，[ ] 为取整运算。

第 2 步：在种群中均匀随机选取两个染色体 $r_{1i}, r_{2i}(i = 1, 2, \cdots, C)$ 作为交叉双亲。

第 3 步：在 (0,1) 中产生随机数 $a_i(i = 1, 2, \cdots, C)$。

第 4 步：交叉运算产生后代 r'_{1i}, r'_{2i}。

$$r'_{1i} = r_{1i}a_i + r_{2i}(1 - a_i) \tag{8-58}$$

$$r'_{2i} = r_{2i}a_i + r_{1i}(1 - a_i) \tag{8-59}$$

第 5 步：重复操作第 2~4 步，直到 $i = C$。

(3) 变异操作：采用随机取代法，即在变异概率 p_m 下，把要变异的个体替换成一个随机个体。

4. 终止条件

连续多代进化后，若解的适应度没有明显改进，则终止；当目标函数达到最优时实现终止。

5. 缺陷分类实验

对图 6.2 所示的四类缺陷 (每类 50 样本，共 200 个样本) 进行了实验。对每类缺陷样本取 8 个作为训练样本，其余的缺陷样本作为测试样本。相关的参数取值

如表 8.9 所示。图 8.12~图 8.14 展示了训练误差小于 0.001 时的收敛曲线。表 8.10 与表 8.11 给出了相关实验数据的情况。

表 8.9 相关参数取值情况

参数	取值
种群规模 N	50
交叉概率 p_c	0.8
变异概率 p_m	0.01
学习率参数 ξ	0.05
学习速率减小的比率 β_1	0.7
输入层到隐层的学习率 η_1	0.07
隐层到输出层的学习率 η_2	0.09
学习速率增加比率 β_2	1.05

1) 训练收敛曲线

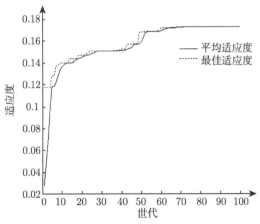

图 8.12 遗传算法的收敛曲线

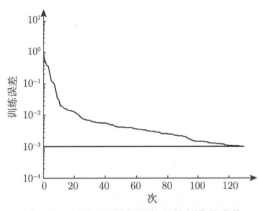

图 8.13 GA-BP 神经网络训练的收敛曲线

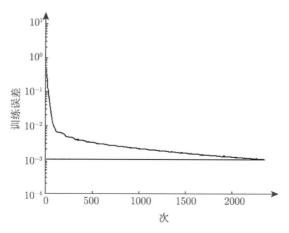

图 8.14 BP 神经网络训练的收敛曲线

2) 实验结果 (表 8.10 和表 8.11)

表 8.10 训练次数对比

	目标精度	最终实际精度	网络训练的次数
GA-BP 神经网络	0.001	0.000769	遗传算法迭代 94 次, BP 网络迭代 131 次
BP 神经网络	0.001	0.000999	BP 网络迭代 2357 次

表 8.11 分类结果对比

缺陷类型	样本数量	正确识别率/%	
		GA-BP 网络	BP 网络
边裂	50	96.3	93.7
焊缝	50	95	92.7
夹杂	50	93	90.5
抬头纹	50	85.4	83

8.4.4 RBF 神经网络的识别分类方法

对 BP 神经网络而言，模型结构选择的核心问题之一就是隐层神经元个数的确定。多数情况下，除了 "试凑" 没有更好的方法来确定最优的隐层节点数目，即只能通过训练多个网络并估计其泛化误差来确定一个比较好的隐层节点数[144]。RBF 是另一种神经网络，与 BP 神经网络所不同的是，BP 神经网络隐层神经元的激励是依据输入神经元与连接权值的内积，而 RBP 的隐层神经元的激励函数采用了径向基函数，并以输入特征向量与径向基函数的中心向量之间的距离作为基函数的自变量，这样，输入向量离中心向量越远，隐层神经元的激活程度就越低。这就表现出所谓的 "局部特性"，从这个角度上讲，就减少了对隐层神经元数量的依赖性

(当隐层神经元数量较大时, 总有部分神经元对输出贡献很少), 在理论上, RBF 网络能以任意精度逼近任意非线性映射, 且能够避免出现局部最小问题。

1. RBF 神经网络模型

RBF 网络也是一种三层前馈神经网络[151], 与 BP 神经网络所不同的是, 第二层隐层的神经元的输出由径向基函数作为激活函数, 每个隐层神经元对应一个基函数。设神经网络有 n 个输入单元、l 个隐层单元和 m 个输出单元, 其神经网络结构如图 8.15 所示。

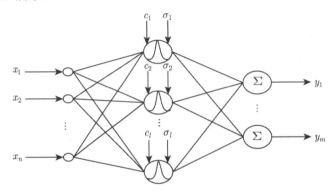

图 8.15　RBF 神经网络的结构

第一层为输入层, 输入层节点数等于缺陷特征向量的维数。

第二层为隐层, 若隐层单元的激活函数取为高斯型函数, 则对应的输出为

$$\Phi_i^k = K(|\boldsymbol{x}^k - \boldsymbol{u}_i|) = \exp\left(-\frac{\displaystyle\sum_{j=1}^{n}(x_j^k - u_i)^2}{2\sigma_i}\right), \quad 1 \leqslant i \leqslant l \tag{8-60}$$

其中, $\boldsymbol{x}^k$ 为第 k 个输入的特征向量; Φ_i^k 为对应于第 k 个输入向量的第 i 个隐层单元的输出; $\boldsymbol{u}_i$ 为隐层中第 i 个单元基函数的中心向量; σ_i 为对应第 i 个中心向量的均方差, 代表了基函数的宽度。

隐层基函数的中心向量 $\boldsymbol{u}_i$ 可以有很多种确定方法, 这里给出一种由 K- 均值聚类算法获取的方法, 其主要步骤如下:

(1) 给定初始隐层神经元个数 $n \leqslant l \leqslant N$, 初始化各隐层神经元基函数的中心向量 $\boldsymbol{u}_i$, 可随机抽取 l 个互不相同的训练样本作为初始的中心向量, 也可将最初的 l 个训练样本作为初始向量。

(2) 逐个样本 $\boldsymbol{x}^k$ 进行聚类分析, 若

$$\|\boldsymbol{x}^k - \boldsymbol{u}_i\| = \min_{1 \leqslant j \leqslant l} \|\boldsymbol{x}^k - \boldsymbol{u}_j\|, \quad k = 1, 2, \cdots, N; i = 1, 2, \cdots, l \tag{8-61}$$

则将样本 $\boldsymbol{x}^k$ 归入第 i 个子集 U_i, 依次可将所有样本归为 l 个子集。各子集内的样本数为 N_i。

(3) 分别计算 l 个子集的样本均值。

$$\boldsymbol{u}_i = \frac{1}{N_i} \sum_{\boldsymbol{x} \in U_i} \boldsymbol{x} \tag{8-62}$$

(4) 重复 (2), (3) 直至所有的中心向量不再变化, 便可停止, 并将 $\boldsymbol{u}_i$ 作为隐层第 i 个神经元基函数的中心向量。

(5) 以各子集中样本与样本均值间的平均距离作为基函数的宽度, 即

$$\boldsymbol{\sigma}_i = \frac{1}{N_i} \sum_{\boldsymbol{x} \in U_i} (\boldsymbol{x} - \boldsymbol{u}_i)^{\mathrm{T}} (\boldsymbol{x} - \boldsymbol{u}_i) \tag{8-63}$$

第三层输出层为线性处理单元, 输出层节点的数目等于缺陷的种类数。由于 RBP 神经网络的基函数并不满足正交化条件, 输出层单元不能简单地用隐层输出的线性组合。目前大多采用最小二乘递推线性优化来进行网络训练。若设

$$z_0(T) = 1 \tag{8-64}$$

$$w_{i0}(T) = \theta_i(T) \tag{8-65}$$

则第 i 个神经元的输出为

$$y_i(T) = \sum_{j=1}^{l} w_{ij}(T) z_j(T) + \theta_i(T) = \boldsymbol{z}^{\mathrm{T}}(T) \boldsymbol{w}_i(T), \quad 1 \leqslant i \leqslant m \tag{8-66}$$

式中

$$\boldsymbol{z}(T) = [z_0(T), z_1(T), \cdots, z_m(T)]^{\mathrm{T}} \tag{8-67}$$

$$\boldsymbol{w}_i(T) = [w_{i0}(T), w_{i1}(T), \cdots, w_{im}(T)]^{\mathrm{T}} \tag{8-68}$$

这样, 输出向量可写为更一般的形式, 即

$$\boldsymbol{y} = \boldsymbol{z} \cdot \boldsymbol{w} \tag{8-69}$$

若 $\boldsymbol{t}$ 为缺陷类别决定的期望输出, 则

$$J = \frac{1}{2}(\boldsymbol{t} - \boldsymbol{y})^{\mathrm{T}}(\boldsymbol{t} - \boldsymbol{y}) \tag{8-70}$$

采用误差梯度下降法调节 $\boldsymbol{w}$, 使得 J 最小, 则可得到以下网络训练法则:

$$\boldsymbol{w}(T+1) = \boldsymbol{w}(T) + \eta \, (t - y) \, \boldsymbol{\Phi}^{\mathrm{T}} \tag{8-71}$$

式中, T 为迭代次数; η 为学习效率, $0 < \eta < 1$。

2. 加权的模糊 C 均值聚类 (weighted fuzzy c-means, WFCM) 算法

实践表明, RBF 神经网络方法对板带钢表面缺陷识别分类的有效性, 在很大程度上依赖于隐层神经元基函数的中心向量的确定, 从理论上讲, 中心向量应具有样本的 "代表性", 也就是说, 样本在特征空间密集的地方应设置较多的子域 (隐层神经元数)。然而, 事先这是很难确定的。前述的用 K-均值聚类算法确定中心向量方法, 尽管简单易行, 但当样本在特征空间比较密集且特征分量有交叉重叠时, 这种 "硬" 聚类方法通常会导致网络性能变差。鉴于板带钢表面缺陷具有形态差别很大的特点, 即有些类别缺陷在特征空间分布很散, 而有些缺陷特征向量的差异则较小, 在特征空间中呈团状分布。为此, 可尝试采用模糊聚类方法来确定中心向量[152]。

这里介绍一种加权模糊 K-均值聚类算法[153]。若以加权的误差平方和函数作为聚类准则函数, 则可构建以下优化问题:

$$\begin{aligned}
\min \quad & J(\boldsymbol{x}, \boldsymbol{\mu}, \boldsymbol{u}, w) = \sum_{i=1}^{c} \sum_{k=1}^{N} w_k \mu_{ik}^m d_{ik}^2 \\
\text{s.t.} \quad & \mu_{ik} \in [0,1] \\
& \sum_{i=1}^{c} \mu_{ik} = 1 \\
& 0 < \sum_{k=1}^{n} \mu_{ik} < N
\end{aligned} \tag{8-72}$$

其中, m 为模糊指数, 也叫平滑系数; w_k 是对应于第 k 个样本 $\boldsymbol{x}^k$ 的权系数; d_{ik} 为第 k 个样本 $\boldsymbol{x}^k$ 到第 i 个子集中心 $\boldsymbol{u}_i$ 的距离, 即

$$d_{ik} = \left\| \boldsymbol{x}^k - \boldsymbol{u}_i \right\|, \quad i = 1, 2, \cdots, c; k = 1, 2, \cdots, N \tag{8-73}$$

μ_{ik} 表示第 k 个样本 $\boldsymbol{x}^k$ 与第 i 个子集隶属关系, 即 $\boldsymbol{x}^k$ 隶属于第 i 个子集的隶属函数。

上述优化问题可由拉格朗日乘子法求解, 即构造一个拉格朗日函数:

$$\boldsymbol{L}(\boldsymbol{x}, \boldsymbol{\mu}, \boldsymbol{u}, w, \lambda) = J(\boldsymbol{x}, \boldsymbol{\mu}, \boldsymbol{u}, w) + \sum_{k=1}^{N} \lambda_k \left(1 - \sum_{i=1}^{c} \mu_{ik} \right) \tag{8-74}$$

式中, $\lambda_k \in R$ 是拉格朗日乘子。求解方程:

$$\begin{aligned}
& \frac{\partial \boldsymbol{L}}{\partial \boldsymbol{u}_i} = 0 \\
& \frac{\partial \boldsymbol{L}}{\partial \mu_{ik}} = 0
\end{aligned} \tag{8-75}$$

可得到最优解为

$$\boldsymbol{u}_i = \frac{\displaystyle\sum_{k=1}^{N} w_k \mu_{ik}^m \boldsymbol{x}^k}{\displaystyle\sum_{k=1}^{N} w_k \mu_{ik}^m}, \quad 1 \leqslant i \leqslant c \tag{8-76}$$

$$\mu_{ik} = \frac{\left[\dfrac{1}{\|\boldsymbol{x}^k - \boldsymbol{u}_i\|^2}\right]^{\frac{1}{m-1}}}{\displaystyle\sum_{j=1}^{c}\left[\dfrac{1}{\|\boldsymbol{x}^k - \boldsymbol{u}_j\|^2}\right]^{\frac{1}{m-1}}}, \quad 1 \leqslant i \leqslant c; \ 1 \leqslant k \leqslant N \tag{8-77}$$

可以看出，权系数 w_k 的作用是对聚类子集中心进行调整，当样本分布均匀时，有 $w_k = \dfrac{1}{N}$，但当某些样本呈团状密集分布，即样本分布的密度较大时，相应的样本对聚类中心的影响就大。可以认为，一个样本 $\boldsymbol{x}^k$ 周围的样本越多且该样本到周围样本之间的距离越近，则在特征空间中 $\boldsymbol{x}^k$ 处的样本分布密度就越大。故可记

$$p_k = \sum_{j=1, j \neq k}^{N} \frac{1}{d_{jk}}, \quad d_{jk} \leqslant e; \ 1 \leqslant k \leqslant N \tag{8-78}$$

式中，e 为距离 d_j^k 的限定值。这样，可将 p_k 归一化后的值取作权系数 w_k，即

$$w_k = \frac{p_k}{\displaystyle\sum_{j=1}^{N} p_j}, \quad 1 \leqslant k \leqslant N \tag{8-79}$$

由此，可得到 WFCM 的迭代计算算法如下：

(1) 根据式 (8-78) 和式 (8-79)，对全部训练样本计算加权系数 w_k，$1 \leqslant k \leqslant N$。

(2) 设定 $1 < c < N$，$1 < m < 3$，一般可取 $c = \dfrac{N}{3}$，$m = 2$；迭代截止误差值 ε 及最大迭代次数 $T_{\max}$，并初始化隶属度函数矩阵 $\boldsymbol{\mu}^{(0)} = \left\{ \mu_{1k}^{(0)}, \mu_{2k}^{(0)}, \cdots, \mu_{ck}^{(0)} \right\}$（$1 \leqslant k \leqslant N$）。

(3) 逐一随机抽取样本 $\boldsymbol{x}^k$，按式 (8-76) 计算聚类中心 $\boldsymbol{u}_k^{(T)}$。

(4) 根据式 (8-72)，计算目标函数 $\boldsymbol{J}^{(T)}(\boldsymbol{x}, \boldsymbol{\mu}, \boldsymbol{v}, w)$，判断是否收敛。

(5) 根据式 (8-77)，计算模糊划分矩阵 $\boldsymbol{\mu}^{(T+1)}$。

(6) 若 $\|\boldsymbol{\mu}^{T+1} - \boldsymbol{\mu}^{T}\| \leqslant \varepsilon$，则终止迭代，得到 $\boldsymbol{u}_k = \boldsymbol{u}_k^{(T)}$ 及 $\boldsymbol{\mu}\{\mu_{ik}^{T+1}\}$；否则令 $T = T + 1$，并令 $\boldsymbol{\mu}^{(T)} = \boldsymbol{\mu}^{(T+1)}$，转到第 (3) 步，直至全部样本聚类完毕。

3. PSO-WFCM 聚类算法

上述的 WFCM 算法本质上是按梯度下降方向寻优求得中心向量, 是一种局部搜索算法, 容易陷入局部极小值。目前有很多方法可用于获取全域最优解, 这里介绍一种粒子群优化算法。粒子群算法的基本原理与遗传算法类似, 也是采用群体与进化法则, 按适应值大小进行操作。所不同的是, 将每个个体视为无大小、无质量的粒子, 在 n 维空间以一定速度飞行, 且飞行速度可由个体和群体的飞行经验进行动态调整。

1) 粒子群优化 (PSO) 基本算法

设由 m 个粒子组成一个群体, 第 i 个粒子在 n 维空间中的当前位置为 $\boldsymbol{x}_i = (x_{i1}, x_{i2}, \cdots, x_{in})$, 第 i 个粒子经历过的最好位置为 $\boldsymbol{P}_i = (p_{i1}, p_{i2}, \cdots, p_{in})$, 第 i 个粒子的当前飞行速度为 $\boldsymbol{V}_i = (V_{i1}, V_{i2}, \cdots, V_{in})$, $i = 1, 2, \cdots, m$。在整个群体中, 所有粒子经历过的最好位置 $\boldsymbol{P}_g(T) \in \{\boldsymbol{P}_1(T), \boldsymbol{P}_2(T), \cdots, \boldsymbol{P}_m(T)\}$ 称为全局最好位置。那么, 对于 $f(\boldsymbol{x})$ 为最小化的目标函数, 第 i 个粒子的当前最好位置由下式确定:

$$\boldsymbol{P}_i(T+1) = \begin{cases} \boldsymbol{P}_i(T), & f(\boldsymbol{x}_i(T+1)) \geqslant f(\boldsymbol{P}_i(T)) \\ \boldsymbol{x}_i(T+1), & f(\boldsymbol{x}_i(T+1)) < f(\boldsymbol{P}_i(T)) \end{cases} \tag{8-80}$$

则最优化问题可以归结为求

$$\begin{aligned} &\boldsymbol{P}_g(T) \in \{\boldsymbol{P}_1(T), \boldsymbol{P}_2(T), \cdots, \boldsymbol{P}_m(T)\} \,|\, f(\boldsymbol{P}_g(T)) \\ &= \min \{f(\boldsymbol{P}_1(T)), f(\boldsymbol{P}_2(T)), \cdots, f(\boldsymbol{P}_m(T))\} \end{aligned} \tag{8-81}$$

据此, 可得到基本粒子群算法的进化法则, 即

$$V_{ij}(T+1) = \beta V_{ij}(T) + c_1 r_1(T)[p_{ij}(T) - x_{ij}(T)] + c_2 r_2(T)[p_{gj}(T) - x_{ij}(T)] \tag{8-82}$$

$$x_{ij}(T+1) = x_{ij}(T) + V_{ij}(T+1) \tag{8-83}$$

其中, β 为惯性权重; c_1 和 c_2 为学习因子 (加速因子), 通常取 $c_1 = c_2 = 2$; r_1 和 r_2 是 $(0,1)$ 区间的相互独立的随机数。可以看出, 式 (8-81) 中的第二项是调节粒子飞向自身最好位置方向的速度, 第三项是调节粒子飞向全局最好位置方向的速度。

在更新过程中, 为避免粒子飞出搜索区域范围, 通常设定一个最大速度, 即

$$V_{ij}(T+1) \in [-V_{\max}, V_{\max}] \tag{8-84}$$

2) 粒子编码

本节涉及的优化问题是寻求最优聚类中心, 故可认为每个粒子的位置是由 c 个聚类中心组成的, 即每次迭代均由 c 个聚类中心构成粒子群, 每个聚类中心的 n 维向量表示各粒子在搜索空间中的位置。

3) 粒子适应度计算

设粒子的适应度函数为

$$f(\boldsymbol{u}) = J(\boldsymbol{x}, \boldsymbol{\mu}, \boldsymbol{u}, w) \tag{8-85}$$

则 $J(\boldsymbol{x}, \boldsymbol{\mu}, \boldsymbol{u}, w)$ 越小, 个体适应度函数值 $f(\boldsymbol{u})$ 就越大。追踪粒子在每一次迭代中的适应度, 则可找到该粒子目前所能找到的最优解, 即粒子的个体极值, 同时也可以找到粒子群当前的最优解即全局极值, 也即最优聚类中心向量。

4) PSO-WFCM 算法的主要步骤

(1) 初始化粒子群和参数。给定模糊指数 m, 给定聚类中心数 c, 随机选取 c 个样本特征向量作为初始中心向量, 并初始化该粒子的速度, 可在速度区间范围 $[-V_{max}, V_{max}]$ 内随机产生粒子各方向的初始速度。

(2) 随机选取一个样本 $\boldsymbol{x}^k$, 根据式 (8-77) 计算隶属度矩阵元素, 按式 (8-76) 计算新的聚类中心向量, 组成新的粒子群。

(3) 根据式 (8-85) 计算粒子的适应度, 追踪并记录每个粒子的个体极值和整个粒子群的全局极值。

(4) 按式 (8-82) 和式 (8-83) 更新每个粒子的位置和速度。

(5) 对更新后的粒子位置, 重新计算其相应的隶属度矩阵元素, 判断是否取得最优解, 若没有, 则返回 (3); 否则转至 (6)。

(6) 若样本全部训练完毕, 则结束; 否则, 返回 (2)。

4. OLS 前向选择算法

RBF 神经网络隐层神经元数量的确定对控制网络结构规模、提高网络性能具有重要意义。这里介绍一种采用正交最小二乘法 (OLS)确定隐层神经元数量的方法[154,155]。

在前面介绍 RBF 神经网络模型时, 提到由于 RBP 神经网络的基函数并不满足正交化条件, 输出层单元不能简单地用隐层输出的线性组合。OLS 算法的基本思想就是通过正交化线性回归模型中的回归矩阵, 最终获得线性回归参数, 并由此通过某种准则遴选出满足输出精度的隐层神经元数量。

现将 RBF 神经网络的输出表示为线性回归模型, 即

$$\boldsymbol{t}(k) = \sum_{i=1}^{l} \boldsymbol{y}_i(k) w_i + e(k) \tag{8-86}$$

式中, $\boldsymbol{y}_i(k)$ 是第 i 个隐层神经元对应于第 k 个样本的实际输出, 与所选基函数有关; $t(k)$ 是第 k 个样本的期望输出 (缺陷类别); w_i 是第 i 个隐层神经元的权系数

(线性组合系数)；e 是输出误差。可将回归方程 (8-86) 写成矩阵形式，即

$$t_{N\times 1} = Y_{N\times L}w_{L\times 1} + e_{N\times 1} \tag{8-87}$$

这里，对于 N 个训练样本，有 N 个期望输出，即

$$t = [t(1), t(2), \cdots, t(N)]^{\mathrm{T}} \tag{8-88}$$

若将第 i 个隐层神经元对 N 个训练样本的响应输出记为

$$y_i = [y_i(1), y_i(2), \cdots y_i(N)]^{\mathrm{T}}, \quad 1 \leqslant i \leqslant L \tag{8-89}$$

则有

$$Y = [y_1, y_2, \cdots, y_L] \tag{8-90}$$

称 Y 为回归矩阵，y_i 为回归向量。

若对于 Y 进行正交三角分解，即

$$Y = UA \tag{8-91}$$

式中，A 是一个 $L \times L$ 的上三角阵，且对角元素为 1，即

$$A = \begin{bmatrix} 1 & a_{12} & a_{13} & \cdots & a_{1L} \\ 0 & 1 & a_{23} & \cdots & a_{2L} \\ \vdots & \vdots & & \vdots & \vdots \\ 0 & 0 & \cdots & 1 & a_{L-1L} \\ 0 & 0 & \cdots & 0 & 1 \end{bmatrix} \tag{8-92}$$

U 是一个 $N \times L$ 的矩阵，其各列 $u_i(i = 1, 2, \cdots, L)$ 相互正交，即

$$U^{\mathrm{T}}U = H \tag{8-93}$$

其中，H 是一个对角元素为 h_i 的对角矩阵，即

$$h_i = u_i^{\mathrm{T}}u_i = \sum_{j=1}^{N} u_{ij}^2 \tag{8-94}$$

可用 Gram-Schmidt 方法每次计算 A 矩阵的一列，并将第 k 列与前 $k-1$ 个已经正交化的各列正交，即

$$\left. \begin{aligned} u_1 &= y_1 \\ a_{ik} &= \frac{u_i^{\mathrm{T}} y_k}{u_i^{\mathrm{T}} u_i}, \quad 1 \leqslant i \leqslant k \\ u_k &= y_k - \sum_{i=1}^{k-1} a_{ik} u_i \end{aligned} \right\} (k = 2, \cdots, L) \tag{8-95}$$

由此可得

$$t = UAw + e = Ug + e \tag{8-96}$$

$$g = Aw \tag{8-97}$$

由式 (8-96) 可求得正交回归权向量 g 的解为

$$\hat{g} = H^{-1}U^{\mathrm{T}}t \tag{8-98}$$

或表示为

$$\hat{g}_i = \frac{u_i^{\mathrm{T}}t}{u_i^{\mathrm{T}}u_i}, \quad 1 \leqslant i \leqslant L \tag{8-99}$$

由

$$\hat{g} = A\hat{w} \tag{8-100}$$

可以求得权向量 w 的估计 $\hat{w}$。

从信息能量角度讲，在一定误差范围内，可保留那些对期望输出能量贡献大的隐层神经元，而舍弃那些贡献很小的隐层神经元。由于通常情况下隐层神经元的实际输出向量 (回归向量) 是相关的，无法分辨其贡献大小。经上述正交化后，就比较容易区分回归向量对期望输出能量的贡献。

考虑到 A, g 和 e 互不相关，则期望输出的能量可表示为

$$t^{\mathrm{T}}t = \sum_{i=1}^{L} g_i^2 u_i^{\mathrm{T}}u_i + e^{\mathrm{T}}e \tag{8-101}$$

可以看出，$h_i = u_i^{\mathrm{T}}u_i = \sum_{j=1}^{N} u_{ij}^2$ 越大，对期望输出能量的贡献就越大。这可以作为一种遴选隐层神经元的依据。若定义

$$\varepsilon_i = \frac{g_i^2 u_i^{\mathrm{T}}u_i}{t^{\mathrm{T}}t}, \quad 1 \leqslant i \leqslant L \tag{8-102}$$

则可在按式 (8-95) 正交化的过程中，每次都从余下的回归向量中选出能使 ε_i 为最大的 y_i 来生成 u_i，直至下式成立：

$$1 - \sum_{i=1}^{l} \varepsilon_i < \rho \tag{8-103}$$

式中，$0 < \rho < 1$ 为容许误差；l 为最终选出的回归向量 y_i 的个数，也就是隐层神经元个数。

5. PSO-WFCM-OLS-RBF 算法

这里给出的 PSO-WFCM-OLS-RBF 算法, 实质上就是本节前述各方法的综合, 即先采用 PSO-WFCM 聚类算法, 在全部训练样本中初步选定一个有效的聚类中心集, 将其作为 OLS 前向选择算法的候选中心, 然后用 OLS 前向选择算法选择隐层神经元, 在一定测量精度下确定 RBF 神经网络的隐层神经元数量。其主要步骤如下:

(1) 给定输入层单元数 n, 即缺陷样本特征向量的维数; 输出层单元数 C, 即缺陷类别数; 模糊指数 $1 < m < 3$, 本节中取 $m = 2$; 粒子群数目 L, 即初始隐层神经元聚类中心数, 应综合考虑样本总数 N、缺陷特征向量在特征空间的分布等因素, 一般可取 $\dfrac{N}{4} < L < \dfrac{N}{3}$, 本节中取 $L = 25$; 容差系数 $0 < \rho < 1$, 本节中取 $\rho = 0.001$; 采用 PSO-WFCM 初步确定隐层神经元的聚类中心。

(2) 依据所确定的聚类中心, 计算回归矩阵 $\boldsymbol{Y}$。

(3) 采用 OLS 算法进一步训练网络, 确定最终的隐层神经元数量及其基函数的中心向量。

(4) 计算基函数的宽度 σ_i, 并按式 (8-99) 计算正交基的权向量 $\boldsymbol{g}$。

(5) 按式 (8-100) 求解隐层神经元与输出单元的权向量 $\boldsymbol{w}$。

6. 实验结果

对边裂、焊缝、夹杂、抬头纹四类缺陷, 每类各取 50 个样本, 共 200 个样本, 进行了 PSO-WFCM-OLS-RBF 算法实验。实验结果表明, PSO-WFCM-OLS-RBF 算法最终确定的隐层神经元数是 12 个, 比最初的 25 个减少了约一半。表 8.12 给出了 PSO-WFCM-OLS-RBF 算法与单纯 RBF 算法的结果对比。实验表明, 在网络训练的效率上, PSO-WFCM-OLS-RBF 算法比单纯 RBF 算法也有明显提高, 在同样的误差范围内, PSO-WFCM-OLS-RBF 算法的训练次数比单纯 RBF 算法减少了 1/3。值得注意的一个现象是, PSO-WFCM-OLS-RBF 算法与单纯 RBF 算法两者对缺陷样本误判的缺陷类别基本相同, 这也说明某些缺陷样本的特征向量之间相似度非常高, 同时也说明改造后的 RBF 神经网络并不会改变缺陷样本特征向量的原始属性。

表 8.12　两种算法的结果对比

缺陷类型	样本数量	正确识别率/%		误判的缺陷类别
		PSOWFCM-OLS-RBF 算法	RBF 算法	
边裂	50	97.5	95.3	夹杂
焊缝	50	99	96.3	抬头纹
夹杂	50	94.7	93.4	边裂、抬头纹
抬头纹	50	87.3	85	边裂

8.4.5 WTM-SOFM 识别分类方法

SOFM 作为一种以区域表达类别的分类方法, 其算法和具体结构在 7.3.2 节中已进行了介绍。本节将针对 SOFM 分类器存在的主要问题, 采用跟踪获胜元法则 (winner trace marking, WTM) 对 SOFM 分类器加以改进[156−158]。

1. SOFM 分类器存在的主要问题

1) 类别间隔狭小的问题

通常情况下, 不同类型获胜神经元保持着一定的间隔距离, 理想情况是获胜神经元有足够的空间以标记它的邻域。但是, 在一些复杂的分类问题中, 不同类型的特征向量相似度很高, 在识别空间里相当接近, 以至于不同的获胜神经元在 SOFM 网络中没有足够的空间进行独自标识。在这种情况下, 就会出现一个重叠交叉的影响区域, 若按距离分类法则便无法或难以确定它的类别归属, 如图 8.16 所示, 很难确定 m_i 属于类别 A、类别 B 还是类别 C。原因在于: ①竞争层网络是对特征空间的降维映射, 它本身可能是扭曲的空间; ②到两个类别的距离经计算可能是相等的; ③无法确定一个合理的搜索半径或最近搜索点的数量。

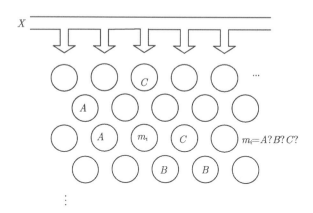

图 8.16 邻域的交叉影响

2) 存在空间怠点的问题

如图 8.17 所示, 当神经网络的样本数量较少时, 只有很少的神经元在训练的时候被激活, 大量的神经元是闲置的 (怠神经元)。而在实际应用期间, 如果某个怠神经元恰好成为对应某一个待识别对象的获胜单元, 由于它是未经充分训练的闲置神经元, 所以其类别也将无法确定。

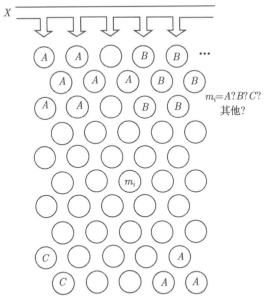

图 8.17　怠神经元的示意图

2. WTM-SOFM 分类器

WTM 属于一种有监督学习, 在训练期间, 需要依据期望的缺陷类型标识获胜的神经元。在训练初期, 神经网络被设计成在广泛范围内激烈的竞争状态。如果竞争过程足够激烈, 训练迭代次数足够大, 那么整个竞争层的神经元将都有机会被标识, 这就是剧烈竞争的训练过程。随着训练的进行, 竞争逐渐减弱, 使得网络一步一步平静下来。当网络趋于平静稳定状态时, 最后被标识的类别将更接近神经元所代表的类别。获胜者不仅在最后一个训练周期中被标识, 而且会在每一个训练的周期都被跟踪和记录。

1) 训练算法

对于 WTM-SOFM 分类器, 在跟踪获胜者的运算中, 要与训练的强度相配合。并且学习宽度 $\sigma(t)$ 及学习率 $\eta(t)$ 不再像 SOFM 那样逐渐趋于零, 而是趋于一个很小的数, 以保证网络的调整能力一直存在, 特别是 $\sigma(t)$ 将会分阶段被调整。可以对 $\sigma(t)$ 和 $\eta(t)$ 以不同方式进行调整, 这里给出一种调整方法。

A. 学习率的调整

设学习率下调函数为

$$L = L_{\max} - L_{\min} - t/T \tag{8-104}$$

其中, $L_{\max}$ 是最大学习率调整值, 一般可取 $L_{\max} = 1$; $L_{\min}$ 是最小学习率调整值,

一般可取 $L_{\min} = 0.1$；t 是训练次数；T 是最大的遍历训练次数，当训练次数 $t = T$ 时，令 $L = 0$。

则学习率的调节因子为

$$L_f = \begin{cases} L + L_{\min}, & L \geqslant 0 \\ 0 + L_{\min}, & L < 0 \end{cases} \tag{8-105}$$

于是，在 t 次训练时的学习率为

$$\eta(t) = \eta(0) \times L_f \tag{8-106}$$

其中，$\eta(0)$ 是学习率最大值，也是开始训练时的学习率。

B. 邻域函数的调整

邻域宽度因子 $\sigma(t)$ 需在训练过程中分阶段进行调整。

(1) 激烈竞争阶段。可将邻域函数宽度因子取一固定值，即

$$\sigma(t) = \sigma_0 \tag{8-107}$$

式中，σ_0 是给定的邻域宽度因子初始值。

(2) 竞争减弱阶段。当学习率已经很小的时候，系统需要进入冷却阶段。若给定学习率 η_σ，当 $\eta(t) < \eta_\sigma$ 时，则开始调整宽度因子。

设宽度因子的下调函数为

$$H = H_{\max} - \sigma_{\min}/\sigma_0 - t_\sigma/T \tag{8-108}$$

其中，$H_{\max}$ 是最大宽度因子调整值，本节中取 $H_{\max} = 0.8$；$\sigma_{\min}$ 是最小邻域宽度因子，本节中取 $\sigma_{\min} = 0.2$；t_σ 是该阶段的训练次数；T 为最大训练次数。

则宽度因子的调节因子为

$$H_f = \begin{cases} H + \sigma_{\min}/\sigma_0, & H \geqslant 0 \\ 0 + \sigma_{\min}/\sigma_0, & H < 0 \end{cases} \tag{8-109}$$

于是，在该阶段进行 t 次训练时的宽度因子为

$$\sigma(t) = \sigma_0 \times H_f \tag{8-110}$$

2) WTM-SOFM 的训练控制

网络趋于平静状态后，神经元所对应的类别也将稳定下来而不会再发生改变，这时训练即可中止。

对于每一个竞争层的神经元，在训练中获胜单元的移动痕迹 (部分的或全部的) 都将被记录下来。在早期的剧烈竞争过程中，竞争层的所有神经元几乎都会留

下获胜元的移动痕迹，在某个神经元处，后面的获胜标记将覆盖之前的标记，这就是获胜元移动痕迹的跟踪 (WTM)。如此进行下去，直至整个竞争层被瓜分 (标记) 成多个区域。这个瓜分后的地图及上面所有候选类别代表的神经元就是进行识别分类的依据。

3. WTM-SOFM 算法实验

选择边裂、划伤、分层、夹杂、焊缝及抬头纹等六类缺陷，其典型样本如图 8.18 所示。共选取 105 个样本，其中边裂 19 个、划伤 16 个、分层 15 个、夹杂 27 个、焊缝 15 个、抬头纹 13 个。

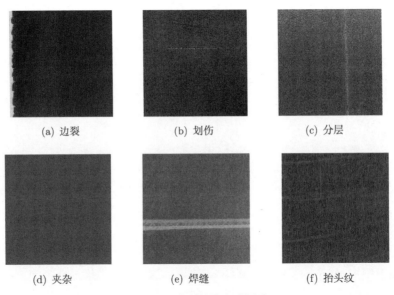

(a) 边裂　　　　　　　　(b) 划伤　　　　　　　　(c) 分层

(d) 夹杂　　　　　　　　(e) 焊缝　　　　　　　　(f) 抬头纹

图 8.18　典型缺陷实验图片

随机选取样本总数的 4/5 作为训练样本，剩下的 1/5 作为检验样本。对缺陷样本提取了小波变换特征 (7 个)、共生矩阵特征 (6 个)、灰度直方图特征 (6 个) 和不变矩特征 (7 个)，共同组成一个 26 维特征向量。经特征组合降维处理，得到一个 11 维的缺陷样本特征向量[159](详见第 7 章)。SOFM 网络采用 9×9 竞争层。在经历了 5307 次训练后，该网络达到稳定状态。实验参数及实验结果如表 8.13 所示。

表 8.13　实验参数及结果

实验参数	缺陷类型		
	边裂	划伤	分层
缺陷代码	0	1	2
样本数量	30	30	15
训练样本	24	24	20
检测样本	6	6	5
正确识别	6	6	4
实验参数	缺陷类型		
	夹杂	焊缝	抬头纹
缺陷代码	3	4	5
样本数量	35	25	30
训练样本	28	20	24
检测样本	7	5	6
正确识别	6	5	6

图 8.19 给出了采用常规的 SOFM 方法训练后，竞争层中神经元的标识情况。边框数字<u>*0*</u>~<u>*8*</u>表示该 SOFM 网络结构是 9×9，网格内的数字 0~5 为缺陷类型代码。浅灰色显示的神经元是在训练时的获胜神经元。可以发现，竞争层中有大量神经元没有被标识，且有获胜神经元没有被标识的情况 (如神经元 (8，3) 处)，这说明该神经元处有多个类别竞争获胜却无法标识分类。

	0	*1*	*2*	*3*	*4*	*5*	*6*	*7*	*8*
0		0	0		3		0		0
1	0	0	0			3		0	
2	0	0		5	5			2	2
3				5		2	3		2
4	4				5		3		2
5		1	1		5		2		
6		1	1	1					3
7	4			1		3	3		3
8	4	4	4		5		3	3	

图 8.19　典型 SOFM 网络的训练结果

图 8.20 给出了 WTM-SOFM 网络训练后各神经元的标识结果。由图中可以看出，经过网络训练，竞争层中的所有神经元都已被标识，完全避免了出现怠神经元的情况，同时也解决了不同类别缺陷样本在同一神经元处获胜而无法标识的情况。

但是，也应该注意到，这种训练方法仍然不能解决同一类别缺陷被分割标识的情况，这也是产生错识的主要原因，今后仍需作进一步深入研究。

	_0_	_1_	_2_	_3_	_4_	_5_	_6_	_7_	_8_
_0_	0	0	0	0	3	3	0	0	0
_1_	0	0	0	5	3	3	3	0	2
_2_	0	0	5	5	5	3	2	2	2
_3_	4	0	5	5	5	2	3	2	2
_4_	4	4	1	5	5	5	3	2	2
_5_	4	1	1	1	5	2	2	2	2
_6_	4	1	1	1	1	3	3	3	3
_7_	4	4	1	1	1	3	3	3	3
_8_	4	4	4	1	5	3	3	3	3

图 8.20 WTM-SOFM 的结果

第9章 多体分类模型与版图分类法

9.1 概　　述

板带钢表面缺陷识别与分类的方法主要有两大类：一类是以 n 维线性超平面为出发点的面分类方法；一类是以距离为出发点的距离分类方法。到目前为止，已派生演变出很多方法应用于各相关领域，但在实践中，仍然面临着很多问题需要进一步深入研究解决。

对于面分类问题，主要的问题在于：

(1) 许多非线性模式的识别分类问题，尽管可以通过空间变换，将非线性的识别分类问题转化为线性识别分类问题，但是由于问题的复杂性，从理论上也无法保证对所有非线性问题都可转化为线性分类问题。

(2) 这类方法大多基于两分类，对多类问题尽管可以有不同的处理方法，将其转化为两分类问题，但实际上，有些类别本身就比较难以界定，尤其是对于板带钢表面缺陷，往往会出现不同类别混杂在一起的情况，在这种情况下，识别分类效果就会变得很不理想。

(3) 由于板带钢表面缺陷自身的复杂性，且受限于样本的采集，某类缺陷类别可能存在多个类别中心。很显然，若用一个分界面去强行划分类别，势必在结构上造成较高的误识率。

上述问题的根源之一是缺陷类别在特征空间上表现为空间的多状态分布。

对于距离分类，其主要存在以下问题：

(1) 基于类间类内距离的分类问题，其本质上仍然将类别视为类别空间上的一种分布，分类中也会出现面分类时所遇到的问题。

(2) 对于图 9.1 所示的情况，可以有两种不同分类结果：一是有限样本训练形成三个类别中心，这时图中问号的区域将不属于这个类别，而在实际分类时，该区域的缺陷特征向量就有可能被排除在该类别之外，这就是分类器泛化能力不足的表现，在神经网络一类方法上就是所谓的过度拟合和过度训练导致的问题。二是只形成一个类别中心，这时分类器的泛化能力自然好于三个中心的情况，但是，在这种情况下，若问号区域存在训练样本中没有在该区域出现的另一个缺陷类别，那么在实际分类时就会将属于其他类别的缺陷误判为该类别。

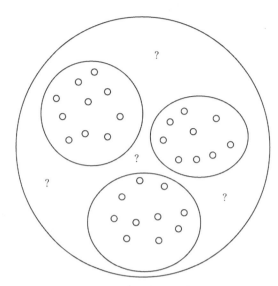

图 9.1　类别中心示意图

(3) 最近邻范围的确定也是困扰研究者的一个问题。从图 9.2 可以明显看出，不同的邻域尺度会产生不同的分类结果，尤其是当特征向量在特征空间中呈现交叉混杂状态时，影响最为严重。

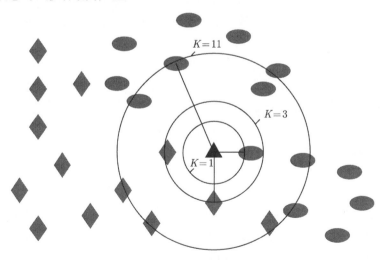

图 9.2　不同近邻示意图

前述问题的存在反映出类别的存在形态与分类机制之间的矛盾。本章试图从类别表达与类别存在形态的一致性问题入手，构建多体分类模型，并在此基础上提出一种新型的分类方法——版图分类法[160,161]。

9.2 多体分类模型

9.2.1 类别本征空间与认知空间

1. 类别本征空间

一组事物之所以能够被称为一组或一类, 其必然存在内在的共性使之区分于类别之外的事物。在自然状态, 如果一组事物被划为同一个类别, 那么可以设想存在有一个空间, 在这个空间中每个单元体都具有相同的本质特征 (本征), 类别内的各个单元体间也存在本征差异, 该类别空间以其中心为标识 (类别中心), 以空间内单元到类别中心的远近来反映该单元隶属于该类别的程度。类别的本征空间构成一个超球体, 记为 E^n 空间, 如图 9.3 所示。在类别的本征不完备时, 这个球体的边界是自由的, 呈现无限扩张的趋势。

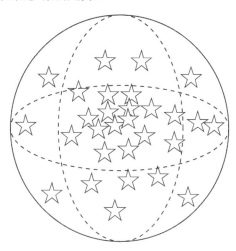

图 9.3 超球体形态的类别本征空间

2. 类别认知空间

人们在对事物进行分类的过程中, 往往很难将类别的本征表达出来, 通常只能基于已有的事物认识, 提出若干特征 (并非完全是本征), 并用这些特征来表征事物。正如前几章所述, 所有类别的特征组成的特征向量就构成一个类别的认知空间, 记为 Ω^m, 目前的分类方法就是基于认知空间, 近似认为同一类别的特征向量应该接近, 非同类应该疏远, 即同类特征向量应该在认知空间中占据一特定区域。同一类别特征向量间的差异, 决定了该类别在认知空间所占区域的大小与形态。由于特征并非是类别事物的本征, 所以导致了不同类别在认知空间所占区域的交叉与重叠。从空间映射理论上讲，本征空间中的某一点在认知空间应该存在一个对应点；反之，在认知空间上的某一点，并不一定唯一对应于一个本征空间上的一个点，它可以对应于不同类别本征空间中的一个点。

很显然，若类别的本征空间不是认知空间的子空间，即一个类别的特征向量不一一对应于该类别本征空间上的本征点，那么认知空间中类别区域的形态就会发生变化而与类别本征空间的超球体形态完全不同。变形后的区域形态可能是一个形状不规整的连续体，也可能是不相连的多个子域，如图 9.4 所示。

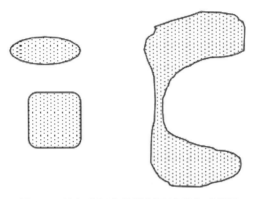

图 9.4　认知空间中的类别区域形态示意图

9.2.2　类别区域表示方法

在进行模式分类时，只能依据有限的已知样本，所以很难知道类别在认知空间中的分布形态。通常是采取子域组合的办法来表达类别的分布形态，这里给出两种子域的表示方式，即：

(1) 超立方体，由三维空间的立方体推广到多维空间而形成，对于不同的类别，可以是超长方体。

(2) 超球体，由三维空间的球体推广到多维空间而形成，对于不同的类别，可以是超椭球体。

1. 超立方体表示方式

超立方体的各边是相互垂直的，它相当于二维平面空间中经常被采用的网格划分方法。为方便使用，多采用与坐标轴垂直或平行的面进行划分。

设已知样本集模式为

$$\{(\boldsymbol{x}_1, y_1), (\boldsymbol{x}_2, y_2), \cdots (\boldsymbol{x}_l, y_l)\}, \quad \boldsymbol{x}_i \in \boldsymbol{R}^n, y_i \in \{-1, +1\} \tag{9-1}$$

其中，$\boldsymbol{x}_i$ 为特征向量，y_i 为类别模式，l 是样本数。

对于二类 (ω_1, ω_2) 模式，则

$$y_i = \begin{cases} +1, & \boldsymbol{x}_i \in \omega_1 \\ -1, & \boldsymbol{x}_i \in \omega_2 \end{cases} \tag{9-2}$$

若假定超立方体表面上的点满足方程

$$f(\boldsymbol{x}_i) = \|x_{ij} - c_j\| - r = 0 \tag{9-3}$$

其中，$\boldsymbol{c} = (c_1, c_2, \cdots, c_n)$ 为子域中心；r 为子域范围，即子域中心 $\boldsymbol{c}$ 在 $\boldsymbol{c}$ 与 $\boldsymbol{x}$ 连线方向上到超立方体边界的距离；x_{ij} 为特征向量 $\boldsymbol{x}_i$ 在 j 方向的分量。

则所有位于超立方体中的特征向量 $\boldsymbol{x}_i$，均有

$$f(\boldsymbol{x}_i) < 0 \tag{9-4}$$

此时标记该子域超立方体为 ω_1。

在标记子域时，若在子域中出现其他类别，则表明该子域表达不成功，需缩小范围重新加以表达。

将整个认知空间划分为不同类别子域的超立方体后，一定会存在许多空域，而无法对全部超立方体加以标注表达。图 9.5 给出了二维超立方体的子域表达。

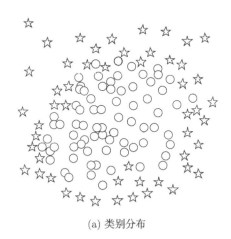

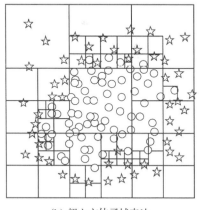

(a) 类别分布   (b) 超立方体子域表达

图 9.5 基于超立方体的分类空间划分

可以发现，这种类别子域的表达在很大程度上依赖于类别样本，若超立方体中的样本分布不均匀，如图 9.6 所示，则称这种子域表达是冗余的。为使子域表达后超立方体内样本分布均匀，减少冗余和空域，就需要寻求某种算法来加以改进。

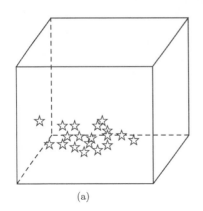
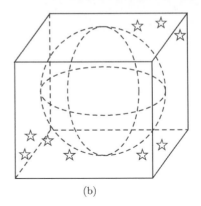

(a)　　　　　　　　　　　　　　　　　　　(b)

图 9.6　子域内样本的不均匀分布情况

2. 超球体表示方法

依据本征空间的特点, 用超球体表达认知空间中的类别子域更加适合。超球体的基本参量有两个, 即区域中心 c 和区域半径 r。其类别子域的表达方式与超立方体相同。

现有的聚类分析, 其聚类结果本质上就是将每个聚类中心作为一个超球体的中心, 以类内样本距中心点的最大距离作为超球体的半径。同样地, 由于事先无法确定聚类的尺度及数量, 在应用不同的聚类算法时可能会有多种聚类结果。特别是在有多类样本交叉混叠的区域, 如图 9.7 所示, 超球体边界的确定对认知空间的类别区域表达就更为重要。

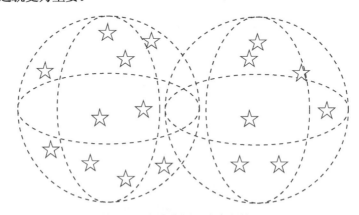

图 9.7　超球体的重合交叠情况

9.2.3　多体分类模型及特性分析

基于以上的分析, 所谓多体分类模型就是构建一种类别本征空间在认知空间

的类别表达及其分布形态, 并以此作为类别分类的基础。关键是要解决以下几方面的问题:

(1) 类别样本在认知空间有可能出现多个类别中心, 所以类别子域的表达方式应当是能够自动形成一个类别的多个子域以及同一类别多个子域的多尺度表达问题。

(2) 对有限样本作类别标记时, 需要解决认知空间的空子域的问题, 即子域空间具有扩张的能力来消除空子域。

(3) 类别标记时还需解决样本在类别空间分布不均匀的问题, 使得多体分类模型具备一种形态的自适应能力, 即通过改变子域形态, 使得类别子域内的样本分布状态趋于均匀, 增强对未知样本的适应能力。

(4) 类别子域边界的确定准则。

1. 模型的构建

以已知缺陷样本在特征空间位置为依据, 以现有的聚类方法为手段, 对整个认知空间进行类别子域标识。标识过程应满足以下准则:

(1) 同一类别可以有多个子域, 但每个子域只包含同一个类别的样本。

(2) 子域的形态可以是不规则的空间区域, 但各类别子域间不允许出现重叠, 即一个子域只能标记为一种类别。

(3) 相连的不规则子域也可以分割成多个简单的规则子域。

(4) 子域边界的扩张以不同子域间的相互竞争结果加以确认。若每个子域都以尽力扩张为原则, 那么当各子域在边界处的扩张力达到平衡时, 边界即被确定, 此时的子域边界就是最大泛化边界。

2. 模型特性分析

多体分类模型主要特性包括:

(1) 其基本原则与现有方法不同, 它是通过已有样本在认知空间中标识类别子域 (占据空间区域), 而不是通过寻找分割 (曲) 面按类别属性来划分认知空间。

(2) 对非线性模式分类, 不需要进行空间映射的变换而直接在原特征空间上进行分类模型的构建。

(3) 多体分类模型每个子域的边界是自由的, 这就使得每个类别的边界也趋于自由, 因而具有最大泛化的趋势。当不同类别相互竞争确定边界后, 将取得当前条件下的最大泛化经验。如图 9.8 所示, 图中实线为由多体边界泛化后的两个类别的边界, 虚线为各子域的泛化控制分界线。可以看出, 泛化后的边界距离训练样本可以有较远的距离。模式的识别分类可以不再是以同类样本的整体来进行误差控制, 完全可以用子域的泛化边界的控制线来控制分类误差。

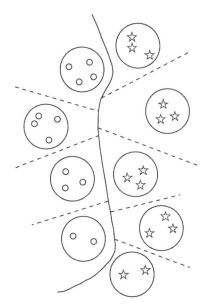

图 9.8　多体泛化共同形成实际边界

(4) 应用多体分类模型可以直接设计出多个类别同时进行分类的分类器。

(5) 子域边界的确定可以有多种竞争机制。

(6) 同一类别可以有多个子域，各子域尺度可以不同，多尺度的子域将有助于解决训练样本在特征空间中分布不均的问题。

3. 分类风险分析

分类风险分析主要有四种，即期望风险、经验风险、结构风险和邻域风险。目前的分类方法大多是基于以某种风险为最小化准则[162−165]，寻求合适的决策函数。而多体分类模型，则是以满足经验风险为前提，以边界最大泛化为准则，在边界泛化过程中达到风险控制。下面将对相关风险进行比较分析。

1) 期望风险最小化

设样本集 $(\boldsymbol{x}, y)$ 的概率分布函数为 $F(\boldsymbol{x}, y)$，训练获得的决策函数为 $f(\boldsymbol{x}, \alpha)$，$\alpha$ 为分类器的参数值，那么分类问题的统计学提法就是，寻求适当的 $f(\boldsymbol{x}, \alpha)$，使得期望风险

$$R_1(\alpha) = \int L(y, f(\boldsymbol{x}, \alpha)) \mathrm{d}F(\boldsymbol{x}, y) \tag{9-5}$$

为最小。式中

$$L(y, f(\boldsymbol{x}, \alpha)) = \begin{cases} 1, & y = f(\boldsymbol{x}, \alpha) \\ -1, & y \neq f(\boldsymbol{x}, \alpha) \end{cases} \tag{9-6}$$

称为损失函数。由于多数情况下并不知道样本的分布函数，期望风险很难求得，所以使期望风险小也只能理解为：采用决策函数 $f(\boldsymbol{x}, \alpha)$ 作分类预测时，使之 "平均" 判错小。

多体分类模型构建机制本身就对样本分布具有自适应均衡化的能力，且各类别子域较好地反映了样本类别的分布形态。从某种意义上讲，这就保证了 "平均" 判错较小，符合期望风险最小化准则。

2) 经验风险最小化

所谓经验风险最小化，就是寻求适当的判决函数 $f(\boldsymbol{x}, \alpha)$，使得其经验风险

$$R_2(\alpha) = \frac{1}{l} \sum_{i=1}^{l} L(y_i, f(\boldsymbol{x}, \alpha)) \tag{9-7}$$

为最小。经验风险也就是平均损失函数。经验风险最小化准则是依据大数定律，作为期望风险最小化的替代准则。这在训练样本足够多时是有效的，但实践表明，当训练样本不够多时，对经验的过分接近往往会导致对期望值的远离，这就是常说的经验主义错误。

经验最小化准则具有较强的局部拟合能力，因局部特征过强，也可能会出现过拟合状态，而丧失全局性的泛化能力。

多体分类模型的类别子域标识尽管也是依据样本经验，但类别子域的边界则是在相关的多个子域相互竞争作用下确定的，它并不依赖于单个类别子域的局部经验，而边界的自由扩张特性又使得子域的边界泛化能力大大加强。因此，多体分类模型更具全局性的泛化能力。

3) 结构风险最小化

结构风险最小化原则是在分类函数自身的复杂性与经验风险之间求取一种折中，从而避免分类器过于复杂，且能使分类器有较好的泛化性能。

在有限样本的情况下，一味地追求经验风险最小是没有意义的，不仅会使学习机器变得过于复杂，且会使真实风险增大。为此，结构风险最小化是在经验风险的基础上增加了一个置信范围，即

$$R_3(\alpha) \leqslant R_2(\alpha) + \phi(l/h) \tag{9-8}$$

其中，置信范围 $\phi(l/h)$ 与样本数 l 和函数集 VC 维 h 有关。函数集的 VC 维可理解为学习机器复杂程度的一种度量。可见，过分追求经验风险最小化，必将导致置信范围增大。所以结构风险最小化就是综合使经验风险和置信范围最小化。

在多体分类模型中，对训练样本数量和类别种类都没有特殊要求，类别标识过程也比较简单，尽管无法求得子域边界竞争扩张的 VC 维，但与其他分类方法相比，其学习训练机器并不复杂，所以可以断定其结构风险不大。

4) 邻域风险最小化

邻域风险最小化原则与结构风险最小化原则类似，只是在经验风险的计算中采用了训练样本的平均风险，即

$$R_4(\alpha) = \frac{1}{2}\left\|\boldsymbol{w}\right\|^2 + \lambda \sum_{i=1}^{l} \xi_i \tag{9-9}$$

且满足

$$y_i\left(\frac{1}{N}\sum_{k=1}^{N} f(x_{ik})\right) \geqslant 1 - \xi_i, \quad \xi_i \geqslant 0;\ i = 1, 2, \cdots, l$$

其中，ξ_i 的大小由 N 个点的平均风险所控制。

因多体分类模型结构风险较小，故其邻域风险也不会大，不再赘述。

4. 多体分类的风险控制

虽然基于多体分类模型设计的分类器可在一定程度上降低模型与对象不一致的风险，但是由于模型的形成还是要基于不完全的训练样本 (已知经验的有限性)，那么与理想状态下分类不同的是，它同样存在由于经验不完整产生误识的风险。就多体分类模型本身而言，其分类风险主要在于子域的边界扩张增大了外延的风险。但是，当所有的子域都以扩张其边界为准则时，边界的扩张将会被相关子域所抑制，因而风险得到控制。

9.2.4　多体分类模型实验

(1) 对图 9.9 所示的具有同心分布的两个类别 A 和 B，若不进行空间变换，采用常规的聚类或类间距离方法是难以进行有效分类的，而采用多体分类模型就很容易标记类别子域，进行有效分类。

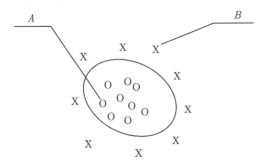

图 9.9　同心的两个类别

(2) 对图 9.10 所示的复杂边界的分类问题，采用不同方法，如曲线拟合、K-聚类、神经网络训练等，将可以形成不同的类别分割面，如图 9.11 所示，这就很难

真实表征类别的分界线，在进行实际分类时势必会产生误判。然而，若采用多体
分类模型，可形成如图 9.12 所示的多个子域及分界面。通过边界的竞争扩张可以
将边界扩张为图 9.12 中虚线所示的各子域边界，图中实线将是最终实质上的类别
边界。

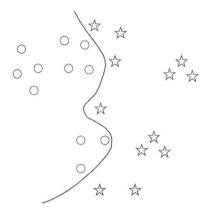

图 9.10　复杂边界

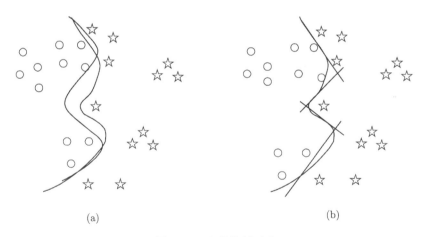

(a)　　　　　　　　　　　　　　　　　　　　(b)

图 9.11　多种分割形式

更加特殊的情况如图 9.13 所示，即在训练样本中出现一个非常远离类别中心
的情况，可视为奇异点 (图中的实心五角星)。奇异点的存在，必将影响分类面的形
成。对于有导师训练，会形成如图 9.14 所示的边界分割情况。而对于无导师学习
方式，该点将被归为异类，若该点确实是某类别的一种形态，而只是训练样本选取
不足造成该点被归为异类，那么在实际分类时，遇有相近位置的同类样本的情况，
必然会造成误判；而如果该点是一个有差错的奇异样本，则对实际分类影响不大。

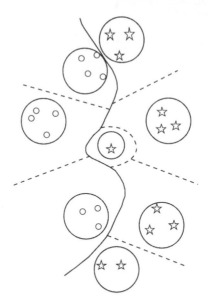

图 9.12   多体分类模型对复杂边界的划分

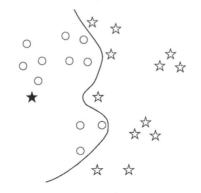

图 9.13   特征空间中存在奇异点的情况

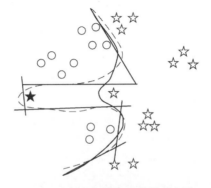

图 9.14   存在奇异点时的边界划分

若采用多体分类模型，它的影响是局部的，如图 9.15 所示。在类别子域标识过程中，该奇异点会形成一个孤立的子域。在实际分类时，若该点是真正的奇异孤点，将被屏蔽，所占区域将逐渐被蚕食掉，而若该点确实是某类别的一个子域，那么该子域将会逐渐壮大成为一个类别的子域。

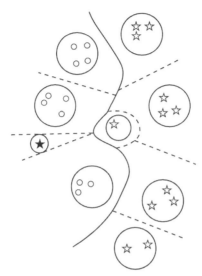

图 9.15　存在奇异点时多体分类模型下的边界划分

(3) 多个类别的情况。

对于多个缺陷类别，往往由于某些特征相近，在特征空间中就表现为相互交叉重叠，如图 9.16 所示。对于距离分类法，很显然，易于形成不真实的类别中心。对于面分类，采用两类分类器的组合方法可得到如图 9.17 所示的划分结果。其算法的处理数据量较多，结构也会比较复杂。

图 9.16　多个类别的交叉分布

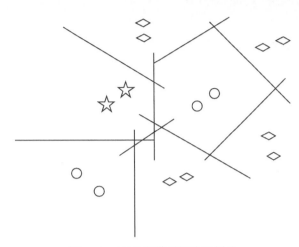

图 9.17　面分类模型的边界划分

　　采用多体分类模型，通过训练标识类别子域，很容易形成如图 9.18 所示的结果。图中实线为所形成的 7 个子域，虚线为竞争后形成的边界。

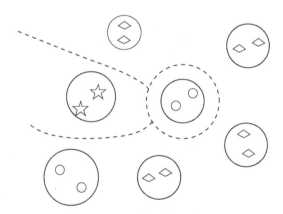

图 9.18　多体模型的边界划分

　　若出现如图 9.19 所示的奇异点情况，采用面分类方法时，该点对原来的分界面 1~6 都将产生影响。新产生的分界面如图 9.19 中的虚线所示。可见，对于这种复杂样本分布形态，面分类方法的分界面对奇异点的出现是十分敏感的。

　　这种情况下多体分类模型的边界划分结果如图 9.20 所示，图中实线为所标记的类别子域，虚线为边界竞争扩张后的分类边界。对于奇异点的影响，与前所述基本相同，不再重复。

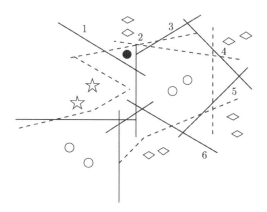

图 9.19 存在奇异点时面分类模型的边界划分

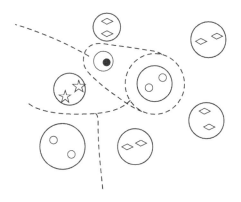

图 9.20 存在奇异点时多体分类模型的边界划分

9.3 版图分类法

在模式识别中, 对于样本特征相似度较高且在特征空间呈交叉重叠状态、样本数量又较少的情况, 进行有效的类别识别是比较困难的, 尤其是当样本的代表性不强时, 其识别分类的准确性很难得到保证。本节将将着重介绍一种基于前述多体分类模型的新型的分类方法[160]。该方法受人类历史上地域版图形成过程中的竞争和扩张行为的启发, 确立类别子域边界的形成机制, 并在此基础上设计出一种样本学习的自组织与督导并行的分类器, 对板带钢表面缺陷进行分类, 故称之为版图法 (territory)。其基本思想与现有的样本学习机完全不同, 它是将类别空间的类别子域中心映射于世界版图的节点城市中, 基于多体分类模型的最大泛化原则, 通过竞争扩张进行版图扩张、瓜分世界地域, 达到平衡后形成类别边界。在该方法中, 由于限定了节点城市只是一个类别子域的中心点, 这就很好地处理了类别特征相似的分类问题。最终形成的地域版图就是类别空间的一个平面拓扑。

9.3.1　地域版图的形成

类别是由其本质特征 (本征) 所决定，对同一个事物所定义的本征不同，则其对应的类别也不同。在很多情况下，人们并不能很明确地定义一个类别的本征，而只是通过抽取的样本特征对其对应的类别加以区分。例如，对于板带钢表面缺陷，如抬头纹、夹杂、划痕等，就很难定义其相应的本征，而只是通过抽取样本的几何特征、变换特征等来区分表面缺陷的类别。对于版图法，也是利用样本特征，将特征空间抽象并映射到一个虚拟世界版图上，每个训练样本将通过竞争找到、进驻并壮大自己所属的城市 (类别子域中心)，每个城市的竞争力与样本数量 (人口) 有关，通过城市间的竞争逐步扩张其领域边界，最终形成的类别分布图就相当于类别空间映射在世界版图上的平面拓扑图。这里并没有人为的推理或干预，所以完全是一种自组织行为。

9.3.2　版图分类法基础

1. 基本原则

版图法分类的关键在于城市边界的确认，以完成世界版图的划分，最终要消除争议达到共存。这里给出对城市边界确认的三原则：

(1) 自由单一竞争原则。每个样本个体参与下的自由竞争不包含相互联合等复杂的竞争形式。

(2) 和平共处竞争原则。在城市的领土竞争过程中不会发生消灭竞争对手的行为，即不改变样本特征的类别属性。

(3) 排他性原则。在训练过程中，不同类别的样本个体可以依次占据同一城市的地域，但在训练完成后，一个节点城市的地域内只能包含同一个类别的样本个体，不能出现不同类别共存的情况。

2. 竞争规则

竞争规则是类别子域边界划分的基本准则，直接影响着最终的分类效果，需依据不同的具体分类问题加以制定。这里给出适合于板带钢表面缺陷分类的竞争规则：

(1) 生存规则：每个样本个体都将尽力占据最适合的生存位置。

(2) 影响规则：每个进驻者对原有节点城市都将带来正影响。

(3) 累加规则：城市中人口越多，即类别子域中包含的样本数越多，其竞争力越强。

(4) 距离规则: 城市的竞争力随着距离的增加而减少, 即离中心节点越远, 竞争扩张能力越弱。

(5) 进驻规则: 样本选择接受度最大的城市进驻, 其所在地域自动归属相应城市。

(6) 排他规则: 占领者是有排他性的, 新的占领者将消除原来的占领者对本地的影响。不被直接占领的近邻城市受其周边被占领城市的影响, 当某一派别的被接受度足够大的时候, 它还会抑制其他派别在此处的接受度。

(7) 调解规则: 对于经过长期争夺还是有争议的地区, 可以通过拆分成更小的子域以平息争夺。

3. 有关概念

(1) 版图: 由分属不同类别的节点城市构成的平面网格结构, 其容量为 $S \times S$, S 为版图的边长。

(2) 节点城市: 构成版图的基本要素, 表示类别子域的中心向量, 节点城市内所容纳进驻的样本既表示其人口, 也表示其所占领域土地。

(3) 领土所有者: 对应于分类问题中的类别。

(4) 竞争个体: 就是分类问题中的训练样本 $\boldsymbol{x} = (x_1, x_2, \cdots, x_n)$。

(5) 适应度: 以样本特征向量与节点城市的中心向量的距离表示样本个体对城市的适应度, 距离越短就越适应。

(6) 接受度: 表示各节点城市对某一类别的接受程度。每个节点城市都有一个接受度向量 $\boldsymbol{Y}_k, k = 1, 2, \cdots, P(P$ 表示节点城市数), 每个分量对应一个类别的接受度, 接受度最高为 1。

(7) 邻域函数: 用来控制竞争力随距离增加而减少的变化关系。

(8) 竞争力函数: 用来控制占领者对其周边的竞争力, 离开城市中心距离越远, 竞争力越弱, 且随着学习训练的进行, 竞争逐渐平息, 故可将其表示为学习率与邻域函数的乘积。

4. 版图的构建

1) 样本准备

神经网络、支持向量机类似, 训练样本的选取对训练结果有直接影响。尤其是该方法中, 是以城市人口多寡 (类别子域中样本多少) 衡量其竞争力, 所以训练样本选取要遵循以下两个原则:

(1) 某一类别的训练样本数量应与其实际发生的频率成比例。

(2) 对于所选取的训练样本, 在进行训练时, 其输入顺序应该随机选择。

2) 训练过程

(1) 定义节点城市的数量和在世界版图中的分布形式。

(2) 定义距离的表达形式 (有多种距离形式可供选择)。

(3) 规范化输入数据。用随机值初始化节点城市中心向量 $\boldsymbol{u}^k(k = 1, 2, \cdots, P)$，$P$ 为初始城市数。

(4) 设循环周期计数器 $t = 0$。

(5) 设遍历迭代控制次数为 T；当 $t = T$ 时，系统将会基本稳定，但训练不一定在此处中止，具体情况还要由训练控制算法来最终决定。

(6) 从训练样本集中随机选择一个样本 $\boldsymbol{x} = (x_1, x_2, \cdots, x_n)$，计算样本特征向量与各节点城市中心向量间的距离：

$$d_j = \sum_{i=1}^{n} \left(x_i - u_i^j \right)^2 \tag{9-10}$$

若

$$d_k = \min_{j \in P} (d_j) \tag{9-11}$$

则说明第 k 个节点城市对该训练样本的接受度最高，将该样本进驻第 k 个节点城市。

(7) 更新被进驻的节点城市及其周边城市的中心向量，使之与该训练样本的适应度提高：

$$u_i^j(t + 1) = u_i^j(t) + h(t) \left[x_i(t) - u_i^j(t) \right] \tag{9-12}$$

其中，$h(t)$ 为竞争力函数，有

$$h(t) = \eta(t) \times \Phi(t) \tag{9-13}$$

式中，$\eta(t)$ 为学习率，它是随训练周期的增加而减少的函数；$\Phi(t)$ 为邻域函数，可选用高斯函数

$$\Phi(t) = \exp \left(-\frac{\|\boldsymbol{u}_c - \boldsymbol{u}_k\|^2}{2\sigma^2(t)} \right) \tag{9-14}$$

其中，$\|\boldsymbol{u}^c - \boldsymbol{u}^k\|^2$ 表示其他城市与被进驻城市的中心节点间的距离；$\sigma(t)$ 是城市竞争力的宽度，它也是随训练周期的增加而减少的函数。

(8) 调整节点城市对类别的接受度，即

$$Y_{km} = Y_{km} + h(t), \quad k = 1, 2, \cdots P; \quad m = 1, 2, \cdots, M \tag{9-15}$$

式中，M 为类别数；若 $Y_{km} > 1$，对 $\boldsymbol{Y}_k$ 所有分量进行调整，即

$$Y_{kl} = \frac{Y_{kl}}{Y_{km}} \tag{9-16}$$

并将该节点城市的类别设为具有最大接受度的分量所对应的类别。

(9) 转至 (6)，直到所有的训练样本都被训练过。

(10) 增加训练周期变量：$t = t + 1$。

(11) 调整城市竞争力宽度因子 $\sigma(t)$ 及学习率 $\eta(t)$。

(12) 检验是否满足结束条件，若不满足，则返回步骤 (6) 再次遍历所有训练样本；否则，结束训练。

3) 关于宽度因子 $\sigma(t)$ 及学习率 $\eta(t)$ 的调整

这里宽度因子 $\sigma(t)$ 及学习率 $\eta(t)$ 的调整，采用了 WTM-SOFM 方法中对邻域宽度因子 $\sigma(t)$ 及学习率 $\eta(t)$ 的调整方式，详见本书 8.4 节。需要说明的是，版图法在强烈振荡阶段的宽度因子的初始值 $\sigma(0)$ 要保证足够大，以确保在一次训练过程中，版图中的大多数节点城市都受到影响而发生比较明显的改变。

4) 训练结束条件

假如版图上节点城市的分布与各类别对应的拓扑结构相适应，那么在经历冷却阶段的一段时间后，系统就应该可以进入一个稳定的状态。在这个状态下，每个节点城市将长期被一种类别的训练样本所进驻。同时，各城市接受度最高的类别也不会再改变，即不再有争议地区。但这种状态不应该只是在一次训练中偶然出现，而是要在这之后的训练过程中都能得到保证。这时方可认为是训练完毕，可以结束。

但是，如果版图中节点城市的分布与各类别内在关系对应的拓扑结构不相符，那么无论系统训练多长时间，可能也不会出现稳定状态，也就是说，在某个或某些节点城市的地域边界上总是存在争议。可规定，在 $\sigma(t) = \sigma_{\min}$ 之后，若再经过一定的训练周期后 (如 $10 \times P$, P 为节点城市数) 系统还是不能完成训练，就认为其无法完成训练，需要进行调解。可采用两种调解方式：一是局部调解，即拆分细化当前有争议的区域；二是全局调解，即寻求其他的生存空间，形成新的力量分布。

A. 局部调解

将有争议的节点城市拆分为两个或几个子节点城市。分解后的城市中心向量分别比其邻域城市的中心向量附加有一个偏移量。该偏移量即为这两个城市中心点间的距离，由此形成新的城市中心节点坐标。实践表明，重新对有新的子节点城市参与下的版图进行训练，即可达到消除争议的目的，且速度很快。

B. 全局调整

扩大整个版图的容量，调整节点城市的分布，重新寻求与类别内在拓扑结构相适应的城市分布。最简单的版图容量扩大方式是：$S \times S \Rightarrow (S + \delta) \times (S + \delta)$, δ 是版图容量调节步长。版图容量扩大后，需要重新开始进行训练。

5) 分类过程

(1) 输入待分样本的特征向量。

(2) 计算样本向量与各节点城市 (类别子域) 中心向量的距离, 找出距离最小节点城市。

(3) 将最匹配的节点城市所代表的类别作为分类结果。

9.3.3　实验研究

为了与 8.4 节中的 WTM-SOFM 方法的结果进行比较, 这里采用了与第 8 章完全相同的样本数据, 即选取六类缺陷的 175 个样本, 其中边裂 30 个, 划伤 30 个, 分层 25 个, 夹杂 35 个, 焊缝 25 个, 抬头纹 30 个。特征的提取与组合降维也都与 8.4 节一致, 在此不再重复说明。

本节做了三个实验。实验一考察版图结构对类别子域分布的影响; 实验二为训练样本数量对类别子域分布的影响; 实验三进行了版图法与常用分类方法的分类结果比较。图 9.21~图 9.24 给出了不同情况下样本训练后的版图结构。图中边框数字 0~9 表示版图坐标, 图中数字 0~5 表示缺陷的类别: 0 为边裂、1 为划伤、2 为分层、3 为夹杂、4 为焊缝、5 为抬头纹。表 9.1 给出了不同分类方法分类结果比较。

1. 实验一

取初始版图结构为 9×9, 随机选取样本总数的 4/5 作为训练样本, 剩下的 1/5 作为检验样本。训练中发现, 在 (8, 3) 位置处, 就是属于反复争夺的争议区域, 训练始终难以平稳, 需要调解。实验中采取了全局调整方式, 即将版图结构扩展为 10×10 后重新训练, 经 5249 次训练, 实现了版图结构的平稳状态。对剩余 1/5 的样本检测结果表明, 分类结果全部正确。图 9.21 给出了两种版图的训练结果。从

	0	1	2	3	4	5	6	7	8
0	0	0	0	0	3	3	0	0	0
1	0	0	0	5	3	3	3	0	2
2	0	0	5	5	5	3	2	2	2
3	4	0	5	5	5	2	3	2	2
4	4	4	1	5	5	5	3	2	2
5	4	1	1	1	5	2	3	3	2
6	4	1	1	1	1	1	3	3	3
7	4	4	1	1	1	3	3	3	3
8	4	4	4	**?**	5	3	3	3	3

(a) 9×9

	0	*1*	*2*	*3*	*4*	*5*	*6*	*7*	*8*	*9*
0	3	3	3	3	3	3	1	1	1	1
1	3	3	3	3	3	3	3	1	1	1
2	3	3	5	2	2	2	2	1	1	1
3	3	3	2	2	2	2	2	2	1	1
4	3	3	3	2	2	2	2	5	5	1
5	3	3	3	0	2	2	0	5	5	4
6	3	0	0	0	0	0	0	0	4	4
7	5	0	0	0	0	0	0	0	4	4
8	5	0	0	0	0	0	0	4	4	4
9	5	5	0	0	0	0	4	4	4	4

(b) 10×10

图 9.21 版图法的训练结果 (4/5 训练样本)

图中可以明显看出, 版图结构不同, 训练结果的类别拓扑结构也完全不同。与第 8 章图 8.20 比较可以看出, 训练后的类别分布已不存在类别交隔的现象 (图 8.20 中类别 3 被类别 2 交隔), 图 9.21 中的类别 5 尽管存在 3 个子域, 但却是完全独立的, 与其他类别子域不存在交隔。

图 9.22 展示了版图区域的形成过程。图中灰色区域表示在训练过程中有样本直接进驻, 而白色区域则是受灰色节点城市的影响, 竞争扩张而形成的, 这些区域属于完全估计的区域, 反映了该方法的泛化能力。黑框区域表示的是对检测样本进行分类时, 相应类别的样本进入了白色区域的节点城市, 且分类结果正确。

	0	*1*	*2*	*3*	*4*	*5*	*6*	*7*	*8*	*9*
0	3	3	3	3	3	3	1	1	1	1
1	3	3	3	3	3	3	3	1	1	1
2	3	3	5	2	2	2	2	1	1	1
3	3	3	2	2	2	2	2	2	1	1
4	3	3	**3**	2	2	2	2	5	**5**	**1**
5	3	3	3	0	2	2	0	5	5	4
6	3	0	0	0	0	0	0	0	4	4
7	5	0	0	0	0	0	0	0	4	4
8	5	0	0	0	0	0	0	4	4	4
9	5	5	0	0	0	0	4	4	4	4

图 9.22 区域形成过程 (4/5 训练样本)

2. 实验二

取初始版图结构为 10×10，随机选取样本总数的 $1/2$ 作为训练样本，剩下的 $1/2$ 作为检验样本。图 9.23 给出了训练后的版图结构。与图 9.22 比较可知，不同的训练样本数量，其训练后的版图结构也不相同。

	0	1	2	3	4	5	6	7	8	9
0	0	0	0	0	0	0	0	4	4	4
1	3	0	0	0	0	0	5	4	4	4
2	3	3	0	0	0	5	5	5	4	4
3	3	3	3	0	2	2	5	4	4	4
4	3	3	3	2	2	2	0	0	4	4
5	3	3	3	2	2	2	0	0	0	4
6	3	3	2	2	2	2	5	0	1	1
7	3	3	3	2	5	5	5	5	5	1
8	3	3	3	3	2	5	5	5	1	1
9	3	3	3	3	5	5	5	1	1	1

图 9.23 版图法的训练结果 (1/2 训练样本)

类似地，图 9.24 展示了版图区域的形成过程。与图 9.22 相比，由于训练样本较少，有训练样本直接进驻的灰色区域就少，而受灰色节点城市的影响、由竞争扩张而形成的白色区域就多。从概念上讲，白色区域多，实际分类时误判的可能性就

	0	1	2	3	4	5	6	7	8	9
0	0	0	0	0	0	0	0	**4**	4	4
1	3	0	0	0	0	0	5	4	4	4
2	3	3	0	0	0	5	5	5	4	4
3	3	3	3	0	2	2	5	**4**	4	4
4	3	3	**3**	2	2	2	0	0	4	4
5	3	3(2)	**3**	**2**	2	2	0	0	0	4
6	3	3	2	2	2	2	5	0	**1**	1
7	3	3	3	2	2	5	5	5	5	**1**
8	3	3	**3**	3	2	5	5	**5**	1	1
9	3	3	3	3	3	5	5	1	1	1

图 9.24 区域形成过程 (1/2 训练样本)

大。本次实验中，对所有检测样本，出现了更多的黑框区域，除 (5，1) 外，分类均正确。而在 (5，1) 处，训练结果是类别 3，而检测样本中却有一个类别 2 的样本进入了该区域，属于误判。由此可见，虽然版图法从机理上是强泛化的，但如果没有足够的有代表性样本训练，其泛化区域同样也缺乏足够的代表性，从而引起误判。

3. 实验三

每类缺陷样本选取 4/5 个作为训练样本，其余作为检验样本。表 9.1 给出不同分类方法的结果比较。BP 神经网络输入层节点数为 11(优化后特征向量维数)，隐含层节点数为 8，输出层节点数为 6(缺陷类别个数)，网络训练迭代次数达到 3029 次时达到满足实验设计要求的精度。SVM 方法对两种情况核参数 $\sigma = 0.5$ 和 $\sigma = 2$ 进行了实验。SOFM 网络输入层是 11 维向量，竞争层神经元 9×9，经历了 3510 个周期的训练。WTM-SOFM 的训练参数与 8.4 节的实验相同。

表 9.1　不同方法的分类结果比较　　　　　　　(单位：%)

识别分类方法		缺陷正确识别率						总体识别率
		边裂	划伤	分层	夹杂	焊缝	抬头纹	
KNN	$K=3$	100	66.67	80	85.71	80	66.67	80
BP 神经网络		83.33	66.67	80	85.71	100	83.33	82.86
SVM	$\sigma = 0.5$	100	66.67	80	85.71	100	83.33	85.71
	$\sigma = 2$	100	66.67	100	71.43	100	100	88.57
SOFM		100	66.67	80	85.71	100	100	88.57
WTM-SOFM		100	100	80	85.71	100	100	94.28
版图法		100	100	100	100	100	100	100

从表 9.1 中可以发现，对边裂、焊缝这样的缺陷类别特征比较明显的板带钢表面缺陷，不管采用哪种分类方法，其分类结果都很好，但对其他类别的缺陷，目前常用的方法都存在错识的情况，就本实验而言，版图法对所有测试样本均未发现错识。

第10章　板带钢表面质量评价

10.1　概　　述

板带钢表面质量的评价方法有很多,主要分为两类:一类是基于质量专家经验进行模糊评价法,这类主观评价方法很大程度上依赖于人的主观因素,评价结果一般比较粗糙;另一类是通过检测设备测出各种特性参数,对这些参数分别进行统计判断,这类评价方法主要依赖于设备和工艺过程,但很少考虑所测参数之间的交互影响 (耦合作用),也很难反映出用户的客观需求。为了使表面质量评价的结果既符合刚性的标准要求,又能体现用户柔性需求的意愿,本章分别从企业和用户的角度进行评价模型构建并提出相应的评价方法。

基于生产企业的板带钢表面质量评价就是从企业的角度对板带钢表面质量进行评价,主要是对表面缺陷的种类、数量和严重程度等信息进行综合分析,以得到与质量标准相一致的表面质量评价[173],它是一种较为客观的表面质量评价方法,这种评价方法主要用于改善生产工艺、保证生产质量。对于板带钢的用户而言,最关心的并不是生产企业对缺陷如何进行定义和描述,也不是具体缺陷的严重程度,而是带有缺陷的整卷 (整张) 板带钢是否能满足自己的实际需求,且能实现效益最大化。也就是说,用户强烈希望带有不同缺陷状态的板带钢价格不同,并依据板带钢的质量报告可以实现 "量体裁衣",合理利用板带钢,达到保证其产品质量的同时降低成本。因此,有必要从板带钢利用率的角度来对板带钢表面质量进行评估,这种评估与评价显然与用户的柔性需求相关,也就是说,带有缺陷的板带钢其有效利用率与用户需求相关,缺陷的种类、大小、数量、位置及分布信息,都将影响用户需求的满足程度。

下面通过两个例子来说明表面缺陷的分布和位置对板带钢使用的影响以及基于用户评价的必要性,同时这两个例子也能体现出基于企业评价和基于用户评价的区别与联系。

例1:图 10.1 中给出了四卷带钢,图中的阴影部分为表面缺陷,小长方形为用户所需要的板件。实线所示为可以裁剪得到的板件,虚线所示为不能得到的板件。

图 10.1 (b)∼(d) 所示的钢板表面只含有一个同样大小和严重程度的表面缺陷,而图 10.1(a) 所示的钢板表面则含有两个表面缺陷。很显然,如果按照传统的表面质量评价方法,图 10.1(b)∼(d) 所示的钢板表面质量相同且高于图 10.1(a) 所示的

钢板质量。但从用户的角度来看，在给定的需求情况下；图 10.1(a) 和 (b) 所示的带钢均能裁剪得到同样的两个板件，原材料的利用率完全相同，因而对原钢板的表面质量评估的结果应该是一致的；而图 10.1(b) 和 (c) 所示的钢板，虽然其表面有一个同样大小和严重程度的表面缺陷，但因其分布和位置不同，则分别能够得到两个、一个板件，从图 10.1(d) 所示的钢板中则无法获得所需板件。所以，对这三张钢板表面质量的评估应该是有差异的，即图 10.1(b) 所示的表面质量要优于图 10.1(c) 所示的表面质量，而图 10.1(d) 所示的则是质量最差的废材。

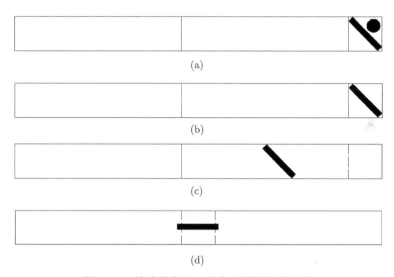

图 10.1　缺陷的位置及分布对利用率的影响

例 2：图 10.2 中给出了六张钢板，图中的阴影部分为表面缺陷，小正方形为用户所需要的板件。实线所示为可以裁剪得到的板件，虚线所示为不可以得到的板件。

图 10.2(b)~(f) 所示的钢板表面只含有一个同样大小和严重程度的表面缺陷。而图 10.2(a) 所示的钢板表面含有两个表面缺陷。很显然，如果按照传统的表面质量评价方法，图 10.2(b)~(f) 所示的钢板表面质量相同，且高于图 10.2(a) 所示的钢板质量。而从用户的角度来看，在特定的需求情况下，图 10.2(a) 和 (b) 所示的钢板均能裁剪得到四个板件，原材料的利用率相同，所以两者的表面质量评估结果应该是一致的；而对图 10.2(b)~(e) 所示的钢板，虽然其表面含有一个同样大小和严重程度的表面缺陷，但因其分布和位置不同，则分别能够得到四、三、二、一个板件，图 10.2(f) 则无法裁剪得到所需板件，因而这几张钢板的表面质量评估结果从用户的角度而言应该是有区别的，即图 10.2(b) 所示的表面质量要优于图 10.2(c) 所示的表面质量，依次类推，图 10.2(f) 表面质量是最差的，且为废材。

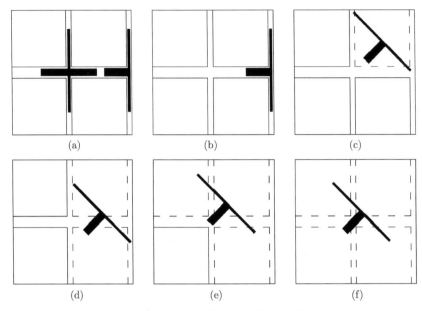

图 10.2　缺陷分布形态对利用率的影响

　　从以上两个例子的分析可知,在用户需求确定的情况下,对板带钢表面质量的评估,从用户角度与从生产者角度来说,两者的结果大相径庭。另外,用户需求不同,对板带钢表面质量的评估结果也不相同。因此,除了从生产者角度评价板带钢表面质量外,有必要从用户角度依据需求进行板带钢表面质量的评价。

10.2　板带钢表面缺陷的分类

　　不同的企业或者研究机构,对缺陷的分类不尽相同,本章给出的板带钢表面缺陷的分类,主要是为了便于同时进行基于企业评价和基于用户评价方法的研究所作的有针对性分类。

10.2.1　基于企业的缺陷分类

　　通过对 “某大型钢铁企业对部分冷轧产品缺陷的定义与描述”(表 10.1) 的分析可以发现,生产企业对不同等级板带钢产品所对应的缺陷描述大致分为两大类:一类缺陷是任何等级表面质量都不允许出现的;另一类缺陷是在不同等级表面质量下给出了每平方米范围内允许出现的缺陷数量。对于任何等级表面质量下都不允许出现的缺陷,如果按照现行企业标准,板带钢仅因为局部出现了该类缺陷就被判定为不合格,从而导致板带钢表面质量合格的产品大部分被浪费,这显然是不科学也是不合理的。对于第二类缺陷,因为板带钢表面在线检测系统的使用,完全可以通过量化的方法加以确定,而将其量化值用于确定板带钢表面质量。

表 10.1　某大型钢铁企业对部分冷轧产品缺陷的定义与描述

缺陷名称	等级IV	等级III	等级II	等级I
辊印	可明显感觉但无锐利边缘,深度 ≤ 1/4公差,2个/m²	触摸有轻微感觉,2个/m²	研磨有轻微亮点 无研磨手感,2个/m²	不允许
横向辊印	可明显感觉但无锐利边缘,深度 ≤ 1/4公差,2个/m²	触摸有轻微感觉,2个/m²	研磨有轻微亮点 无研磨手感,2个/m²	不允许
压痕	可明显感觉但无锐利边缘,深度 ≤ 1/4公差,2个/m²	触摸有轻微感觉,2个/m²	研磨有轻微亮点 无研磨手感,2个/m²	不允许
油斑	手掌大小,1 个/m²	鹅蛋大小,1 个/m²	绿豆大小,1 个/m²	不允许
黑丝斑迹	手掌大小,1 个/m²	鹅蛋大小,1 个/m²	绿豆大小,1 个/m²	不允许
锈斑	手掌大小,1 个/m²	鹅蛋大小,1 个/m²	绿豆大小,1 个/m²	不允许
钝化斑	手掌大小,1 个/m²	鹅蛋大小,1 个/m²	绿豆大小,1 个/m²	不允许
氧化皮	间断地出现,频度较高,砂橡皮无法擦除,2个/m²	3 ~ 4个/m²且用砂橡皮能够磨去的小缺陷	1 ~ 2个/m²且用砂橡皮能够磨去的小缺陷	不允许
结疤	间断地出现,频度较高,砂橡皮无法擦除,2个/m²	3 ~ 4个/m²且用砂橡皮能够磨去的小缺陷	1 ~ 2个/m²且用砂橡皮能够磨去的小缺陷	不允许
裂纹	可明显感觉但无锐利边缘,深度 ≤ 1/4公差,2个/m²	触摸有轻微感觉,2 个/m²	不允许	不允许
孔洞	不允许	不允许	不允许	不允许
气泡	不允许	不允许	不允许	不允许
焊缝	不允许	不允许	不允许	不允许
折叠	不允许	不允许	不允许	不允许

由 "缺陷的定义和描述" 可知,任何等级的板带钢表面质量,其中对于某些缺陷的要求是一致的,在这种情况下,可以将要求一致的缺陷看成一大类。例如,表10.1 中对辊印、横向辊印和压痕的要求是一致的,可统称为印痕类缺陷;油斑、黑丝斑迹、锈斑和钝化斑的要求是一致的,可统称为斑迹类缺陷;氧化皮和结疤的要求是一致的,可统称为疤痕类缺陷;裂纹缺陷则属于单独一类;孔洞、气泡、焊缝和折叠等缺陷的要求也可视为是一致的,因无论在何种等级表面质量要求下均为"不允许",所以可将这类缺陷统称为不允许类缺陷。由此得到的缺陷类别叫做大类缺陷。这种处理方式不仅极大地减少了表面缺陷的种类,也减少了表面质量评价的数据量。

10.2.2　基于用户需求的缺陷分类

板带钢表面的缺陷虽然种类繁多,但是对于板带钢的用户而言,所关心的重点往往并不是具体的缺陷种类,而是板带钢上的缺陷是否会影响对板带钢的使用。因此,本章从用户使用角度,对板带钢表面缺陷进行了重新分类,主要分为三大类:

　　允许缺陷 (A 类): 此类缺陷无论严重程度如何、数量多少, 均对用户的使用无任何影响。例如在某些使用情况下, 板带钢表面的辊印、麻点等表面缺陷, 用户并不关心其严重程度及数量, 故可将其视为允许缺陷。

　　普通缺陷 (B 类): 此类缺陷对用户的使用是否有影响, 要根据其严重程度及数量来进行判定, 当对用户的使用无影响时, 可将其视为允许缺陷 (A 类), 反之则将其视为不允许缺陷 (C 类)。

　　不允许缺陷 (C 类): 此类缺陷无论严重程度如何、数量多少, 均对用户的使用有影响。例如在某些使用情况下, 板带钢表面的夹杂物、氧化皮等表面缺陷, 对用户的使用来讲是不允许的缺陷, 故在使用时应避开此类缺陷。

　　这种分类方法与用户的使用用途有着密切的关系, 因此针对板带钢的不同需求情况, 同一种缺陷划分为上述三种缺陷中的哪一类是不确定的。10.4 节在建立的相应数学模型中所考虑的缺陷, 均为在特定场合下对使用用途有影响的不允许缺陷。

10.3　基于生产企业的板带钢表面质量评价

　　本章所构建的基于生产企业的表面质量评价方法, 其核心思想就是通过计算单个缺陷的严重程度评价值, 并在所有缺陷严重程度评价值的基础上, 计算出基于生产企业的表面质量评价值。计算所涉及的基础数据主要是表面缺陷的几何形状特征, 其基本的处理思路是: 先建立初始化决策矩阵, 然后基于规范化后的决策矩阵, 找出有限方案中的最优方案和最劣方案 (也就是正、负理想解), 同时分别计算出各评价方案与最优方案和最劣方案的距离, 获得各评价方案与最优方案的相对接近程度, 最后进行排序, 并以此作为评价优劣的依据。

10.3.1　板带钢表面单个缺陷严重程度的评价

　　在不考虑缺陷种类的前提下, 对板带钢表面在线检测系统采集得到的缺陷图像进行图像处理, 即可获得每一个缺陷的几何形状特征数据, 所有缺陷的几何形状特征数据共同构成缺陷几何形状特征的信息矩阵, 通过对缺陷几何形状特征信息矩阵进行相关的数学处理, 最终便可以得到每个缺陷的严重程度评价值, 具体处理过程如下。

1. 建立缺陷几何形状特征信息矩阵

　　这里选择五个主要的板带钢表面缺陷几何形状特征, 分别是缺陷面积 (S)、缺陷长度 (L)、缺陷周长 (C)、缺陷形状因子 (Q)、缺陷区域细长比 (H), 其定义和获取方法详见本书 6.2.1 节。

假设在线检测系统检测到板带钢表面有 p 个表面缺陷，每个缺陷有五个几何形状特征，即五个属性，由此可以得到一个 $p \times 5$ 的缺陷几何形状特征信息矩阵：

$$\boldsymbol{X} = (x_{ij})_{p \times 5} = \begin{array}{c} \begin{array}{ccccc} S & L & C & Q & H \end{array} \\ \begin{bmatrix} x_{11} & x_{12} & x_{13} & x_{14} & x_{15} \\ x_{21} & x_{22} & x_{23} & x_{24} & x_{25} \\ \vdots & \vdots & \vdots & \vdots & \vdots \\ x_{p1} & x_{p2} & x_{p3} & x_{p4} & x_{p5} \end{bmatrix} \begin{array}{c} \text{缺陷1} \\ \text{缺陷2} \\ \vdots \\ \text{缺陷}p \end{array} \end{array} \tag{10-1}$$

2. 缺陷几何形状特征信息矩阵规范化

由于各几何形状特征数据之间存在不可公度性，以及单位不同、量纲不同和数量级不同，因此有必要对缺陷几何形状特征信息矩阵中的各元素进行规范化处理，即通过数学变换把量纲、性质各异的属性值转化为可以综合处理的"量化值"，通常是把各属性值都统一变换到 $[0, 1]$ 范围内的无量纲值。

若采用极差变换法对缺陷几何形状特征信息矩阵进行规范化，一般要区分特征量的属性，即效益型属性和成本型属性。

对于效益型属性，有

$$r_{ij} = \frac{x_{ij} - \min\limits_{i} x_{ij}}{\max\limits_{i} x_{ij} - \min\limits_{i} x_{ij}}, \quad i = 1, 2, \cdots, p \tag{10-2}$$

对于成本型属性，有

$$r_{ij} = \frac{\max\limits_{i} x_{ij} - x_{ij}}{\max\limits_{i} x_{ij} - \min\limits_{i} x_{ij}}, \quad i = 1, 2, \cdots, p \tag{10-3}$$

就缺陷面积、缺陷长度、缺陷周长、缺陷形状因子和缺陷区域细长比五个缺陷几何形状特征而言，除缺陷区域细长比以外均属于成本型属性。但由于本章中采取了对缺陷严重程度的判定结果与评价值大小呈正相关，即评价值越高，说明缺陷越严重，因此，在作规范化处理时，需将除缺陷区域细长比以外的四个缺陷几何形状特征视为效益型属性，而将缺陷区域细长比视作成本型属性。

还要特别注意的是，在进行规范化处理时，不管采用哪种属性加以规范化，都不能依据特定的缺陷几何形状特征信息矩阵本身，即式 (10-3) 和式 (10-4) 中的最大值和最小值不能采用特定的缺陷几何形状特征信息矩阵中各元素中的最大值和最小值，否则会造成规范化后的矩阵 $\boldsymbol{R}$ 只是特定样本条件下的缺陷几何形状特征信息矩阵，而不具有普遍意义，最终会导致对该类缺陷严重程度的评价值也失去普遍意义。

　　为此，在进行规范化处理时就必须尽量考虑问题的实际情况，将变换式中的 $\max\limits_i x_{ij}$ 和 $\min\limits_i x_{ij}$ 替换为广义上的最大值和最小值，例如。国内同行业或本企业生产历史上该类缺陷出现过的最大值和最小值，记为 x_j^+ 和 x_j^-，即用 x_j^+ 和 x_j^- 分别作为规范化公式中的最大值和最小值。

　　对于效益型属性：

$$r_{ij} = \frac{x_{ij} - x_j^-}{x_j^+ - x_j^-}, \quad i = 1, 2, \cdots, p \tag{10-4}$$

　　对于成本型属性：

$$r_{ij} = \frac{x_j^+ - x_{ij}}{x_j^+ - x_j^-}, \quad i = 1, 2, \cdots, p \tag{10-5}$$

　　由式 (10-4) 和式 (10-5) 得到的缺陷几何形状特征信息规范化矩阵可表示为

$$\boldsymbol{R} = (r_{ij})_{p \times 5} = \begin{bmatrix} r_{11} & r_{12} & r_{13} & r_{14} & r_{15} \\ r_{21} & r_{22} & r_{23} & r_{24} & r_{25} \\ \vdots & \vdots & \vdots & \vdots & \vdots \\ r_{p1} & r_{p2} & r_{p3} & r_{p4} & r_{p5} \end{bmatrix} \tag{10-6}$$

3. 缺陷几何形状特征的正负理想解向量

　　某个缺陷几何形状特征的正负理想解就是该缺陷几何形状特征的最大值、最小值 (国内同行业、本企业历史上)。因此正理想解向量定义为，向量中的每个元素的取值都是对应的缺陷几何形状特征的最大值；负理想解向量定义为，向量中的每个元素的取值都是对应的缺陷几何形状特征的最小值。

　　缺陷几何形状特征正理想解向量为

$$\boldsymbol{x}^+ = [x_1^+, x_2^+, x_3^+, x_4^+, x_5^+] \tag{10-7}$$

缺陷几何形状特征负理想解向量为

$$\boldsymbol{x}^- = [x_1^-, x_2^-, x_3^-, x_4^-, x_5^-] \tag{10-8}$$

由式 (10-4) 和式 (10-5) 可知，正负理想解向量规范化之后可分别表示为

$$\boldsymbol{r}^+ = [r_1^+, r_2^+, r_3^+, r_4^+, r_5^+] = [1, 1, 1, 1, 1] \tag{10-9}$$

$$\boldsymbol{r}^- = [r_1^-, r_2^-, r_3^-, r_4^-, r_5^-] = [0, 0, 0, 0, 0] \tag{10-10}$$

4. 缺陷特征向量与正负理想解向量之间的加权欧氏距离

设规范化后的缺陷几何形状特征向量为 $\boldsymbol{r}_i = [r_1, r_2, r_3, r_4, r_5]$，$i = 1, 2, \cdots, p$，几何形状特征的权重向量为 $\boldsymbol{w} = [w_1, w_2, w_3, w_4, w_5]$，则缺陷几何形状特征向量与规范化正理想解向量间的加权欧氏距离 d_i^+ 为

$$d_i^+ = \sqrt{\sum_{j=1}^{5} [w_j(r_{ij} - r_j^+)]^2} = \sqrt{\sum_{j=1}^{5} [w_j(r_{ij} - 1)]^2}, \quad i = 1, 2, \cdots, p \quad (10\text{-}11)$$

与规范化负理想解向量间的距离 d_i^- 为

$$d_i^- = \sqrt{\sum_{j=1}^{5} [w_j(r_{ij} - r_j^-)]^2} = \sqrt{\sum_{j=1}^{5} [w_j(r_{ij} - 0)]^2}, \quad i = 1, 2, \cdots, p \quad (10\text{-}12)$$

5. 缺陷特征向量与正理想解向量的相对接近程度

$$C_i = \frac{d_i^-}{d_i^+ + d_i^-}, \quad i = 1, 2, \cdots, p \quad (10\text{-}13)$$

C_i 值介于 0 与 1 之间，该值越接近 1，表示该缺陷越接近最严重情形，即该缺陷越严重；反之，该值越接近 0，表示该缺陷越不严重。因此，可以根据 C_i 值的大小对板带钢表面某个缺陷的严重程度进行量化评估。

10.3.2 板带钢表面缺陷严重程度的综合评价

1. 某类缺陷的严重程度总评价值

利用 10.3.1 节的评价方法得到板带钢表面每一个缺陷的严重程度评价值后，将同一大类的缺陷严重程度评价值相加，便可得到该大类缺陷的严重程度总评价值，对第 i 大类缺陷 $(1 \leqslant i \leqslant m)$ 有

$$y_i = \sum_{C_j \in i} C_j, \quad i = 1, 2, \cdots, m \quad (10\text{-}14)$$

2. 板带钢表面缺陷总评价值向量

将板带钢表面不同大类缺陷的严重程度总评价值作为板带钢表面缺陷总评价值向量的元素，即可得到板带钢表面缺陷总评价值向量，即

$$\boldsymbol{y} = [y_1, y_2, \cdots, y_m] \quad (10\text{-}15)$$

3. 板带钢表面缺陷总评价值向量的规范化

对表面缺陷总评价值向量进行规范化处理, 类似地有:

对于效益型属性:

$$q_j = \frac{y_j - y_j^-}{y_j^+ - y_j^-}, \quad j = 1, 2, \cdots, m \tag{10-16}$$

对于成本型属性:

$$q_j = \frac{y_j^+ - y_j}{y_j^+ - y_j^-}, \quad j = 1, 2, \cdots, m \tag{10-17}$$

式中, y_j^+ 和 y_j^- 为某大类缺陷总评价值的正负理想解, 即 (国内同行业、本企业历史上) 单张 (卷) 板带钢表面该类缺陷总评价值的最大值、最小值。因此, 正理想解向量定义为, 向量中的每个元素的取值都是对应于该类缺陷总评价值的最大值; 负理想解向量定义为, 向量中的每个元素的取值都是对应于该类缺陷总评价值的最小值。

表面缺陷总评价值正负理想解向量可以参考表 10.1 来近似确定。由 "缺陷的定义和描述" 可知, 对于大部分表面缺陷, 钢铁企业均给出了不同表面质量等级下每平方米范围内允许出现的缺陷数量。质量等级最高时所对应的应该是单位面积内较少出现或者根本没有表面缺陷的情形, 也就是缺陷严重程度评价值最低时的情况; 与之相反, 质量等级最低时所对应的则是单位面积内出现较多缺陷且严重程度最高的情形, 即缺陷严重程度评价值最高时的情况。因此, 表面缺陷总评价值负理想解向量可以定义为一个零向量, 结合 10.2 节的分析, 表面缺陷总评价值正理想解向量里的元素值可以定义为板带钢的面积、大类缺陷所包括的具体缺陷的种类数以及缺陷在 "缺陷的定义和描述" 中质量等级最低情况下单位面积内缺陷数量三者的乘积, 即表面缺陷总评价值正理想解向量为

$$\boldsymbol{y}^+ = [y_1^+, y_2^+, \cdots, y_m^+] \tag{10-18}$$

表面缺陷总评价值负理想解向量为

$$\boldsymbol{y}^- = [y_1^-, y_2^-, \cdots, y_m^-] \tag{10-19}$$

类似地, 表面缺陷总评价值正负理想解向量经规范化之后, 将分别为元素全为 1 和全为 0 的 m 维向量。

4. 总评价值向量与正负理想解向量之间的加权欧氏距离

设规范化后的板带钢表面缺陷总评价值向量为 $\boldsymbol{q}_i = [q_1, q_2, q_3, q_4, q_5]^{\mathrm{T}}$, $i = 1, 2, \cdots, p$, 板带钢表面缺陷权重向量为 $\boldsymbol{w}' = [w'_1, w'_2, \cdots, w'_m]^{\mathrm{T}}$, 则规范化后的

板带钢表面缺陷总评价值向量与规范化正理想解间的加权欧氏距离 e^+ 为

$$e^+ = \sqrt{\sum_{j=1}^{m} [w'_j(q_j - 1)]^2} \tag{10-20}$$

与规范化负理想解间的加权欧氏距离 e^- 为

$$e^- = \sqrt{\sum_{j=1}^{m} [w'_j(q_j - 0)]^2} \tag{10-21}$$

5. 板带钢表面缺陷总评价值向量与规范化正理想解的相对接近程度

$$F = \frac{e^-}{e^+ + e^-} \tag{10-22}$$

F 值介于 0 与 1 之间，该值越接近 1，表示板带钢表面质量越差；反之，该值越接近 0，表示板带钢表面质量越好。因此可以根据 F 值的大小对板带钢表面质量进行量化。

10.3.3　评价指标权重的确定方法

在多个指标或多个因素的评价问题中，评价指标 (属性) 的相对重要性的度量值称为权重或权值。常用的赋权方法有主观赋权法和客观赋权法两大类。所谓主观赋权法就是根据决策者 (专家) 主观上对评价指标的重视程度来确定权重的方法，其计算所涉及的数据主要是由决策者根据经验主观判断得到的。目前相对比较成熟的方法有判断矩阵法、专家调查法、层次分析法、二项系数法等。而客观赋权法则是依据一定的规则，进行自动赋权的一类方法，其权值的确定不依赖于人的主观判断，常见的方法主要包括主成分分析法、离差及均方差法、多目标规划法、熵技术法等。由于客观赋权法一般需要有大量的样本数据，且不能体现决策者对不同属性指标的重视程度，实际应用中往往会出现计算得到的权值与属性的实际重要程度相差较大的情况。本章采用判断矩阵法来对不同的缺陷几何形状特征和不同的缺陷种类进行赋权。

1. 判断矩阵的构造

把评价指标进行成对比较，若将第 i 个评价指标的权 w_i 与第 j 个评价指标的权 w_j 之比 w_i/w_j 作为第 i 个指标对第 j 个指标的相对重要性的估计值，记为 a_{ij}，

那么, n 个评价指标成对比较结果便用矩阵 $\boldsymbol{A}$ 表示, 即

$$
\boldsymbol{A} = \begin{bmatrix} a_{11} & a_{12} & \cdots & a_{1n} \\ a_{21} & a_{22} & \cdots & a_{2n} \\ \vdots & \vdots & & \vdots \\ a_{n1} & a_{n2} & \cdots & a_{nn} \end{bmatrix} \approx \begin{bmatrix} w_1/w_1 & w_1/w_2 & \cdots & w_1/w_n \\ w_2/w_1 & w_2/w_2 & \cdots & w_2/w_n \\ \vdots & \vdots & & \vdots \\ w_n/w_1 & w_n/w_2 & \cdots & w_n/w_n \end{bmatrix} \tag{10-23}
$$

其中, $a_{ii} = 1, i = 1, 2, \cdots, n$。表 10.2 给出了一种 a_{ii} 取值方式。

表 10.2　元素 a_{ij} 的取值方式

a_{ij} 的取值 (相对重要程度)	对应含义
1	i 指标与 j 指标同等重要
3	i 指标比 j 指标略重要
5	i 指标比 j 指标明显重要
7	i 指标比 j 指标非常重要
9	i 指标比 j 指标极端重要
2, 4, 6, 8	为以上两判断中间状态对应的标度值
倒数	评价指标 i 与 j 的重要性之比为 a_{ij}, 则 评价指标 j 与 i 的重要性之比为 $a_{ji} = 1/a_{ij}$

若专家对 $a_{ij}(i = 1, 2, \cdots, n; j = 1, 2, \cdots, n)$ 的估计一致, 则称判断矩阵 $\boldsymbol{A}$ 为一致性矩阵, 并称之为一致性正互反矩阵, 有

$$
a_{ij} = 1/a_{ji}, \quad a_{ij} > 0, \quad a_{ij} = a_{ik}a_{kj}
$$

2. 判断矩阵的一致性检验

在构建判断矩阵时, 并不能保证所有专家对 a_{ij} 的估计都一致, 所以利用判断矩阵进行排序判断决策时, 通常需要对所构建的判断矩阵进行一致性检验, 如果判断矩阵具有较好的一致性, 则认为按其进行决策排序的结果比较可靠, 否则就需要对判断矩阵加以调整。判断矩阵的一致性判断可通过计算其一致性指标 CI, 即

$$
\text{CI} = (\lambda_{\max} - n) / (n - 1) \tag{10-24}
$$

式中, $\lambda_{\max}$ 是判断矩阵 $\boldsymbol{A}$ 的最大特征根。判断矩阵 $\boldsymbol{A}$ 的一致性可以通过计算一致性比例因子进行检验, 即

$$
\text{CR} = \text{CI}/\text{RI} \tag{10-25}
$$

式中, RI 为平均随机一致性指标, 是同阶随机判断矩阵一致性指标的平均值, 对于低阶判断矩阵 $(n < 15)$, 可查表直接获得。表 10.3 给出了不同阶数判断矩阵的平均随机一致性指标的取值。

由式 (10-24) 可知，当 $\lambda_{\max} = n$ 时，判断矩阵是一致的。但在一般情况下，判断矩阵不会完全一致，这时可以将判断矩阵看成是由一个一致性正互反矩阵的元素受到扰动后的矩阵，但仍具有互反性。那么，当 CR < 0.1 时，则认为判断矩阵的一致性较好，检验可以通过；当 CR $\geqslant 0.1$ 时，则应该重新构造判断矩阵或对其进行修正。

表 10.3　平均随机一致性指标 RI

矩阵阶数	1	2	3	4	5	6	7
RI	0	0	0.52	0.89	1.12	1.26	1.36
矩阵阶数	8	9	10	11	12	13	14
RI	1.41	1.46	1.49	1.52	1.54	1.56	1.58

3. 最大特征根及其权重向量的求解

由式 (10-23) 可得

$$\boldsymbol{Aw} \approx \begin{bmatrix} w_1/w_1 & w_1/w_2 & \cdots & w_1/w_n \\ w_2/w_1 & w_2/w_2 & \cdots & w_2/w_n \\ \vdots & \vdots & & \vdots \\ w_n/w_1 & w_n/w_2 & \cdots & w_n/w_n \end{bmatrix} \begin{bmatrix} w_1 \\ w_2 \\ \vdots \\ w_n \end{bmatrix} = n \begin{bmatrix} w_1 \\ w_2 \\ \vdots \\ w_n \end{bmatrix} \tag{10-26}$$

有

$$(\boldsymbol{A} - n\boldsymbol{I})\,\boldsymbol{w} \approx 0 \tag{10-27}$$

式中，$\boldsymbol{I}$ 是单位矩阵。若矩阵 $\boldsymbol{A}$ 满足严格一致性，则上式严格等于零；若矩阵 $\boldsymbol{A}$ 不满足严格一致性，则矩阵 $\boldsymbol{A}$ 的元素的微小波动意味着特征根有很小的波动，有

$$\boldsymbol{Aw} = \lambda_{\max}\boldsymbol{w} \tag{10-28}$$

方程组 (10-28) 的解归一化后即为权重向量。

可以用幂法求解判断矩阵 $\boldsymbol{A}$ 的最大特征根 $\lambda_{\max}$ 及其对应的特征向量 (权重向量)$\boldsymbol{W}$，即：

(1) 任取一初始正向量 $\boldsymbol{x}^{(0)} = \left(x_1^{(0)}, x_2^{(0)}, \cdots, x_n^{(0)}\right)^{\mathrm{T}}$，可简单取 $\boldsymbol{x}^{(0)} = (1, 1, \cdots, 1)^{\mathrm{T}}$，令 $k = 0$，计算

$$m^{(0)} = \max_i \left\{ x_i^{(0)} \right\} \tag{10-29}$$

$$\boldsymbol{y}^{(0)} = \frac{1}{m^{(0)}} \boldsymbol{x}^{(0)} \tag{10-30}$$

(2) 迭代计算：

$$\boldsymbol{x}^{(k+1)} = \boldsymbol{A}\boldsymbol{y}^{(k)} \tag{10-31}$$

$$m^{(k+1)} = \max_{i}\left\{x_i^{(k+1)}\right\} \tag{10-32}$$

$$\boldsymbol{y}^{(k+1)} = \frac{1}{m^{(k+1)}}\boldsymbol{x}^{(k+1)} \tag{10-33}$$

(3) 检查，若 $\left|m^{(k+1)} - m^{(k)}\right| < \varepsilon$ 及 $\left\|\boldsymbol{y}^{(k+1)} - \boldsymbol{y}^{(k)}\right\| < \varepsilon$，则进入 (4)，否则令 $k = k+1$，返回 (2)。

(4) 将 $\boldsymbol{y}^{(k+1)}$ 归一化后作为权向量，即

$$\boldsymbol{w} = \frac{\boldsymbol{y}^{(k+1)}}{\sum_{i=1}^{n} y_i^{(k+1)}} \tag{10-34}$$

$$\lambda_{\max} = m^{(k+1)} \tag{10-35}$$

10.3.4　应用实例

假设某钢铁企业板带钢生产线上的在线检测系统对某卷带钢进行表面检测后，得到的缺陷几何形状特征信息矩阵为

$$\boldsymbol{X} = (x_{ij})_{p \times 5} = \begin{array}{c} \\ \\ \\ \\ \\ \\ \\ \\ \end{array}\begin{array}{ccccc} S & L & C & R & V \\ \left[\begin{array}{ccccc} 8726 & 391 & 1496 & 20.42 & 0.18 \\ 13598 & 476 & 906 & 4.81 & 0.53 \\ 3195 & 208 & 676 & 11.39 & 0.42 \\ 7648 & 378 & 827 & 7.12 & 0.71 \\ 1256 & 287 & 458 & 13.30 & 0.34 \\ \vdots & \vdots & \vdots & \vdots & \vdots \\ 11782 & 529 & 1528 & 15.78 & 0.21 \end{array}\right] \end{array}\begin{array}{l} \text{缺陷样本1} \\ \text{缺陷样本2} \\ \text{缺陷样本3} \\ \text{缺陷样本4} \\ \text{缺陷样本5} \\ \vdots \\ \text{缺陷样本}p \end{array}$$

1) 缺陷几何形状特征正负理想解向量的确定

经调查获得了该企业生产历史上相应的缺陷几何形状特征的最大值和最小值，将缺陷几何形状特征正理想解向量确定为

$$\boldsymbol{x}^+ = [15000, 600, 2000, 50, 1]$$

缺陷几何形状特征负理想解向量为

$$\boldsymbol{x}^- = [0, 0, 0, 1, 0]$$

由式 (10-4) 和式 (10-5) 可对缺陷几何形状特征信息矩阵进行规范化,得到规范化后的缺陷几何形状特征信息矩阵为

$$
\boldsymbol{R} = (r_{ij})_{p \times 5} = \begin{bmatrix}
0.58 & 0.65 & 0.75 & 0.40 & 0.82 \\
0.91 & 0.79 & 0.45 & 0.08 & 0.47 \\
0.21 & 0.35 & 0.34 & 0.21 & 0.58 \\
0.51 & 0.63 & 0.41 & 0.12 & 0.29 \\
0.08 & 0.48 & 0.23 & 0.25 & 0.66 \\
\vdots & \vdots & \vdots & \vdots & \vdots \\
0.79 & 0.88 & 0.76 & 0.30 & 0.79
\end{bmatrix}
$$

2) 判断矩阵的确定

由于缺陷几何形状特征数量较少,因此可用 1~9 标度法对其进行两两比较来确定 a_{ij} 的取值,1~9 标度法的取值标准如表 10.2 所示。

由此得到的缺陷几何形状特征两两比较的判断矩阵 $\boldsymbol{A}$ 为

$$
\boldsymbol{A} = \begin{bmatrix}
1 & 2 & 4 & 3 & 3 \\
\dfrac{1}{2} & 1 & 3 & 2 & 2 \\
\dfrac{1}{4} & \dfrac{1}{3} & 1 & \dfrac{1}{2} & \dfrac{1}{2} \\
\dfrac{1}{3} & \dfrac{1}{2} & 2 & 1 & 1 \\
\dfrac{1}{3} & \dfrac{1}{2} & 2 & 1 & 1
\end{bmatrix}
$$

3) 判断矩阵 $\boldsymbol{A}$ 的一致性检验

由前述幂法求得 $\lambda_{\max} = 5.0331$ 及权向量 $\boldsymbol{w} = (0.403, 0.244, 0.079, 0.137, 0.137)^{\mathrm{T}}$。

由式 (10-24) 及式 (10-25) 求得

$$
\mathrm{CI} = \frac{\lambda_{\max} - n}{n - 1} = \frac{5.0331 - 5}{5 - 1} \approx 0.0083
$$

$$
\mathrm{CR} = \frac{\mathrm{CI}}{\mathrm{RI}} \approx \frac{0.0083}{1.12} \approx 0.0074 < 0.1
$$

由此可以确认,判断矩阵 $\boldsymbol{A}$ 满足一致性要求。

由式 (10-11)~ 式 (10-13) 分别求得每个缺陷的 d_i^+、d_i^- 和 C_i,如表 10.4 所示。

表 10.4   缺陷严重程度评价值结果

	d_i^+	d_i^-	C_i
缺陷 1	0.2090	0.3145	0.6008
缺陷 2	0.1643	0.4209	0.7192
缺陷 3	0.3798	0.1494	0.2823
缺陷 4	0.2708	0.2622	0.4919
缺陷 5	0.4123	0.1563	0.2749
⋮	⋮	⋮	⋮
缺陷 p	0.1357	0.4056	0.7493

再假设该卷带钢的面积为 $1000\mathrm{m}^2$，且带钢表面经常出现印痕类、斑迹类、疤痕类和裂纹等四大类缺陷。依定义，表面缺陷总评价值负理想解向量可表示为

$$\boldsymbol{y}^- = [0, 0, 0, 0]$$

表面缺陷总评价值正理想解向量为

$$\boldsymbol{y}^+ = [6000, 4000, 4000, 2000]$$

由式 (10-14) 可得到某卷带钢表面缺陷总评价值向量，即

$$\boldsymbol{y} = [3248, 1294, 2576, 942]$$

由式 (10-16) 和式 (10-17) 对表面缺陷总评价值向量进行规范化，有

$$\boldsymbol{q} = [0.5713, 0.3235, 0.6440, 0.4710]$$

4) 带钢表面的大类缺陷权重向量的确定

由于缺陷大类数量少，因此同样应用 $1 \sim 9$ 标度法对其进行两两比较来确定 a_{ij} 的取值。则带钢表面缺陷大类经两两比较后，得到判断矩阵 $\boldsymbol{A}$ 为

$$\boldsymbol{A} = \begin{bmatrix} 1 & 2 & \dfrac{1}{2} & \dfrac{1}{3} \\ \dfrac{1}{2} & 1 & \dfrac{1}{3} & \dfrac{1}{5} \\ 2 & 3 & 1 & \dfrac{1}{2} \\ 3 & 5 & 2 & 1 \end{bmatrix}$$

由幂法求得 $\lambda_{\max} = 4.0145$ 及权向量 $\boldsymbol{w}' = (0.157, 0.0882, 0.272, 0.4828)^{\mathrm{T}}$，同样地，由式 (10-24) 及式 (10-25) 求得

$$\mathrm{CI} = \frac{\lambda_{\max} - n}{n - 1} = \frac{4.0145 - 4}{4 - 1} \approx 0.0048$$

$$\mathrm{CR} = \frac{\mathrm{CI}}{\mathrm{RI}} \approx \frac{0.0048}{0.89} \approx 0.0054 < 0.1$$

可以确认判断矩阵 A 满足一致性要求，因此由 A 通过幂法求得的最大特征值所对应的特征向量可以作为缺陷大类的权重向量。

由式 (10-20) 及式 (10-21) 求得：$e^+ = 0.2876$，$e^- = 0.3021$。

最终，由式 (10-22) 可计算得到板带钢表面缺陷总评价值向量与规范化正理想解的相对接近程度 F，即基于生产企业的表面质量评价值为 $F = 0.5122$。

10.4 基于用户需求的板带钢表面质量评价

10.4.1 排样算法

基于用户需求的板带钢表面质量评价，是建立在用户多样性需求情况下板带钢的利用率。这里用户的不同需求主要是指，对所获得零件的尺寸形状的不同需求。要想知道板带钢裁剪成不同形状和尺寸的零件的利用率，在裁剪之前就要确定所需零件在板带钢表面的排样方案，进而选取利用率高的排样方案。这就需要用到所谓的排样算法。

1. 排样问题的定义

排样问题又称为下料问题或填充问题[175]，就是在原材料的切割过程中寻求一个较高的材料利用率。排样问题可定义为：在给定的几何空间 $E(d)$（d 为空间维数）内，寻求多个空间子集 $\{R_{1d}, R_{2d}, R_{3d}, \cdots, R_{nd}\}$ 的优化布局，优化目标是使得排样后所有子集占用的空间最小，即总体空间利用率为最大。其约束条件为排样后各子集位于给定空间 $E(d)$ 内，$R_{id} \in E_d$，且各子集互不相交，即 $R_{id} \bigcap R_{jd} = \Phi$，$i, j \in \{1, 2, \cdots, n\}$，且需同时满足一定的排样要求（例如，对 R_i 的旋转角度等空间变换有一定的限制要求）。根据空间划分，排样问题可分为一维排样（线材排样）问题，二维排样（平面排样）或下料问题，三维排样（三维装填）问题。本章不涉及三维排样。

2. 一维排样问题

一维排样问题的定义为：给定一定数量和长度规格的线性型材（包括管材、型材、条料等），要求从线性型材中切割出一定数量和种类的零件或毛坯（长度不一，数量要求也不同），目标为消耗的线性型材总长度为最少。在一维排样问题中，所给定的线性型材数量和长度已知，线性型材的长度可以有多种，不同长度的线性型材，其数量也可以不同。排样的要求就是利用给定的库存线性型材，切割出一定数量要求的零件（毛坯），零件（毛坯）的长度可以不同，同时不同零件（毛坯）长度对应的零件（毛坯）数量也可以不同。一维排样问题较为简单，但是能够反映出排样问题的共同特征: 既在给定空间内寻求一种优化组合方式, 在满足空间和工艺等约束条件的情况下, 使零件占用的空间为最小, 即浪费的空间为最小。

对一维排样中应用广泛的定长线性型材排样问题进行抽象, 可得到以下数学模型:

设给定线性型材, 其长度为 L, 要求从该线材库中切割出长度分别为 l_1、l_2、l_3、$\cdots$、l_m 的零件, 零件的种类为 m, 各种零件的需求数量分别为 b_1、b_2、b_3、$\cdots$、b_m。对于单根线材, 若有 n 种排样方式, 第 j 种排样方式可以得到尺寸为 l_i 的零件为 a_{ij} 个, 则有

$$\sum_{i=1}^{m} a_{ij} l_i \leqslant L \tag{10-36}$$

此时, 余料为

$$s_j = L - \sum_{i=1}^{m} a_{ij} l_i \tag{10-37}$$

又设 z_j 为按照第 j 种排样方式切割的线材根数, 则可得到排样总余料为最少的整数规划模型, 即

$$\min \sum_{j=1}^{n} s_j z_j$$
$$\text{s.t.} \begin{cases} a_{11}z_1 + a_{12}z_2 + \cdots + a_{1n}z_n \geqslant b_1 \\ a_{21}z_1 + a_{22}z_2 + \cdots + a_{2n}z_n \geqslant b_2 \\ \qquad\qquad \cdots\cdots \\ a_{m1}z_1 + a_{m2}z_2 + \cdots + a_{mn}z_n \geqslant b_m \end{cases} \tag{10-38}$$

记

$$\boldsymbol{A} = \begin{bmatrix} a_{11} & a_{12} & \cdots & a_{1n} \\ a_{21} & a_{22} & \cdots & a_{2n} \\ \vdots & \vdots & & \vdots \\ a_{m1} & a_{m2} & \cdots & a_{mn} \end{bmatrix} \tag{10-39}$$

$$\boldsymbol{z} = [z_1, z_2, \cdots, z_n]^{\mathrm{T}} \tag{10-40}$$

$$\boldsymbol{b} = [b_1, b_2, \cdots, b_m]^{\mathrm{T}} \tag{10-41}$$

$$\boldsymbol{s} = [s_1, s_2, \cdots, s_n] \tag{10-42}$$

写为简化形式

$$\min \boldsymbol{s} \cdot \boldsymbol{z}$$
$$\text{s.t. } \boldsymbol{A}\boldsymbol{z} \geqslant \boldsymbol{b}, \quad \boldsymbol{z} \geqslant 0 \tag{10-43}$$

利用现有的整数规划算法[176,177]，理论上可以求得以上不等式方程组的解。然而，当排样问题规模较大、零件种类较多时，整数规划求解的计算量和计算时间相对于零件种数将呈指数级迅速上升，这时可将其转化为线性规划模型来进行求解。

3. 二维排样问题

二维排样问题的基本定义：将若干平面形状的零件放置于板材内部，使得零件之间互不重叠且零件完全包含于板材区域之内，并使得排样后的零件占用的板材总面积为最小，即材料利用率最大化。二维排样问题广泛存在于生产实践当中，主要包括平面板材切割 (如金属板切割、服装布料裁减、皮革裁减等)、平面图形填充 (如拼图问题)、平面布局 (如电路板布局问题) 等问题。

二维排样问题主要包括矩形排样、规则形状排样 (如圆形、正多边形等特殊形状) 以及不规则形状排样[179]。其数学描述如下：

$$
\max R \quad \text{或} \quad \min H
$$
$$
\text{s.t.} \begin{cases} (1)P_i \bigcap P_j = \varnothing; \ \text{各零件} P_i \text{之间互不重叠} \\ (2)P_i \subseteq S; \ \text{零件} P_i \text{包含于板材} S \text{内} \\ (3)i \neq j; \ i,j = 1,2,\cdots,n \end{cases} \quad (10\text{-}44)
$$

其中，R 为材料利用率 = 零件面积总和/排样后零件占用面积总和；H 为零件排样后占用总高度或总长度。

由于其几何形状上的复杂性，二维排样问题比一维排样问题的约束条件更少，因此解空间更大，求解难度也就更大。一维排样将零件约束在一维方向上 (即长度方向上)，而二维排样则可将零件在二维板材内任意位置排样，因此其排样方案的集合数量要远大于一维排样方式。通过一维排样的数学模型可知，一维排样问题最终可转化为整数规划问题，并可通过背包问题的求解方法来求解，而背包问题为NPC(nondeterministic polynomial complete) 问题，当规模很大时，其计算量极大，求解比较困难。二维排样的复杂度大于一维排样，也属于 NPC 问题，对于任意形状的平面排样问题，其复杂程度比规则形状排样问题的复杂程度更高，对于 NPC类问题，目前在理论上还没有有效的求解最优解的算法。因此，通常是寻求合适的启发式算法或智能算法来进行求解。

4. 智能排样算法

排样问题是一个典型的组合优化问题，因此特别适合用遗传算法、模拟退火、蚁群算法、人工神经网络等智能优化算法进行求解。采用智能优化算法求解排样问题时，一般需要建立对问题的描述和解的适应度评价函数。以下介绍两种常用的算法，即遗传法和模拟退火算法。

1) 遗传算法

遗传算法是一种基于生物进化原理的搜索方法，即根据适者生存、优胜劣汰等自然进化原则来求解问题的最优解。遗传算法是从代表问题的可能解集的一个种群开始的，它是由经过基因编码的一定数目的个体或染色体组成的。染色体作为遗传物质的主要载体，即多个基因的集合，其内部表现即基因型是某种基因组合，它决定了个体的形状的外部表现。因此，需要实现由表现型到基因型的映射工作，即编码设计。初始种群产生之后，按照适者生存和优胜劣汰的原理，逐代演化产生出越来越好的近似解。在每一代，根据问题域中个体的适应度大小挑选个体，并借助于自然遗传学的遗传算子进行组合交叉和变异，产生出代表新的解集的种群。这个过程将引导种群像自然进化一样后生代种群比前代更加适应于环境，末代种群中的最优个体经过解码，可以作为问题近似最优解。

与第 8 章中介绍的遗传神经网络算法类似，这里的排样寻优遗传算法的结构也包括[180]：

(1) 染色体编码：遗传算法中染色体的编码设计就是在进行搜索之前先将解空间的解数据表示成遗传空间的基因型结构数据。编码方法除了决定染色体中基因的排列形式之外，还决定了染色体从搜索空间的基因型变换到解空间的表现型的解码方法。

(2) 初始群体：初始群体即为进化过程的第一代个体的集合，通常以随机方法或先验知识来构造，并以此作为初始点开始迭代计算。初始种群的规模即群体中个体的数量是影响遗传算法有效性的因素之一，即个体数太少则不能提供足够多的采样点，而减少了个体的多样性；但若个体数太多则会增加计算量，使搜索时间增加，影响执行效率。

(3) 适应度值评估：适应度值用来度量个体对于生存环境的适应程度。在算法中通常用适应度函数或目标函数来表示个体或解的优劣性。对于不同的问题，适应度函数的定义方式也不同。

(4) 遗传操作：包括选择、交叉和变异三种操作形式。

选择操作的目的是从当前群体中选出优良的个体，使它们有机会作为父代来繁衍后代。在这个过程中，选择的原则是以其适应性的强弱 (适应度) 作为评估标准，即适应性越强的个体被选择或继续参与进化的概率就越大，从而实现了进化论中的适者生存原则。选择操作的方法有很多，如按比例的适应度算法、基于排序的适应度算法、轮盘赌选择、随机遍历抽样、局部选择、截断选择以及锦标赛选择等。

交叉操作也称为基因重组，就是把两个或多个父代个体的部分结构加以替换重组而生成新个体的操作。交叉操作是遗传算法中最主要的遗传操作。通过交叉操作可以得到新一代个体，新个体组合了其父辈个体的特性。交叉体现了信息交换。

交叉的方法可依据解的编码方式分为实值重组和二进制交叉，其中包括离散重组、线性重组、单点交叉、多点交叉等。

变异操作是对群体中随机选择的个体以一定的概率所作的局部改动。模拟生物在自然的遗传进化环境中由各种偶然因素引起的基因模式突然改变的个体繁殖方式，采用变异操作可增加群体中基因模式的多样性，从而增加群体进化过程中自然选择的作用，并能避免群体进化过程过早地陷入局部最优解。变异操作中变异概率不能太大，否则会退化为纯随机搜索，丧失了遗传算法的一些主要特征。变异的方法是根据编码方式，包括实值变异和二进制变异，对编码中随机位置的码值进行改变。

排样寻优遗传算法的基本步骤为：

Step1：随机产生初始种群。

Step2：计算个体的适应度，并判断是否符合优化标准，若符合则输出最优个体及其代表的最优解，计算结束；否则进入 Step3。

Step3：依据适应度选择再生个体，适应度高的个体被选中的概率高，适应度低的个体可能被淘汰。

Step4：按照一定的交叉概率和交叉方法，生成新的个体。

Step5：按照一定的变异概率和变异方法，生成新的个体。

Step6：由交叉和变异产生新一代的种群，返回到 Step2。

2) 模拟退火算法

模拟退火算法的基本思想源于热处理中的退火过程，统计热力学的研究证明，在初始温度足够高、冷却速度充分慢时，分子停留在最低能量状态的概率趋向 1，即整个固体达到基稳态。

模拟退火算法中，非常关键的一步就是新状态的接受准则，目前大多采用 Metropolis 提出的基于能量的概率接受准则[181]，即在温度 t，由当前状态 S_i 产生新状态 S_j，两个状态对应的能量为 E_i 和 E_j，如果 $E_j < E_i$，则接受状态 S_j 为当前状态；否则，计算

$$P_i = \exp[-(E_j - E_i)/kt] \tag{10-45}$$

其中，k 为 Boltzmann 常量。若 P_i 大于 $[0, 1)$ 区间内的随机数，则接受新状态 S_j 为当前状态；若 P_i 小于等于 $[0, 1)$ 区间内的随机数，则保持当前状态不变。依据这种新状态的接受准则，在低温下只接受能量差别较小的新状态，在温度接近于零时，则只接受能量小于 E_i 的新状态。该过程重复迭代多次以后，系统将趋向于能量较低的平衡状态。由于增加了具有突跳特性的概率 (P_i) 接受准则，在寻优过程中能够跳出局部极值点，所以有助于找到全局最优解。当温度趋近于零，即迭代次数趋近于无穷大时，模拟退火算法被证明以概率 1 收敛于全局最优解。

模拟退火算法主要包括以下几部分：

(1) 初始温度 T_0 的选取：在模拟退火算法中，T_0 的选择很重要。若 T_0 选得太低，则一旦算法落入局部最优的陷阱中就很难再跳出来；而 T_0 选得太高，则从当前一个状态转移到一个较差状态的可能性大大增强，算法的计算量也会随之大大增加。因此选择一个合适的且足够大的初始温度是十分重要的。

(2) 降温函数：在退火过程中，退火降温是缓慢进行的，否则可能无法形成最低能态的最优解。但在实际算法中，每步的降温值也不能太小，否则会使计算量太大。

(3) 状态产生函数：在当前状态的邻域结构内，以一定概率方式产生，其原则便是产生的候选解应遍布全部解空间。

(4) 状态接受准则：Metropolis 准则。

(5) 终止准则：给出温度终值 T_e。

模拟退火算法的基本步骤可归纳为：

Step1：给定初始温度 $T = T_0$，随机产生初始状态 $S = S_0$，令迭代步数 $k = 0$。

Step2：重复以下过程。

　　Step2.1：重复以下过程。

　　　　Step2.1.1：根据状态产生函数，由当前状态 S 产生新状态 S_j；

　　　　Step2.1.2：根据状态接受准则判断是否接受 S_j 为当前状态；

　　　　Step2.1.3：直至满足抽样稳定准则。

　　Step2.2：由降温函数产生新温度，并令 $k = k + 1$。

Step3：直至满足算法终止准则。

Step4：输出结果。

3) 遗传模拟退火算法

遗传模拟退火算法是将遗传算法与模拟退火算法相结合而构成的一种优化算法。遗传算法的局部搜索能力较差，但其搜索过程的总体能力较强；而模拟退火算法具有较强的局部搜索能力，并能使搜索过程避免陷入局部最优解，但模拟退火算法缺乏对整个搜索空间的有效搜索，其搜索过程往往难以快速进入最有希望的搜索区域，所以模拟退火算法的运算效率不高。因此，可将遗传算法和模拟退火算法结合起来，互相取长补短，形成一种更为有效的全局搜索算法。

遗传模拟退火算法的互补优势，主要体现在以下几个方面[183,184]：

(1) 优化机制的融合：理论上讲，遗传算法和模拟退火算法都属于基于概率分布机制的优化算法，所不同的是，模拟退火算法是通过赋予搜索过程一种时变且最终趋于零的概率突跳性，从而可有效避免陷入局部极小并最终趋于全局最优；而遗传算法则是通过概率意义下的基于优胜劣汰思想的群体遗传操作来实现优化的。对两种算法进行混合，有利于丰富优化过程中的搜索行为，增强全局和局部意义下的搜索能力和效率。

(2) 优化结构的互补: 模拟退火算法是采用串行优化结构, 而遗传算法采用群体并行搜索。两者相结合, 能够使模拟退火算法成为并行算法, 提高其优化性能; 同时模拟退火算法作为一种自适应、变概率的变异操作, 增强和补充了遗传算法的进化能力。

(3) 优化操作的结合: 在模拟退火算法的状态产生和接受操作过程中, 每一时刻仅保留一个解, 缺乏冗余和历史搜索信息; 而遗传算法的复制操作则能够在下一代中保留种群中的优良个体, 交叉操作又能够使后代在一定程度上继承父代的优良模式, 且变异操作能够加强种群中个体的多样性。这些不同作用的优化操作相结合, 也丰富了优化过程中的邻域搜索结构, 增强了全空间的搜索能力。

(4) 优化行为的互补: 由于复制操作对当前种群外的解空间无探索能力, 种群中各个体分布畸形时交叉操作的进化能力有限, 小概率变异操作又很难增加种群的多样性, 所以, 若算法收敛准则设计不好, 则遗传算法经常会出现进化缓慢或早熟收敛的现象。另一方面, 模拟退火算法的优化行为对降温历程具有很强的依赖性, 且理论上的全局收敛对降温历程的限制条件又很苛刻, 因此模拟退火算法的优化时间较长。两种算法的结合可控制算法收敛性, 以避免出现过早收敛现象, 并行化的抽样过程可提高算法的优化效率。

(5) 降低参数选择的苛刻性要求: 模拟退火算法和遗传算法对相应的参数都具有很强的依赖性, 参数选择不合适, 将严重影响优化性能。研究表明, 混合算法对参数的依赖性明显降低, 尤其对较大规模的复杂问题, 其优化性能和鲁棒性均有大幅度提高。

10.4.2 板带钢利用率与板带钢表面质量的关系

在生产实际中, 为提高板带钢的使用效益, 用户通常是按其所需的零件毛坯的宽度, 尽可能选取与生产企业的产品规格相一致的板带钢。这种情况下, 板带钢的下料问题便是一维排样问题, 可用一维排样算法进行求解。对于绝大多数用户而言, 其所需零件的宽度 (或长度) 小于原材板带钢的宽度, 这时就需要采用二维排样算法进行优化套裁, 以取得最佳利用率。很显然, 板带钢表面缺陷的数量、位置和分布形态对板带钢的利用率有重要影响。

为此, 若以表面无缺陷板带钢的利用率为基准, 取有表面缺陷的板带钢的利用率与表面无缺陷板带钢利用率的比值作为表面有缺陷的板带钢表面质量评价指标, 则可体现表面缺陷的数量、位置和分布形态对板带钢利用率的影响。

假设用户有两种不同的需求, 即:

(1) 需要一种规格零件, 其长度为 l, 宽度为带钢宽度。

(2) 需要 m 种不同规格的零件, 其长度分别为 $l_1, l_2, \cdots, l_m$, 宽度为带钢宽度。同时要满足零件间的成套要求, 即不同规格零件的数目要满足一定的比例关系。

对于第 (1) 种需求, 若带钢表面由于 C 类缺陷的存在, 将长度为 L 的带钢分隔成 n 段无 C 类缺陷的片段, 其长度分别为 $L_1, L_2, \cdots, L_n$。假设在这些片段上分别能裁得 $z_1, z_2, \cdots, z_n$ 个零件, 则该卷带钢的实际利用率为

$$S = \frac{(z_1 + z_2 + \cdots + z_n)l}{L} \tag{10-46}$$

而无缺陷时的带钢利用率为

$$S' = \frac{zl}{L} \tag{10-47}$$

则

$$\rho = \frac{S}{S'} = \frac{z_1 + z_2 + \cdots + z_n}{z} \tag{10-48}$$

就是基于用户该需求下的板带钢质量评价指标。

对于第 (2) 种需求, 设长度分别为 $l_1, l_2, \cdots, l_m$ 的零件数量的比例关系为 $n_1 : n_2 : \cdots : n_m$。假设长度为 l_i 的零件在 $L_1, L_2, \cdots, L_n$ 上分别裁得 $z_{i1}, z_{i2}, \cdots, z_{in}$ 个零件, 则该带钢最大利用率为

$$\max \quad S = \frac{\sum_{i=1}^{m}(z_{i1} + z_{i2} + \cdots + z_{in})l_i}{L}$$

$$\text{s.t.} \begin{cases} \sum_{i=1}^{m} z_{ij}l_i \leqslant L_j, & i = 1, 2, \cdots, m \\ \dfrac{\sum_{j=1}^{n} z_{ij}}{\sum_{j=1}^{n} z_{kj}} = \dfrac{n_i}{n_k}, & k = 1, 2, \cdots, m \\ z_{ij} \text{为非负整数}, & j = 1, 2, \cdots, n \end{cases} \tag{10-49}$$

而无 C 类缺陷时, 带钢利用率为

$$\max \quad S' = \frac{\sum_{i=1}^{m} z_i l_i}{L}$$

$$\text{s.t.} \begin{cases} \sum_{i=1}^{m} z_i l_i \leqslant L, & i = 1, 2, \cdots, m \\ z\dfrac{z_i}{x_k} = \dfrac{n_i}{n_k}, & \\ z_i \text{为非负整数}, & k = 1, 2, \cdots, m \end{cases} \tag{10-50}$$

则

$$\rho = \frac{S}{S'} \tag{10-51}$$

就是基于用户该需求下的板带钢质量评价指标。

例 1　某汽车制造企业需要牌号为 DC06 的超深冲用冷轧低碳带钢, 其规格尺寸为 0.7mm × 1330mm × 1390mm, 订购的两卷带钢长度均为 300m, 每卷表面 C 类缺陷累计长度达到每卷总长度的 5%(15m), 两卷带钢均被分隔成 10 段无 C 类缺陷的带钢段, 如表 10.5 所示。可裁剪得到的毛坯数量如表 10.6 所示。

表 10.5　带钢段长度　　　　　　　　　(单位: m)

	L_1	L_2	L_3	L_4	L_5	L_6	L_7	L_8	L_9	L_{10}	L_d
带钢 1	14.160	13.877	42.164	19.007	13.884	1.067	52.149	31.082	65.069	32.541	15.000
带钢 2	35.768	50.029	30.510	21.669	13.491	13.760	48.531	21.977	38.533	10.732	15.000

表 10.6　每段带钢上的毛坯数　　　　　(单位: 个)

	L_1	L_2	L_3	L_4	L_5	L_6	L_7	L_8	L_9	L_{10}	总数
带钢 1	10	9	30	13	9	0	37	22	46	23	199
带钢 2	25	35	21	15	9	9	34	15	27	7	197

由式 (10-48) 可得到带钢 1 和带钢 2 在该需求下的质量评价指标为

$$\rho_1 = \frac{199}{215} = 92.6$$

$$\rho_2 = \frac{197}{215} = 91.6$$

可见, 从用户需求角度来看, 带钢 1 的质量优于带钢 2。

例 2　若汽车制造企业要制造三种零件 (零件号分别为 1、2、3), 其零件的毛坯尺寸分别为 0.7mm × 1330mm × 1390mm、0.7mm × 1330mm × 1760mm、0.7mm × 1330mm × 1070mm, 且要求零件的数量比例关系为 1:1:2, 则两卷带钢所能裁剪得到的毛坯数量如表 10.7 所示。

表 10.7　每段带钢上的毛坯数　　　　　(单位: 个)

零件号	L_1			L_2			L_3			L_4			L_5			L_6		
	1	2	3	1	2	3	1	2	3	1	2	3	1	2	3	1	2	3
带钢 1	1	7	0	2	0	10	0	21	4	1	6	6	3	0	9	0	0	0
带钢 2	2	2	27	0	0	46	0	7	17	0	9	5	0	7	1	1	7	0

零件号	L_7			L_8			L_9			L_{10}			总数		
	1	2	3	1	2	3	1	2	3	1	2	3	1	2	3
带钢 1	5	0	40	0	10	12	20	8	20	20	0	3	52	52	104
带钢 2	10	19	0	11	0	6	25	1	1	4	1	3	53	53	106

由式 (10-49) 可求得带钢 1 和带钢 2 的利用率分别为

$$S_1 = 0.917$$

$$S_2 = 0.935$$

由式 (10-50) 求得无表面缺陷时的带钢利用率为

$$S' = 0.987$$

由式 (10-51) 便可得到带钢 1 和带钢 2 的质量评价指标分别为

$$\rho_1 = \frac{S_1}{S'} = 0.929$$

$$\rho_2 = \frac{S_2}{S'} = 0.947$$

可见, 在这个需求下带钢 1 的质量却不如带钢 2。

　　通过上述两个简单实例可以看出, 对于生产企业认为质量相同的板带钢, 在用户需求不一致时, 其质量评价结果却是完全不同的。

10.4.3　板带钢表面质量评价

1. 问题的一般性描述

　　假定需要 k 种不同规格的零件 $Q_i(i = 1, 2, \cdots, k)$, 不同规格零件的面积分别为 $S_1, S_2, \cdots, S_k$, 且同时要满足零件间的成套要求, 即不同规格零件 $Q_1, Q_2, \cdots, Q_k$ 的数量间要满足一定的比例关系: $n_1{:}n_2{:}\cdots{:}n_k$。

　　若用 $P_1, P_2, \cdots, P_n$ 表示顺序排样的零件形态, P_i 和 $P_j(i \neq j;\ i, j = 1, 2, \cdots, n)$ 可以是不同形态的同一种零件, 则零件排样的优化问题可描述为: 在长为 L, 宽为 W 的板钢内, 依据用户需求进行排样, 使得板钢的利用率最高, 且排样过程满足以下约束条件。

　　(1) P_i, $P_j(i \neq j;\ i, j = 1, 2, \cdots, n)$ 互不重叠;

　　(2) $P_i(i = 1, 2, \cdots, n)$ 与板钢表面缺陷不重叠;

　　(3) $P_i(i = 1, 2, \cdots, n)$ 必须限定在板钢内;

　　(4) 满足其他的工艺要求。

　　在排样算法中, 零件与板钢表面缺陷 $D_j(1 \leqslant j \leqslant m,\ m$ 为板钢表面缺陷数量) 通常以连通多边形来表示。连通多边形可定义为 N 个按逆时针方向排列且头尾相连的矢量端点的有序集合 $\{(x_1, y_1), (x_2, y_2), \cdots, (x_i, y_i), \cdots, (x_N, y_N)\}$。

　　本章中, 对零件 $P_i(i = 1, 2, \cdots, n)$ 在板钢上的位置采用四个参数来确定, 即 x_i, y_i, θ_i, f_i。其中, (x_i, y_i) 为 P_i 的参考点坐标; θ_i 表示 P_i 的旋转角度, $\theta_i \in$

$[0°, 360°)$；f_i 为 P_i 关于 $x = x_i$ 轴的镜像标志：$f_i = 0$ 表示取 P_i 本身进行排样，$f_i = 1$ 表示取 P_i 关于 $x = x_i$ 轴的镜像进行排样，如图 10.3 所示。

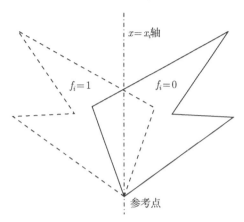

图 10.3　零件本身及其镜像

2. 评价模型的建立

设在带有表面缺陷的板带钢上分别能排样 $z_1, z_2, \cdots, z_k$ 个零件，且满足 $z_1 : z_2 : \cdots : z_k = n_1 : n_2 : \cdots : n_k$，以及 $z_1 + z_2 + \cdots + z_k = n$，则板带钢的利用率为

$$\max \quad F = \frac{\sum_{i=1}^{k} z_i S_i}{S}$$

$$\text{s.t.} \begin{cases} \dfrac{z_i}{z_j} = \dfrac{n_i}{n_j}, & 1 \leqslant i \neq j \leqslant k \\[2mm] \sum_{i=1}^{k} z_i = n \\[2mm] P_i \bigcap P_j = \varnothing, & 1 \leqslant i \neq j \leqslant n \\[1mm] P_i \bigcap D_l = \varnothing, & 1 \leqslant i \leqslant n; 1 \leqslant l \leqslant m \\[1mm] P_i \subseteq S, & 1 \leqslant i \leqslant n \end{cases} \tag{10-52}$$

式中，D_l 表示第 l 个缺陷的形态，$P_i \bigcap D_l = \varnothing$ 表示零件与缺陷无交集；$S = L \times W$，$P_i \subseteq S$ 表示所有零件都在板带钢范围内。而无缺陷板带钢的利用率为

$$\max \quad F' = \frac{\sum_{i=1}^{k} z_i' S_i}{S}$$

$$\text{s.t.} \begin{cases} \dfrac{z_i'}{z_j'} = \dfrac{n_i}{n_j}, & 1 \leqslant i \neq j \leqslant k \\[3mm] \displaystyle\sum_{i=1}^{k} z_i' = n' \\[3mm] P_i' \bigcap P_j' = \varnothing, & 1 \leqslant i \neq j \leqslant n' \\[2mm] P_i' \subseteq S, & 1 \leqslant i \leqslant n' \end{cases} \tag{10-53}$$

3. 排样问题的求解

排样问题实质上是一个组合优化的二维布局问题，从属性复杂性理论而言，是属于复杂性最高的一类 NP 完全问题，至今尚无解决此类问题的有效多项式算法，对于非矩形的不规则件排样问题更是缺乏十分有效的理想求解方法。目前出现的大量智能算法，如遗传算法、小生境遗传算法、模拟退火算法等，也都各有利弊。本节对排样问题的求解采取了一种将小生境遗传算法与模拟退火算法相融合的算法，可称之为 ANGSA(adaptive niched genetic simulated annealing) 算法。其主要关键技术包括：

1) 个体编码

考虑零件的排样顺序、零件定位时所需的旋转角度 θ_i 以及镜像标志 f_i，对每个个体进行编码。由于零件个数未知，这里通过计算面积比值确定可能产生的最大零件数 q_{max}，并以此计算出个体编码长度。即

$$q_{max} = \left\lfloor \frac{S - S_d}{\displaystyle\sum_{i=1}^{k} n_i S_i} \right\rfloor \tag{10-54}$$

式中，$\lfloor\ \rfloor$ 为下取整符号，S_d 为所有缺陷面积之和，考虑到各类零件之间的成套比例，可将个体编码长度确定为

$$l = q_{max}(n_1 + n_2 + \cdots + n_k) \tag{10-55}$$

这样，就可对每个排样零件进行以下编码：

$$P = \{P_1, P_2, \cdots, P_l\} = \{(c_1, \theta_1, f_1), (c_2, \theta_2, f_2), \cdots, (c_l, \theta_l, f_l)\} \tag{10-56}$$

式中，c_i 对应于零件 $Q_i(i = 1, 2, \cdots, k)$ 的编号。

同理，对无缺陷板钢排样时的个体长度为

$$l' = q_{max}'(n_1 + n_2 + \cdots + n_k) \tag{10-57}$$

其中

$$q'_{\max} = \left| \frac{S}{\displaystyle\sum_{i=1}^{k} n_i S_i} \right| \tag{10-58}$$

需要注意的是，这种编码方式，有可能会出现后段某些个体基因所代表的零件无法确保完全处于板钢内部，故需将个体编码分为有效基因段和无效基因段。通过后述的定位算法确定的 P 的前 n 个基因或者 P' 的前 n' 个基因称为有效基因段，其余的基因段称为无效基因段。

为减少排样时间，这里限定零件旋转角度为某个角度基数 θ_g 的整数倍。本节设定旋转角度基数 $\theta_g = 45°$，即在 $360°$ 范围内，每个零件可以有 8 个旋转角度。

2) 适应度函数

对个体的好坏可用适应度函数加以评价，适应度函数值越大，个体质量越好。对于本节的排样问题，可根据个体的有效基因段计算出对应的利用率 F 或 F' 作为个体的适应度函数值。

3) 遗传操作算子

A. 选择算子

为避免父辈群体产生的最佳个体丢失，同时使适应度函数值较高的个体有更多的生存机会，这里采用最优保存策略与"轮盘赌"选择法相结合的选择算子，即将父辈群体中适应度函数值最大的个体直接选为下一代，其余的 $M-1$(M 为群体规模) 个个体采用"轮盘赌"选择法进行选择。

B. 交叉算子

先将父辈群体中的 M 个个体进行两两随机配对，得到 $M' = \lfloor M/2 \rfloor$ 对个体之后，是否进行个体对 P_i, P_j 的交叉操作，是通过在 $[0, 1]$ 之间生成一个随机数 r_c，若 r_c 大于交叉概率 p_c，则对该个体对 P_i, P_j 进行双点交叉操作，产生两个新个体 $P_{i\text{new}}$, $P_{j\text{new}}$，否则不执行交叉操作。

考虑到个体内不同零件的数量需要满足成套比例的要求，因此在执行交叉操作之后，个体也要满足成套比例的要求。为此，在 $1 \sim l$ 的范围内随机产生两个交叉位 $a_1, a_2(1 \leqslant a_1 < a_2 \leqslant l)$，将 P_i 中位于 a_1 和 a_2 之间的基因复制作为 $P_{i\text{new}}$ 前面的基因，对 P_j 中的基因则按顺序进行如下判断：若基因的零件编号 $i(i = 1, 2, \cdots, k)$ 所对应的零件在 $P_{i\text{new}}$ 中的数量小于 $n_i q_{\max}$，则将此基因复制到 $P_{i\text{new}}$ 的后面；若其数量等于 $n_i q_{\max}$，则不复制，直至 $P_{i\text{new}}$ 的长度达到 l。利用同样的方法可以得到另一个子辈个体 $P_{j\text{new}}$。

C. 变异算子

由于个体的有效基因段长度 n 一般都小于个体的长度 l, 若变异操作对个体的前 n 个基因无影响, 则变异后个体的有效基因段相对于原个体的有效基因段就不会发生改变, 所以应该让变异操作对个体的有效基因段产生影响。为此, 这里对父辈群体中任意一个个体 P_i 分别采用转角及镜像标志变异和顺序变异两种变异方式来进行。

对个体 P_i 执行变异操作之前, 先在 $[0, 1]$ 之间生成一个随机数 r_m, 如果 r_m 大于变异概率 p_m, 则对该个体执行变异操作, 否则不执行。

转角及镜像标志变异则是随机生成一个角度及镜像标志变异位 $b(1 \leqslant b \leqslant n)$, 将个体 P_i 第 b 个基因的转角及镜像标志分别用各自的等位数值来代替, 得到个体 P_f。

而顺序变异就是随机生成两个顺序变异位 $b_1, b_2(1 \leqslant b_1 \leqslant n, 1 \leqslant b_2 \leqslant l, b_1 \neq b_2)$, 将转角及镜像标志变异后得到的个体 P_f 中的第 b_1 个基因和第 b_2 个基因的位置互换。例如, 执行顺序变异操作的个体是 $P_f = \{P_1, P_2, P_3, P_4, P_5, P_6\}$。顺序变异位 $b_1 = 2$, $b_2 = 5$, 则执行顺序变异之后得到的新个体为 $P_{\text{new}} = \{P_1, P_5, P_3, P_4, P_2, P_6\}$。

4) 基于预选择机制的小生境技术

为了有效保持群体的多样性以及子辈个体与父辈个体之间的相似性, 这里对交叉操作和变异操作之后得到的子辈个体是否替换父辈个体采用基于预选择机制的小生境技术[185]。

在交叉操作中, 对于 P_i 和 $P_{i\text{new}}$, 如果 $F(P_{i\text{new}}) > F(P_i)$, 则用 $P_{i\text{new}}$ 替换 P_i, 否则保留 P_i; 同样, 如果 $F(P_{j\text{new}}) > F(P_j)$, 则用 $P_{j\text{new}}$ 替换 P_j, 否则保留 P_j。

在变异操作中, 对于 P_j 和 P_{new}, 如果 $F(P_{\text{new}}) > F(P_i)$, 则用 P_{new} 替换 P_j, 否则保留 P_j。

5) 遗传参数的确定

A. 群体规模

群体规模 M 的大小直接影响到算法的收敛速度和求解结果, 群体规模过大, 算法收敛速度慢; 群体规模过小, 群体多样性降低, 影响最终的求解结果。本节中采用了自适应的群体规模, 即群体规模随排样零件数量 l 的变化而变化。例如, 本节中个体编码中每个基因位的长度为 3, 故群体规模可设定为 $M = 3l$。

B. 自适应交叉概率和变异概率

在执行交叉算子和变异算子时, 都是通过判断交叉概率 p_c 和变异概率 p_m 的大小来决定是否执行操作, 所以该算法受 p_c 和 p_m 的影响较大。为此, 这里也采用自适应的方式来确定 p_c 和 p_m, 即当某个个体的适应度函数值低于群体的平均适应度函数值时, 说明该个体性能较差, 故应取较大的交叉概率和变异概率[180]; 反之, 如果其适应度函数值高于群体的平均适应度函数值, 说明该个体性能优良, 应

取较小的交叉概率和变异概率, 即

$$
p_c = \begin{cases} p_{c1} - \dfrac{(p_{c1} - p_{c2})(F' - F_{\text{avg}})}{F_{\text{max}} - F_{\text{avg}}}, & F' \geqslant F_{\text{avg}} \\ p_{c1}, & F' < F_{\text{avg}} \end{cases} \tag{10-59}
$$

$$
p_m = \begin{cases} p_{m1} - \dfrac{(p_{m1} - p_{m2})(F - F_{\text{avg}})}{F_{\text{max}} - F_{\text{avg}}}, & F \geqslant F_{\text{avg}} \\ p_{m1}, & F < F_{\text{avg}} \end{cases} \tag{10-60}
$$

其中, F_{max} 为种群中的最大适应度函数值; F_{avg} 为每代群体的平均适应度函数值; F' 为执行交叉操作的两个个体中较大的适应度函数值; F 为执行变异操作的个体的适应度函数值; p_{c1}、p_{c2} 和 p_{m1}、p_{m2} 分别为设定的最大、最小交叉概率和变异概率, 且 p_{c1}、p_{c2}、p_{m1} 和 $p_{m2} \in [0,1]$。

6) 模拟退火

对执行完遗传算法选择、交叉和变异所得到的 M 个个体进行模拟退火计算, 生成新的 M 个个体, 并将新生成的 M 个个体作为遗传算法下一次迭代时的种群。在执行模拟退火时, 有以下几点需要说明。

A. 初始温度

模拟退火的初始温度要足够高, 以满足接受概率为 1 的初始要求。本节中初始温度设为

$$
T_0 = \alpha \cdot L \cdot \left(\frac{1}{F_{\text{min}}} - \frac{1}{F_{\text{max}}} \right) \tag{10-61}
$$

其中, α 为调节参数; L 为个体长度; F_{max} 为初始种群中的最大适应度函数值; F_{min} 为初始种群中的最小适应度函数值。

B. 降温函数

这里采用比例降温函数, 即

$$
T_{k+1} = \beta \times T_k \tag{10-62}
$$

式中, β 为降温系数, 且 $\beta \in (0,1)$。

C. 状态生成函数

状态生成函数的作用是在即将执行模拟退火的个体 p 的邻域中产生一个新的个体 p_s。结合本节中个体的编码方式, 生成两个随机数 s_1, $s_2(1 \leqslant s_1 < n < s_2 \leqslant l)$, 状态生成函数就是对 p 中的位于 s_1 和 s_2 之间的基因串执行逆序操作。例如, $p = \{p_1, p_2, p_3, p_4, p_5, p_6\}$, $s_1 = 2$, $s_2 = 5$, 则由状态生成函数生成的新个体为 $p_s = \{p_1, p_5, p_4, p_3, p_2, p_6\}$。

D. 新个体接受概率

对个体 p 和 p_s 分别计算其适用度函数值 $F(p)$、$F(p_s)$ 及其差值

$$\Delta F = \frac{1}{F(p_s)} - \frac{1}{F(p)} \tag{10-63}$$

当 $\Delta F \leqslant 0$ 时，用新个体 p_s 代替个体 p，而当 $\Delta F > 0$ 时，如果 $\exp\left(-\dfrac{\Delta F}{T_k}\right)$ 大于一个 $0 \sim 1$ 的随机数，则用新个体 p_s 代替个体 p，否则保留原个体 p。

7) 算法收敛准则

可设定收敛准则为：如果两代相邻种群的平均适应度函数值之差小于 0.0005，则认为算法收敛并停止迭代。否则，当遗传代数大于特定代数 $G_{\max}$ 时，迭代自动停止，则整个迭代过程中适应度函数值最大的个体所对应的排样方案为最终排样方案，其适应度函数值即为对应需求的板带钢最大利用率。

4. 零件排样定位算法

零件排样的定位算法是对个体编码的解码过程。对一个个体的编码进行解码后，便得到该个体所对应的在板带钢内部的排样图。由于临界多边形 (no fit polygon, NFP) 给出了两个多边形之间的所有可能靠接的位置，因此零件排样问题便可转换为基于 NFP 的定位选优过程[187]。

1) NFP 定义及求解算法

NFP 的定义：给定多边形 A 和 B，固定 A 不动，使 B 在不旋转的情况下沿着 A 的边界运动一周，在运动过程中，B 与 A 始终保持接触但不重叠，则 B 上的某个参考点在运动过程中所形成的轨迹就是 B 相对于 A 的 NFP_{AB}。如果 B 的运动过程中是在 A 的内部，则形成的 NFP 为内靠接 NFP，否则为外靠接 NFP。

NFP 的求解算法众多，如移动碰撞法、凹多边形凸化分割方法、Ghosh 斜率图法以及明可夫斯基矢量和法等，但由于求解算法的时间复杂度较高或者难于处理 A 内部有空腔的内靠接 NFP 问题，本节以基于轨迹线计算的 NFP 算法对零件和板钢的内靠接 NFP 进行求解。

2) 零件与表面有缺陷板钢的内靠接 NFP

零件与表面有缺陷板钢的内靠接 NFP 可按如下步骤求得：

Step1：求出零件 p 与板钢 M 的内靠接 NFP_{Mp}；

Step2：求出 p 与 M 内部所有表面缺陷 $D_j(1 \leqslant j \leqslant m)$ 之间的外靠接 NFP 集合 Dp，$Dp = \{\text{NFP}_{Djp} | 1 \leqslant j \leqslant m\}$；

Step3：找出与 NFP_{Mp} 相交的 NFP_{Djp}，将其从 Dp 的集合中删除并更新 Dp 集合，同时将相交部分从 NFP_{Mp} 区域减去，并更新 NFP_{Mp}；

Step4：对新的 Dp 集合和 NFP_{Mp} 重复 Step3；

Step5: 直至无法找到与 NFP_{Mp} 相交的 NFP_{Djp},这时得到的 NFP_{Mp} 便是零件与表面有缺陷板钢的内靠接 NFP。

NFP_{Mp} 的求解过程如图 10.4 所示。

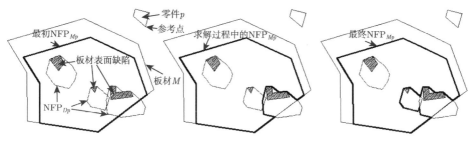

图 10.4 NFP_{Mp} 求解过程

3) 基于内靠接 NFP 最低点的定位算法

由前述 NFP_{Mp} 确定的零件位置不仅可保证零件排样总是在板钢内部,而且避开了板带钢的表面缺陷。由此可形成以下基于内靠接 NFP 最低点的零件在含表面缺陷板带钢内部的定位算法:

Step1: 零件集合 $Sp = \{p_i | 1 \leqslant i \leqslant l\}$,板钢 M,板钢表面缺陷集合 $SD = \{D_j | 1 \leqslant j \leqslant m\}$;

Step2: 计算第一个待排零件 p_1 与板钢 M 的内靠接 NFP_{Mp_1};

Step3: 将 p_1 参考点定位在 NFP_{Mp_1} 纵坐标最低的位置,如 NFP_{Mp_1} 纵坐标最低点有多个,则将 p_1 参考点定位在最左边的那个坐标点;

Step4: 将定位之后的 p_1 区域从 M 的区域减去,此时若有表面缺陷与 p_1 接触,则同时将此缺陷区域从 M 的区域减去,更新 M,把此缺陷从 SD 中去除,把 p_1 从 Sp 中去除;

Step5: 计算 p_2 与更新之后的 M 的内靠接 NFP_{Mp_2},与 p_1 类似,执行 Step3 和 Step4;

Step6: 直到某个不规则件 p_t,无法找到 p_t 与 M 的内靠接 NFP_{Mp_t}。

这样,由定位算法所确定的个体中的前 $p_{\max}(n_1 + n_2 + \cdots + n_k)$ 个基因就是个体的有效基因段,其中 $p_{\max}$ 为该个体可排下的最大零件套数,$p_{\max} = \max\{p | p \cdot \sum_{i=1}^{k} n_i < t\}$,此时 $n = p_{\max}(n_1 + n_2 + \cdots + n_k)$。个体适应度函数值对前 n 个基因进行计算。

综上,可以得到 ANGSA 排样算法的流程图,如图 10.5 所示。

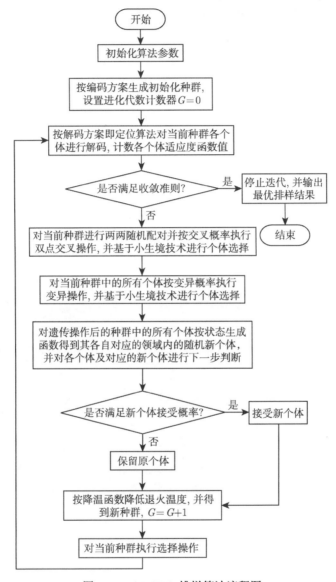

图 10.5　ANGSA 排样算法流程图

5. 应用实例

本案例是针对用户的不同需求，对缺陷的数量、严重程度完全相同，但缺陷的分布和位置却不同的两张板钢进行表面质量评价。ANGSA 排样算法的基本参数为：初始交叉概率 $p_{c1} = 0.9$，$p_{c2} = 0.6$，初始变异概率 $P_{m1} = 0.5$，$P_{m2} = 0.1$，温度调节参数 $\alpha = 5$，降温函数的降温系数 $\beta = 0.95$，算法收敛准则中 $G_{\max} = 500$。板

钢长度 $L = 1000$mm，宽度 $W = 640$mm。图中阴影部分为 C 类表面缺陷。

(1) 用户需求为一种规格零件。在两张有缺陷板钢及无缺陷板钢内的排样结果如图 10.6 所示。

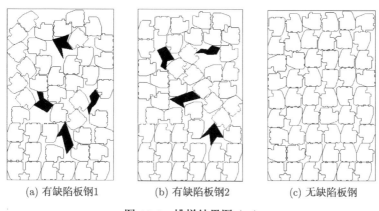

(a) 有缺陷板钢1　　　(b) 有缺陷板钢2　　　(c) 无缺陷板钢

图 10.6　排样结果图 (一)

含有缺陷的板钢 1 排样 44 个零件，材料利用率为 62.67%；含有缺陷的板钢 2 排样 46 个零件，材料利用率为 65.52%；无缺陷的板钢排样 54 个零件，材料利用率为 76.92%。最终计算出含有缺陷的板钢 1 的表面质量评价值为 0.815，含有缺陷的板钢 2 的表面质量评价值为 0.852，在这种需求情况下，含有缺陷的板钢 1 的表面质量不如含有缺陷的板钢 2。

(2) 用户需求为 4 种规格零件，各规格零件数量相等。对两张含有缺陷的板钢及无缺陷板钢的排样结果如图 10.7 所示。

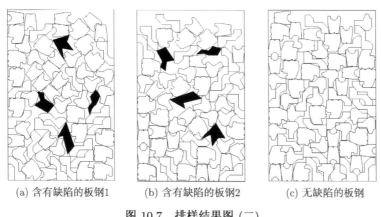

(a) 含有缺陷的板钢1　　　(b) 含有缺陷的板钢2　　　(c) 无缺陷的板钢

图 10.7　排样结果图 (二)

含有缺陷的板钢 1 排样 15 套零件，材料利用率为 64.30%；含有缺陷的板钢 2 排样 14 套零件，材料利用率为 60.02%；无缺陷的板钢排样 17 套零件，材料利用率为 72.88%。最终求得含有缺陷的板钢 1 的表面质量评价值为 0.882，含有缺陷的板钢 2 的表面质量评价值为 0.824，在该需求下，含有缺陷的板钢 1 的表面质量优于含有缺陷的板钢 2。

　　上面的实例清楚地表明，板钢利用率的大小不仅与所需零件的形状和面积有关，而且与板钢表面缺陷的分布形态和位置有关。基于用户需求的板钢表面质量评价同时考虑了这两方面的因素，即用户需求和板带钢表面缺陷的自身具有的特性。因此针对用户的不同需求，可以区分常规意义下同一类板带钢表面质量之间的优劣等级。

第11章 板带钢综合质量评价与灵敏度分析

11.1 概　　述

目前的板带钢产品综合质量评价一般只能得到"合格品"和"不合格品"两种结果,而对于"合格品"之间或"不合格品"之间的质量差异难以统一度量。我们知道,质量评价与质量标准密切相关。板带钢综合质量的影响因素众多而复杂,质量标准的制定往往受到生产技术水平以及众多复杂因素的制约,而无法与人们对质量的要求相适应,也很难为先进的质量评价方法提供全面有效的准则依据。事实上,质量评价是一种多属性决策问题,所谓的多属性就是指多种影响决策的性质、特征、效能的具体指标。本章在分析研究现有板带钢质量标准的基础上,重点介绍一种基于多属性(指标)的质量评价方法,即综合考虑板带钢表面质量、板形质量、尺寸精度、力学性能、工艺性能以及其他相关性能,对板带钢进行综合质量评价的方法[188,189],并对影响评价结果的主要因素进行了相关的灵敏度分析[190],给出了相应的分析模型和方法。

11.2 板带钢的生产质量标准

1985 年国际标准化组织 (ISO)理事会发布的第 2 号指南修正草案 (ISO/STA CO144) 中对"标准"提出的定义中包含了如下内容:"标准必须建立在科学、技术和经验的综合成果基础上,始终反映最新技术状况。" 很显然,标准的制定与生产技术水平和实际质量检测能力密切相关。

我国钢板标准体系最初是沿用苏联的标准体系建立的。随着国内一些大型钢铁企业相继引进国外的生产设备和先进技术,在标准的制定、修订过程中,采用或参照了国际标准及日本、德国、英国等国外标准,标准水平有了很大的提高。但相对于发达国家的标准还有一定差距,主要表现在:

(1) 从标准体系上来看,我国热轧、冷轧钢板的标准体系不够完善。与国际和国外先进标准如 ISO 标准、欧洲标准 (European Norm, EN)、日本工业标准 (Japanese industrial Standards, JIS) 和美国材料与试验协会标准 (American Society for testing and materials, ASTM) 尚未完全接轨。

(2) 从标准内容上看,我国的标准在力学性能、化学成分、尺寸精度的规定上并不比国际和国外的标准低, 有的甚至还要高于国际和国外先进标准, 如冷轧标准中规定了显微组织的检验, 但总体看来, 有些规定缺乏合理性, 标准项目内容之间缺乏有机的联系。

(3) 无论是国际上的标准还是国内标准, 板带钢的质量标准都与其质量评价不相适应。

11.2.1　板带钢现行质量标准

总体上讲, 目前我国钢铁企业对于质量标准制定的认识还处于一种较低水平状态, 即标准是对完成了开发设计并正式投入批量生产后产品最终质量现状的客观描述, 其功能主要体现在提供信息, 明确质量最低要求, 为批量生产与贸易提供技术依据。从表 11.1 给出的我国部分钢板国家标准中可见一斑。

表 11.1　部分板带钢国家标准

品种	标准编号	标准名称
冷轧钢板	GB/T 3280–2007	不锈钢冷轧钢板和钢带
	GB/T5213–2001	深冲压冷轧薄钢板和钢带
	GB/T11253–89	碳素结构钢和低合金结构钢冷轧薄钢板及钢带
	GB/T708–2006	冷轧钢板和钢带的尺寸、外形、重量及允许偏差
	GB/T13237–91	优质碳素结构钢冷轧薄钢板和钢带
热轧钢板	GB/3524–2005	碳素结构钢和低合金结构钢热轧钢带
	GB/T710–91	优质碳素结构钢热轧薄钢板和钢带
	GB/T14977–94	热轧钢板表面质量的一般要求
	GB/T3524–92	碳素结构钢和低合金结构钢热轧钢带
	GB/T912–89	碳素结构钢和低合金结构钢热轧薄钢板及钢带
	GB/T8749–2008	优质碳素结构钢热轧钢带
涂镀层钢板	GB/T2520–2000	冷轧电镀锡薄钢板
	GB/T2518 2004	连续热镀锌薄钢板和钢带
	GB/T2520–2000	电镀锡薄钢板和钢带
	GB/T15675–1995	连续电镀锌冷轧钢板及钢带
	GB/T12754–91	彩色涂层钢板及钢带
	GB/T14978–94	连续热浸镀铝锌硅合金镀层钢板和钢带
专用钢板	GB/T3273–89	汽车大梁用热轧钢板
	GB/T3275–91	汽车制造用优质碳素结构钢热轧钢板和钢带
	GB/T3277–91	花纹钢板

我国现行的板带钢质量标准主要存在如下问题:

(1) 现行的质量标准大量存在着的对板带钢产品是否合格的评价指标值大多是模糊性语言的描述, 如表 10.1 所示, 只有所有指标均合格的产品才被判定是合格品, 否则就是不合格品, 缺少更多级别的规定, 不能满足精细的质量分级评价的需求, 这必然会导致无法满足人们对产品质量的不同需求。

(2) 有些现行的板带钢质量标准对质量缺乏明确的符合性与适用性的界定, 所以就很难对产品质量进行评价度量或判定。

(3) 标准中存在的模糊语言, 易产生歧义, 而导致质量评价结果不一致。

(4) 对于可以通过测量或试验获得具体数值的质量评价指标, 如强度指标、工艺性能指标等, 现行的板带钢标准中给出的单项指标值都是达到合格的最低要求, 而无等级划分。例如, GB/T 20564.1–2007《汽车用高强度冷连轧钢板及钢带第 1 部分: 烘烤硬化钢》, 见表 11.2。表中的标准只是给出了性能指标的最低要求或范围, 这种标准一般也只是通过不同状态条件 (不同批次) 的取样, 以其均值作为是否符合标准的评判指标。很显然, 这种标准虽然简单易行, 但不科学。

表 11.2   汽车用烘烤硬化钢力学性能和工艺性能标准

牌号	屈服强度[①] $R_{\mathrm{eH}}/(\mathrm{N/mm^2})$	抗拉强度 $R_{\mathrm{m}}/(\mathrm{N/mm^2})$ 不小于	断后伸长率[②], [③] $A_{80}/\%(L_0=80\mathrm{mm},$ $b=20\mathrm{mm})$不小于	r_{90}[④] 不小于	n_{90}[④] 不小于	烘烤硬化值 $BH_2/(\mathrm{N/mm^2})$ 不小于
CR140BH	140~200	270	36	1.8	0.20	30
CR180BH	180~240	300	32	1.6	0.18	30
CR220BH	220~280	320	30	1.4	0.16	30
CR260BH	260~320	360	28	—	—	30
CR300BH	300~360	400	26	—	—	30

① 无明显屈服时采用 $R_{\mathrm{p0.2}}$, 否则采用 R_{eL}。

② 试样为 GB/T 228 中的 P6 试样, 试样方向为横向。

③ 厚度不大于 0.7mm 时, 断后伸长率最小值可以降低 2%(绝对值)。

④ 厚度不小于 1.6mm 且小于 2.0mm 时, r_{90} 值允许降低 0.2; 厚度不小于 2.0mm 时, r_{90} 值和 n_{90} 值不作要求。

11.2.2   现行质量标准的适应性处理

为了有效地进行板带钢质量综合评价, 需要对相关的现行板带钢标准进行适应性处理, 包括质量标准等级的细化、模糊评价参数的定量化、单一评价指标的分级等。

1) 质量标准等级的细化

事实上, 质量评价本身就是与人的认识密切相关的, 故从人类心理学的角度, 按照人们的传统思维习惯, 对事物进行评价时往往是按五个等级来加以划分的, 故本小节将质量标准等级均细分成五个等级。除已有五级的标准外, 如热轧钢板表面质量的一般要求 (GB/T 14977—94) 中对表面缺陷按深度和影响面积分成 A、B、C、D、E 五个等级, 对所有其他的二级质量标准 (合格和不合格) 均调整为五级质量标准, 其中四级及以上为合格品, 五级为不合格产品。

2) 模糊评价指标的量化

对类似表 10.1 所示的采用模糊语言描述的缺陷等级，也按五级进行模糊语言的量化处理，并采用区间表示法。其对应关系如表 11.3 所示。

表 11.3　缺陷等级与模糊区间数对应关系

等级代号	模糊语言	区间数表示
1	稍有 (无)	[0,0.2] ([0,0])
2	有	[0.2,0.4]
3	明显	[0.4,0.6]
4	很明显	[0.6,0.8]
5	严重	[0.8,1.0]

3) 区间型质量指标的分级

对诸如表 11.4 和表 11.5 所示的企业标准 Q/BQB310–2003《汽车结构用热连轧钢板及钢带》和企业标准 Q/HYAQ01.2–1998《冷连轧低碳钢板及钢带》中区间型的指标，同样将其分成五个等级，即以其下限为四级标准的起点，低于下限的为五级 (不合格)，并将整个区间分为四个等级。

表 11.4　汽车结构用钢板和钢带力学性能标准

牌号	拉伸试验			
	上屈服强度/MPa	抗拉强度/MPa	断后伸长率/%	
			$L_0 = 80mm, b = 20mm$	$L_0 = 5.65\sqrt{S_0}$
			公称厚度/mm	
			< 3.0	⩾ 3.0
QStE340TM	⩾ 340	420∼540	⩾ 19	⩾ 25
QStE380TM	⩾ 380	450∼590	⩾ 18	⩾ 23
QStE420TM	⩾ 420	480∼620	⩾ 16	⩾ 21
QStE460TM	⩾ 460	520∼670	⩾ 14	⩾ 19
QStE500TM	⩾ 500	550∼700	⩾ 12	⩾ 17

注：(1) 表中所列拉伸试验规定值适用于纵向试样。

　　(2) 屈服现象不明显时，采用 $R_{p0.2}$。

　　(3) 牌号 QStE500TM 厚度大于 8.0mm 的钢板钢带，屈服强度下限允许降低 20MPa。

表 11.5　冷连轧低碳钢板和钢带力学性能标准

牌号	屈服点不大于/MPa	抗拉强度/MPa	伸长率不小于/%
St12	280	270∼410	28
St13	240	270∼370	34
St14	210	270∼350	38

注：(1) 本标准适用于国内某钢铁企业生产的 St 系列的冷连轧低碳钢板和钢带硬度 (HR30T) 的试验数据。

　　(2) 厚度不大于 0.7mm 的钢板和钢带，其屈服点允许比表中的规定值提高 20MPa，其伸长率允许比表中的规定降低两个单位。

11.3 板带钢综合质量评价指标

11.3.1 表面质量

表面缺陷是影响板带钢表面质量的最主要因素，同时板带钢的表面质量也是影响板带钢综合质量的重要因素之一。表面缺陷主要是指由连铸钢坯、轧制设备、加工工艺等多方面的因素，导致板带钢表面所出现的夹杂物、氧化皮、磷化斑、麻点、针眼、疤痕、辊印、刮痕、裂纹、孔洞等，这些缺陷不仅影响产品的外观质量，而且往往会恶化性能或成为产生破裂和锈蚀的源地，成为应力集中的薄弱环节，是造成深加工产品出现废次品的主要原因。因此，提高板带钢表面质量始终是各钢铁企业非常关注的问题，也是国内外板带钢市场竞争中的关键指标。板带钢表面缺陷的种类、严重程度、数量、分布和位置等，直接反映了生产设备的工作状况、工艺流程及原材料状况。

第 10 章中给出的基于生产企业的表面质量评价和基于用户需求的表面质量评价分别从质量的符合性和适用性两个方面给出了表面质量的评价值，综合这两个方面的评价值作为最终的表面质量评价值，而每个评价值在最终评价值中所占的比例需要企业和用户的协商和沟通来最终确定。

假设基于生产企业的表面质量评价值为 P_1，基于用户需求的表面质量评价值为 P_2，P_1 在总评价值中所占的比例为 α，P_2 在总评价值中所占的比例为 β，且 $\alpha + \beta = 1$。因为 P_1 和 P_2 均大于等于 0 且小于等于 1，且 P_1 越小表示表面质量越好，而 P_2 越大则表面质量越好，为了使二者同向化并使表面质量最终评价值的范围为 0~100，可将表面质量最终评价值定义为

$$P = 100 \times [\alpha \times (1 - P_1) + \beta \times P_2] \tag{11-1}$$

11.3.2 板形质量

板形直观上是指板带钢的翘曲度，是由板带钢内部残余应力所引起的，所以一般认为，只要板带钢内部存在残余应力，即为板形不良。如残余应力不足以引起板带钢翘曲，称为"潜在"的板形不良；如残余应力引起板带钢失稳，产生翘曲，则称为"表现"的板形不良。

板形可分为理想板形、潜在板形、表现板形、混合板形、张力影响的板形等五大类。通常以表现板形衡量板带钢的板形质量，包括边部波浪、中间波浪、单边波浪、二肋波浪、复合波浪、侧弯、中弯等多种形式。汽车板、家电外板通常是经过折弯成形后使用，且大多数是平面面积较大，对板形要求都相当高。影响板形的主要因素有：轧制力的变化、来料板凸度的变化、原始轧辊的凸度、板宽度、轧辊接触状态、轧辊热凸度的变化、辊系的弹性变形、轧辊磨损、热轧原料钢卷原始凸度、轧材本身的物理性能等[191]。

目前，由于研究角度的不同，对板形的定量描述有多种不同的形式，如相对长度差表示法、波形表示法、张力差表示法和厚度相对变化量表示法等，其中较为常用的是前两种方法。本章中采用以 "I 单位" 为度量单位的板形值来表示板形质量，一个 I 单位相当于相对长度差为 10^{-5}。板形值可按式 (11-2) 计算，即

$$R = 10^{-5} \times \frac{S - L}{L} \tag{11-2}$$

其中，S 表示波的弧长；L 为波所对应的直线长度。

11.3.3　尺寸精度

板带钢的尺寸精度是指其尺寸的允许偏差。厚度公差是尺寸精度中最重要也是最难控制的指标。影响板带钢厚度控制精度的主要因素有：轧制速度、轧制力设定精度、温度模型计算精度、辊缝模型计算精度、弯辊的控制、轧辊热膨胀和磨损、轧辊和轴承的偏心、支承辊油膜变化、来料厚度变化、来料温度变化、来料硬度变化、来料断面变化、张力变化等[192]。影响板带钢宽度控制精度的主要因素有：轧机间张力控制不当、立辊轧机结构不合理、来料温差过大、来料宽度尺寸波动大等[193]。

板带钢产品种类众多，不同行业对其尺寸精度要求也不完全相同，例如，家电、电子、仪表、食品包装等制造业用户对板带钢及其涂镀产品尺寸精度要求较高。在食品包装的制罐生产线上，通常具有每分钟制罐上千个的产能，而制罐模具本身公差很小，这就要求薄板在满足力学性能和表面质量的基础上要有很高的尺寸精度。现行的国家标准中，已对板带钢产品的不同公称厚度和公称宽度分别给出了其对应的厚度允许偏差和宽度允许偏差，所以尺寸精度的等级可参照 GB/T 708 – 2006《冷轧钢板和钢带的尺寸、外形、重量及允许偏差》和 GB/T 709 – 2006《热轧钢板和钢带的尺寸、外形、重量及允许偏差》确定。

11.3.4　力学性能

影响板带钢质量的力学性能指标主要包括抗拉强度 σ_b、屈服强度 σ_S 和伸长率 δ 等[194]。一般情况下，标准中给出的是一定硬度下的相应力学性能指标。力学性能和化学成分有着密切的关系。要获得良好的板带钢力学性能，需要从炼钢、连铸、冷轧及热处理等各个环节加强工艺和质量控制。例如，在炼钢时要严格控制钢种的化学成分；浇铸时要控制液面和二冷喷水；热轧时要控制板坯加热温度，控制粗轧、精轧及卷取的温度；平整时要控制总延伸率等。

板带钢的力学性能指标值都是通过标准试验的方式获得的。所谓标准试验，就是其试验过程、试验设备、试样的获取方式和试样尺寸等都必须严格按照相应的国家标准，如 GB/T 228《金属材料室温拉伸试验方法》、GB/T 2975《钢及钢产品力学性能试验取样位置及试样制备》等。

11.3.5 工艺性能

对于板带钢而言，其工艺性能主要包括在加工过程中的成形性、冲压性、焊接性等。通常以应变硬化指数 n、塑性应变比 r、杯突值、极限拉延比、弯心直径等指标来衡量产品的工艺性能质量。

应变硬化指数 n，表示板带钢在抗拉实验中实际应力-应变曲线上升的斜率，n 值越高，表示在成形加工过程中高变形区材料强度越高。

塑性应变比 r，是评估板带钢的深冲和凸耳性的重要指标，r 值表示板带钢受拉伸时，其宽度方向与厚度方向应变的比值。r 值越大，板料越不易在厚度方向发展变形，深冲性越好；而 Δr 值越大，则板面内各向异性越严重，表现在成形件形成凸耳越严重，影响成形质量。

杯突值 (IE 值) 是评价金属薄板成形性的指标，通过杯突试验测得。IE 值与应变硬化指数 n 值、总延伸率有一定相关性。

极限拉延比 (LDR) 是评价金属薄板拉延性能的指标，需通过冲杯试验 (也称 LDR 试验)，即用平底圆柱凸模把金属薄板顶入凹模冲成杯形的试验获得，它是金属薄板可以冲制的最大板料直径 $D_{\max}$ 与凸模直径 d 之比，即

$$\text{LDR} = \frac{D_{\max}}{d} \tag{11-3}$$

极限拉延比一般随塑性应变比 r 值和板厚的增加而增加。LDR 值越大，材料的拉伸性能越好。

需要说明的是，由于板带钢的用途及其固有性质不同，质量评价时没有必要考虑所有工艺性能指标，在国家标准中通常也只是给出对应产品的工艺性能指标。与力学性能指标类似，所有获取工艺性能指标值的试验方法也必须严格按照相应的国家标准进行。如 GB/T 232《金属材料弯曲试验方法》、GB/T 5027《金属材料薄板和薄带塑性应变比 (r 值) 的测定》、GB/T 5028《金属材料薄板和薄带拉伸应变硬化指数 (n 值) 的测定》等。

11.3.6 其他性能

除了上述板带钢质量的主要评价指标外，还有与各种产品特性相关的其他质量性能要求，如镀层板的其他性能主要包括耐腐蚀性、可焊性、耐热性等，涂层板主要包括耐冲击性、耐风压性、防水性、隔热性、耐污染性等。

11.4 板带钢综合质量评价

11.4.1 评价系统的构建

按照 ISO9000 − 2000 对质量的定义，质量是一组固有特性满足要求的程度，所

以板带钢的质量评价就是考察特性指标满足标准要求的情况。通常，每个特性又可分解为若干子特性及更细更小的子特性，因此对质量评价是一个树状的、分层分叉的结构形式，如图 11.1 所示。

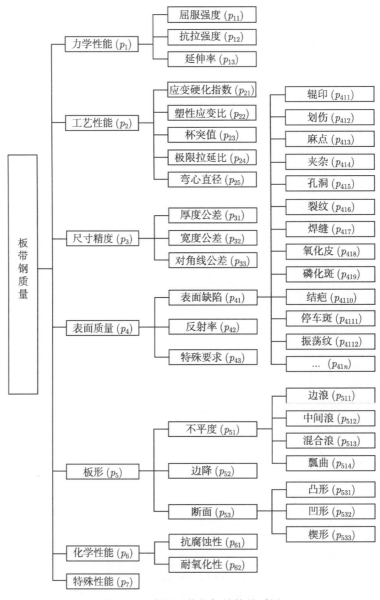

图 11.1   多级评价指标结构关系图

板带钢质量评价的影响方面有很多，每个方面又包含多个影响因素，且每个影响因素又可分为若干个评价指标，这些评价指标之间往往并不是独立的，而是存在一定相关性。可以说，板带钢的质量评价指标具有多性质、非线性、多层次、相互耦合的特点。很显然，对于如此众多且复杂的评价指标，构建一个统一的板带钢质量评价系统是十分困难的。一种可行的方法是采用层级式树状结构模式，即评价系统由若干个子模型组成，每个子模型又代表了影响板带钢整体质量的一个方面，且相对独立。这样，可以针对不同的质量特性选用与之相适应的评价方法，并将多种评价方法有机地整合在一起。实践表明，这种针对不同性质的评价指标采用不同的评价方法的模型系统，对于不同的各类板带钢具有调整适应能力，保证了模型结构的柔性及推广能力。

实际上，第 10 章中介绍的板带钢表面质量评价模型就可作为板带钢综合质量系统中的一个子模型，该模型实质上也可以看作对不同缺陷类型存在状态下，对各类缺陷的数量、程度、范围、分布等相关指标信息所进行的一种质量综合评价。其评价结果可以作为板带钢整体综合质量评价的依据。

鉴于此，我们也可以参照板带钢表面质量模型评价方法直接构建板带钢综合质量评价模型。

11.4.2 标准等级的划分

在板带钢表面质量评价中，实际上只是解决了评价问题中两个关键性的问题，即评价指标的量化与指标权重。所以，其给出的评价结果也只是一个评价值，该评价值在综合质量评价系统中可以作为板带钢表面质量的衡量指标加以应用。但是，在综合评价系统中，最终的评价结果往往需要给出与人们对质量等级划分习惯相一致的评价等级。例如，若将板带钢的质量评价分为 I 级、II 级、III 级、IV 级和 V级共五个等级。如果直接将评价值进行简单的等级划分，显然是不可取的，这是因为在构建判断矩阵时，所依据的是专家对评价指标相对重要性的估计，其结果必然只是一个相对概念，即 A 质量好于 B 质量。

因此，这里也将现行的质量标准按五级进行划分，即对各质量指标设置四个标准等级分界点 Z_{1i}，Z_{2i}，Z_{3i}，Z_{4i}，且有

$$Z_{1i} \leqslant Z_i, \qquad Z_i \in \mathrm{I}\,级$$
$$Z_{2i} \leqslant Z_i < Z_{1i}, \quad Z_i \in \mathrm{II}\,级$$
$$Z_{3i} \leqslant Z_i < Z_{2i}, \quad Z_i \in \mathrm{III}\,级$$
$$Z_{4i} \leqslant Z_i < Z_{3i}, \quad Z_i \in \mathrm{IV}\,级$$
$$Z_{4i} > Z_i, \qquad Z_i \in \mathrm{V}\,级$$

为避免指标值的绝对刚性化以及指标数据的分散性和随机性，实际评价时将

各质量指标对应于五个质量等级统一划分为四个标准等级区间，即 I 级~II 级、II 级~III 级、III 级~IV 级、IV 级~V 级。

在现行的各类板带钢国家标准和企业标准中，不同种类和不同用途的板带钢的合格标准的指标往往是不同的，因此需要对特定的评价对象确定其等级标准区间。表 11.6 是基于 GB/T 20564.1 – 2007《汽车用高强度冷连轧钢板及钢带第 1 部分：烘烤硬化钢》给出的 CR180BH 厚度为 0.60~2.5mm 板带钢的标准等级区间，其中表面质量指标是依据第 10 章对某企业生产同类产品的评价分析结果设定的。

表 11.6　汽车用高强度冷连轧钢板及钢带标准等级

	表面质量	板形值 (绝对值)/ I	厚度允许偏差 (绝对值)/mm	宽度允许偏差 (绝对值)/mm	屈服强度 $R_e/(\text{N/mm}^2)$
I ~II 级	90	5	0.03	2	[230,235]
II ~III 级	80	8	0.05	5	[224,230]
III ~IV 级	70	13	0.07	8	[206,224]
IV ~V 级	60	20	0.10	12	[180,206]

	抗拉强度 $R_m/(\text{N/mm}^2)$	断后伸长率 $A_{80}/\%$	塑性应变比 r_{90}	应变硬化 指数 n_{90}	烘烤硬化值 $BH_2/(\text{N/mm}^2)$
I ~II 级	[372,380]	[41,42]	[2.5,2.6]	[0.27,0.28]	[39,40]
II ~III 级	[360,372]	[39,41]	[2.3,2.5]	[0.25,0.27]	[37,39]
III ~IV 级	[336,360]	[36,39]	[2.0,2.3]	[0.22,0.25]	[34,37]
IV ~V 级	[300,336]	[32,36]	[1.6,2.0]	[0.18,0.22]	[30,34]

由表 11.6 可以看出，标准等级区间有些是指标值，有些是区间值。这是考虑到有些指标值通常是通过计算或实际测得的单一数值，而有些指标值具有分散性和随机性，现行标准中通常给定一个区间。在分析计算时，对这些区间数要按区间数运算法则进行，下面给出一些常用的区间数运算法则：

记 $\tilde{a} = [a^L, a^U] = \{x \mid a^L \leqslant x \leqslant a^U, a^L, x, a^U \in R\}$，即实数坐标轴上的一个闭区间 $\tilde{a}$ 被称为区间数。若 $\tilde{a} = [a^L, a^U] = \{x \mid 0 \leqslant a^L \leqslant x \leqslant a^U, a^L, x, a^U \in R\}$，则称 $\tilde{a}$ 为正区间数；若 $a^L = a^U$，则 $\tilde{a}$ 退化为一个普通的实数。所以单一指标值也可视为一个特殊的区间数。

设 $\tilde{a} = [a^L, a^U]$，$\tilde{b} = [b^L, b^U]$ 为任意两个区间数，则

(1) 区间数相等：$\tilde{a} = \tilde{b}$ 当且仅当 $a^L = b^L$，$a^U = b^U$。

(2) 加法运算：

$$\tilde{a} + \tilde{b} = [a^L, a^U] + [b^L, b^U] = [a^L + b^L, a^U + b^U] \tag{11-4}$$

(3) 减法运算：

$$\tilde{a} - \tilde{b} = [a^L, a^U] - [b^L, b^U] = [a^L - b^U, a^U - b^L] \tag{11-5}$$

特别地, 两个相同的区间数相减并不为 0, 即

$$\widetilde{a} - \widetilde{a} = [a^L, a^U] - [a^L, a^U] = [a^L - a^U, a^U - a^L] \tag{11-6}$$

(4) 乘法运算:

$$\begin{aligned}
\widetilde{a} \times \widetilde{b} &= [a^L, a^U] \times [b^L, b^U] \\
&= [\min\{a^L b^L, a^L b^U, a^U b^L, a^U b^U\}, \max\{a^L b^L, a^L b^U, a^U b^L, a^U b^U\}]
\end{aligned} \tag{11-7}$$

特别地, 当 $\widetilde{a}, \widetilde{b}$ 均为正区间数时, 有

$$\widetilde{a} \times \widetilde{b} = [a^L, a^U] \times [b^L, b^U] = [a^L b^L, a^U b^U] \tag{11-8}$$

(5) 数乘运算: 当 $\lambda > 0$ 时,

$$\lambda \widetilde{a} = [\lambda a^L, \lambda a^U] \tag{11-9}$$

特别地, 当 $\lambda = 0$ 时, $\lambda \widetilde{a} = 0$。

(6) 乘方运算: 当 $\widetilde{a}$ 为正区间数时, 有

$$(\widetilde{a})^n = [a^L, a^U]^n = \left[(a^L)^n, (a^U)^n \right] \tag{11-10}$$

(7) 指数运算: 当 c 为正实数, $\widetilde{a}$ 为正区间数时, 有

$$c^{\widetilde{a}} = c^{[a^L, a^U]} = [c^{a^L}, c^{a^U}] \tag{11-11}$$

(8) 除法运算:

$$\begin{aligned}
\frac{\widetilde{a}}{\widetilde{b}} &= \frac{[a^L, a^U]}{[b^L, b^U]} = [a^L, a^U] \times \left[\frac{1}{b^U}, \frac{1}{b^L} \right] \\
&= \left[\min\left\{ a^L \frac{1}{b^L}, a^L \frac{1}{b^U}, a^U \frac{1}{b^L}, a^U \frac{1}{b^U} \right\}, \max\left\{ a^L \frac{1}{b^L}, a^L \frac{1}{b^U}, a^U \frac{1}{b^L}, a^U \frac{1}{b^U} \right\} \right]
\end{aligned} \tag{11-12}$$

特别地, 当 $\widetilde{a}, \widetilde{b}$ 均为正区间数时, 有

$$\frac{\widetilde{a}}{\widetilde{b}} = \frac{[a^L, a^U]}{[b^L, b^U]} = [a^L, a^U] \times \left[\frac{1}{b^U}, \frac{1}{b^L} \right] = \left[\frac{a^L}{b^U}, \frac{a^U}{b^L} \right] \tag{11-13}$$

(9) 开方运算: 当 $\widetilde{a}$ 为正区间数时, 有

$$\sqrt[n]{\widetilde{a}} = \sqrt[n]{[a^L, a^U]} = \left[\sqrt[n]{a^L}, \sqrt[n]{a^U} \right] \tag{11-14}$$

11.4.3　评价矩阵的构建

1. 质量标准等级矩阵

以板带钢各指标 (属性) 同一标准等级的区间数作为行向量, 可得到一个板带钢质量标准等级矩阵, 列向量表示各质量指标的不同标准等级的区间数。

$$S = (s_{ij})_{4 \times n} = \begin{bmatrix} s_{11} & s_{12} & \cdots & s_{1n} \\ s_{21} & s_{22} & \cdots & s_{2n} \\ s_{31} & s_{32} & \cdots & s_{3n} \\ s_{41} & s_{42} & \cdots & s_{4n} \end{bmatrix} \begin{matrix} \text{I} \sim \text{II} \\ \text{II} \sim \text{III} \\ \text{III} \sim \text{IV} \\ \text{IV} \sim \text{V} \end{matrix} \tag{11-15}$$

式中, s_{ij} 为区间数, n 为质量指标数量。

2. 评价指标信息矩阵

将板带钢的相关评价指标信息, 即每卷带钢 (或每张钢板) 的各指标区间数, 作为行向量, 得到被评板带钢的评价指标信息矩阵:

$$\boldsymbol{X} = (x_{ij})_{m \times n} = \begin{bmatrix} x_{11} & x_{12} & \cdots & x_{1n} \\ x_{21} & x_{22} & \cdots & x_{2n} \\ \vdots & \vdots & & \vdots \\ x_{m1} & x_{m2} & \cdots & x_{mn} \end{bmatrix} \begin{matrix} \text{样本1} \\ \text{样本2} \\ \vdots \\ \text{样本}m \end{matrix} \tag{11-16}$$

3. 评价矩阵

由质量标准等级矩阵 (11-13) 和评价指标信息矩阵共同组成一个 $(4 + m) \times n$ 的矩阵, 称之为评价矩阵 $\mathbb{F}$, 即

$$\mathbb{F} = (\Delta_{ij})_{(4+m) \times n} = \begin{bmatrix} \Delta_{11} & \Delta_{12} & \cdots & \Delta_{1n} \\ \Delta_{21} & \Delta_{22} & \cdots & \Delta_{2n} \\ \Delta_{31} & \Delta_{32} & \cdots & \Delta_{3n} \\ \Delta_{41} & \Delta_{42} & \cdots & \Delta_{4n} \\ \Delta_{51} & \Delta_{52} & \cdots & \Delta_{5n} \\ \Delta_{61} & \Delta_{62} & \cdots & \Delta_{6n} \\ \vdots & \vdots & & \vdots \\ \Delta_{(4+m)1} & \Delta_{(4+m)2} & \cdots & \Delta_{(4+m)n} \end{bmatrix} = \begin{bmatrix} s_{11} & s_{12} & \cdots & s_{1n} \\ s_{21} & s_{22} & \cdots & s_{2n} \\ s_{31} & s_{32} & \cdots & s_{3n} \\ s_{41} & s_{42} & \cdots & s_{4n} \\ x_{11} & x_{12} & \cdots & x_{1n} \\ x_{21} & x_{22} & \cdots & x_{2n} \\ \vdots & \vdots & & \vdots \\ x_{m1} & x_{m2} & \cdots & x_{mn} \end{bmatrix} \tag{11-17}$$

式中, 各元素均为一个属性指标值, 并统一以区间数表示。

11.4.4 评价矩阵的规范化

由于评价矩阵各元素数据往往具有不同的量纲和数量级，缺乏统一的度量标准，即数据之间不存在可公度性，因此有必要对其进行规范化处理。考虑到评价矩阵的一致性以及区间数的比例关系的不变性，这里采用区间数的向量标准化法对评价矩阵进行规范化。在多属性决策中，可将属性区分为"效益型"和"成本型"两类。在质量评价中，可以把属性指标值越大、质量越好的相应属性指标定义为"效益型"，而把属性指标值越大、质量越差的属性指标定义为"成本型"。对评价矩阵进行规范化时，需要对两种类型的属性指标分别加以处理。

对于效益型属性的区间数，有

$$r_{ij}^L = \frac{\Delta_{ij}^L}{\sqrt{\sum_{i=1}^{4+m} \left(\Delta_{ij}^U\right)^2}}, \quad i = 1, 2, \cdots, 4+m \tag{11-18}$$

$$r_{ij}^U = \frac{\Delta_{ij}^U}{\sqrt{\sum_{i=1}^{4+m} \left(\Delta_{ij}^L\right)^2}}, \quad i = 1, 2, \cdots, 4+m \tag{11-19}$$

对于成本型属性的区间数，有

$$r_{ij}^L = \frac{1/\Delta_{ij}^U}{\sqrt{\sum_{i=1}^{4+m} \left(1/\Delta_{ij}^L\right)^2}}, \quad i = 1, 2, \cdots, 4+m \tag{11-20}$$

$$r_{ij}^U = \frac{1/\Delta_{ij}^L}{\sqrt{\sum_{i=1}^{4+m} \left(1/\Delta_{ij}^U\right)^2}}, \quad i = 1, 2, \cdots, 4+m \tag{11-21}$$

需要注意的是，上述规范化计算公式是由区间数计算法则得到的，这与简单的指标数运算不同。

考虑到任何规范化方法都应基于所给定的决策矩阵，其中的标准分界的指标区间数都不会随着评价矩阵中的待评价板带钢的数量多少或者指标区间数的不同而发生改变。也就是说，标准分界的指标区间数是固定不变的，其规范化后的指标区间数也不会随待评价板带钢的数量改变而改变。另外，同一板带钢也不能因评价矩阵的不同而造成其规范化指标区间数的不同，因此有必要对式 (11-18)

~ 式 (11-21) 加以改造，即将式中分母仅对标准分界板带钢的指标区间数作计算，舍弃待评价样本的指标区间数。这样，对于效益型属性的区间数，有

$$r_{ij}^L = \frac{\Delta_{ij}^L}{\sqrt{\sum\limits_{k=1}^{4} \left(\Delta_{kj}^U\right)^2}} = \frac{\Delta_{ij}^L}{\sqrt{\sum\limits_{k=1}^{4} \left(s_{kj}^U\right)^2}}, \quad i = 1, 2, \cdots, 4 + m \tag{11-22}$$

$$r_{ij}^U = \frac{\Delta_{ij}^U}{\sqrt{\sum\limits_{k=1}^{4} \left(\Delta_{kj}^L\right)^2}} = \frac{\Delta_{ij}^U}{\sqrt{\sum\limits_{k=1}^{4} \left(s_{kj}^L\right)^2}}, \quad i = 1, 2, \cdots, 4 + m \tag{11-23}$$

对于成本型属性的区间数，有

$$r_{ij}^L = \frac{1/\Delta_{ij}^U}{\sqrt{\sum\limits_{k=1}^{4} (1/\Delta_{kj}^L)^2}} = \frac{1/\Delta_{ij}^U}{\sqrt{\sum\limits_{k=1}^{4} (1/s_{kj}^L)^2}}, \quad i = 1, 2, \cdots, 4 + m \tag{11-24}$$

$$r_{ij}^U = \frac{1/\Delta_{ij}^L}{\sqrt{\sum\limits_{k=1}^{4} (1/\Delta_{kj}^U)^2}} = \frac{1/\Delta_{ij}^L}{\sqrt{\sum\limits_{k=1}^{4} (1/s_{kj}^U)^2}}, \quad i = 1, 2, \cdots, 4 + m \tag{11-25}$$

由此可得到规范化的评价矩阵，即

$$\boldsymbol{R} = (r_{ij})_{(4+m) \times n} = \begin{bmatrix} r_{11} & r_{12} & \cdots & r_{1n} \\ r_{21} & r_{22} & \cdots & r_{2n} \\ r_{31} & r_{32} & \cdots & r_{3n} \\ r_{41} & r_{42} & \cdots & r_{4n} \\ r_{51} & r_{52} & \cdots & r_{5n} \\ r_{61} & r_{62} & \cdots & r_{6n} \\ \vdots & \vdots & & \vdots \\ r_{(4+m)1} & r_{(4+m)2} & \cdots & r_{(4+m)n} \end{bmatrix} \tag{11-26}$$

其中，$r_{ij} = \left\{r_{ij}^L, r_{ij}^U\right\}$ 为区间数。

11.4.5　综合质量判定规则

　　板带钢综合质量评价与多属性决策问题本不是同一类问题，但通过前面对板带钢综合质量的阐述可以发现，综合质量的评价与众多影响因素密切相关，而多属性决策的方法可以为这类多因素的判断决策提供途径。因此，板带钢综合质量的确定可以借助多属性决策方法加以确定。

　　多属性决策方法的基本思想是通过对属性进行加权分析，最终确定各方案的优劣。在板带钢综合质量评价矩阵中，由于引入了质量标准等级矩阵，这就把相对排序问题转化为质量分级评价问题。目前用于多属性决策的信息集结算子有很多，这里选用 n 维加性加权平均 (AWA)算子对规范化评价矩阵中的指标区间数进行集结，获得板带钢综合质量的最终评价区间数，即

$$\mathrm{AWA}_w\left(r_{i1}, r_{i2}, \cdots, r_{in}\right) = \sum_{j=1}^{n} w_j r_{ij} \tag{11-27}$$

其中，$\boldsymbol{w} = (w_1, w_2, \cdots, w_n)^{\mathrm{T}}$ 是与 AWA 相关联的加权向量，$w_i \in [0,1]$，$\sum_{i=1}^{n} w_i = 1$。权向量可按第 10 章中介绍的判断矩阵法求得。

　　通过对规范化的评价矩阵 $\boldsymbol{R}$ 中每一行元素的集结，便可以得到一个综合质量评价区间数组成的列向量 $\boldsymbol{F} = \{e_i\} = \{e_i^L, e_i^U\}$。

　　设 u_i 为 $e_i = \{e_i^L, e_i^U\}$ 上服从均匀分布的随机变量，则可求得其期望值和方差，即

$$E\left(u_i\right) = \frac{e_i^L + e_i^U}{2} \tag{11-28}$$

$$D\left(u_i\right) = \frac{(e_i^U - e_i^L)^2}{12} \tag{11-29}$$

其中

$$e_i^L = \sum_{j=1}^{n} w_j r_{ij}^L \tag{11-30}$$

$$e_i^U = \sum_{j=1}^{n} w_j r_{ij}^U \tag{11-31}$$

$\boldsymbol{w} = [w_1, w_2, \cdots, w_n]^{\mathrm{T}}$ 为板带钢质量指标权重向量，可由判断矩阵法求得。

　　由区间数的期望-方差排序法可以给出两个区间数的优劣次序关系。设 $e_i = \{e_i^L, e_i^U\}$ 和 $e_j = \{e_j^L, e_j^U\}$ 为两个任意区间数，若

$$E(u_i) > E(u_j)$$

或

$$E(u_i) = E(u_j) \text{ 且 } D(u_i) < D(u_j)$$

则 e_i 优于 $e_j(e_i \succ e_j)$；若

$$E(u_i) = E(u_j) \text{ 且 } D(u_i) = D(u_j)$$

则 e_i 等价于 $e_j(e_i \sim e_j)$；若

$$E(u_i) < E(u_j)$$

或

$$E(u_i) = E(u_j) \text{ 且 } D(u_i) > D(u_j)$$

则 e_i 劣于 $e_j(e_i \prec e_j)$。

据此，只要对 $\boldsymbol{F}$ 向量中各元素的区间数进行期望-方差排序，就可获知各区间数的相对优劣状态，既然当 $i \in \{1,2,3,4\}$ 时，相应的区间数表示的是标准等级区间数，即 $e_{\text{I-II}}$、$e_{\text{II-III}}$、$e_{\text{III-IV}}$、$e_{\text{IV-V}}$，那么将被评价样本的区间数与标准等级区间数进行比较，就可确定其综合质量等级。由此不难得到板带钢综合质量的判定规则：

(1) 当 $e_i \succ e_{\text{I-II}}$ 或 $e_i \sim e_{\text{I-II}}$ 时，相应样本的综合质量等级为 I 级；

(2) 当 $e_{\text{I-II}} \succ e_i \succ e_{\text{II-III}}$ 或 $e_i \sim e_{\text{II-III}}$ 时，相应样本的综合质量等级为 II 级；

(3) 当 $e_{\text{II-III}} \succ e_i \succ e_{\text{III-IV}}$ 或 $e_i \sim e_{\text{III-IV}}$ 时，相应样本的综合质量等级为 III 级；

(4) 当 $e_{\text{III-IV}} \succ e_i \succ e_{\text{IV-V}}$ 或 $e_i \sim e_{\text{IV-V}}$ 时，相应样本的综合质量等级为 IV 级；

(5) 当 $e_i \prec e_{\text{IV-V}}$ 时，相应样本的综合质量等级为 V 级。

其中，$i > 4$。很显然，这种区间数排序法不仅可以获得各评价样本的质量等级，也可获知同一质量等级样本之间的相对质量优劣状况。

11.4.6 应用实例

现以某钢铁企业生产的六批牌号为 CR180BH 的烘烤硬化带钢为例，用上述板带钢综合质量评价方法确定其质量等级，分别对每批带钢进行抽样检测，得到每批带钢的指标区间数 (单一指标值视为特殊区间数)，如表 11.7 所示。

表 11.7 带钢指标值和指标区间数

批次	表面质量	板形值 (绝对值)/I	厚度偏差 (绝对值)/mm	宽度偏差 (绝对值)/mm	屈服强度 $R_{\text{e}}/(\text{N/mm}^2)$
批次 1	71	10	0.06	7	[192,205]
批次 2	56	19	0.11	11	[154,165]
批次 3	85	6	0.05	3	[220,232]
批次 4	94	4	0.03	3	[221,228]
批次 5	66	14	0.06	7	[198,210]
批次 6	92	4	0.04	2	[226,238]

续表

	抗拉强度 $R_{\mathrm{m}}/(\mathrm{N/mm^2})$	断后伸长率 $A_{80}/\%$	塑性应变比 r_{90}	应变硬化指数 n_{90}	烘烤硬化值 $BH_2/(\mathrm{N/mm^2})$
批次 1	[338,355]	[32,36]	[1.9,2.1]	[0.19,0.23]	[32,36]
批次 2	[282,298]	[28,33]	[1.2,1.5]	[0.15,0.17]	[28,31]
批次 3	[359,370]	[35,38]	[2.0,2.4]	[0.22,0.25]	[37,40]
批次 4	[351,365]	[39,42]	[2.3,2.6]	[0.24,0.28]	[36,38]
批次 5	[328,345]	[33,37]	[1.8,2.2]	[0.21,0.24]	[32,35]
批次 6	[369,386]	[41,44]	[2.4,2.7]	[0.26,0.30]	[38,42]

1. 评价矩阵构建

由表 11.6 和表 11.7 中的数据，得

$$
\mathbb{F}=\begin{bmatrix}
90 & 5 & 0.03 & 2 & [230,235] & [372,380] & [41,42] & [2.5,2.6] & [0.27,0.28] & [39,40] \\
80 & 8 & 0.05 & 5 & [224,230] & [360,372] & [39,41] & [2.3,2.5] & [0.25,0.27] & [37,39] \\
70 & 13 & 0.07 & 8 & [206,224] & [336,360] & [36,39] & [2.0,2.3] & [0.22,0.25] & [34,37] \\
60 & 20 & 0.10 & 12 & [180,206] & [300,336] & [32,36] & [1.6,2.0] & [0.18,0.22] & [30,34] \\
71 & 10 & 0.06 & 7 & [192,205] & [338,355] & [32,36] & [1.9,2.1] & [0.19,0.23] & [32,36] \\
56 & 19 & 0.11 & 11 & [154,165] & [282,298] & [28,33] & [1.2,1.5] & [0.15,0.17] & [28,31] \\
85 & 6 & 0.05 & 3 & [220,232] & [359,370] & [35,38] & [2.0,2.4] & [0.22,0.25] & [37,40] \\
94 & 4 & 0.03 & 3 & [221,228] & [351,365] & [39,42] & [2.3,2.6] & [0.24,0.28] & [36,38] \\
66 & 14 & 0.06 & 7 & [198,210] & [328,345] & [33,37] & [1.8,2.2] & [0.21,0.24] & [32,35] \\
92 & 4 & 0.04 & 2 & [226,238] & [369,386] & [41,44] & [2.4,2.7] & [0.26,0.30] & [38,42]
\end{bmatrix}
$$

2. 评价矩阵规范化

依据式 (11-18)~式 (11-21)，得到

$$
\boldsymbol{R}=\begin{bmatrix}
0.5934 & 0.7903 & 0.7824 & 0.8943 & [0.5134,0.5571] & [0.5133,0.5538] \\
0.5275 & 0.4939 & 0.4694 & 0.3577 & [0.4999,0.5453] & [0.4967,0.5421] \\
0.4616 & 0.3040 & 0.3353 & 0.2236 & [0.4598,0.5311] & [0.4636,0.5246] \\
0.3956 & 0.1976 & 0.2347 & 0.1491 & [0.4018,0.4884] & [0.4139,0.4896] \\
0.4681 & 0.3952 & 0.3912 & 0.2555 & [0.4285,0.4860] & [0.4664,0.5173] \\
0.3693 & 0.2080 & 0.2134 & 0.1626 & [0.3437,0.3912] & [0.3891,0.4343] \\
0.5605 & 0.6586 & 0.4694 & 0.5962 & [0.4910,0.5500] & [0.4953,0.5392] \\
0.6198 & 0.9879 & 0.7824 & 0.5962 & [0.4933,0.5405] & [0.4843,0.5319] \\
0.4352 & 0.2822 & 0.3912 & 0.2555 & [0.4419,0.4979] & [0.4526,0.5028] \\
0.6066 & 0.9879 & 0.5868 & 0.8943 & [0.5044,0.5643] & [0.5091,0.5625]
\end{bmatrix}
$$

$$
\begin{bmatrix}
[0.5181, 0.5652] & [0.5294, 0.6111] & [0.5272, 0.6022] & [0.5190, 0.5688] \\
[0.4928, 0.5517] & [0.4871, 0.5876] & [0.4882, 0.5807] & [0.4924, 0.5545] \\
[0.4549, 0.5248] & [0.4235, 0.5406] & [0.4296, 0.5377] & [0.4525, 0.5261] \\
[0.4044, 0.4845] & [0.3388, 0.4701] & [0.3515, 0.4731] & [0.3993, 0.4835] \\
[0.4044, 0.4845] & [0.4023, 0.4936] & [0.3710, 0.4947] & [0.4259, 0.5119] \\
[0.3538, 0.4441] & [0.2541, 0.3526] & [0.2929, 0.3656] & [0.3726, 0.4408] \\
[0.4423, 0.5114] & [0.4235, 0.5641] & [0.4296, 0.5377] & [0.4924, 0.5688] \\
[0.4928, 0.5652] & [0.4871, 0.6111] & [0.4687, 0.6022] & [0.4791, 0.5403] \\
[0.4170, 0.4979] & [0.3812, 0.5171] & [0.4101, 0.5161] & [0.4259, 0.4977] \\
[0.5181, 0.5921] & [0.5082, 0.6346] & [0.5077, 0.6452] & [0.5057, 0.5972]
\end{bmatrix}
$$

3. 权重向量确定

考虑到指标数量较多, 这里采用 1~20 的标度设定综合质量指标两两比较的判断矩阵 $\boldsymbol{A}$:

$$
\boldsymbol{A} = \begin{bmatrix}
1 & \frac{6}{5} & \frac{18}{11} & \frac{9}{5} & \frac{19}{13} & \frac{3}{2} & \frac{5}{2} & \frac{9}{2} & \frac{3}{1} & \frac{6}{1} \\
\frac{5}{6} & 1 & \frac{16}{11} & \frac{3}{2} & \frac{15}{14} & \frac{5}{4} & \frac{15}{8} & \frac{15}{4} & \frac{5}{2} & \frac{5}{1} \\
\frac{11}{18} & \frac{11}{16} & 1 & \frac{11}{10} & \frac{12}{13} & \frac{11}{12} & \frac{3}{2} & \frac{9}{4} & \frac{11}{6} & \frac{4}{1} \\
\frac{5}{9} & \frac{2}{3} & \frac{10}{11} & 1 & \frac{5}{7} & \frac{5}{6} & \frac{10}{7} & \frac{5}{2} & \frac{5}{3} & \frac{10}{3} \\
\frac{13}{19} & \frac{14}{15} & \frac{13}{12} & \frac{7}{5} & 1 & \frac{13}{12} & \frac{7}{4} & \frac{3}{1} & \frac{13}{6} & \frac{11}{3} \\
\frac{2}{3} & \frac{4}{5} & \frac{12}{11} & \frac{6}{5} & \frac{12}{13} & 1 & \frac{9}{7} & \frac{5}{2} & \frac{2}{1} & \frac{9}{2} \\
\frac{2}{5} & \frac{8}{15} & \frac{2}{3} & \frac{7}{10} & \frac{4}{7} & \frac{7}{9} & 1 & \frac{2}{1} & \frac{4}{3} & \frac{8}{3} \\
\frac{2}{9} & \frac{4}{15} & \frac{4}{9} & \frac{2}{5} & \frac{1}{3} & \frac{2}{5} & \frac{1}{2} & 1 & \frac{2}{3} & \frac{4}{3} \\
\frac{1}{3} & \frac{2}{5} & \frac{6}{11} & \frac{3}{5} & \frac{6}{13} & \frac{1}{2} & \frac{3}{4} & \frac{3}{2} & 1 & \frac{2}{1} \\
\frac{1}{6} & \frac{1}{5} & \frac{1}{4} & \frac{3}{10} & \frac{3}{11} & \frac{2}{9} & \frac{3}{8} & \frac{3}{4} & \frac{1}{2} & 1
\end{bmatrix}
$$

由第 10 章中的幂法求得 $\lambda_{\max} = 10.0183$, 以及权向量

$$
\boldsymbol{w} = [0.1830, 0.1500, 0.1102, 0.1007, 0.1282, 0.1177, 0.0783, 0.0420, 0.0600, 0.0300]^{\mathrm{T}}
$$

由式 (10-24) 及式 (10-25) 求得

$$
\mathrm{CI} = \frac{\lambda_{\max} - n}{n - 1} = \frac{10.0183 - 10}{10 - 1} \approx 0.00203
$$

$$CR = \frac{CI}{RI} \approx \frac{0.00203}{1.49} \approx 0.0014 < 0.1$$

判断矩阵 A 满足一致性要求，由 A 计算的权重向量可信。

4. 综合质量评价列向量

由式 (11-30)、式 (11-31) 求得

$$F = \begin{Bmatrix} e_{\text{I-II}} \\ e_{\text{II-III}} \\ e_{\text{III-IV}} \\ e_{\text{IV-V}} \\ e_{\text{批次 }1} \\ e_{\text{批次 }2} \\ e_{\text{批次 }3} \\ e_{\text{批次 }4} \\ e_{\text{批次 }5} \\ e_{\text{批次 }6} \end{Bmatrix} = \begin{Bmatrix} [0.6397, 0.6631] \\ [0.4840, 0.5114] \\ [0.3958, 0.4312] \\ [0.3221, 0.3637] \\ [0.4071, 0.4406] \\ [0.2957, 0.3247] \\ [0.5273, 0.5602] \\ [0.6296, 0.6620] \\ [0.3868, 0.4204] \\ [0.6460, 0.6821] \end{Bmatrix}$$

5. 综合质量判定

由式 (11-28) 和式 (11-29) 计算出综合质量评价列向量中各区间数的期望值和方差，按前述综合质量判定规则可以得到各区间数的排序，即

$$e_{\text{批次 }6} \succ e_{\text{I-II}} \succ e_{\text{批次 }4} \succ e_{\text{批次 }3} \succ e_{\text{II-III}} \succ e_{\text{批次 }1} \succ e_{\text{III-IV}} \succ e_{\text{批次 }5} \succ e_{\text{IV-V}} \succ e_{\text{批次 }2}$$

据此可以判定，批次 1 的综合质量等级为 III 级，批次 2 的综合质量等级为 V 级，批次 3 的综合质量等级为 II 级，批次 4 的综合质量等级为 II 级，批次 5 的综合质量等级为 IV 级，批次 6 的综合质量等级为 I 级，其中，批次 3 和批次 4 的质量等级虽同为 II 级，但批次 4 的质量优于批次 3。

11.5 板带钢综合质量评价灵敏度分析

在前述的板带钢综合质量评价模型中，评价结果依赖于板带钢的规范化属性值及属性权重。一方面，由于属性权重向量的确定与评价者的主观认识和经验等有关，反映的是评价者的主观偏好，尽管在计算权向量时对判断矩阵进行了一致性检验，但这也仅表明了这种主观认识的一致性，在一致性条件下，权重向量仍然是易变的，属性权重的易变性依然会对评价结果产生影响；另一方面，通过属性值的灵敏度分析，可以了解板带钢属性值的变动对其产品质量等级的影响，有利于生产企

业通过控制相关属性值来确保产品质量，例如，对于效益型属性，可通过提高其属性值来提升产品质量等级。因此，对板带钢综合质量评价模型进行属性值和属性权重的灵敏度分析具有重要意义。

11.5.1　属性值灵敏度分析

从多属性决策角度而言，评价矩阵 $\mathbb{F} = \{F_1, F_2, \cdots, F_n\}^{\mathrm{T}}$ 可看作是方案集，其中的每个行向量就相当于一个方案 F_i。现考察单一属性值，即区间数 Δ_{ij} 对评价结果的影响。

设 F_i 的某个属性值 (区间数) 改变，而 F_i 和 F_j 的其他属性值均保持不变时，能使两个方案 F_i 和 F_j 的优劣次序发生改变的区间数 $\Delta_{ik} = [\Delta_{ik}^L, \Delta_{ik}^U]$ 的两个区间端点变化量的临界值分别为 $\eta_{ik}^{L_j}$ 和 $\eta_{ik}^{U_j}$，则当 $\Delta'_{ik} = [\Delta_{ik}^L + \eta_{ik}^{L_j}, \Delta_{ik}^U + \eta_{ik}^{U_j}]$ 时，相应的规范化属性值变为：

对于效益型属性，有

$$r'^{L}_{ik} = \frac{\Delta_{ik}^L + \eta_{ik}^{L_j}}{\sqrt{\sum\limits_{l=1}^{4} \left(\Delta_{lk}^U\right)^2}} = \frac{\Delta_{ik}^L + \eta_{ik}^{L_j}}{\sqrt{\sum\limits_{l=1}^{4} \left(s_{lk}^U\right)^2}} \tag{11-32}$$

$$r'^{U}_{ik} = \frac{\Delta_{ik}^U + \eta_{ik}^{U_j}}{\sqrt{\sum\limits_{l=1}^{4} \left(\Delta_{lk}^L\right)^2}} = \frac{\Delta_{ik}^U + \eta_{ik}^{U_j}}{\sqrt{\sum\limits_{l=1}^{4} \left(s_{lk}^L\right)^2}} \tag{11-33}$$

对于成本型属性，有

$$r'^{L}_{ik} = \frac{1/(\Delta_{ik}^U + \eta_{ik}^{U_j})}{\sqrt{\sum\limits_{l=1}^{4} (1/\Delta_{lk}^L)^2}} = \frac{1/(\Delta_{ik}^U + \eta_{ik}^{U_j})}{\sqrt{\sum\limits_{l=1}^{4} (1/s_{lk}^L)^2}} \tag{11-34}$$

$$r'^{U}_{ik} = \frac{1/(\Delta_{ik}^L + \eta_{ik}^{L_j})}{\sqrt{\sum\limits_{l=1}^{4} (1/\Delta_{lk}^U)^2}} = \frac{1/(\Delta_{ik}^L + \eta_{ik}^{L_j})}{\sqrt{\sum\limits_{l=1}^{4} (1/s_{lk}^U)^2}} \tag{11-35}$$

相应的 F_i 的综合评价区间数为 $e'_i = [e'^{L}_i, e'^{U}_i]$，其中

$$e'^{L}_i = e_i^L + w_k(r'^{L}_{ik} - r_{ik}^L) \tag{11-36}$$

$$e'^{U}_i = e_i^U + w_k(r'^{U}_{ik} - r_{ik}^U) \tag{11-37}$$

由式 (11-28), 有

$$E'\left(u_i\right) = \frac{e'^L_i + e'^U_i}{2} = E\left(u_i\right) + \frac{1}{2}w_k[(r'^L_{ik} + r'^U_{ik}) - (r^L_{ik} + r^U_{ik})] \tag{11-38}$$

$$E'\left(u_j\right) = E\left(u_j\right) \tag{11-39}$$

由式 (11-29), 有

$$D'\left(u_i\right) = \frac{\left(e'^U_i - e'^L_i\right)^2}{12} = \frac{\left[\left(e^U_i - e^L_i\right) - w_k\left(r'^U_{ik} - r'^L_{ik} - r^U_{ik} + r^L_{ik}\right)\right]^2}{12}$$

$$= D\left(u_i\right) + \frac{\left(w_k\delta_{ik}\right)^2 - 2\left(e^U_i - e^L_i\right)\left(w_k\delta_{ik}\right)}{12} \tag{11-40}$$

$$D'\left(u_j\right) = D\left(u_j\right) \tag{11-41}$$

其中

$$\delta_{ik} = \left(r'^U_{ik} - r'^L_{ik}\right) - \left(r^U_{ik} - r^L_{ik}\right) \tag{11-42}$$

当 F_i 和 F_j 的优劣次序由 $F_i \succ F_j$ 改为 $F_i \prec F_j$ 时, 则:

(1) 由 $E(u_i) > E(u_j)$ 改变为 $E'(u_i) < E(u_j)$, 有

$$E'\left(u_i\right) = E\left(u_i\right) + \frac{1}{2}w_k[(r'^L_{ik} + r'^U_{ik}) - (r^L_{ik} + r^U_{ik})] < E\left(u_j\right) \tag{11-43}$$

即

$$\frac{1}{2}w_k[(r'^L_{ik} + r'^U_{ik}) - (r^L_{ik} + r^U_{ik})] < E\left(u_j\right) - E\left(u_i\right) < 0 \tag{11-44}$$

(2) 由 $E(u_i) > E(u_j)$ 改变为 $E'(u_i) = E(u_j)$ 且 $D'(u_i) > D(u_j)$, 有

$$E'\left(u_i\right) = E\left(u_i\right) + \frac{1}{2}w_k[(r'^L_{ik} + r'^U_{ik}) - (r^L_{ik} + r^U_{ik})] = E\left(u_j\right) \tag{11-45}$$

即

$$\frac{1}{2}w_k[(r'^L_{ik} + r'^U_{ik}) - (r^L_{ik} + r^U_{ik})] = E\left(u_j\right) - E\left(u_i\right) < 0 \tag{11-46}$$

及

$$D'\left(u_i\right) = \frac{\left(e'^U_i - e'^L_i\right)^2}{12} = \frac{\left[\left(e^U_i - e^L_i\right) - w_k\left(r'^U_{ik} - r'^L_{ik} - r^U_{ik} + r^L_{ik}\right)\right]^2}{12}$$

$$= D\left(u_i\right) + \frac{\left(w_k\delta_{ik}\right)^2 - 2\left(e^U_i - e^L_i\right)\left(w_k\delta_{ik}\right)}{12} > D\left(u_j\right) \tag{11-47}$$

由式 (11-44) 可知, 导致 F_i 和 F_j 的优劣次序由 $F_i \succ F_j$ 改为 $F_i \prec F_j$ 时的属性值区间数端点临界值取决于 $E(u_j) - E(u_i)$。不失一般性, 下面仅讨论效益型属性的两个特例。

特例一: 属性区间数的两个端点值是按同一数值 ξ 改变时, 即

$$r'^{L}_{ik} = r^{L}_{ik} + \xi \tag{11-48}$$

$$r'^{U}_{ik} = r^{U}_{ik} + \xi \tag{11-49}$$

由式 (11-44) 可知, 若

$$\xi < \frac{E(u_j) - E(u_i)}{w_k} \tag{11-50}$$

则导致 F_i 和 F_j 的优劣次序发生变化。这说明, 当两属性区间数的期望值越接近时, 对属性值的控制就要越严格, 否则稍有扰动, 其质量等级很容易下滑。很显然,

$$\xi = \frac{E(u_j) - E(u_i)}{w_k} \tag{11-51}$$

就是区间端点变化量的临界值。此时, $\delta_{ik} = 0$, 由式 (11-47) 知, 只有在 $D(u_i) > D(u_j)$ 时, 才会发生优劣次序改变。

特例二: 属性区间数的两个端点值是按同一比值 $0 < \zeta < 1$ 改变时, 即

$$\zeta = \frac{r'^{L}_{ik}}{r^{L}_{ik}} = \frac{r'^{U}_{ik}}{r^{U}_{ik}}, \quad k = 1, 2, \cdots, n \tag{11-52}$$

由式 (11-44) 可知, 若

$$\zeta < 1 - \frac{2\left[E(u_i) - E(u_j)\right]}{w_k\left(r^{L}_{ik} + r^{U}_{ik}\right)} \tag{11-53}$$

且

$$\left[E(u_i) - E(u_j)\right] < \frac{w_k\left(r^{L}_{ik} + r^{U}_{ik}\right)}{2} \tag{11-54}$$

将导致 F_i 和 F_j 的优劣次序发生变化。这时

$$\zeta = 1 - \frac{2\left[E(u_i) - E(u_j)\right]}{w_k\left(r^{L}_{ik} + r^{U}_{ik}\right)} \tag{11-55}$$

就是区间端点变化量的临界值。

同理, 当 F_i 和 F_j 的优劣次序由 $F_i \prec F_j$ 改为 $F_i \succ F_j$ 时, 则

$$E'(u_i) = E(u_i) + \frac{1}{2}w_k[(r'^{L}_{ik} + r'^{U}_{ik}) - (r^{L}_{ik} + r^{U}_{ik})] > E(u_j) \tag{11-56}$$

即

$$\frac{1}{2}w_k[(r'^{L}_{ik} + r'^{U}_{ik}) - (r^{L}_{ik} + r^{U}_{ik})] > E(u_j) - E(u_i) > 0 \tag{11-57}$$

对特例一, 其区间端点变化量的临界值仍如式 (11-47) 所示, 当

$$\xi > \frac{E(u_j) - E(u_i)}{w_k} \tag{11-58}$$

时则导致 F_i 和 F_j 的优劣次序发生变化。这说明, 当两属性区间数的期望值差距越大时, 仅通过提高单个属性值来提升其质量等级就越困难。

对特例二, 对应有 $\zeta > 1$, 当

$$\zeta > 1 + \frac{2[E(u_j) - E(u_i)]}{w_k(r_{ik}^L + r_{ik}^U)} \tag{11-59}$$

时方能使 F_i 和 F_j 的优劣次序发生变化。

11.5.2 属性权重灵敏度分析

对于属性指标的权重向量 $\boldsymbol{w} = [w_1, w_2, \cdots, w_n]^{\mathrm{T}}$, 有

$$\sum_{i=1}^{n} w_i = 1, \quad 0 \leqslant w_i \leqslant 1$$

1. 单一属性权重灵敏度分析

设属性 $I_k(1 \leqslant k \leqslant n)$ 所对应的属性权重 w_k 的变化量为 δ_k, 则改变后的属性权重为 $w_k + \delta_k$。若其他属性权重不变, 即其他属性相互间的重要程度不变, 则有

$$w'_1 = \frac{w_1}{w_1 + \cdots + w_{k-1} + (w_k + \delta_k) + w_{k+1} + \cdots + w_n} = \frac{w_1}{1 + \delta_k}$$
$$\cdots\cdots$$
$$w'_k = \frac{w_k + \delta_k}{w_1 + \cdots + w_{k-1} + (w_k + \delta_k) + w_{k+1} + \cdots + w_n} = \frac{w_k + \delta_k}{1 + \delta_k} \tag{11-60}$$
$$\cdots\cdots$$
$$w'_n = \frac{w_n}{w_1 + \cdots + w_{k-1} + (w_k + \delta_k) + w_{j+1} + \cdots + w_n} = \frac{w_n}{1 + \delta_k}$$

假定两方案 F_i 和 F_j 的综合评价区间数分别为 $e_i = [e_i^L, e_i^U]$ 和 $e_j = [e_j^L, e_j^U]$, 权重向量改变后, 其综合评价区间数分别变为 $e'_i = [e'^L_i, e'^U_i]$ 和 $e'_j = [e'^L_j, e'^U_j]$, 其中

$$e'^L_i = \sum_{l=1}^{n} w'_l r_{il}^L = \frac{1}{1 + \delta_k} \sum_{l=1}^{n} w_l r_{il}^L + \frac{\delta_k}{1 + \delta_k} r_{ik}^L = \frac{1}{1 + \delta_k}(e_i^L + \delta_k r_{ik}^L) \tag{11-61}$$

$$e'^U_i = \sum_{l=1}^{n} w'_l r_{il}^U = \frac{1}{1 + \delta_k} \sum_{l=1}^{n} w_l r_{il}^U + \frac{\delta_k}{1 + \delta_k} r_{ik}^U = \frac{1}{1 + \delta_k}(e_i^U + \delta_k r_{ik}^U) \tag{11-62}$$

同理可求得 $e_j'^L$ 和 $e_j'^U$。这时，

$$E'(u_i) = \frac{e_i'^L + e_i'^U}{2} = \frac{1}{1+\delta_k} E(u_i) + \frac{\delta_k}{2(1+\delta_k)}(r_{ik}^U + r_{ik}^L) \tag{11-63}$$

$$E'(u_j) = \frac{e_j'^L + e_j'^U}{2} = \frac{1}{1+\delta_k} E(u_j) + \frac{\delta_k}{2(1+\delta_k)}(r_{jk}^U + r_{jk}^L) \tag{11-64}$$

若 F_i 和 F_j 的优劣次序由 $F_i \succ F_j$ 变为 $F_i \prec F_j$ 时，对应的属性权重 w_k 的变化量临界值为 δ_k^{ij}，则：

(1) 由 $E(u_i) > E(u_j)$ 改变为 $E'(u_i) < E'(u_j)$ 时，有

$$E(u_i) + \frac{\delta_k^{ij}}{2}(r_{ik}^U + r_{ik}^L) < E(u_j) + \frac{\delta_k^{ij}}{2}(r_{jk}^U + r_{jk}^L) \tag{11-65}$$

即

$$\delta_k^{ij} > \frac{2[E(u_i) - E(u_j)]}{(r_{jk}^U + r_{jk}^L) - (r_{ik}^U + r_{ik}^L)} \tag{11-66}$$

(2) 由 $E(u_i) > E(u_j)$ 改变为 $E'(u_i) = E'(u_j)$ 且 $D'(u_i) > D'(u_j)$ 时，有

$$E(u_i) + \frac{\delta_k^{ij}}{2}(r_{ik}^U + r_{ik}^L) = E(u_j) + \frac{\delta_k^{ij}}{2}(r_{jk}^U + r_{jk}^L) \tag{11-67}$$

即

$$\delta_k^{ij} = \frac{2[E(u_i) - E(u_j)]}{(r_{jk}^U + r_{jk}^L) - (r_{ik}^U + r_{ik}^L)} \tag{11-68}$$

很显然，式 (11-68) 就是属性权重变化量的临界值。特别地，当由 $E(u_i) = E(u_j)$ 且 $D(u_i) < D(u_j)$ 改为 $E'(u_i) < E'(u_j)$ 时，有

$$\delta_k^{ij}(r_{ik}^U + r_{ik}^L) < \delta_k^{ij}(r_{jk}^U + r_{jk}^L) \tag{11-69}$$

即

$$\delta_k^{ij}[(r_{ik}^U + r_{ik}^L) - (r_{jk}^U + r_{jk}^L)] < 0 \tag{11-70}$$

这说明，在此情形下，若 $r_{ik}^U + r_{ik}^L < r_{jk}^U + r_{jk}^L$，则 δ_k^{ij} 为任意正数，即 w_k 只要增大就可使 F_i 和 F_j 的优劣次序发生改变；若 $r_{ik}^U + r_{ik}^L > r_{jk}^U + r_{jk}^L$，则 δ_k^{ij} 为任意负数，即 w_k 只要减小就可使 F_i 和 F_j 的优劣次序发生改变。

同理，F_i 和 F_j 的优劣次序由 $F_i \prec F_j$ 变为 $F_i \succ F_j$ 时，有

$$\delta_k^{ij} > \frac{2[E(u_j) - E(u_i)]}{(r_{ik}^U + r_{ik}^L) - (r_{jk}^U + r_{jk}^L)} \tag{11-71}$$

其属性权重变化量的临界值为

$$\delta_k^{ij} = \frac{2\left[E\left(u_j\right) - E\left(u_i\right)\right]}{\left(r_{ik}^U + r_{ik}^L\right) - \left(r_{jk}^U + r_{jk}^L\right)} \tag{11-72}$$

2. 多属性权重灵敏度分析

不失一般性，设前 $n'(1 < n' < n)$ 个属性权重的变化量均为 δ，其他属性权重不变，则调整后的各属性权重分别为：$w_j + \delta(j = 1, 2, \cdots, n')$，$w_j(j = n'+1, n'+2, \cdots, n)$。为使属性权重之和为 1，将各权重作规范化处理，即

$$w'_1 = \frac{w_1 + \delta}{\displaystyle\sum_{j=1}^{n'}(w_j + \delta) + \sum_{j=n'+1}^{n} w_j} = \frac{w_1 + \delta}{1 + n'\delta}$$

$$\cdots\cdots$$

$$w'_{n'} = \frac{w_{n'} + \delta}{\displaystyle\sum_{j=1}^{n'}(w_j + \delta) + \sum_{j=n'+1}^{n} w_j} = \frac{w_{n'} + \delta}{1 + n'\delta}$$

$$w'_{n'+1} = \frac{w_{n'+1}}{\displaystyle\sum_{j=1}^{n'}(w_j + \delta) + \sum_{j=n'+1}^{n} w_j} = \frac{w_{n'+1}}{1 + n'\delta} \tag{11-73}$$

$$\cdots\cdots$$

$$w'_n = \frac{w_n}{\displaystyle\sum_{j=1}^{n'}(w_j + \delta) + \sum_{j=n'+1}^{n} w_j} = \frac{w_n}{1 + n'\delta}$$

若设两方案 F_i 和 F_j 的综合评价区间数分别为 $e_i = [e_i^L, e_i^U]$ 和 $e_j = [e_j^L, e_j^U]$，权重向量改变后，其综合评价区间数分别变为 $e'_i = [e'^L_i, e'^U_i]$ 和 $e'_j = [e'^L_j, e'^U_j]$，其中

$$e'^L_i = \sum_{l=1}^{n} w'_l r_{il}^L = \frac{1}{1 + n'\delta}\sum_{l=1}^{n} w_l r_{il}^L + \frac{\delta}{1 + n'\delta}\sum_{k=1}^{n'} r_{ik}^L = \frac{1}{1 + n'\delta}\left(e_i^L + \delta\sum_{k=1}^{n'} r_{ik}^L\right) \tag{11-74}$$

$$e'^U_i = \sum_{l=1}^{n} w'_l r_{il}^U = \frac{1}{1 + n'\delta}\sum_{l=1}^{n} w_l r_{il}^U + \frac{\delta}{1 + n'\delta}\sum_{k=1}^{n'} r_{ik}^U = \frac{1}{1 + n'\delta}\left(e_i^U + \delta\sum_{k=1}^{n'} r_{ik}^U\right) \tag{11-75}$$

同理可求得 e'^L_j 和 e'^U_j。此时，

$$E'\left(u_i\right) = \frac{e'^L_i + e'^U_i}{2} = \frac{1}{1 + n'\delta}E\left(u_i\right) + \frac{\delta}{2(1 + n'\delta)}\sum_{k=1}^{n'}\left(r_{ik}^U + r_{ik}^L\right) \tag{11-76}$$

$$E'\left(u_j\right) = \frac{e_j'^L + e_j'^U}{2} = \frac{1}{1 + n'\delta}E\left(u_j\right) + \frac{\delta}{2(1 + n'\delta)}\sum_{k=1}^{n'}\left(r_{jk}^U + r_{jk}^L\right) \tag{11-77}$$

(1) 若 F_i 和 F_j 的优劣次序由 $F_i \succ F_j$ 改变为 $F_i \prec F_j$ 时，相关属性权重的变化量临界值为 δ_{ij}，由

$$E'\left(u_i\right) = E'\left(u_j\right) \tag{11-78}$$

即

$$E\left(u_i\right) + \frac{\delta_{ij}}{2}\sum_{k=1}^{n'}\left(r_{ik}^U + r_{ik}^L\right) = E\left(u_j\right) + \frac{\delta_{ij}}{2}\sum_{k=1}^{n'}\left(r_{jk}^U + r_{jk}^L\right) \tag{11-79}$$

求得

$$\delta_{ij} = \frac{2\left[E\left(u_i\right) - E\left(u_j\right)\right]}{\sum_{k=1}^{n'}\left[\left(r_{jk}^U + r_{jk}^L\right) - \left(r_{ik}^U + r_{ik}^L\right)\right]} \tag{11-80}$$

由此，若

$$\delta_{ij} > \frac{2\left[E\left(u_i\right) - E\left(u_j\right)\right]}{\sum_{k=1}^{n'}\left[\left(r_{jk}^U + r_{jk}^L\right) - \left(r_{ik}^U + r_{ik}^L\right)\right]} \tag{11-81}$$

则可导致 F_i 和 F_j 的优劣次序发生改变。特别地，当 $E(u_i) = E(u_j)$ 时，有

$$\delta_{ij}\sum_{k=1}^{n'}\left(r_{ik}^U + r_{ik}^L\right) < \delta_{ij}\sum_{k=1}^{n'}\left(r_{jk}^U + r_{jk}^L\right) \tag{11-82}$$

即

$$\delta_{ij}\left[\sum_{k=1}^{n'}\left(r_{ik}^U + r_{ik}^L\right) - \sum_{k=1}^{n'}\left(r_{jk}^U + r_{jk}^L\right)\right] < 0 \tag{11-83}$$

在此情形下，若 $\sum_{k=1}^{n'}\left(r_{ik}^U + r_{ik}^L\right) < \sum_{k=1}^{n'}\left(r_{jk}^U + r_{jk}^L\right)$，则 δ_{ij} 为任意正数，即相关属性权重只要增大就可使 F_i 和 F_j 的优劣次序发生改变；若 $\sum_{k=1}^{n'}\left(r_{ik}^U + r_{ik}^L\right) > \sum_{k=1}^{n'}\left(r_{jk}^U + r_{jk}^L\right)$，则 δ_{ij} 为任意负数，即相关属性权重只要减小就可使 F_i 和 F_j 的优劣次序发生改变。

(2) 若 F_i 和 F_j 的优劣次序由 $F_i \prec F_j$ 改变为 $F_i \succ F_j$ 时，同理有

$$\delta_{ij} > \frac{2\left[E\left(u_j\right) - E\left(u_i\right)\right]}{\sum\limits_{k=1}^{n'}\left[\left(r_{ik}^U + r_{ik}^L\right) - \left(r_{jk}^U + r_{jk}^L\right)\right]} \tag{11-84}$$

其属性权重变化量的临界值即为

$$\delta_{ij} = \frac{2\left[E\left(u_j\right) - E\left(u_i\right)\right]}{\sum\limits_{k=1}^{n'}\left[\left(r_{ik}^U + r_{ik}^L\right) - \left(r_{jk}^U + r_{jk}^L\right)\right]} \tag{11-85}$$

11.5.3 关于灵敏度分析的几点说明

1. 不灵敏属性

在某些情况下，属性值或属性权重的临界值不存在，这种情况下，该属性是不灵敏属性，即无论属性值或属性权重存在多大扰动或改变，也无法使得原有质量等级 (方案) 发生改变。

(1) 由式 (11-38) 可知，若

$$\left(r'^L_{ik} + r'^U_{ik}\right) - \left(r_{ik}^L + r_{ik}^U\right) = 0 \tag{11-86}$$

即

$$\boldsymbol{\eta}_{ik}^{L_j} = -\boldsymbol{\eta}_{ik}^{U_j} \tag{11-87}$$

则属性 I_k 为不灵敏属性。此时，无论 $\boldsymbol{\eta}_{ik}^{L_j}$ 多大，都不会使得 F_i 和 F_j 的优劣次序发生改变。

(2) 由式 (11-67) 可知，若

$$\left(r_{jk}^U + r_{jk}^L\right) - \left(r_{ik}^U + r_{ik}^L\right) = 0 \tag{11-88}$$

则 I_k 为权重不灵敏属性。此时，无论权重如何改变，也不会导致 F_i 和 F_j 的优劣次序发生改变。

(3) 由式 (11-79) 可知，若

$$\sum\limits_{k=1}^{n'}\left(r_{ik}^U + r_{ik}^L\right) = \sum\limits_{k=1}^{n'}\left(r_{jk}^U + r_{jk}^L\right) \tag{11-89}$$

则属性临界值也不存在。

2. 属性临界值的作用

由前述灵敏度分析可知，若存在属性临界值，则表示相应的质量等级 (方案)

由优变劣时的最大临界值, 也是由劣变优的最小临界值。因此, 属性临界值不仅代表了相关属性的灵敏度, 而且对控制和提升产品质量具有重要的实际意义。

3. 多方案的灵敏度分析

所谓多方案的灵敏度分析, 就是分析考察当属性区间数或属性权重发生变化时, 保持多个方案优劣次序发生改变的临界值。例如, 对属性权重可以通过多个方案两两比较, 得到保持每一对方案优先次序不变时各属性权重变化量的临界值, 然后以同一属性权重所有临界值中正值的最小值以及负值的最大值作为该属性权重变化量的正临界值和负临界值, 即

$$\delta_k^+ = \min\left\{\delta_k^{ij} \mid \delta_k^{ij} > 0, i, j = 1, 2, \cdots, m, i \neq j\right\}, \quad k = 1, 2, \cdots, n \qquad (11\text{-}90)$$

$$\delta_k^- = \max\left\{\delta_k^{ij} \mid \delta_k^{ij} < 0, i, j = 1, 2, \cdots, m, i \neq j\right\}, \quad k = 1, 2, \cdots, n \qquad (11\text{-}91)$$

这样, 就可得到属性权重的稳定区间, 即 $[w_k + \delta_k^-, w_k + \delta_k^+], k = 1, 2, \cdots, n$。将每一个属性权重的稳定区间与 $[0, 1]$ 区间求交集, 便可得到保持多个方案优先次序关系不发生改变时每一个属性权重的稳定区间。

11.5.4　应用实例

这里仍以前述牌号为 CR180BH 的六个批次烘烤硬化带钢为例, 给出相关灵敏度分析的过程。

1. 属性灵敏度分析

现考察批次 1 质量升级和降级时的属性临界值及最小相对变化量。这里仅讨论某一属性值变化, 而保持其他属性值不变的情况。

由 11.4.6 节实例可知, 批次 1 的综合质量等级为Ⅲ级, 若使其升级至Ⅱ级, 式 (11-56) 中的 $E(u_j)$ 为 $\dfrac{e_{\text{Ⅱ-Ⅲ}}^L + e_{\text{Ⅱ-Ⅲ}}^U}{2}$, 而若使其降级为Ⅳ级, 则式 (11-43) 中的 $E(u_j)$ 为 $\dfrac{e_{\text{Ⅲ-Ⅳ}}^L + e_{\text{Ⅲ-Ⅳ}}^U}{2}$。

对于规范化属性按增量形式变化时, 则由式 (11-51) 得到相应的临界值, 如表 11.8 所示。

表 11.8　规范化属性值按增量形式变化时批次 1 升级的临界值

	I_1	I_2	I_3	I_4	I_5	I_6	I_7	I_8	I_9	I_{10}
ξ	0.404	0.492	0.670	0.733	0.576	0.627	0.943	1.758	1.231	2.462

由式 (11-48) 和式 (11-49) 可求得变化后的规范化属性值, 如表 11.9 所示。

表 11.9　按增量形式变化后的规范化属性值

	I_1	I_2	I_3	I_4	I_5	I_6	I_7	I_8	I_9	I_{10}
r'^L	0.872	0.888	1.061	0.989	1.005	1.094	1.348	2.161	1.602	2.888
r'^U					1.062	1.145	1.428	2.252	1.726	2.974

同理，若规范化属性按比例形式变化，则由式 (11-55) 可以得到对应的临界值，如表 11.10 所示。

表 11.10　规范化属性值按比例形式变化时批次 1 升级的临界值

	I_1	I_2	I_3	I_4	I_5	I_6	I_7	I_8	I_9	I_{10}
ζ	1.862	2.246	2.713	3.870	2.260	2.276	3.122	4.925	3.844	6.250

由式 (11-52) 则可求得变化后的规范化属性值，如表 11.11 所示。

表 11.11　批次 1 升级时的增量型变化后的规范化属性值

	I_1	I_2	I_3	I_4	I_5	I_6	I_7	I_8	I_9	I_{10}
r'^L	0.872	0.888	1.061	0.989	0.968	1.061	1.263	1.988	1.426	2.662
r'^U					1.098	1.177	1.513	2.431	1.901	3.199

对于属性值为效益型属性 (I_1 及 $I_{5\sim10}$) 时，由式 (11-32) 和式 (11-33) 可以求得变化后相应的属性值，而对于成本型属性 ($I_{2\sim4}$)，则由式 (11-34) 和式 (11-35) 求得变化后的属性值，分别如表 11.12(增量变化) 和表 11.13(比例变化) 所示。

表 11.12　增量形式变化致使批次 1 升级的属性值

	I_1	I_2	I_3	I_4	I_5	I_6	I_7	I_8	I_9	I_{10}
Δ'^L	132.202	4.452	0.022	1.809	447.977	785.555	106.087	9.581	0.802	209.124
Δ'^U					450.093	792.746	106.635	10.203	0.820	216.969

表 11.13　比例形式变化致使批次 1 升级的属性值

	I_1	I_2	I_3	I_4	I_5	I_6	I_7	I_8	I_9	I_{10}
Δ'^L	132.193	4.452	0.022	1.809	433.849	769.245	99.911	9.357	0.730	200.009
Δ'^U					463.247	807.809	112.406	10.343	0.884	225

由此可计算出各单一属性值的相对变化量 γ'，即

$$\gamma' = \left| 1 - \frac{\Delta'_{ik}}{\Delta_{ik}} \right| \tag{11-92}$$

其中，对于属性值是区间数时，Δ_{ik} 和 Δ'_{ik} 均取区间均值。批次 1 变化前的属性值如表 11.14 所示。

表 11.14　批次 1 变化前的属性值

	I_1	I_2	I_3	I_4	I_5	I_6	I_7	I_8	I_9	I_{10}
Δ^L					192	338	32	1.9	0.19	32
Δ^U	71	10	0.06	7	205	355	36	2.1	0.23	36

由式 (11-92) 可计算得到各单一属性值的相对变化量, 计算结果如表 11.15 和表 11.16 所示。

表 11.15　增量形式变化的属性值相对变化量

	I_1	I_2	I_3	I_4	I_5	I_6	I_7	I_8	I_9	I_{10}
γ'	86.2%	55.5%	63.3%	74.2%	126.2%	127.7%	212.8%	394.6%	286.3%	526.6%

表 11.16　比例形式变化的属性值相对变化量

	I_1	I_2	I_3	I_4	I_5	I_6	I_7	I_8	I_9	I_{10}
γ'	86.2%	55.5%	63.3%	74.2%	126.0%	127.6%	212.2%	392.5%	284.4%	525.0%

由表 11.15 和表 11.16 中的各单一属性值相对变化量可知, 无论是增量形式变化还是比例形式变化, 其最小值 (55.5%) 均对应于板型属性值, 相应的临界值为 4.452。这就是说, 在本例情况下, 单纯从改变一个属性指标值来提升整体综合质量, 其难度也是非常大的, 甚至是不可能的。在这种情况下, 生产企业更应该关注的是如何避免某属性指标的恶化而造成整炉号 (或批次) 产品的综合质量降级。

按前述计算步骤, 可以分析求得批次 1 降级时的属性临界值及相对变化量, 最终的计算结果如表 11.17 和表 11.18 所示。

表 11.17　增量形式变化批次 1 降级时的属性临界值及相对变化量

	I_1	I_2	I_3	I_4	I_5	I_6	I_7	I_8	I_9	I_{10}
ξ	−0.057	−0.069	−0.094	−0.103	−0.0807	−0.0879	−0.1322	−0.2464	−0.1725	−0.345
r'^L					0.348	0.379	0.272	0.156	0.348	0.379
r'^U	0.412	0.326	0.297	0.153	0.405	0.429	0.352	0.247	0.405	0.429
Δ'^L					155.829	274.268	21.540	0.736	155.829	274.268
Δ'^U	62.423	12.114	0.079	11.712	170.947	294.658	26.177	1.052	170.947	294.658
γ'	12.1%	21.1%	31.7%	67.3%	17.7%	17.9%	29.8%	55.3%	40.1%	73.8%

表 11.18　比例形式变化批次 1 降级时的属性临界值及相对变化量

	I_1	I_2	I_3	I_4	I_5	I_6	I_7	I_8	I_9	I_{10}
ζ	0.880	0.825	0.760	0.598	0.823	0.821	0.703	0.450	0.602	0.264
r'^L					0.353	0.383	0.284	0.181	0.353	0.383
r'^U	0.412	0.326	0.297	0.153	0.400	0.425	0.340	0.222	0.400	0.425

续表

	I_1	I_2	I_3	I_4	I_5	I_6	I_7	I_8	I_9	I_{10}
Δ'^L	62.414	12.114	0.079	11.712	158.087	277.595	22.484	0.855	158.087	277.595
Δ'^U					168.799	291.511	25.296	0.945	168.799	291.511
γ'	12.1%	21.1%	31.7%	67.3%	17.7%	17.9%	29.7%	55.0%	39.8%	73.6%

由表 11.17 和表 11.18 可知，各单一属性值相对变化量的最小值是表面质量的相对变化量，仅为 12.1%，其对应的临界值为 62.4。这表明，在下一炉号 (或批次) 的生产中，若不对影响表面质量的因素加以严格控制，很可能会由该属性的恶化而导致整个批次的产品综合质量降级。

2. 属性权重灵敏度分析

属性权重灵敏度分析需要对众多炉号 (或批次)的板带钢与其各自对应的标准分界板带钢相比较所得到的最终结果进行分析，因而首先要获得每个炉号 (或批次) 板带钢的各属性值，数据量较大，但也正因为这样，所分析的结果才更加有指导意义。

不失一般性，这里对 8 个属性 (I_k, $k = 1, 2, 3, 4, 7, 8, 9, 10$) 的权重进行单一属性权重灵敏度的分析计算，即按式 (11-72) 求取权重的变化临界值；对其余两个属性 (I_5 和 I_6，即屈服强度属性和抗拉强度属性) 权重，按多属性权重灵敏度分析方法进行计算，即按式 (11-85) 求取相应的权重变化临界值。各批次质量等级因权重变化发生升级或降级的权重变化临界值如表 11.19 所示。

表 11.19　属性权重的变化临界值

	w_1	w_2	w_3	w_4	w_5	w_6	w_7	w_8	w_9	w_{10}
批次 6↓	−0.9583	−0.0640	0.0647	*	−9.3703	−9.3703	−0.9405	−11.0002	−1.0766	−1.6755
批次 4↑	0.2121	0.0283	*	−0.0188	−0.1279	−0.1279	−0.4427	−0.2648	−0.1915	−0.1637
批次 4↓	−1.6046	−0.2998	−0.4732	−0.6210	8.7118	8.7118	−21.9408	−12.6042	−148.1020	10.7709
批次 3↑	−3.2820	−0.8174	−0.3439	−0.3611	−3.4670	−3.4670	−1.6613	−1.4081	−1.3282	−8.0940
批次 3↓	−1.3912	−0.2796	*	−0.1931	10.8353	10.8353	1.0143	1.0574	0.9065	−6.4406
批次 1↑	−1.2433	−0.7482	−0.9444	−0.7226	−0.7949	−0.7949	−0.9492	−0.8261	0.7269	−1.3538
批次 1↓	−1.5923	−0.1135	−0.1851	−0.3245	0.2559	0.2559	0.2280	0.3035	0.2037	0.5074
批次 5↑	−0.3750	−0.4541	0.1771	0.3103	−0.2360	−0.2360	−0.3056	−0.3009	−0.4818	−0.3600
批次 5↓	−1.5328	−0.7175	−0.3879	−0.5705	−1.1961	−1.1961	−4.6692	−1.3579	−1.1949	−2.9755
批次 2↑	−1.2434	3.1442	−1.5352	2.4222	−0.2778	−0.2778	−0.7187	−0.3234	−0.3937	−0.9424

表 11.19 中，"批次6↓"表示批次 6 的带钢综合质量因属性权重的变化由原等级 I 级下降一级；"批次 4↑"表示批次4 的带钢综合质量因属性权重的变化由原等级 II 级上升一级；其余类似。表中 "*" 表示对应情况下的属性权重变化量临界值不存在。

3. 多方案的灵敏度分析

由式 (11-90) 和式 (11-91) 可计算得到多批次带钢保持各自综合质量等级不变

时每个属性权重的正临界值和负临界值，如表 11.20 所示。

由此可得到属性权重的稳定区间，即 $[w_k + \delta_k^-, w_k + \delta_k^+], k = 1, 2, \cdots, 10$，如表 11.21 所示。

表 11.20　属性权重的正、负临界值

	w_1	w_2	w_3	w_4	w_5	w_6	w_7	w_8	w_9	w_{10}
δ_k^-	−0.3750	−0.0640	−0.1852	−0.0188	−0.1279	−0.1279	−0.3056	−0.2648	−0.1915	−0.1637
δ_k^+	0.2121	0.0283	0.0647	0.3103	0.2559	0.2559	0.2280	0.3035	0.2037	0.5074

表 11.21　属性权重的稳定区间

w_1	w_2	w_3	w_4	w_5
[0,0.3951]	[0.0860,0.1783]	[0,0.1749]	[0.0819,0.4110]	[0.0003,0.3841]

w_6	w_7	w_8	w_9	w_{10}
[0,0.3736]	[0,0.3063]	[0,0.3455]	[0,0.2637]	[0,0.5374]

表 11.21 给出了保持多批次带钢各自质量等级不变时属性权重发生变动的稳定区间，当权重在稳定区间范围内变动时，便可以保证各带钢综合质量等级不发生改变。通过对表 11.21 中数据的分析不难发现，在十个属性权重中，允许变动范围最小的是属性 I_2(板形值) 的权重，其允许变动的范围为 0.0923，其余九个属性权重允许变动范围的大小均大于 0.1。考虑到本例中属性的个数为十个，各属性权重的允许变动范围相对较大，即属性权重灵敏度较小，因此，以本例所给定的属性权重对板带钢综合质量等级进行评价，其评价结果的稳定性好，评价结果的可信度高。

参 考 文 献

[1] Davies E R. 计算机与机器视觉: 理论、算法与实践. 北京: 机械工业出版社, 2013.

[2] 姜涛, 王安麟, 王石刚, 等. 基于机器视觉的印刷电路板误差校正方法. 上海交通大学学报, 2005, (6): 945-949.

[3] 吴贵芳, 徐科, 杨朝霖. 钢板表面质量在线监测技术. 北京: 科学出版社, 2010.

[4] 德国钢铁学会. 热轧、冷轧、热镀、电镀金属板带的表面缺陷图谱. 2 版. 中国金属学会《钢铁》编辑部, 2000.

[5] 徐科, 杨朝霖, 周鹏. 热轧带钢表面缺陷在线检测的方法与工业应用. 机械工程学报, 2009, 45(4): 111-114.

[6] 杨水山. 冷轧带钢表面缺陷机器视觉自动检测技术研究. 哈尔滨: 哈尔滨工业大学, 2009.

[7] 童华强. 冷轧带钢表面缺陷及粗糙度检测系统的应用. 钢铁研究, 1997, (3): 95.

[8] 佐々木聡洋, 高田英紀, 戸村寧男. ぶりき原板の表面自動検查装置. JFE 技报, 2006, 12(5): 13-16.

[9] Badger J C, Enright S T. Automated surface inspection system. Iron and Steel Engineer, 1996, 73(3): 48-51.

[10] Rodrick T J. Software controlled on-line surface inspection. Steel Times International, 1998, 22(3): 30.

[11] Medina R, Gayubo F, González-Rodrigo L M, et al. Automated visual classification of frequent defects in flat steel coils. The International Journal of Advanced Manufacturing Technology, 2011, 57(9-12): 1087-1097.

[12] 徐科, 徐金梧. 冷轧带钢表面质量自动检测系统的在线应用研究. 冶金自动化, 2003, 27(1): 51-53.

[13] 何永辉, 黄胜标, 石桂芬, 等. 冷轧带钢表面缺陷在线检测系统应用研究. 2007 中国钢铁年会论文集, 2007.

[14] Ceracki P, Reizig H J, Rudolphi U, et al. On-line surface inspection of hot rolled strip. Metallurgical Plant and Technology International(Germany), 2000, 23(4): 66-68.

[15] Bailleul M. Dynamic surface inspection at the hot-strip mill. 2005 年钢铁行业自动化国际研讨会论文集, 2005: 250.

[16] 何永辉, 苗润涛, 陈云, 等. 基于 LED 光源的热轧带钢表面质量在线检测系统的开发与应用. 宝钢技术, 2011, (3): 1-5.

[17] 吴艳萍. 板带钢质量综合评价方法研究. 沈阳: 东北大学, 2008.

[18] 董德威. 板带钢质量评价方法及其灵敏度分析研究. 沈阳: 东北大学, 2012.

[19] 张尧. 板带钢表面检测实验用硬件平台的构建. 沈阳: 东北大学, 2007.

[20] 刘伟鬼, 颜云辉, 孙宏伟. 冷轧带钢表面缺陷在线检测软件体系结构设计. 计算机工程与设计, 2008, 29(5): 1276-1278.

[21] 赵松青, 王敏, 黄心汉, 等. 基于神经网络的带钢表面孔洞检测系统研究. 华中理工大学学报 (自然科学版), 2004, 32(增刊): 220-222.

[22] 苏卫星. 基于 DSP 的带钢表面缺陷在线监测系统实时性研究. 沈阳: 东北大学, 2006.

[23] 彭怡书. 带钢表面缺陷图像脉冲与高斯噪声的滤除研究. 沈阳: 东北大学, 2011.

[24] 刘伟鬼. 冷轧带钢表面缺陷检测中非缺陷信息滤除问题的研究. 沈阳: 东北大学, 2008.

[25] 丛家慧. 引入人类视觉特性的带钢表面缺陷检测与识别方法研究. 沈阳: 东北大学, 2010.

[26] 刘伟鬼, 颜云辉, 孙宏伟, 等. 一种基于邻域噪声评价法的图像去噪算法. 东北大学学报: 自然科学版, 2008, 29(7): 1033-1036.

[27] 刘伟鬼, 颜云辉, 孙宏伟, 等. 基于邻域评价法的带钢表面缺陷图像脉冲噪声去除. 仪器仪表学报, 2008, 29(9): 1846-1850.

[28] 刘伟鬼, 颜云辉, 李瞻宇, 等. 带钢表面缺陷在线检测系统的图像滤波算法. 东北大学学报(自然科学版), 2009, 30(3): 430-433.

[29] 魏玉兰, 颜云辉, 颜枫, 等. 带钢缺陷检测系统中的噪声滤除方法研究. 组合机床与自动化加工技术, 2009, (8): 45-48.

[30] 曾祥忠. 机器视觉及其应用 (系列讲座) 第二讲图像采集技术 —— 机器视觉的基础. 应用光学, 2006, 6: 5-9.

[31] 何斌, 马天予, 王运坚, 等. Visual C++ 数字图像处理. 北京: 人民邮电出版社, 2001.

[32] 章毓晋. 图像处理和分析. 北京: 清华大学出版社, 2000.

[33] 余松煜, 周源华, 张瑞. 数字图像处理. 上海: 上海交通大学出版社, 2007.

[34] 许道峰. 基于 LVQ 的带钢表面缺陷分类研究. 中国仪器仪表, 2004, (2): 5-7.

[35] Smolka B, Wojciechowski K W, Szczepanski M. Random walk approach to image enhancement. International Conference on Image Analysis and Processing, 2001: 174-179.

[36] Tukey J W. Exploratory Data Analysis Reading. MA: Addison-Wesley, 1977(preliminary edition, 1971).

[37] Gallagher N J, Wise G. A theoretical analysis of the properties of median filters. IEEE Transactions on Acoustics, Speech and Signal Processing, 1981, 29(6): 1136-1141.

[38] Wang X. Adaptive multistage median filter. IEEE Transactions on Signal Processing, 1992, 40(4): 1015-1017.

[39] Brownrigg D R K. The weighted median filter. Communications of the ACM,1984, 27(8): 807-818.

[40] Sun T, Neuvo Y. Detail-preserving median based filters in image processing. Pattern Recognition Letters, 1994, 15(4): 341-347.

[41] Astola J, Haavisto P, Neuvo Y. Vector median filters. Proceedings of the IEEE, 1990: 678-689.

[42] Lukac R. Adaptive vector median filtering. Pattern Recognition Letters, 2003, 24(12): 1889-1899.

[43] Smolka B, Plataniotis K N, Chydzinski A, et al. Self-adaptive algorithm of impulsive noise reduction in color images. Pattern Recognition, 2002, 35(8): 1771-1784.

[44] Smolka B, Lukac R, Chydzinski A, et al. Fast adaptive similarity based impulsive

noise reduction filter. Real-Time Imaging Special Issue on Spectral Imaging, 2003, 9(4): 261-276.

[45] Miyahara M, Kotani K, Algazi V R. Objective picture quality scale (PQS) for image coding. IEEE Transactions on Communications, 1998, 46(9): 1215-1226.

[46] Smolka B, Chydzinski A. Fast detection and impulsive noise removal in color images. Real-Time Imaging, 2005, 11 (5/6): 389-402.

[47] Smolka B, Szczepansk M, Plataniotis K N, Venetsanopoulos A N. On the modified weighted vector median filter. 14th International Conference on Digital Signal Processing, 2002, 2(2): 939-942.

[48] Tang K J, Astola J, Neuvo Y. Nonlinear multivariate image filtering techniques. IEEE Transactions on Image Processing, 1995, 4(6): 788-798.

[49] Algazi V R, Ford G E, Chen H. Linear filtering of images based on properties of vision. IEEE Transactions on Image Processing, 1995, 4(10): 1460-1464.

[50] Perona P, Malik J. Scale-space and edge detection using anisotropic diffusion. IEEE Transactions on Pattern Analysis and Machine Intelligence, 1990, 12(7): 629-639.

[51] Weickert J. Anisotropic Diffusion in Image Processing. Stuttgart: Teubner-Verlag, 1998.

[52] Rudin L, Osher S. Total variation based image restoration with free local constraints. Proceedings of the IEEE International Conference on Image Processing. Piscataway: IEEE Press, 1994: 31-35.

[53] Lin H D. Automated defect inspection of light-emitting diode chips using neural network and statistical approaches. Expert Systems with Applications, 2007, 36(1): 219-226.

[54] Bashar M K, Matsumoto T, Ohnishi N. Wavelet transform-based locally orderless images for texture segmentation. Pattern Recognition Letters, 2003, 24(15): 2633-2650.

[55] Arivazhagan S, Ganesan L. Texture segmentation using wavelet transform. Pattern Recognition Letters, 2003, 24 (16): 3197-3203.

[56] Land E H. The retinex theory of color vision. Scientific American, 1997, 237(6): 108-128.

[57] Moses Y, Adini Y, Ullman S. Face recognition: The problem of compensating for changes in illumination direction. Proceedings of the ECCV'94, Stockholm, Sweden, 1994, I: 286-296.

[58] Wang W, Shan S, Gao W. An improved active shape model for face alignment. Proceedings of the ICMI'02, Pitt sburgh, 2002: 523-528.

[59] 魏玉兰. 带钢表面缺陷多域检测方法研究. 沈阳: 东北大学, 2010.

[60] 梁惠升. 不同图像采集方式下带钢表面缺陷特征的图像融合. 沈阳: 东北大学, 2008.

[61] 魏玉兰, 颜云辉, 李兵, 等. 邻域灰度与空间特征相结合的互信息配准方法. 中国机械工程. 2011, 22(4): 439-443.

[62] Wei Y, Yan Y, Zhang J, et al. Strip steel surface defect image mosaic method based on area CCD//2010 2nd International Conference on Information Science and Engineering (ICISE). IEEE, 2010: 5412-5415.

[63] Rohrmus D. Invariant texture features for web defect detection and classification. SPIE Proc (Proceedings on Machine Vision Systems for Inspection and Metrology VIII), 1999, 3836: 144-155.

[64] Dai X L, Khorram S. A feature-based image registration algorithm using improved chain-code representation combined with invariant moments. IEEE Transactions on Geoscience and Remote Sensing, 1999, 37(5): 2351-2362.

[65] Hsieh J W, Liao H Y M, Fan K C, et al. Image registration using a new edge-based approach. Computer Vision and Image Understanding, 1997, 67(2): 112-130.

[66] Li H, Manjunath B, Mitra S. A contour-based approach to multisensor image registration. IEEE Transactions on Image Processing, 1995, 4(3): 320-334.

[67] Bourret P, Cabon B. A neural approach for satellite image registration and pairing segmented areas. SPIE, 1995, (2579): 22-26.

[68] 冯林, 严亮, 黄德根. PSO 和 Powell 混合算法在医学图像配准中的应用研究. 北京生物医学工程, 2005, 24(1): 8-12.

[69] Mark P. An approach to multimodal biomedical image utilizing particle swarm optimization. IEEE Transactions on Evolutionary Computation, 2004, 8(3): 289-301.

[70] 唐斌兵, 陈团强, 王正明. 基于小波变换的图像配准方法. 计算机应用, 2007, 27(9): 2103-2105.

[71] Chu W, Gao X, Sorooshian S. Handling boundary constraints for particle swarm optimization in high-dimensional search space. Information Sciences, 2011, 181(20): 4569-4581.

[72] 刘贵喜. 多传感器图像融合方法研究. 西安: 电子科技大学, 2001.

[73] 李伟. 像素级图像融合方法及应用研究. 广州: 华南理工大学, 2006.

[74] Piella G. A region-based multiresolution image fusion algorithm. Proceedings of the 5th International Conference on Information Fusion, Annapolis, USA, 2002: 1557-1564.

[75] Liu J, Zhang L S, Xu K X. Multimodal face recognition based on images fusion on feature and decision levels. Nanotechnology and Precision Engineering, 2009, 7(1): 65-70.

[76] Do M N, Vetterli M. Coutourlets: A new directional multiresolution image representation// Conference Record of the Thirty-Sixth Asilomar Conference on Signals. Systems and Computers, 2002, 11(1): 497-501.

[77] Do M N, Vetterli M. Framing pyramids. IEEE Transaction Signal Processing, 2003, 51(9): 2329-2342.

[78] Bamberger R H, Smith M J T. A filter bank for the directional decomposition of images:Theory and design. IEEE Transation Signal Processing, 1992, 40(4): 882-893.

[79] 崔屹. 图像处理与分析——数学形态学方法与应用. 北京: 科学出版社, 2000.

[80] 焦波, 李国辉, 涂丹, 等. 一种视频序列中二值图像的快速聚类算法. 湖南大学学报 (自然科学版), 2008, 35(8): 73-77.

[81] 胡良梅, 高隽, 何柯峰. 图像融合质量评价方法的研究. 电子学报, 2004, 32(12A): 218-221.

[82] Xydeas C S, Petrovic V. Objective image fusion performance measure. Electron Letter, 2003, 6(4): 308, 309.

[83] 章毓晋. 图像分割. 北京: 科学出版社, 2001.

[84] 贾迪野. 一种全局优化的水平集图像分割方法. 中国图象图形学报, 2005, 10(1): 25-30.

[85] 李迎春. 空间图像的分割与定位算法研究. 吉林大学学报 (信息科学版), 2003, 21(3): 243-246.

[86] Otsu N. A threshold selection method from gray-level histogram. IEEE Transaction on Systems, Man and Cybemet, 1979, 9(1): 62-66.

[87] Kurita T, Otsu T N, Abdelmalik N. Maximum likelihood thresholding based on population mixture models. Pattern Recognition, 1992, (25): 1231-1240.

[88] Lee S W, Lee D J, Park H S. New methodlogy for gray-scale, character segmentatinn and recognition. IEEE Transaction on Pattern Analysis and Machine Intelligence, 1996, 18(10): 1045-1050.

[89] Guha P. Automated visual inspection of steel surface, texture segmentation and development of a perceptual similarity measure. Indian Institute of Technology, 2001.

[90] 刘健庄, 栗文清. 灰度图像的二维 Otsu 自动阈值分割法. 自动化学报, 1993, 19(1): 101-105.

[91] 张海安. 带钢表面缺陷的实时检测及分割定位研究. 沈阳: 东北大学, 2006.

[92] Cariserti C A, Fong T Y, Fromm C. Learn self-learning defect classifier. Iron and Steel Engineer, 1998, 75(8): 50-53.

[93] Dunn D, Higgins W E. Optimal Gabor filters for texture segmentation. IEEE Transactions on Image Processing, 1995, 4(7): 947-964.

[94] Watanabe M. Reward expectancy in primate prefrontal neurons. Nature, 1996, 382: 521-535.

[95] Robert C, Richard G. A cortical model of winner-take-all competition via lateralinhibition. Neural Networks, 1992, 5(1): 47-54.

[96] Itti L, Koch C, Niebur E. A model of saliency-based visual-attention for rapid scene analysis. IEEE Transactions on Pattern Analysis and Machine Intelligence, 1998, 20(11): 1254-1259.

[97] 丛家慧, 颜云辉, 董德威. Gabor 滤波器在带钢表面缺陷检测中的应用. 东北大学学报: 自然科学版, 2010, (2): 257-260.

[98] Qian S, Chen D. Discrete gabor transform. IEEE Trans. on Signal Processing, 1993, 41(7): 2429-2438.

[99] 丛家慧, 颜云辉. 视觉注意机制在带钢表面缺陷检测中的应用. 中国机械工程, 2011, 22(10): 1189-1192.

[100] Song K, Yan Y. Micro surface defect detection method for silicon steel strip based on saliency convex active contour model. Mathematical Problems in Engineering, 2013, 2013(4): 1-13.

[101] Achanta R, Hemami S, Estrada F, et al. Frequency-tuned salient region detection. IEEE Conference on Computer Vision and Pattern Recognition, CVPR, 2009: 1597-1604.

[102] Achanta R, Susstrunk S. Saliency detection using maximum symmetric surround. 2010 17th IEEE International Conference on Image Processing (ICIP), 2010: 2653-2656.

[103] 侯扬. 带钢表面缺陷图像的一类特征提取及其降维方法研究. 沈阳: 东北大学; 2011.

[104] Hu M K. Visual pattern recognition by moment invariants. IRE Transaction on Information Theory, 1962, IT(8): 179-487.

[105] 张媛, 程万胜, 赵杰. 不变矩法分类识别带钢表面的缺陷. 光电工程, 2008, 35(7): 90-94.

[106] 颜云辉, 高金鹤, 刘勇, 等. 基于小波变换的金属断口模式识别与分类. 金属学报, 2002, 38(3): 309-314.

[107] Bruna J, Mallat S. Invariant scattering convolution networks. IEEE Transactions on Pattern Analysis and Machine Intelligence, 2013, 35(8): 1872-1886.

[108] LeCun Y, Kavukcuoglu K, Farabet C. Convolutional networks and applications in vision. Proceedings of 2010 IEEE International Symposium on Circuits and Systems (ISCAS), 2010: 253-256.

[109] Mallat S. Recursive interferometric representation. Proc. of EUSICO Conference, Danemark, 2010.

[110] Mallat S. Group invariant scattering. Communications on Pure and Applied Mathematics, 2012, 65(10): 1331-1398.

[111] 吴桂芳, 徐科, 杨朝林. 钢板表面质量在线监测技术. 北京: 科学出版社, 2010.

[112] Bruna J. Scattering representations for pattern and texture recognition. CMAP, Ecole Polytechnique, 2012.

[113] Portilla J, Simoncelli E P. A parametric texture model based on joint statistics of complex wavelet coefficients. International Journal of Computer Vision, 2000, 40(1): 49-70.

[114] Leung T, Malik J. Representing and recognizing the visual appearance of materials using three-dimensional textons. International Journal of Computer Vision, 2001, 43(1): 29-44.

[115] Song K, Hu S, Yan Y. Automatic recognition of surface defects on hot-rolled steel strip using scattering convolution network. Journal of Computational Information Systems, 2014, 10(7): 3049-3055.

[116] Ojala T, Pietikainen M, Maenpaa T. Multiresolution gray-scale and rotation invariant texture classification with local binary patterns. IEEE Transactions on Pattern Analysis and Machine Intelligence, 2002, 24(7): 971-987.

[117] Guo Z, Zhang D. A completed modeling of local binary pattern operator for texture classification. IEEE Transactions on Image Processing, 2010, 19(6): 1657-1663.

[118] Tan X, Triggs B. Enhanced local texture feature sets for face recognition under difficult lighting conditions. IEEE Transactions on Image Processing, 2010, 19(6): 1635-1650.

[119] Pernkopf F. Detection of surface defects on raw steel blocks using Bayesian network classifiers. Pattern Analysis and Applications, 2004, 7(3): 333-342.

[120] Agarwal K, Shivpuri R, Zhu Y, et al. Process knowledge based multi-class support vector classification (PK-MSVM) approach for surface defects in hot rolling. Expert Systems with Applications, 2011, 38(6): 7251-7262.

[121] Ojala T, Pietikäinen M, Harwood D. A comparative study of texture measures with classification based on featured distributions. Pattern Recognition, 1996, 29(1): 51-59.

[122] 韩英莉. 带钢表面缺陷分级检测相关技术的研究. 沈阳: 东北大学, 2008.

[123] 魏天宇. 板带材表面缺陷组合特征的降维聚类识别算法研究. 沈阳: 东北大学, 2006.

[124] 韩英莉, 颜云辉. 一种带钢表面缺陷识别与分类的研究—基于混合加权特征和 RBF 网络的方法 [J]. 计算机工程与应用, 2007, 43(14): 207-209.

[125] 边肇祺, 张学工. 模式识别. 北京: 清华大学出版社, 2000.

[126] Oja E. A simplified neuron model as a principal component analyzer. Math. Biol., 1982, 15(2): 267-273.

[127] Kohonen T. Self organized formation of topologically correct feature maps. Biological Cybernetics, 1982, 43: 59-69.

[128] 哈斯巴干, 马建文, 李启青, 等. 多波段遥感数据的自组织神经网络降维分类研究. 武汉大学学报, 2004, 5: 461-466.

[129] 李骏, 颜云辉, 王成明, 等. 基于组合特征降维聚类算法的板带材表面缺陷检测. 机械制造, 2007, 45(6): 65–67.

[130] 阎平凡, 张长水. 人工神经网络与模拟进化计算. 北京: 清华大学出版社, 2000.

[131] Kira K, Rendell L A. A practical approach to feature selection// sProceedings of the ninth International Workshop on Machine Learning. Morgan Kaufmann Publishers Inc., 1992: 249-256.

[132] Kononenko I. Estimation attributes: analysis and extensions of RELIEF. Proceedings of the 1994 European Conference on Machine Learning, 1994: 171-182.

[133] 陈永光, 王国柱, 撤潮, 等. 木材表面缺陷边缘形态检测算法的研究. 木材加工机械, 2003, (3): 18-22.

[134] Cheng J, Greiner R. Comparing Bayesian network classifiers. Proceedings of the 15th Conference on Uncertainty in Artificial Intelligence, 1999: 101-108.

[135] Song C Y, Song Z H, Li P, et al. The study of Naive Bayes algorithm online in data mining// Intelligent Control and Automation, WCICA 2004. Fifth World Congress on Publication, 2004, 5: 4323-4326.

[136] Soucy P, Mineau G W. A simple KNN algorithm for text categorization. Proceedings of the IEEE International Conference on Data Mining, 2001: 647, 648.

[137] Qiu C Y, Nixon M S, Damper R I. Implementing the k-nearest neighbour rule via a neural network. Proceedings of the IEEE International Conference on Neural Networks, 1995, 1: 136-140.

[138]　Kuncheva L I. Fitness function in editing knn reference set by genetic algorithms. Pattern Recognition, 1997, 30(6): 1041-1049.

[139]　Kennedy J, Eberhart R C. Particle swarm optimization. Proceeding of IEEE International Conference on Neural Networks (ICNN), Perth, Australia, 1995.

[140]　Eberhart R C, Kenedy J.A new optimizer using particle swarm thery. Proceeding of the Sixth International Symposium on Micro Machine and Human Science, Nagoya, Japan, 1995.

[141]　杨淑莹. 模式识别与智能计算. 北京: 电子工业出版社, 2011.

[142]　邓乃扬, 田英杰. 支持向量机: 理论、算法与拓展. 北京: 科学出版社, 2009.

[143]　王成明, 颜云辉, 陈世礼, 等. 基于改进支持向量机的冷轧带钢表面缺陷分类识别. 东北大学学报, 2007, 28(3): 410-413.

[144]　施彦, 韩力群, 廉小亲. 神经网络设计方法与实例分析. 北京: 北京邮电大学出版, 2009.

[145]　王成明, 颜云辉, 李骏, 等. 基于 BP 神经网络的冷轧带钢表面质量检测研究. 机械设计与制造, 2007, (6): 106-108.

[146]　王成明, 颜云辉, 李骏, 等. 模糊神经网络法及其在缺陷模式识别中的应用. 计算机集成制造系统, 2007, 13(9): 1774-1779.

[147]　张向东, 孙薇, 金锦良. 多层前馈模糊神经网络进行图像识别. 计算机应用与软件, 2001, (5): 1-4

[148]　Kbir M A, Benkirane H, Maalmi K, et al. Hierarchical fuzzy partition for pattern classification with fuzzy if-then rules. Pattern Recognition Letters, 2000, 21: 503-509.

[149]　Denoeux T. Modeling vague beliefs using fuzzy-valued belief structures. Fuzzy Sets and System, 2000, 116: 167-199.

[150]　韩英莉, 颜云辉, 王成明. 基于 Matlab 的 RBF 网络的带钢表面缺陷的识别与分类研究. 机械制造, 2007, 45(3): 24-26.

[151]　Karayiannis N B. Reformulated radial basis neural networks. IEEE Transaction on Neural Networks, 1999, 10(3): 657-671.

[152]　高新波. 模糊聚类分析及其应用. 西安: 西安电子科技大学出版社, 2004.

[153]　刘小芳, 曾黄麟, 吕炳朝. 点密度函数加权模糊 C- 均值算法的聚类分析. 计算机工程与应用, 2004, 40(24): 64, 65.

[154]　Chen S, Cowan C F N, Grant M. Orthogonal least squares learning algorithm for radial basis function networks. IEEE Trans. Neural Networks, 1991, 2(2): 302-309.

[155]　Chen S, Chng E S, Alkadhimi K. Regularized orthogonal least squares algorithm for constructing radial basis function networks. Int. J. Control, 1996, 64(5): 829-837.

[156]　王永慧. 板带钢缺陷图像的多体分类模型及识别技术研究. 沈阳: 东北大学, 2009.

[157]　Wang Y H, Yan Y H, Wu Y P. Strip surface defect recognition using marking winner in self-organizing neural network based on image information. Advances in Information and Systems Sciences, 2008, 3(3/4): 819-825.

[158] Wang Y H, Yan Y H, Wu Y P. Winner trace marking in self-organizing neural network for classification. ISCSCT (International Symposium on Computer Science and Computational Technology), 2008, 1: 255-260.

[159] 李骏, 颜云辉, 王成明, 等. 板带材缺陷检测中的多特征优化组合方法研究. 计算机工程与应用, 2007, 43(22): 197-200.

[160] 王永慧, 颜云辉, 赵大兴, 等. 版图分类法在带钢表面缺陷识别中的应用研究. 中国机械工程, 2010, (5): 562-566.

[161] Yan Y H, Wang Y H, Wu Y P. Research on evaluation and grading method for surface quality of strip steel based on multi-attribute group decision-making. Proceedings of the Ninth International Conference on Mechanical Design and Production (MDP-9), Cairo, Egypt, 2008: 658-667.

[162] Aitkenhead M J. A co-evolving decision tree classification method. Expert Systems with Applications, 2008, (34): 18-25.

[163] Arivazhagan S, Ganesan L. Texture classification using wavelet transform. Pattern Recognition Letters, 2003, (24): 1513-1521.

[164] Kohonen T. How to make large self-organizing maps for nonvectorial data. Neural Networks, 2002, 15(8/9): 945-952.

[165] Kohonen T. Visual feature analysis by the self-organising maps. Neural Comput & Applications, 1998, 7(3): 273-286.

[166] Reddy M J, Mohanta D K. A wavelet-fuzzy combined approach for classification and location of transmission line faults. Electrical Power and Energy Systems, 2007, 29: 669-678.

[167] Aitkenhead M J. A co-evolving decision tree classification method. Expert Systems with Applications, 2008z, 34: 18-25.

[168] Arivazhagan S, Ganesan L. Texture classification using wavelet transform. Pattern Recognition Letters, 2003, 24: 1513-1521.

[169] Gurevivh I B. Comparative analysis and classification of features for image models. Pattern Recognition and Image Analysis, 2006, 16(23): 265-297.

[170] Hur J, Kim J W. A hybrid classification method using error pattern modeling. Expert Systems with Applications, 2008, 34: 231-241.

[171] Li J, Tang X. A new classification model with simple decision rule for discovering optimal feature gene pairs. Computers in Biology and Medicine, 2007, 37: 1637-1646.

[172] Giraudel J L, Lek S. A comparison of self-organizing map algorithm and some conventional statistical methods for ecological community ordination. Ecological Modelling, 2001, 146: 329-339.

[173] 董德威, 颜云辉, 宋克臣, 等. 带钢质量属性识别理论评价模型及应用. 中国机械工程, 2012, 23(015): 1844-1847.

[174] 董德威, 颜云辉, 李骏, 等. 基于客户应用的带钢表面质量评价. 东北大学学报 (自然科学版), 2012, 33(6): 875-878.

[175] Hopper E, Turton C H.A review of the application of meta-heuristic algorithms to 2D strip packing problems. Artificial Intelligence Review, 2001, 16(4): 257-300.

[176] Schrijver A. Theory of Linear and Integer Programming. New York: Wiley, 1998.

[177] 马仲番. 线性整数规划的数学基础. 北京: 科学出版社, 1998.

[178] 贾志欣. 排样问题的分类研究. 锻压技术, 2004, 29(4): 8-11.

[179] 董德威, 颜云辉, 王展. 存在表面缺陷原材料的矩形件优化排样问题研究. 东北大学学报 (自然科学版), 2012, 33(9): 1323-1326.

[180] 王小平, 曹立明. 遗传算法——理论、应用与软件实现. 西安: 西安交通大学出版社, 2002.

[181] Metropolis N, Rosenbluth A W, Rosenbluth M N, et al.Equations of state calculations by fast computing machines. Journal of Chemistry Physics, 1953, 21(6): 1087-1091.

[182] 王凌. 智能优化算法及其应用. 北京: 清华大学出版社, 2001.

[183] 冯毅, 李利, 高艳明, 等. 一种基于小生境的混合遗传退火算法. 机械科学与技术, 2004, 23(12): 1494-1498.

[184] Mak K L, Wong Y S, Wang X X. An adaptive genetic algorithm for manufacturing cell formation. International Journal of Advanced Manufacturing Technology, 2000, 16(7): 491-497.

[185] 周明, 孙树栋. 遗传算法原理及应用. 北京: 国防工业出版社, 1999.

[186] Suman B.Study of simulated annealing based algorithms for multiobjective optimization of a constrained problem. Computers and Chemical Engineering, 2004, 28(9): 1849-1871.

[187] Whitwell G, Burke E K, Hellier R S R, et al.Complete and robust no-fit polygon generation for the irregular stock cutting problem. European Journal of Operational Research, 2007, 179(1): 27-49.

[188] 吴艳萍, 颜云辉, 王永慧, 等. 冷轧带钢表面质量评价模型构造方法. 东北大学学报: 自然科学版, 2007, 28(11): 1624-1627.

[189] 吴艳萍, 颜云辉, 王永慧, 等. 模糊互补矩阵法在带钢表面质量评价中的应用. 钢铁研究学报, 2009, 20(8): 28-30.

[190] 董德威, 颜云辉. 带钢质量评价的属性权重灵敏度分析. 组合机床与自动化加工技术, 2012, (7): 11-13.

[191] 陆凤慧, 李伟, 王俊江, 等. 带钢板形缺陷产生原因初探. 河北冶金, 2012, 2: 49-51.

[192] 李文斌, 费静, 范垂林, 等. 提高热轧带钢厚度精度研究. 鞍钢技术, 2008, 1: 32-35.

[193] 严家高. 热连轧窄带钢宽度公差的高精度控制. 轧钢, 1998, 2: 14-17.

[194] 黄伟, 张旭, 王泽孝. 热轧板卷力学性能波动规律的研究. 钢铁, 2001, 36(10): 36-38.

索　引

彩　　图

(a) 太阳能电池板背板膜检测　　　　(b) 印刷电路板贴片检测　　　　(c) 机器人视觉伺服

图 1.2　　机器视觉在先进制造领域的应用

(a) X射线层析摄影　　　　　　(b) 手术机器人

图 1.3　　机器视觉在医学领域的应用

图 1.4　　机器视觉在空间探测领域的应用

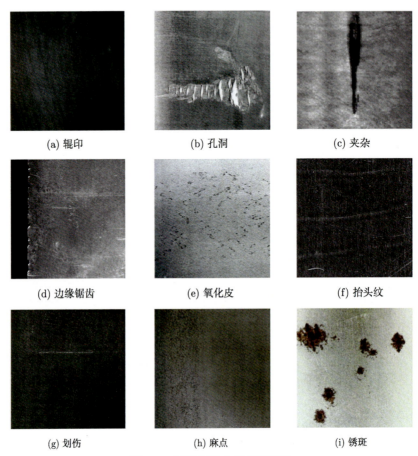

(a) 辊印　　　　　　　　(b) 孔洞　　　　　　　　(c) 夹杂

(d) 边缘锯齿　　　　　　(e) 氧化皮　　　　　　　(f) 抬头纹

(g) 划伤　　　　　　　　(h) 麻点　　　　　　　　(i) 锈斑

图 1.5　板带钢的典型表面缺陷

(a) Cognex公司产品　　　　　(b) ISRA VISION Parsytec公司产品

图 1.6　Cognex 公司和 Parsytec 公司的冷轧板表面缺陷检测产品

(a) 北京科技大学开发的检测系统　　　　　　　(b) 宝钢集团有限公司开发的检测系统

图 1.7　我国研发的冷轧板表面缺陷检测系统

图 1.8　北京科技大学研发的热轧板表面缺陷检测系统

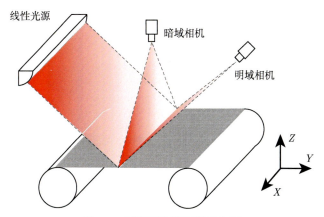

图 2.2　板带钢检测装置示意图

图 2.7　相机在检测系统中的位置

(a) 单向照明　　　(b) 掠射照明　　　(c) 漫射照明　　　(d) 环状照明

(e) 同轴漫射照明　　(f) 背景光照明　　(g) 黑背景照明　　(h) 结构光照明

图 2.16　照明效果

(a) 点状缺陷图像1　　　　　　　　　(b) 点状缺陷图像2

 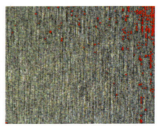

(c) SBM实验结果　　　　　　　　　(d) SBM实验结果

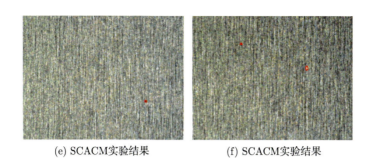

(e) SCACM实验结果　　　　　(f) SCACM实验结果

图 5.42　对点状缺陷图像 1 和 2 使用不同方法的实验结果

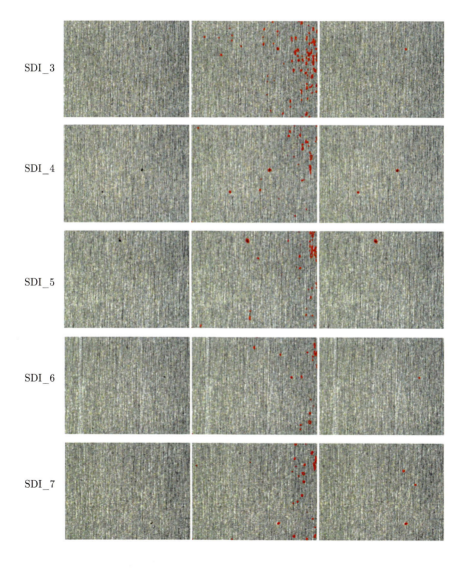

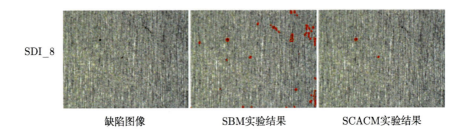

SDI_8

缺陷图像 　　　　 SBM实验结果 　　　　 SCACM实验结果

图 5.43　对点状缺陷图像 (SDI_3∼SDI_8) 使用不同方法的实验结果

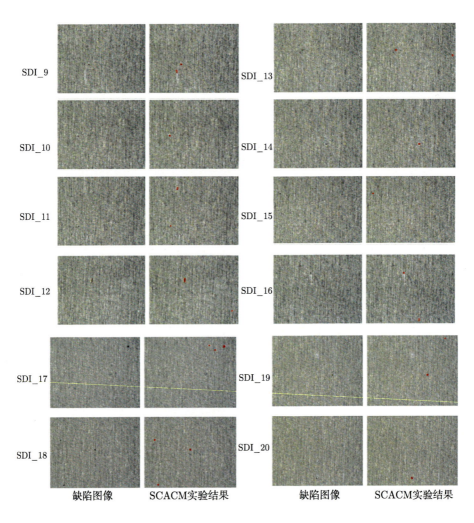

SDI_9　　SDI_13

SDI_10　　SDI_14

SDI_11　　SDI_15

SDI_12　　SDI_16

SDI_17　　SDI_19

SDI_18　　SDI_20

缺陷图像 　　 SCACM实验结果 　　　　 缺陷图像 　　 SCACM实验结果

图 5.44　对点状缺陷图像 (SDI_9∼SDI_20) 使用 SCACM 方法的实验结果

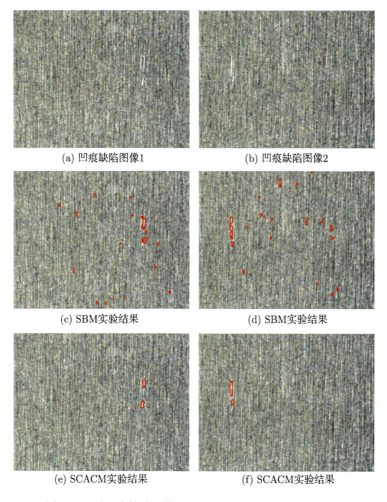

(a) 凹痕缺陷图像1　　　　　　　　　(b) 凹痕缺陷图像2

(c) SBM实验结果　　　　　　　　　(d) SBM实验结果

(e) SCACM实验结果　　　　　　　　(f) SCACM实验结果

图 5.47　对凹痕缺陷图像 1 和 2 使用不同方法的实验结果

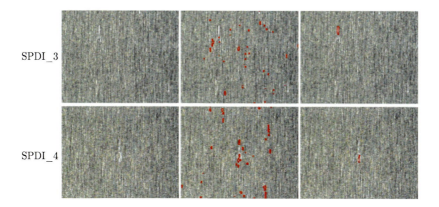

SPDI_3

SPDI_4

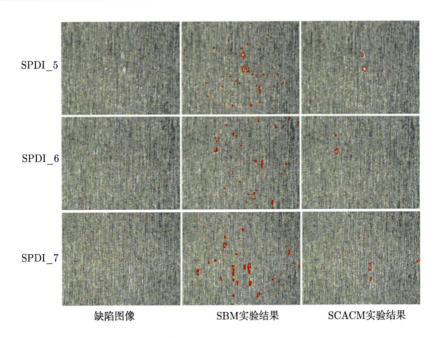

图 5.48　对凹痕缺陷图像 (SPDI_3~SPDI_7) 使用不同方法的实验结果

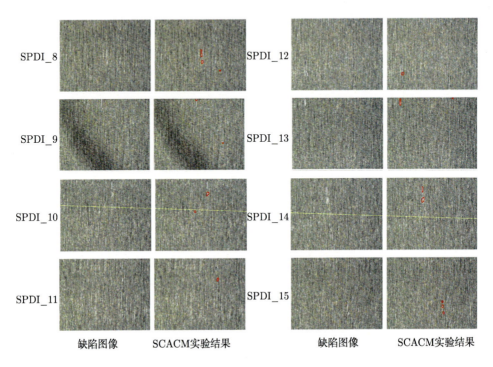

图 5.49　对凹痕缺陷图像 (SPDI_8~SPDI_15) 使用 SCACM 方法的实验结果

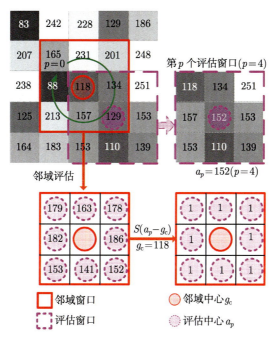

图 6.14　AELBP 操作示意图 $(P = 8, R = 1)$

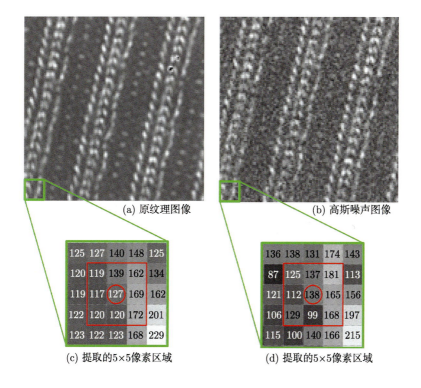

(a) 原纹理图像　　　　　　　　　　(b) 高斯噪声图像

(c) 提取的5×5像素区域　　　　(d) 提取的5×5像素区域

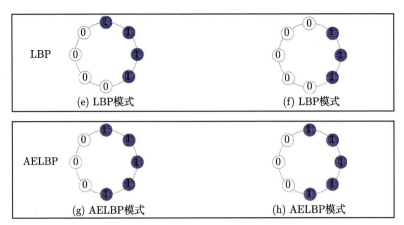

图 6.15　AELBP 和 LBP 在高斯噪声 (SNR=20dB) 干扰下的鲁棒性 (Outex 纹理图像,
canvas011)